普通高等学校"十四五"规划风景园林专业精品教材

风景园林设计原理

Principle of Landscape Design

（第四版）

丛书审定委员会

何镜堂　　仲德崑　　张　颀　　李保峰

赵万民　　李书才　　韩冬青　　张军民

魏春雨　　徐　雷　　宋　昆

本书主编　杨至德

本书主审　朱育帆

本书副主编　杨艳红

本书编写委员会

杨至德　　杨艳红　　徐岩岩　　贺丹瑛　　欧振敏

华中科技大学出版社

中国·武汉

内 容 提 要

本书重点介绍风景园林设计的基本原理,共分为9章。第1章为景观设计总论,第2章为感知觉基础,第3章为空间认知与景观审美,第4章为平面构成,第5章为景观色彩,第6章为景观空间设计,第7章为场地,第8章为景观材料,第9章为《园冶》解读和注释。

本书适合普通高等学校景观设计(园林设计)、景观建筑等专业本科生使用,对景观设计师(园林设计师)、环境景观设计师及相关从业人员来说,也是非常有用的参考资料。

图书在版编目(CIP)数据

风景园林设计原理/杨至德主编. —4版. —武汉:华中科技大学出版社,2021.2(2022.2重印)
ISBN 978-7-5680-6826-0

Ⅰ. ①风… Ⅱ. ①杨… Ⅲ. ①园林设计 Ⅳ. ①TU986.2

中国版本图书馆 CIP 数据核字(2021)第 015457 号

风景园林设计原理(第四版) 杨至德 主编

责任编辑:梁 任
封面设计:潘 群
责任校对:周怡露
责任监印:朱 玢
出版发行:华中科技大学出版社(中国·武汉) 电话:(027)81321913
    武汉市东湖新技术开发区华工科技园 邮编:430223
录 排:华中科技大学惠友文印中心
印 刷:武汉科源印刷设计有限公司
开 本:850mm×1065mm 1/16
印 张:22 插页:2
字 数:487 千字
版 次:2022 年 2 月第 4 版第 2 次印刷
定 价:65.00 元

普通高等学校"十四五"规划风景园林专业精品教材

总　序

《管子》一书中《权修》篇中有这样一段话："一年之计，莫如树谷；十年之计，莫如树木；百年之计，莫如树人。一树一获者，谷也；一树十获者，木也；一树百获者，人也。"这是管仲为富国强兵而重视培养人才的名言。

"十年树木，百年树人"即源于此。它的意思是说，培养人才是国家的百年大计，既十分重要，又不是短期内可以奏效的事。"百年树人"并不是非得100年才能培养出人才，而是比喻培养人才的远大意义，要重视这方面的工作，并且要预先规划，长期、不间断地进行。

当前我国风景园林业发展形势迅猛，急需大量的应用型人才。全国各地设有风景园林专业的学校众多，但能够做到既符合当前改革形势又适用于目前教学形式的优秀教材却很少。针对这种现状，急需推出一系列切合当前教育改革需要的高质量优秀专业教材，以推动应用型本科教育办学体制和运作机制的改革，提高教育的整体水平，并且有助于加快改进应用型本科办学模式、课程体系和教学方法，形成具有多元化特色的教育体系。

这套系列教材整体导向明确，科学精练，编排合理，指导性、学术性、实用性和可读性强，符合学校、学科的课程设置要求。以风景园林学科专业指导委员会的专业培养目标为依据，注重教材的科学性、实用性、普适性，尽量满足同类专业院校的需求。教材内容大力补充新知识、新技能、新工艺、新成果。注意理论教学与实践教学的搭配比例，结合目前教学课时减少的趋势适当调整了篇幅。根据教学大纲、学时、教学内容的要求，突出重点、难点，体现建设"立体化"精品教材的宗旨。

这套系列教材以发展社会主义教育事业，振兴高等院校教育教学改革，促进高校教育教学质量的提高为己任，为发展我国高等建筑教育的理论、思想，对办学方针、体制，教育教学内容改革等进行了广泛深入的探讨，以提出新的理论、观点和主张。希望这套教材能够真实的体现我们的初衷，真正能够成为精品教材，得到大家的认可。

中国工程院院士　何镜堂

2007 年 5 月

第四版前言

中国自然山水园,作为一种园林流派,在世界园林界声名卓著。步入园林殿堂,对中国传统造园理论与技法,应当烂熟于胸,驾轻就熟。

当今青年一代,承前启后,继往开来,对中国传统园林的继承和发扬,重任在肩。"落霞与孤鹜齐飞,秋水共长天一色"。十五岁的王勃,能写出如此名句,二十多岁的现代大学生,更能创造出中国传统园林的"千古名篇"。

最能代表中国传统园林理论和实践成就的著作,非《园冶》莫属。《园冶》成书于明朝末年,该书比赋结合,历史典故较多,加之历史时空演变,有些文字词义发生变化,对当今学生来说,阅读理解较为困难。故此,本版增加了《园冶》解读和注释一章。学习风景园林设计原理,不熟读《园冶》,终究是一种缺憾。

本版主要对《园冶》进行解读和注释。《园冶》一书中配有大量图片,限于篇幅,本版图片从略。感兴趣的读者,可进一步查阅相关文献,如《夺天工》(日本内阁文库藏书)。

由于作者水平有限,本书难免存在不当和不足之处,敬请广大读者在使用过程中,努力发现问题,提出宝贵意见,以便再版时修改完善。

编　者
2021 年 1 月

目　　录

1　景观设计总论

1.1　景观发展简史

　　景观设计以传统园林为基础,并在其艺术成果上继承和发展。传统园林,又称古典园林,既包括中国自然山水园林、欧洲几何规则式园林,也包括英国自然风景园林、伊斯兰园林和日本园林等。中国古典园林自殷商开始,历经周、秦、汉等数个朝代,直至明、清达到鼎盛时期,几千年的孕育和发展,形成了一套历史悠久、个性特征鲜明、文化含量丰富的园林艺术体系(见图 1-1)。中国古典园林强调空间形态美感,体现诗情画意,主要服务于皇家和社会地位较高的贵族。与现代景观概念相比,即使是规模较大的皇家园林,其尺度也相对较小,很少或几乎不涉及生态、经济和社会问题。景观设计(见图 1-2)则不同,它涵盖的范围广泛,涉及人类社会学、环境科学、城乡规划、建筑学、艺术学、心理学、地理学、林学、生态学、美学等多个学科,场地尺度大,服务范围广,强调生态效益和社会效益。可以说,现代景观是在协调社会需求关系和强调环境效益的基础上,对设计场地进行改造和营建,由此创造出优美宜人的景观,满足人们的生活休闲需求。

图 1-1　中国古典园林（网师园主景区）

图 1-2　现代景观雕塑（大连海之韵）

　　"景观"(landscape)一词,从提出到现在,已有一百多年的历史。18 世纪中叶,英国率先进入工业革命时期。工业革命虽带来了先进的科学技术,为人们更充分地利用自然资源提供了有效的手段,但人类太陶醉于自身的智慧和创造性成果,而忽略了大自然的承受能力。如此大规模的掠夺和破坏,导致人与自然的关系由良性循环进入恶性循环。大气污染、植被破坏、土壤沙化、野生物种大量减少、水体污染等一系列问题不断出现,以至生活在大城市的人们,经常遭受噪声和污浊空气的困扰(见图1-3)。鉴于此,人们开始对自己的行为进行反思。

图 1-3　河流污染

图 1-4　景观设计师
安德鲁·杰克
森·道宁

在这种社会背景下,一批现代景观设计的开拓者应运而生。安德鲁·杰克森·道宁(Andrew Jackson Downing,1815—1852)(见图1-4)就是现代景观设计创始人之一。他自称乡村建筑师,对乡村自然景色充满热爱。1850年,道宁东渡英国。当时,英国自然风景园林正处于全盛时期。他被英国城市中的乡村景色深深吸引,并从中得到启迪。回到美国,针对本国乡土风光,他提倡从每一个家庭的庭院开始,广泛开展环境美化和绿化,给树木留出充足的空间,尽可能表现其优美的树姿和轮廓,充分发挥树木的孤植效果。道宁鼓励人们在庭院中栽种果树,所以由他设计的庭院,看起来就像果树园。现代欧洲城市公园思想也是由道宁率先引入美国的。1852年,他设计建造了新泽西州卢埃伦公园,其道路呈现典型的自然式布局,成为当时郊区公园的典范。华盛顿议会大厦前林荫道的改建,也体现了他对自然风景园林的热爱。在景观设计理论和景观教育方面,道宁也成果颇丰,1841 年撰写了《关于北美风景园林理论和实践概论》,1842 年出版了《乡间村舍》等。他还担任《园艺家》杂志的主要撰稿人和主编,对公园建设发表了很多独到的见解。道宁坚持认为,自然有利于社会,与自然接触,人会感到精神与肉体的平衡,从而使生活充满生机。他对自然风景园林的自然特性赞美有加,蔑视当时美国流行的新古典主义风格,主张设计应真实、自然。

弗雷德里克·劳·奥姆斯特德(Frederick Law Olmsted,1822—1903)(见图 1-5)是现代景观设计的奠基人。1822 年,他出生于美国康涅狄格州哈特福德市,其父亲是一名成功的布料商,喜爱自然风景。假日期间,奥姆斯特德大多跟随家人在新英格兰北部和纽约州北部旅行,并借此广泛游览当地名胜。1837 年,奥姆斯特德在即将进入耶鲁大学学习时,不幸漆树中毒,导致视力下降,被迫放弃了正常的学业。

后来,他通过多种途径,学习了测量学、工程学、化学等多个学科的知识,并在斯塔滕岛上经营了一家农场。1850 年,他和两个朋友用 6 个月的时间,在欧洲大陆

图 1-5　弗雷德里克·劳·奥姆斯特德

和不列颠诸岛上徒步旅游,领略乡村景观,还参观了为数不少的公园和私人庄园。1852 年,奥姆斯特德出版了第一部著作《美国农夫英格兰游谈录》(*Walks and Talks of an American Farmer in England*)。

同年 12 月,作为《纽约时报》的一名记者,他去仍受奴隶制统治的美国南方旅行。1856—1860 年,奥姆斯特德相继出版了与南方奴隶制有关的三部著作,用他犀利的笔杆,揭穿了奴隶制的黑暗。由此,反对奴隶制度的呼声向西蔓延,人们争取废除南部各州的奴隶制度。1855—1857 年间,奥姆斯特德成为一家出版公司的股东和《普特南月刊》(*Putnam's Monthly Magazine*)的主编。《普特南月刊》在当时的文学和政治评论界举足轻重。这期间,他在伦敦住了 6 个月,多次到欧洲大陆旅行,参观了很多公园。同时,他还细心研读了尤维达尔·普赖斯(Uvedale Price,1747—1821)、汉弗莱·雷普顿(Humphry Repton,1752—1818)、威廉·吉尔平(William Gilpin,1724—1804)、威廉·申斯通(William Shenstone,1714—1763)和约翰·拉斯金(John Ruskin,1819—1900)等人的著作。

1858 年 3 月,奥姆斯特德与卡尔弗特·沃克斯(Calvert Vaux,1824—1895)合作,为纽约中央公园提出了"绿草地"方案,并在设计竞赛中胜出。1865 年,奥姆斯特

德回到纽约,与沃克斯一起,共同完成了中央公园的建设工作。中央公园(Central Park)(见图 1-6、图 1-7)位于纽约市曼哈顿岛的中心,占地 348 ha,南起 59 街,北抵 110 街,东西两侧被著名的第五大道和中央公园西大道所围合。中央公园,与自由女神像和帝国大厦一起,同为纽约乃至全美的象征。140 多年来,中央公园一直是公众

图 1-6　纽约中央公园鸟瞰

图 1-7　纽约中央公园局部小景

举办各种娱乐休闲活动的重要场所。大面积的绿地具有城市"绿肺"的功能,数十公顷的茂密树林成为城市孤岛中各种野生动植物最后的栖息地。美国纽约中央公园的建成,标志着现代景观设计学的诞生。奥姆斯特德的重要规划作品还有希望公园(见图 1-8)、波士顿"翡翠项链"(见图 1-9)等。

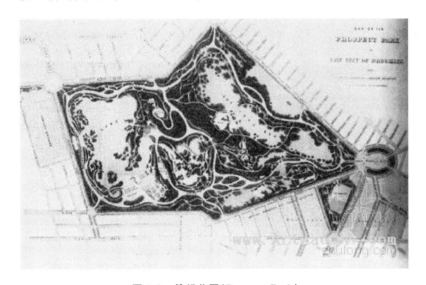

图 1-8　希望公园(Prospect Park)

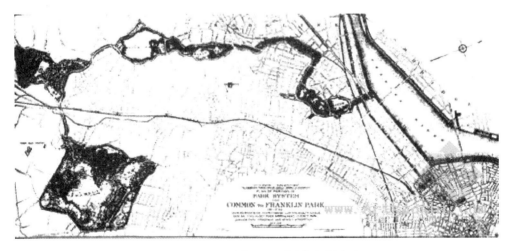

图 1-9　波士顿"翡翠项链"北部规划方案

19 世纪下半叶,英国学者埃比尼泽·霍华德(Ebenezer Howard,1850—1928)(见图 1-10)出版了《明日之田园城市》(*Garden Cities of Tomorrow*)一书。书中提出了"田园城市"的构想。1919 年,英国田园城市和城市规划协会对"田园城市"给出了明确定义。所谓"田园城市"是指:城市为人们的身体健康、生产生活而设计;在规

图 1-10　埃比尼泽·霍华德

模上,以能够提供丰富多彩的城市生活为限;四周有永久性农业地带围绕;城市土地归公众所有;城市不能无限扩张,应该能够永续循环,实现自给自足。

霍华德设想的田园城市,包括城市和乡村两个部分。城市四周有农业用地围绕,居民可就近得到新鲜农产品,农产品也有广阔近便的市场,但市场又不仅仅局限于当地。土地归全体居民集体所有,使用土地必须缴付租金。城市的收入全部来自租金。在土地上进行建设、聚居而获得的增值仍归集体所有。城市的规模必须加以限制,使每户居民都能极为方便地接近绿色乡村自然空间。

霍华德对他的理想城市作了具体的规划,并绘成了简图。他建议:田园城市占地总面积为 2428 ha,城市中心地带占地 405 ha,四周的农业用地占地 2023 ha;农业用地是保留的绿带,永远不得改作他用,除耕地、牧场、果园、森林外,还包括农业学院、疗养院等;在这 2428 ha 的土地上,人口 32 000 人,其中 30 000 人住在城市,2000 人散居在乡间,人口超过规定数量时,则应建设另一个新城市;田园城市的平面为圆形,中央是一个面积约 59 ha 的公园,有 6 条主干道路从中心向外辐射,把城市分成 6 个区;城市的最外圈地区建设各类工厂、仓库、市场等,一面对着最外层的环形道路,另一面是环状的铁路支线,交通运输十分方便。霍华德提出,为了减少城市的烟尘污染,必须以电为动力源,将城市垃圾应用于农业。

霍华德还设想,若干个田园城市围绕中心城市构成城市群(见图 1-11),即“无贫民窟无烟尘的城市群”,中心城市的规模应该略大些,建议人口为 58 000 人,面积也相应增大,城市之间用铁路联系。

在《明日之田园城市》一书中,关于资金来源、土地规划、城市收支、经营管理等问题,霍华德都提出了具体的建议。他认为,工业和商业不能由公营垄断,要给私营企业以发展空间。在霍华德的影响下,1899 年英国成立了田园城市协会(Garden City Association),后改名为田园城市和城市规划协会(Garden Cities and Town Planning Association),1941 年又改称城乡规划协会(Town and Country Planning Association)。1903 年,霍华德组织成立“田园城市有限公司”,在距伦敦 56 km 的地方购置了一片土地,建起了第一座田园城市——莱奇沃思(Letchworth)。1920 年,在伦敦西北方向约 36 km 远的韦林(Welwyn),建设了第二座田园城市。这两座田园城市的建立,引起全世界的广泛关注,欧美各国纷纷效仿。奥地利、澳大利亚、比利时、法国、德国、荷兰、波兰、俄国、西班牙和美国等国家,都建设了“田园城市”或类似称呼的

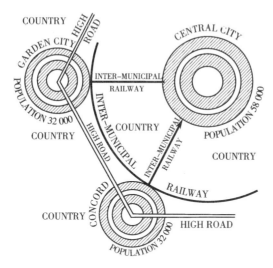

图 1-11 田园城市

示范性城市。

霍华德所处的时代,正是英国工业革命带动城市化蓬勃发展的时期,也是资本主义的疯狂扩张时期。按照霍华德的设想,田园城市应该是:① 自然之美——水清洁、无烟尘、空气清新、田野与城市相融;② 社会公正——无贫民窟、社会机遇平等、充分就业;③ 城乡和谐——城市与乡村发展互动,而不是城乡分离。对于城市规模、布局结构、人口密度、绿化带等城市规划问题,霍华德都提出了一系列独创性的见解,形成了比较完整的城市规划理论体系。田园城市理论对现代城市规划具有重要的启蒙作用,后来出现的一些城市规划理论,如"有机疏散"论、卫星城镇理论等,都受到了田园城市理论的影响。乡村引入城市理念,成为"园林城市"思想的起点。这些都构成了现代景观设计的理论基础。

随着景观设计学的发展,一些重要的景观设计组织相继产生。1899 年,美国风景园林师学会(American Society of Landscape Architects,简称 ASLA)创建。1958 年,国际风景园林师协会(International Federation of Landscape Architects)创建。1901 年,奥姆斯特德之子小奥姆斯特德(F. L. Omsted,Jr.)在美国哈佛大学开设了世界上第一个景观设计学专业。这些重要机构的设立,对景观设计学科的发展起到了极大的促进作用。

20 世纪 60 年代末 70 年代初,"宾夕法尼亚学派"(Penn School)在美国兴起,为20 世纪景观设计的发展提供了数量化生态学方法。1969 年,《设计结合自然》(*Design with Nature*)出版发行。该书由宾夕法尼亚大学景观规划设计和区域规划系的教授伊恩·伦诺克斯·麦克哈格(Ian Lennox McHarg,1920—2001)(见图1-12)编著。该书的出版,在西方学术界引起很大轰动。

《设计结合自然》运用生态学的观点,从宏观和微观两个方面来研究人与自然环

境之间的关系。麦克哈格认为,人们应该在适应自然的基础上改造自然,创建自然与人共享的人造生态系统。书中明确提出了生态规划的概念和"千层饼"技术叠加模式,为当时生态规划的发展提供了理论指导和一定的方法技术。

麦克哈格的注意力集中在大尺度景观和环境规划上。在他的规划设计中,整个景观是一个生态系统。在这个系统中,地理、地形、地下水层、土地利用、气候、植物、野生动物等都是重要的组成要素,构成一个相互关联的整体。在技术上,发展和完善了生态规划中的因子分层分析和地图叠加技术。地图叠加技术

图 1-12 伊恩·伦诺克斯·麦克哈格

即所有地图都基于同样的比例,都含有一些同样的地形或地物信息,这些地形或地物信息就作为参照系。具体做法为:首先将单个景观因子逐一制图,标出其对某种土地利用方式的适宜性,用灰白两色区别;然后将这些单因子评价图层叠加,再通过感光摄影技术,得到土地适宜性分布图(见图 1-13)。

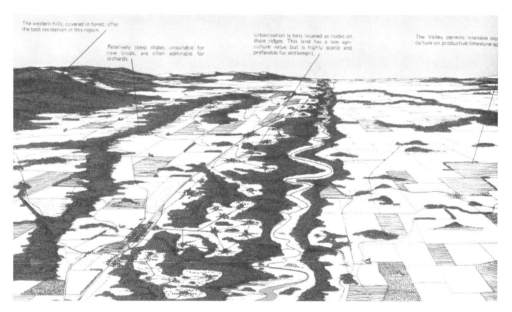

图 1-13 典型的景观区域规划思想的图式

自 20 世纪 70 年代以来,《设计结合自然》一书备受西方学界推崇,成为景观设计领域里程碑式的著作。它奠定了景观生态学的基础,建立了当时景观设计的准则,标志着景观设计学科在后工业化时代的重大发展,使景观设计在奥姆斯特德奠定的基础上又

有了新的发展。1994 年,彼得·沃克(Peter Walker)说过:"当今在世的美国景观设计师当中,无论是专业人士还是普通公众都感到亲切熟悉的,那就是麦克哈格。"

在现代景观设计领域,理论与高科技相辅相成,共同推动着景观学科的发展。特别是区域规划理论和技术,与景观设计进行了有机的结合,已经成为景观高科技应用的前沿。区域规划(regional planning)即在一个特定的范围内,根据国民经济和社会发展长远计划和区域的自然条件及社会经济条件,对区域内工业、农业、第三产业、城镇居民点,以及其他各项建设事业和重要工程设施进行全面规划,合理配置空间,使社会经济各部门及各分区之间能够很好地协调配合,居民点和区域性基础设施网络布局合理,各项工程建设能有序进行,从宏观上保证国民经济的合理发展、布局协调,城市建设能够顺利进行(见图 1-14)。区域景观规划(regional landscape planning)是在区域规划范围内进行的景观规划。它从区域的基本特征和属性出发,基于规划地域的整体性、系统性和连续性,着眼于更大范围,从普遍联系的自然、社会、经济条件出发,研究某一点(譬如城市)与周围环境的关系,以及周围环境条件对城市的影响,从而更加科学、严谨、系统地规划区域景观。

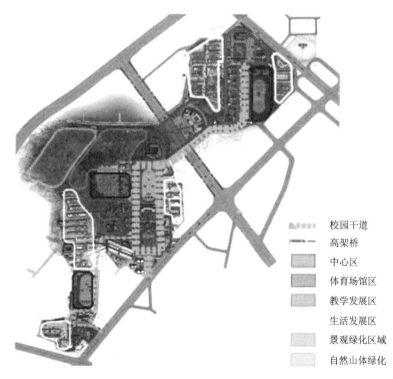

图例:
校园干道
高架桥
中心区
体育场馆区
教学发展区
生活发展区
景观绿化区域
自然山体绿化

图 1-14　区域规划

在现代景观设计领域,新技术、新方法、新理论层出不穷,这就需要景观设计师及时了解,不断创新,不断发展。这里特别值得一提的是 3S 技术。现在,区域景观美感预测、城市绿地系统规划和大范围的国土资源规划,都离不开 3S 技术。3S 技术包括地理信息系统、遥感技术和全球定位系统三个方面。1972年，美国国家宇航局（NASA）首次把陆地卫星一号（Landsat1）发射到地球轨道，在云层覆盖情况允许的条件下，卫星每18天对地球上每个点拍摄一次，实现了对地球的远距离拍摄。从此以后，航天遥感逐渐得到广泛运用并迅速发展。遥感（remote sensing，简称RS）主要用于采集、获取空间数据。它不从表面直接接触被观测物体，而是通过航天遥感、空中摄影、雷达以及各种照相机摄制图像，获取被观测物体信息。它的信息载体主要有光、热和包括无线电波在内的电磁波，能有效地研究大尺度和跨尺度上的景观格局与动态。地理信息系统（geographic information system，简称GIS），主要用于收集、存储、提取、转换、显示和分析庞大的空间数据。它不但能分门别类、分级分层地去管理各种地理信息，而且还能将它们进行各种组合、分析、再组合、再分析。可以对信息进行查询、检索、修改、输出和更新。GIS还有一个特殊的"可视化"功能，就是通过计算机屏幕，把所有的信息再现到地图上，清晰直观地表现出信息的规律和分析结果，动态监测信息变化。在景观空间结构和动态研究方面，尤其是景观中物理、生物和各种人类活动过程之间的相互关系研究方面，GIS是一个极为精确有效的工具。全球定位系统（global positioning system，简称GPS），在测量景观单元的具体地理坐标时占有明显的优势。20世纪70年代，美国率先开始研制全球定位系统，并于1994年全面建成。全球定位系统具有海、陆、空全方位实时三维导航与定位能力。它由空间星座、地面控制和用户设备三部分构成，能够快速、高效、准确地提供点、线、面要素的精确三维坐标以及其他相关信息，在景观设计领域开始得到应用。RS、GIS和GPS（所谓3S技术）为景观设计提供了极为有效的研究工具，在流域或区域景观（或更大）尺度上，成为资料收集、存储、处理和分析不可缺少的手段。

1.2　景观分类

《说文解字》中指出，"景，日光也""观，容饰、外观、景象、情景"。"景观"在词典上的解释为"某地区或某种类型的自然景色，也指人工创造的景色"，而"景色"的解释为"风景、景致"。可以看出，这些解释均赋予"景观"以审美上的褒义倾向性。

在观赏者眼中，同一景观也许会有多种版本，它与观赏者的性格、阅历、喜好、生活背景等密切相关。可以说，"任何景观都是由眼前和脑海中的景致组成的"，除了景观审美的基本标准，每个人的心中都有景观审美的主观性，其决定了观察者对景观的偏爱和倾向。为研究表述方便，大体上可以将景观分为以下十类。

1.2.1　自然景观

18世纪浪漫主义运动时期，怀旧浪漫主义风格盛行，以自然景观为主，人工作用为辅，没有了人的干预，自然景观才会质朴美丽。人们高度赞赏天然的、纯自然的景观（见图1-15）。那些受到人类间接、轻微或偶尔影响，原有自然面貌未发生明显变

图 1-15 自然景观

化的景观(如极地、高山、荒漠、沼泽、热带雨林以及某些自然保护区等),也属此类。

浪漫主义者认为,在宏伟、壮观的自然景观面前,人类的行为微不足道、毫无意义。这种观点的兴盛,与英国自然风景园的产生和发展有着直接的关系。自然景观思想赢得了当时大部分人的肯定,许多诗人、文学家对如诗如画的自然式花园、庭园大加赞美。但也不乏反对者,他们批评园林设计师无视历史与心理情绪,破坏了美丽的林荫道,无理由地将道路设计得弯弯曲曲。

尽管浪漫主义者有些过分强调自然的力量,将人与自然对立、隔绝起来,忽视了人类行为对自然的影响以及人与自然和谐的一面。但是他们努力维护、养护自然环境,反对人们过度利用或改造环境,有一定的积极意义。

1.2.2 居住区景观

自然环境是人类的家园,是人们聚居生活的地方,与人类的生存活动密切相关。长期以来,人类几乎所有的生活、生产资料都源于自然,即使是后天得来的知识,也是受到自然环境的启发。人类能够通过自己的实践来改造自然,提高生活质量,并且改变原有环境中不合理的因素,使它更适合人类和其他生物的生存与生活,从而达到人与自然的和谐共存。

在20世纪美国革命后期,这种人与环境相关联的观点发展到了顶峰。根据这种观点,人类通过自己的勤奋努力去改造自然中不合理的地方,为自身的发展谋福利,减少对环境的破坏,促进自然创伤的愈合。我国居住区景观设计开始于20世纪70年代末。经过30多年的发展,居住区景观设计从单纯的娱乐休闲逐渐发展为"以人为本"的生态设计。

下面是居住区景观设计中常见的景观类型。

1. 庇护性景观

庇护性景观是居住区中重要的交往空间,是居民户外活动的集散点。它既具有开放性,又具有隐蔽性,主要包括亭、廊、棚架、膜结构等。在居住区景观设计中,庇护性景观构筑物应邻近居民主要步行活动路线布置,易于通达。

2. 模拟化景观

模拟化景观是现代造园手法的重要组成部分,它以替代材料模仿真实材料,以人工造景模仿自然景观,是对自然景观的提炼和补充。模拟化景观运用得当,可以超越自然景观的局限,达到特有的景观效果。

3. 高视点景观

随着居住区密度的增加,住宅楼的层数也愈建愈多,居住者很多时候都处在由高点向下观景的位置,即形成高视点景观。这种设计不但要考虑地面景观序列沿水平方向的展开情况,还要充分考虑垂直方向的景观序列和特有的视觉效果。

高视点景观平面设计强调悦目和形式美,大致可分为以下两种布局。

① 图案布局:具有明显的轴线、对称关系和几何形状,通过基地上的道路、花卉、绿化种植物及硬铺装等组合而成,突出韵律及节奏感。

② 自由布局:无明显的轴线和几何图案,通过基地上的园路、绿化种植、水面等组合而成(如高尔夫球练习场),突出场地的自然化。

在点、线、面的布置上,高视点设计应尽可能少地采用点和线,更多地强调面,即色块和色调的对比。色块由草坪色、水面色、铺地色、植物覆盖色等组成,相互之间需搭配合理,并以大色块为主,色块轮廓尽可能清晰。

4. 照明景观

照明景观即运用照明系统来设计点缀的景观。照明作为景观素材进行设计,既要符合夜间使用功能,又要考虑白天的造景效果,必须设计或选择造型优美、别致的灯具,使之成为一道亮丽的风景线。

1.2.3 人造景观

与自然景观相对立的观点,就是人文形态学观点。这种观点认为,景观是人造的载体,在环境中到处都有人造的痕迹,自然景观不过是文化戏剧表演和记录的舞台。

根据此观点,自然便不复存在,所有的景观都是人造的。例如,土壤不是自然的产物,而是经过人类清理、耕种、施肥、覆盖、播种、灌溉、填补和改良等复杂活动"生成"的实物。水域也不再被认为是溪流和水系中不可或缺的部分,而仅仅是工程改善的基础水道。此观点最典型的表现就是人造土地、人工填土等。建筑物也是此观点最佳的支持者,如人造物体,人为控制的气候、花草等环境。

人类可以根据自己的欲望去驾驭自然、征服自然。这一观点无形中驱动着人类的征服欲,使人们更加积极地去改造自然,结果导致环境恶化、污水横流、空气污浊,已经威胁到人类的居住环境和人类的生存。这种观点是自私的、没有远见的。

1.2.4 系统景观

系统,是由相互作用和相互依赖的若干组成部分相互结合所形成的、具有特定功能的有机整体。同理,景观也由相互依赖的子系统组成,各部分是整个系统的表现形式,了解各子系统,才能认识总系统和各个子系统的发展过程。系统景观这一观点出现于 20 世纪 30 年代,然后在相对论的影响下逐渐发展起来。系统景观并不仅仅是各组成部分的单纯叠加,而是强调各部分的相互关联、系统表现和系统演变。

从意识上说,人和自然都是系统整体的反映,作为整体系统兼子系统,景观是被理解、被管理的实体,目的是保障环境和人类的健康。系统景观把行为与系统动力学和生命循环流程联系起来。人类行为和设计决策要放在内在和外在系统的情境中去考虑,并按照系统景观健康状况和生产力水平对其进行评估。良好的景观决策会加强对景观及其子系统的管理,维持或提高景观的承载能力、健康水平和生产力水平。景观作为系统的观点,强调景观的可持续性和文化的相关性。它把地貌功能与景观动态学融合在一起,大大改善了自然及文化景观的长远健康状况,同时提高了生产力水平。持此观点的设计者多采用系统管理方法,把景观视为对系统的管理,认为设计应创造性地反映系统行为。

1.2.5 问题景观

问题景观,即需要修正的天然或人工景观,包括空气污染、臭氧损耗、海滩破坏、河流污染、土地沙化、城市衰败、交通堵塞等。此观点认为,生态、生理及心理上的疾患,是这种景观的本质。

该观点认为,科技的迅猛发展,导致景观破坏速度加快。原来的美景变成如今的麻烦。呼吁人们关注环境、关注地球,对于已经出现严重问题的景观,进行修复改善。问题景观强调环境中所出现的问题,着眼于长期目标。如果仅仅着眼于眼前问题的解决,常常适得其反。

1.2.6 财富景观

财富景观,即着重考量土地及其所创造的财富和价值。土地是商品,它的价值在市场上可以由货币来衡量和表现,并且随市场变化而变化。

财富景观观点在资本主义意识中根植较深,一直引领着美国 20 世纪的景观设计。它将景观转换为经济单元,考虑土地的物理特性、市场影响、外部条件以及其他附属因素。从拜物主义和短期角度来看,财富景观使我们对环境的开发利用迅速增长,对景观有效性和可持续性产生深刻影响。此观点基于经济价值,而不是基于景观承载能力。

1.2.7 意识景观

依照意识景观的观点,景观象征着价值、文化、理想、抱负、希望和梦想。人们通过蕴藏在文化中的潜在信念以及自身的感觉为景观含义编码、解码,认为景观是文化以及梦想的客观表现,它经过设计者的感性思维与客观环境的交融,呈现出一定的意境或含义。在意识景观中,景观是价值观、人生观、世界观的体现,要改变景观,必须改变创造它的文化哲学。

这种观点将景观的文化含义推广至深,在变化较缓的文化中,当所有景观都传达同一意识时,这一观点可生成带有强烈综合意义的景观。相反,在发展迅速的异化社会中,这一观点生成了自发式激动人心的景观,但是这些景观通常内部关联较差,且不能建立稳固积极的意义,所以就会导致混乱、具有外在刺激且不利心理健康的景观的出现。

1.2.8 历史景观

历史景观是某一特定区域自然和人类活动的历史记录,随着时间的累积而成。每一处景观都有其特定的时序性,通过居住模式、城市形态、建筑景观风格、地点细部以及其他规划和设计特性,可追溯到其产生的年代和时间顺序(见图 1-16)。

图 1-16 历史景观之中国的长城

景观是历史的记录。景观历史学家解读此记录时,通过研究景观组织模式、材料、形态和细部特征,可以发现与景观相关的文化、景观个性和景观形成作用力方面的内容。历史学家则会把这些数据放到历史情境里,把过去和将来联系起来。注意,有些时段会被空间阻隔,出现景观在空间上错杂分布的现象。

历史景观强调历史,强化文化的整体性。但是,如果只是一味地面向过去,我们就会忽视未来,停滞不前。景观设计师应该通过对历史的解读与研究,创造出更富有文化感、更优秀的作品。

1.2.9 地域景观

地域景观强调感性体验,关注感觉、味道、氛围和思维构架。人与自然不可分割,健康、绿色的环境是人类赖以生存的基础。地域景观设计师主张从地理学的角度关注环境特性、区域组织构造和空间分布,并在此基础上构建景观。

地域景观观点看重整体以及景观特性,视觉上显得连贯,使人振奋。这与系统景观观点有些相似。

1.2.10 审美景观

审美景观注重表现景观的艺术性和美学特点,利用某些艺术语言,如线条、形式、色彩、质地、韵律、比例、平衡、对称、和谐、张力、统一、多样化等,来解读视觉形态。该观点认为,景观是传递审美关系的载体,景观功能和文化特征并不是主要关注对象。

1.2.11 总结

以上介绍的十种主要景观形式,虽然不能包括所有景观类型,但它们具有代表性。实际工作中的景观有时可以是某种特性鲜明的景观类型,但多数情况下是多种景观类型的综合。

1.3 景观定义

景观,最早见于地理学,是作为地理学的一个分支出现的。1885 年,温默(J. Wimmer)在地理学研究中谈到景观一词。19 世纪末 20 世纪初,景观学作为一门独立学科逐渐形成。德国地理学家齐格弗里德·帕萨格(Seigfried Passarg)出版了《景观学基础》和《比较景观学》两本著作。帕萨格在书中指出:"景观是相关要素的复合体。"对景观分类、分级方法和原则,他也有详细的著述。另一位德国自然地理学家亚历山大·冯·洪堡(Alexander von Humboldt)认为:"景观是一个地理区域的总体特征。"20 世纪上半叶,景观学扩展到人文地理学领域。1939 年,德国植物学家卡尔·特罗尔(Carl Troll)提出,景观是一个区域内、存在于不同地域单元上的自然生物综合体。

1913 年,苏联的景观学家贝尔格(L. S. Berg)提出,景观是具有一定形态、按照某种规律重复组合所形成的综合体或群体。这一提法,与"地理综合体"基本相当。宋采夫(H. A. Solrotsev)在 1947 年所提出的景观定义为:地质基础相同、气候条件和形成过程一致的地域所构成的有规律的组合。

1985 年,福曼(Richard Forman)(见图 1-17)在其著作中将景观定义为地球表面气候、土壤、生物、地貌等各种成分的综合体,主要侧重地理综合体横向空间规律与综合研究。受生态学科的影响,宗纳维尔(I. S. Zonneveld)在 1979 年给出的

图 1-17　福曼

景观定义是:地球表面由岩石、水、空气、植物、动物及人类活动所形成的系统综合体,并通过外貌构成一个可识别的实体。还有不少学者从不同的研究角度,对景观进行了定义。他们认为,景观是自然过程与人文过程相对一致的地貌、植被、土地利用方式与居住格局的特定组合。2000 年,法瑞纳(Farina)干脆将景观定义为:人们对其格局和过程感兴趣的"真实世界的一部分"。

现在,得到广泛认可的是福曼所给出的景观定义。1986 年,福曼在其《景观生态学》(*Landscape Ecology*)一书中,对景观进行了定义。他认为,景观是由一组以类似方式重复出现的、相互作用的生态系统所组成的异质性陆地区域。它具有四个特征:① 若干生态系统的聚合;② 组成景观的各生态系统间存在的物质、能量流动和相互影响;③ 具有一定的气候和地貌特征;④ 景观的组成结构及功能特征与一定的干扰因子相对应。这一概念明确了景观的组成和结构特征,并从组成与结构特征上给出景观的范围或边界,对景观研究有很强的可操作性。

综合多方所见,现在一般对景观的定义为:空间上彼此相邻、功能上相互关联、形态上具有一定特点的若干生态系统的集合。各个生态系统之间通过生态过程相互作用,具有特定的组合特征,同时也具有一定的整体性。

1.4　景观设计与景观设计师

"景观设计"一词最早于 1828 年提出,1868 年作为专业术语开始引用。在 19 世纪,造园家就是施工人员,景观设计师就是设计人员。美国景观设计师协会(ASLA)对景观设计一词的解释不断发展变化。20 世纪 50 年代,协会章程将景观设计定义为:景观设计就是土地安排,目标是满足人们的使用和娱乐需要。1975 年,协会章程将景观设计的定义修改为:景观设计是设计、规划和土地管理的艺术,通过文化和科学知识来安排自然与人工元素,并考虑资源的保护与管理。到 1983 年又有了发展,景观设计被定义为:通过艺术和科学手段,对自然与人工场地进行研究、规划、设计和管理的学科。

关于景观设计师,约翰·奥姆斯比·西蒙兹(John O. Simonds)认为:"景观设计师的工作和终生目标,就是帮助人类,使人类之间,人类与建筑物、社区和城市之间能够和谐相处。"

景观设计起源于早期的传统园林学,但是发展至今已有很大不同。景观设计这一行业是在大工业化、城市化和社会化的背景下产生的,是在现代科学与技术的基础上发展起来的。景观设计师需要处理的对象,是与土地相关的综合问题,而不单单局限于某个层面上。现代景观设计师面临的挑战,是土地、人类、城市以及土地上的一切生命的安全与健康以及它们的可持续发展问题。景观设计师服务的对象是大众,是每一个人。他们关心的是全人类的生存、生活和发展,而不是为贵族权势或者名流文人服务。景观设计的对象,不仅仅局限于花园、宅院、庭院和公园,而是扩展到像国土资源规划那样大范围的地域。景观设计师的目标,就是营造一个良好的人居环境和生活空间,使人类与自然和谐共处。

1.4.1 景观设计的内容

具体地讲,景观设计主要包括以下层次和内容。

① 国土规划:自然保护区规划、国家风景名胜区保护开发。

② 场地规划:新城建设,城市再开发,居住区开发,河岸、港口、水域利用,开放空间与公共绿地规划,城市风貌规划,游憩地规划设计。

③ 城市设计:城市空间创造、指导城市设计研究、城市街景广场设计。

④ 场地设计:科技工业园设计、居住区环境设计、校园设计。

⑤ 场地详细设计:建筑环境设计,园林建筑小品,店面、灯光设计。

1.4.2 景观设计职业要求

《国际景观设计师联盟/联合国教科文组织关于景观设计教育的宪章》(*IFLA/UNESCO Charter for Landscape Architectural Education*)中,对景观设计师所应掌握的知识也提出了以下具体要求。

① 文化形态历史以及景观设计的正确理解。

② 文化系统和自然系统。

③ 植物材料及园艺应用。

④ 场地工程,包括材料、方法、工艺技术、建造规范、管理及实施。

⑤ 规划设计理论、方法。

⑥ 在各种尺度和各种设计类型中进行景观设计、管理、规划和科学研究。

⑦ 信息技术和计算机软件应用。

⑧ 公共政策、规则。

⑨ 沟通能力和吸引公众参与能力。

⑩ 职业道德规范和职业价值观。

景观设计学科综合性极强,融合了美学艺术素养和工程技术知识,并且景观设计师还要具有丰富的课外知识和生活阅历,方能设计出震撼人心的作品。在技能上,景观设计师应具备的能力可概括为三个方面,即专业知识(knowledge)、规划设计能力

(ability)和工程技能(skill),简称 KAS。

专业知识,即景观设计学科专业知识背景。景观设计学科包括人类社会学、心理学、行为学、管理学、旅游学、环境科学、城乡规划、建筑学、艺术学、地理学、林学、生态学、土壤学和气象学等诸多学科(见图 1-18)。这种专业知识背景,比传统意义上的"园林""风景"和"花园"要宽泛得多,涉及人类的生存大环境,即人居环境的保护和设计。对于景观设计师来说,景观设计不仅是多门学科的简单综合,而且还应包括语言、意义、复杂事物和多元文化的探索,构建"开放式设计",反映系统的复杂性和自然的本质变化。只有这样,才能设计出鼓舞人心的作品,促进人类和整个自然界向着光明的方向发展。

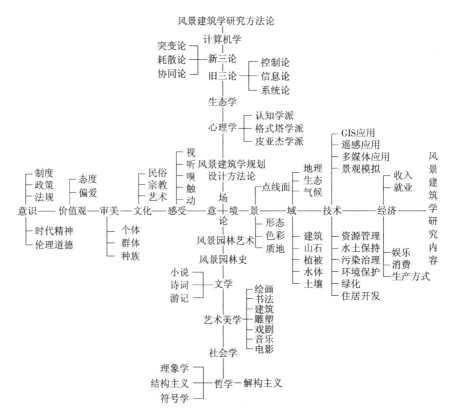

图 1-18 景观设计学理论研究的整体框架

规划设计能力和工程技能是景观设计师必备的能力与经验技巧。这是对一名合格的景观设计师的基本要求,两者都需要通过实践来熟练掌握。具体来说,主要包括以下几方面。

① 读图:地图、规划设计图、航片以及有关的专业图形符号。

② 基础资料数据分析:收集、综合规划资料数据,包括摄影技巧。

③ 基地分析判断:道路交通、建筑布局、人口等。

④ 规划设计筹划：周期、投资、基地潜力、不利因素与有利因素的分析判断。

⑤ 规划设计方案交流：形象交流，文字交流，与用户、委托方的交流，公众演讲，模型制作。

⑥ 规划设计技术：针对特定项目，确定恰当的尺度比例。在三维空间组织考虑各规划设计要素，包括场地平整、道路交通、市政管线、排水灌溉、照明、材料选取等专项规划设计，景观建筑小品单体与环境设计等。从多个规划设计方案中，选取最佳方案。

⑦ 施工建造技术：造价估算、选配材料、材料质量评价等。

上述知识和技巧的熟练和灵活掌握，需要长时间的培养。学生毕业后，还需要几年的景观设计工作实践，才能逐渐掌握。

1.4.3 景观设计师的就业范围

景观设计师的就业范围很广，贯穿于景观建设的全过程，包括政策制定、方案构思、规划设计、工程绘图、工程主持和教育等，具体如下。

① 国家、地方政府部门的公务人员，包括市政、园林、城乡建设、规划、环境保护、林业、土地管理等。

② 方案构思设计人员，如景观规划设计院、园林设计公司、环艺设计事务所、景观设计公司、建筑事务所、房地产开发企业等，主要从事景观方案设计。

③ 工程人员，包括常见的景观工程公司、地产公司等，主要从事工程主持和工程监理等工作。

④ 景观教育人员，包括研究生、本科、专科等不同学历层次人才的培养和教育。

1.5 景观设计教育

景观设计教育主要包括四大系统，即艺术/审美系统、工程技术系统、自然系统和人类系统。这四大系统是针对当前景观设计人才培养的实际需求提出来的，以后还会衍生出新的内容。

1.5.1 20 世纪 60 年代以前的景观设计教育

20 世纪 60 年代之前，景观设计行业的两大基础是艺术审美和工程技术。景观设计当时在美国的传播，很大程度上，仅仅是艺术审美和欧洲早期园林视觉形式的延伸和扩展。当时，景观设计教育的重点是 16 世纪文艺复兴时期欧洲的园林设计。这段时间，景观设计教育主要关注意大利文艺复兴时期所兴建的庄园别墅。这些别墅主要分布在佛罗伦萨、罗马、费埃索等地。文艺复兴运动进入巴洛克、洛可可时期以后，意大利造园风格在法国得到巨大发展，形成了引领当时造园潮流的欧洲几何规则式园林。代表作品为昂德雷·勒·瑙托(Andre le Notre)的维康府邸和凡尔赛宫苑。20 世纪 60 年代前的景观设计教育，着重于园林设计、植被的装饰特性和景观设计的传统理解,对自然和人类之间的动态关系不太关注。

1.5.2　20 世纪 60 年代至 70 年代的景观设计教育

20 世纪后半叶,科学技术的迅猛发展促使景观设计教育发生重大转变。景观设计课程不断深化。为了帮助学生正确理解景观历史和园林设计传统,一些院校增加了一些新课程,如土地审美学、系统管理、资源管理、成长管理、区域规划以及建立在生态学基础上的土地规划和场地设计方法等。可持续发展观点开始渗入景观设计教育之中。

1.5.3　20 世纪 80 年代至 90 年代的景观设计教育

在 20 世纪 80 年代至 90 年代期间,景观设计教育的主要目标,除了使学生掌握一些基本的审美理论和设计技术以外,可持续性设计理念也在教育中得到加强。景观设计师在考虑设计方案的时候,不单单依靠直觉、神秘和启发,还特别注重理性和可持续发展。

1.6　21 世纪的景观设计

长期以来,国外的景观设计作为一门独立的学科在不断发展完善,而我国的景观设计主要依附于传统园林、园艺,置于农学、林学、建筑学、规划和文学等学科之下,发展缓慢。景观设计的含义和研究范围模糊不清,经常被人们误解。仅"landscape architecture"一词的译名就有十多种,概念混淆不清。毋庸置疑,现代景观设计是在传统的园林、园艺基础上发展而来的,但它与传统园林、园艺又有很大不同。

现代景观设计是工业化、城市化和社会化的产物,是在现代科学技术基础上成长发展起来的。它所关注的对象已扩展到人居环境,甚至是人类的生存问题,其广度和深度远远超出了传统风景园林的范畴。20 世纪末,景观生态学、可持续发展的理念被引入景观设计行业,突出说明了人与自然环境之间的矛盾日益紧张。曾经一度,人类只想征服自然。但是,在取得了辉煌成就的同时,也给自身带来了很多困扰。经济水平提高了,自然环境却遭到了破坏,生活质量下降。此后,人们开始意识到自然环境的重要性。人类所有的生活资料、生产资料等都源于自然环境,如果哪一天自然因破坏而消失,人类也将无法生存。

这也从一个方面阐明了景观设计行业在全世界范围内迅速发展的原因。在美国,景观设计被评为 21 世纪发展最热、人才最紧缺的行业之一。在中国,景观设计行业也有着强大的生命力和发展市场。近年来,中国经济迅猛发展,其建设规模和速度都是前所未有的。但城市化严重、人口密度高、环境污染,也成了很明显的负面问题。这些都为景观设计行业提供了新的机遇。

21 世纪的景观设计涉及内容广泛,包括国土资源、城市风貌保护和历史文化区、生态旅游区、休闲度假区、大学校园、高科技产业园区、公共园林、城市道路系统、居住区坏境、街头绿地等各种环境的规划建设,社会需求广泛,专业前景非常乐观。但是,我国景观设计学科的发展却让人担忧,概念和学科设置混乱不清,学科理论难以深入,专业实践缺乏让人满意的设计实例。在美国,景观设计师注册制度早已实行。仅在过去的 5 年中,平均每年就有一千多人获得注册景观设计师资格证。目前全美的注册景观设计师已接近两万人。而注册景观设计师制度现今仍未在中国实施。

但是,事物的发展需要一个过程,正如一位大师所言:"刚刚过去的日子预示新的启蒙时期,即综合艺术与科学、技术与哲学、物质主义与精神主义,以及人与自然的时期即将到来。"我们期待着景观事业在中国发展的大好形势。

附:奥姆斯特德历年所作的重要规划

风景保护区

1865 年,约毖米蒂山谷和马里波萨比格特里格罗夫(Mariposa Big Tree Grove)。

1887 年,尼亚加拉保护区。

城市公园

1858 年,纽约中央公园(Central Park)。

1866 年,希望公园(Prospect Park)。

1868 年,布鲁克林的格林堡公园(Fort Greene Park)。

1869 年,布法罗的特拉华公园(Delaware Park)。

1870 年,康涅狄格州新不列颠(New Britain)的沃尔纳特希尔公园(Walnut Hill Park)。

1871 年,马萨诸塞州福尔里弗的南部公园(现在的肯尼迪公园)。

1871 年,芝加哥的南部公园(后来的华盛顿与杰克逊公园米德韦普莱桑斯 Midway Plaisance)。

1873—1887 年,晨曦公园(Morningside Park)。

1875 年,纽约的里弗塞德公园(Riverside Park)。

1877 年,蒙特利尔的罗亚尔山(Mount Royal)。

1881 年,底特律的贝尔岛(Belle Isle)。

1884 年,康涅狄格州布里奇波特的比尔兹利公园(Beardsley Park)。

1885 年,波士顿的富兰克林公园。

1887 年,纽约州纽堡的唐宁公园(Downing Park)。

1890 年,纽约州罗切斯特的杰纳西谷公园(Genesee Valley Park)。

1891 年,易斯维尔的切罗基公园(Cherokee Park)。

公园大道

1868 年,布鲁克林的东部与海洋公园道(Eastern and Ocean Parkways)。

1870 年,布法罗的洪堡和林肯、比德韦尔和沙潘公园道(Humboldt and Lincoln, Bidwell and Chapin Parkways)。

1871 年,芝加哥的德雷克塞尔林荫大道(Drexel Boulevard)和马丁·路德·金车道(Martin Luther King Drive)。

1881 年,"翡翠项链"(Emerald Necklace)。

1886 年,波士顿的比肯大街(Beacon Street)和联邦大街(Commonwealth Avenue)的扩充。

1892 年,路易斯维尔的南部公园道(Southern Parkway)。

公园系统

布法罗——特拉华公园、弗兰特公园(the Front)、阅兵公园(the Parade)、南部公园和卡泽诺维阿公园(Cazenovia Park)以及起连接作用的公园式道路。

波士顿——"翡翠项链":查尔斯河岸(Charles Bank)、巴克贝沼泽(Back Bay Fens)、河道公园(Riverway)、莱弗里特公园(Leverett Park)、牙买加池塘(Jamaica Pond)、阿诺德植物园、富兰克林公园,以及海军公园和相连的公园道。

罗切斯特——杰纳西谷(Genesee Valley)、海兰(Highland)以及塞尼卡(Seneca)公园和好几个城市广场。

路易斯维尔——肖尼(Shawnee)、切罗基(Cherokee)及易洛魁(Iroquois)公园、南部公园道和其他许多小型的城市公园和广场。

居住区

1869 年,伊利诺伊河滨。

1889 年,马里兰州萨德布鲁克(Sudbrook)。

1893 年,亚特兰大州德鲁伊山(Druid Hills)。

学生住宿区

1860 年,哈特福德寓所。

1874 年,布法罗州立精神病医院。

1884 年,劳伦斯维尔学院(Lawrenceville School)。

1886 年,斯坦福大学。

1892 年,纽约州怀特普莱恩斯(White Plains)的布卢明代尔精神病医院(Bloomingdale Asylum)。

政府建筑

1874 年,美国国会大厦的庭院及露台。

1878 年,康涅狄格州政府大楼。

乡间庄园

北卡罗来纳州阿什维尔的比尔特摩庄园(Biltmore Estate)。

马萨诸塞贝弗莉的莫雷纳农场(Moraine Farm)。

2 感知觉基础

感觉和知觉(简称感知觉)是最简单的心理现象,是人们认识世界的开端,是获得知识经验的源泉。感知觉是人类一切心理活动的基础。没有感觉和知觉,外部刺激就不可能进入人脑,人也不可能产生如记忆、思维、想象、情感等一系列复杂的心理活动。因此,要了解人的丰富而复杂的心理活动和行为,必须从了解感知觉开始。

2.1 感知的过程

人类的知识无论是来自直接经验,还是来自间接经验,都是先通过感知觉获得的。知识无论多么复杂,都是建立在通过感知觉获得的感性知识基础之上的。没有感觉和知觉,没有直接的经验,就不能认识世界,不能获得任何知识。

2.1.1 感觉

感觉是感受器官(眼睛、耳朵等)所产生的、表示身体内外经验的神经冲动过程。

客观事物具有不同的颜色、声音、味道、气味、温度等各种属性。客观事物直接作用于感受器官,各种感受器官对刺激加以识别,在大脑中产生对这些事物个别属性的反映,这种反映就是感觉。例如,看风景就是一种感觉活动。通过感觉,我们获得了关于事物颜色、声音、味道、气味、温度等方面的感觉信息。感觉除反映外界事物的个别属性外,还反映机体的内部状况。例如,通过感觉可以获得自身位置、运动、姿势以及机体内部器官活动状态等多种感觉信息。

感觉,是人脑对直接作用于感受器官的客观事物的个别属性的反映。根据引起感觉的适宜刺激物的性质和刺激物所作用的感受器,可把人类的感觉分成八种,即视觉、听觉、嗅觉、味觉、触觉、运动觉、机体觉和平衡觉。

感觉是知觉的第一阶段,是人对外界刺激及时、直接的反映。

2.1.2 知觉

知觉是对感觉经验的加工处理,是对刺激过程的认识、选择、组织和解释。换句话说,知觉同感觉一样,也是人脑对直接作用于感受器的客观事物的反映,但不是事物个别属性的反映,而是对事物整体的反映。有学者认为,知觉是个体基于过去的经验,针对目前需求与将来期望,将感观信息予以润饰及意义化,并对个别事物之间的关系进行分析和认识的心路历程。

在实际生活中,客观事物直接作用于感受器时,人们头脑中反映的不仅是事物的个别属性,同时也反映了事物的整体。譬如,儿童面前有一朵花,它并非孤立地反映颜色、香味、多刺的枝干等,而是通过脑的分析与综合活动,从整体上同时反映出它是一朵玫瑰花。知觉可分为简单知觉和复杂知觉两大类。简单知觉可分为视知觉、听知觉、嗅知觉、味知觉和肤知觉五种。复杂知觉可分为时间知觉、空间知觉和运动知觉等。其中空间知觉又可细化为形状知觉、大小知觉、深度知觉、方位知觉等。

2.1.3 景观知觉

景观知觉,是指人经由五种感官,接受到环境景观所给予的刺激,并对其加以解释和评判的过程。从心理学的观点而言,景观是一种物理刺激,主要由光波传送产生视觉刺激。这种刺激亦是一种信息,经由个体的内在知觉作用后产生景观,同时也会成为记忆和经验。这些记忆与经验,是形成对景观认知的原因。此种认知会影响下一次知觉反应,这种心理过程就是景观知觉。景观知觉的概念,主要强调人在知觉过程中的主动角色。人们所知觉到的信息永远不会与实际的环境全然符合。景观知觉的程序有如透镜原理,知觉者根据过去的经验在环境中寻找适当的线索,并因这些经验的权重不同,进而产生对相应知觉的偏好和满意度。景观知觉是一系列心理转换的过程,包括个人对于景观空间、环境特征和位置等信息的获得、编码、存储、记忆和解码等多种心理活动过程。景观知觉,包括认知的、情感的、解释的及评估的成分在内,都是同时作用于人的大脑并在人的大脑中形成影像。因此,人所知觉的景观是一个整体,景观信息的选择会受人格、目标及价值观所影响。

景观知觉不仅仅依赖于外界刺激,人类生理和心理机能也会对其起作用。对于同一种景观,不同的观赏者所产生的景观知觉也不尽相同。个人景观知觉总是根据其各自的特性,如社会背景、动机、目标、期望、人格、经验、文化和价值观等方面的差异,透过知觉器官,探索环境给予的信息,经过一连串的心理反应,如认知、情感、知觉、偏好及评价等,形成景观体验。

2.1.4 影响感觉的因素

感觉受多种因素的制约和影响,大体上可分为主体影响和客体影响两类。

1. 主体影响

主体影响主要指人本身的状态与感觉之间的关系。例如,健康人的视觉器官在体验环境的过程中起着最主要的作用,这是由各器官自身不同的特点和职能所决定的。视觉器官受到损害时,其他器官就会做出相应的补偿,增加感受的灵敏度。比如,盲人的听觉和触觉总是比正常人更灵敏,盲文就是利用盲人敏感的触觉而设计的。奥地利精神病学家阿德勒曾经指出,有生理缺陷的人,力求补偿,结果反而使其他器官机能高于普通人的水准。

2. 客体影响

并非任何强度的刺激都会引起感觉。德国生理学家韦伯(E. H. Weber)最早用实验证明了阈限的概念。感觉阈限是指刚刚能引起感觉的最小刺激强度和能感受到的最大刺激强度之间的范围。同时，他还提出了心理学上第一个定量法则——韦伯定律。韦伯定律的公式表述为

$$K = \Delta I / I$$

式中　　K——常数；

　　　　I——标准刺激强度或原刺激量；

　　　　ΔI——引起差别感觉的刺激增量。

简单地说，如果要让人感觉到一间有灯的房间内光亮增强，那么这间房间内本身的灯光越强，需要增加的光亮也就越强。

注意是心理活动对一定对象的指向和集中。这种集中并非无限的，它与单位时间内可以把握的内容、主体的年龄、性别、心情、兴趣、身体状况等因素息息相关。但是，若对零散的要素加以组织，主体便可以把一群元素当作一个整体来进行记忆，从而简化了信息处理的过程，更牢、更多地记住相关信息。

影响感觉的客体因素，主要是指刺激物的不同状态。例如，运动的物体比静止的物体更能引起人的注意，发光的物体比暗淡的物体更具吸引力。一个物体，如果本身能够多方面刺激人的感觉器官，则更具有引人注目的能力。例如：在纷杂的街道上，店铺一间挨着一间，为了让自己的门头能吸引顾客的注意，商家绞尽了脑汁，不仅装上了发光的、跳跃的霓虹灯，而且还将门前的音响开得震天响。

刺激物的强度有时也是相对而言的。比如：深夜的钟声更显得洪亮，绿叶丛中的花儿更显得娇艳，低矮的建筑旁边的高楼大厦更显得宏伟壮观。所以，景观设计中为了突出一面主题墙或某个中心区域，往往对其周围设计采取简化处理的手法。

2.1.5　多种感觉与景观设计

一般大众主要依靠视觉体验环境，但"主要"不等于"唯一"，因为环境本身不仅仅是一个视觉对象。事实上，人通过多种感觉（视、听、嗅、动、触等感觉）体验环境，不同感觉之间相互影响，而且它们之间的相互作用也影响着个人对总体环境的判断与评价。近年来，关于"多种感觉性质"的研究不断深化，为景观设计提供了许多有意义的启示。

1. 视觉研究的深化

视网膜由中央凹、黄斑和周围视觉组成（见图2-1），各自具有不同的视觉功能，它们使人以三种各不相同却又相互协同的方式观察世界。

1）中央凹

中央凹是位于视网膜中央的小凹，含有最微细的视锥细胞。中央凹形成的视野呈圆锥状，水平和竖直视角均为2°左右。当头部保持竖直或略微前倾时，中央凹视觉通常看着视平线以下10°左右的地方。中央凹具有辨别物体精细形态的能力，即"视敏度"。例如，它使人能极敏锐地看到离眼30.5 cm、直径0.3～6 mm的小圆，使人有可

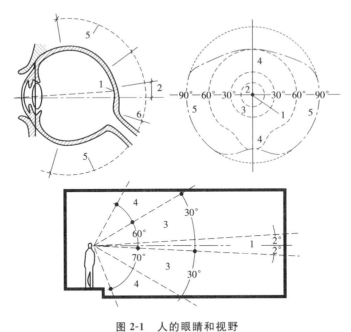

图 2-1　人的眼睛和视野

1—中央凹；2—黄斑；3—近周围；4—远周围；
5—边缘单眼视觉；6—色彩和细部视觉

能完成穿针、引线、拔刺、雕刻等精细工作。人类学家爱德华·霍尔（Edward T. Hall）曾指出："没有中央凹，就不会有机床、显微镜和望远镜。一句话，就没有科学。"

当人观看对象时，中央凹视觉一般是沿点划式轨迹进行扫描的。所谓"划"就是扫视，"点"就是停顿和注视。扫描可较快了解全局，注视则能深入局部。其中，停顿即注视的时间，又与人的兴趣呈正相关。对一点的注视时间越长，越易引起人的兴趣；反之亦然。因此，就直觉而言，匀质的景观，即缺乏停顿点的景观，如铅灰一色的天空、烟波浩渺的大洋、茫无边际的沙漠、单调划一的建筑等，往往很快（不是马上）就会引起视觉疲劳，继而使人产生厌倦。换言之，人需要注视点儿"什么"。于是，碧波中的点点白帆、林海中的亭台楼阁、原野上的农家村舍……都会成为中央凹积极捕捉的目标。同是大海，礁石激起的浪花就远比万顷碧波耐看；同为湖光山色，杭州西湖就比武汉东湖更能使人"眼"流连。因为西湖具有曲折的岸形、丰富的中央景色（包括湖中小岛）；而东湖则"天低吴楚、眼空无物"，虽然更大，却经不住反复扫描和研究。中央凹的扫描方式因对象而异。例如：观看画作等小尺度对象时，中央凹沿着复杂而又循环的路线进行扫描；观看较大的雕塑时，扫描集中于形体本身折射来回跳跃，并在形体外轮廓处略作停顿；对于建筑，扫描主要沿线条和外轮廓线进行，并多停顿于檐口、入口和形体突变部位；对于街道，中央凹集中于中景左右来回扫描，注视程度随距离增加而渐渐减弱，具有连续性；对于广场，扫描多集中于中景或近景处的狭窄地带，围绕中心来回摆动，注视程度变化较大，具有动态性质。根据中央凹的视野范围，可确定不同视距时建筑或景观细部(如檐口和雕塑)的尺寸。就景观(风景园林)设计而言,眼睛的扫描规律与直觉审美密切相关,因此具有更为重要的意义。

2)黄斑和周围视觉

黄斑是围绕中央凹的椭圆形黄色色素区域。黄斑的水平视角在 $12°\sim15°$ 之间。它虽比不上中央凹精细,但视力仍非常清晰,能完成阅读等功能。黄斑随同中央凹进行扫描,共同形成清晰的视野。

周围视觉位于中央凹和黄斑周围,包括近周围、远周围和边缘单眼视觉三部分。其中,边缘单眼视觉部分虽然视力变差,但对运动的感觉相对加强,因此主要用来检测视野周围对象的运动,包括客体的自主运动以及因主体(人)快速运动而造成的客体相对运动。这些运动被边缘视觉夸大,引起人的无意注意和下意识反应,这对感知环境整体、确保自身安全和保持心情安宁具有重要的意义。例如,驾驶汽车从开阔的公路驶入林荫道时,驾车者会情不自禁地减慢车速,倒退的行道树在边缘视觉上产生运动的夸大感,引起人的下意识反应。因此,道路和隧道设计必须充分考虑边缘视觉造成的影响。例如:隧道口应设有合适的视觉过渡和渐变(如设置大小变化的天窗);在隧道中,为避免造成车速突变,应保持人工照明均匀一致,并尽量减少位于驾车者眼睛高度的灯具数量。根据边缘视觉对动态刺激敏感的特点,可在商业区多设旗幡、灯具、字幕、喷泉和动态雕塑等,图书馆和医院则应尽量减少不必要的墙面装饰,通过加大或减小对边缘视觉的刺激,形成不同的环境氛围。

2. 其他感觉与环境体验

景观设计历来注重强调视觉因素,直到近年才开始重视其他感觉与环境体验的关系。而且,现在的设计者也越来越重视为游人设计出能提供多种感受的空间。

1)听觉

人体在用视觉器官欣赏周边景物时,也在用听觉感受着周边环境的动静。当然,听觉所接收的信息远比视觉少。声音虽短暂不集中,但无处不在。声音与室内外空间或局部、整体环境密切相关。消极方面固然有噪声产生的不利影响,但积极方面却让人获益良多。让一个正常人长期处于无声世界是难以忍受的。悠扬的音乐可以舒缓身心、陶冶性情、减轻压力。在居住区休闲空间处,聆听着自然的声音或美妙的轻音乐,左右观景,闲庭信步,对于缓解心理压力、进行交流活动和促进邻里关系,都有很好的效果。

无论是人声嘈杂、车马喧闹,还是虫鸣鸟语、竹韵松涛,都能有力地表达景观的不同性质,烘托出不同的气氛。从嘈杂街道进入宁静地带时,声音的明显对比会留下特别深刻的印象。特定的声音可以成为视觉探索的引导,还能唤起有关特定地点的记忆和联想。如,清代张潮在《幽梦影》中写道:"闻鹅声如在白门;闻橹声如在三吴;闻滩声如在浙江;闻羸马项下铃铎声,如在长安道上。"甚至有些景点的命名,也借用了声响的美妙效果,如西湖的"南屏晚钟""柳浪闻莺"等。

关于消极方面,可利用声音的掩蔽效应改善景观声环境。人耳能够分辨同时存在的几个声音,但是某一个声音增大,就会使人耳对其他声音的感觉降低,这就是掩蔽效应。两个声音强度相同的声音叠加(声级差为0),合成后的声音等于一个声音的声音强度加3 dB。两个声音强度相差在10 dB以上的声音叠加时,其合成的声级仅为较强声级值再增加不到0.5 dB,即一个强的声音和一个弱的声音在一起时,弱的声音可以忽略不计。通过合理的景观布局,就可以解决多个干扰源所产生的不良听觉环境,既经济,效果又好。例如,在喧闹的场所设置喷泉,喷泉涌动倾泻的声响可以掩蔽噪声,起到闹中取静的效果,有利于游憩和私密性活动。在入口广场或人流量大的聚散空间设置喷泉掩蔽噪声特别适用。

2)嗅觉

嗅觉也能加深人对环境的体验。公园和风景区具有充分利用嗅觉的有利条件:花卉、树叶、清新的空气加上微风,常会产生一种"香远益清"的特殊效应,令人陶醉。有时,还可以建成以嗅觉为主要特征的景点,如杭州满觉陇和上海桂林公园。在不少小城镇中还可闻到小吃、香料、蔬菜等多种特征性气味,这些气味提供了富有生活气息的感受,增添了日常生活的情趣。此外,不同的气味还能唤起人们对特定地点的记忆,可以作为识别环境的辅助手段。

3)触觉

通过接触感知肌理和质感,触觉是体验景观的重要方式之一。质感来自对不同触觉的感知和记忆。对于成人,触觉主要来自步行和坐卧;对于儿童,亲切的触觉是生命早期的主要体验之一,起先是被动地触摸,继而是主动地触摸。"到处摸"——从摸石头、栏杆、花卉、灌木直到小品、雕塑,几乎成为孩童的习惯。创造富有触觉体验、既安全又可摸的环境,对于儿童身心的发展具有重要的意义,这也是儿童活动区设计的一个基本原则。在设计中,质感的变化可作为划分领域和控制行为的暗示。例如,用不同铺地暗示空间的不同功能,用相同的铺地外加图案表明预定的行进路线。不同的质感(如草地、沙滩、碎石、积水、厚雪、土路、磴道等),有时还可唤起不同的情感反应。例如,南京大屠杀纪念馆墓地,满铺4 cm左右的卵石,使人产生一种干枯而无生气的感受(见图2-2)。

4)动觉

动觉是对身体运动及其位置状态的感觉。它与肌肉组织、肌腱和关节活动有关。身体位置、运动方向、速度大小和支撑面性质的改变,都会造成动觉改变。如水中的汀步(踏石),人踩着不规则布置的汀步行进时,必须在每一块石头上略作停顿,以便找到下一个合适的落脚点,造成方向、步幅、速度和身姿不停地改变,形成"低头看石,抬头观景"、动觉和视觉相结合的特殊模式。如果动觉发生突变的同时,伴随有特殊的景观出现,突然性加特殊性,就易于使人感到意外和惊奇。在小尺度的园林和其他建筑中,"先抑后扬""峰回路转""柳暗花明""豁然开朗"……都是运用这一原则的常用手法。在大尺度的景观中,常可利用山路转折、坡度变化(如连续上坡后突然下坡)和建筑亮相的突然性,达到同一目的。至于特殊的动觉体验,如沿沙坡下滑(敦煌鸣

图 2-2　南京大屠杀纪念馆

沙山）、攀登天梯（华山）、探索溶洞等，更是多种多样，不胜枚举；深刻的动觉体验，如峨眉山九十九道拐等。

5）温度和气流

人对温度和气流也很敏感，盲人尤其如此。检测窗户的气流和南墙的辐射，是盲人借以定向和探路的重要手段。在城市中，凉风拂面和热浪袭人会造成完全不同的体验。热觉对人的舒适感和拥挤感影响尤其明显。景观设计要尽可能为人们提供夏日成荫、冬季向阳的场所，努力消除温度和气流造成的不利影响。例如，不应在室外（如广场）铺设大面积的硬质地面，因为它们为西北风肆虐、毒日逞威提供了地盘。冬季，临街高层建筑底层的狂风，给行人出行带来不少困难。改进建筑总体布局，妥善处理步行道并设置导风板，是可行的解决办法。夏季，高墙阴影中的小巷和炎热无风的街道，形成强烈的热觉对比，会遏制居民上街从事正常活动，也应引起设计人员的重视。

3. 不同感觉的相互影响

景观体验即使主要以视觉为主，也应涉及其他感觉。景观设计中必须考虑不同感觉之间的相互影响。

1）相互削弱和破坏

若处理不当，视觉以外的其他感觉信息，常会削弱或破坏视觉体验。如高层建筑底层外围的狂风、住宅入口处垃圾箱的恶臭、传入室内的噪声、餐厅中人挤人的热觉等，都足以破坏人的感受。在风景区规划和建设中这一点尤为重要。例如，镇江焦山和洪洞广胜寺，均与焦化厂为邻，强烈的焦油气息，浓黑的烟尘，大大削弱了人们对风景名胜的美好感观。

必须指出，总的景观体验并不等于以视觉为主的、多种感觉的加权之和。在心理上，有时一美固然可遮百丑，但丑过了头，则一丑必掩百美。总的景观体验，应该是多种感觉体验的"逻辑与"，相当于生活中说的"并且"。任何一种感觉体验不合格，如极丑、噪声极大、恶臭难忍、闷热难当,均会造成总的体验不合格——必须门门及格,总分才算及格。

2) 相互加强或协同

简单的加强比较多见,如用动觉加强和修正视觉。以山为例,"山形面面观"固然有益,但看山不如爬山,只有亲身登临才能在"好峰随处改"中识别其真面目。一旦登临,决不会再把山看成单纯的视觉形象。复杂的加强涉及更多感受,尤其当多种感觉提供同一信息或同一类信息时,体验就更加深刻。例如,面对一堆篝火,不仅看到了火光,还听到了火苗的呼呼声和木柴的爆裂声,闻到了焦味,感到了热辐射。上述多种感觉,都提供了与燃烧有关的信息,相互加强所产生的体验就远比图片上的火生动。同样,建筑提供的多种感觉也应相互加强而不是削弱。"一座教堂不仅应看上去像教堂,而且听上去也应像一座教堂"。景观(园林)更应如此。康有为题杭州西湖"三潭印月",写道:"岛中有岛,湖外有湖,通以卅折画桥,览沿堤老柳,十顷荷花,食莼菜香,如此园林,四洲游遍未尝见……"这里的"见",包含经历和体验的深意;指代性的"如此",则概括了"三潭印月"的视、嗅、味等多种体验的总和。南京鸡笼山近年重建的鸡鸣寺,庙宇不大,不过数殿,宝塔不高,不过七层,却给人留下了难忘的印象:视觉——成贤街的对景、九华山东望的主景、眺望玄武湖的前景;听觉——诵经声、钟磬声、铃铎声;嗅觉——焚香产生的特殊的气味;动觉——登山和登塔时的转折上下;味觉——素餐馆的风味食品。上述多种感觉,均提供了与寺庙有关的同一类信息,相互加强,形成了深刻的环境体验。

"协同"包含两层意思:一是某一景观(建筑)所提供的多种感觉,应与所在景观性质相匹配;二是这些信息在质和量两方面应相互配合。只有当它们处于"最佳组合"时,才会产生良好的体验。例如,图书馆应保持安静,然而同一标准用于商城,就会使之成为"死城"。正如不同的乐器具有不同的音色一样,不同类型和层次的建筑应具有不同的"最佳组合"。这一课题与审美心理及景观设计的使用密切相关,值得今后进行更深入的研究。

3) 相互补偿或替代

由于生理或心理原因,人的某种感觉能力会降低。最明显的例子是盲人。景观中的声音,客体的外形、质感、气味等刺激,对他们来说显得至关重要。幼儿虽然视觉敏锐,但限于认知水平,只能意识已知的对象。理想的托幼环境及建筑,不仅应造型美观、新颖、复杂,而且还应提供足够的听觉(音响、广播、各种自然声)、触觉(可触摸的玩具、小品、雕塑、沙坑、水池、植物、铺地)、动觉(游戏和运动器械)刺激作为补偿。作为人生另一端的老年人,经常存在这种或那种实质性感觉障碍,加强各种感觉刺激(如明暗对比、质感变化、声响或符号提示),是老年人福利设施中常用的补偿手段。

景观中,不同种类的感觉还可相互替代。当视觉提供的信息令人不感兴趣时,其他感觉提供的信息就可能发挥主要作用。例如,小镇街道的视觉形象可能并无特色,但沿街食品摊散发的香味,富有乡土气息的叫卖声,却会久留在过客的记忆之中。不同尺度的景观中,各种感觉可按其重要性形成等级。大尺度的城市景观,这一等级次序为视、听、触、嗅。在小尺度的景观中,等级次序则为视、触、动、听。因此,在小尺度的室内空间和园林中,除了视觉外,还应强调肌理、质感和空间中运动路线的变化。在条件受限(如财力不足)无法创造丰富的视觉形象时,可按照重要性等级强化其他感觉信息作为替代。这一点在我们平时的设计和实际施工中意义重大。

在景观设计中,充分重视和恰当运用上述各原则,不仅能防止噪声、拥挤、污染等不良后果的产生,而且有助于形成丰富多样和易识别的环境,从总体上改善人对环境的体验。

2.2 知觉基本理论及其应用

不同学派的心理学家,从多种角度解释人的知觉,各自建立了自己的理论。尽管不同的理论强调不同的方面,甚至有的彼此对立,但每一种理论都从不同的侧面对我们有所启发和帮助。这里我们只简单介绍在环境心理学中比较流行且对景观设计心理学具有重要指导意义的三种理论及其主要观点,即格式塔知觉理论、生态知觉理论和概率知觉理论。

2.2.1 格式塔知觉理论

1. 格式塔的含义

1) 词义

德语"格式塔"意指形式或图形,在英语中它还具有"structure"(组织)的含义。但由于"structure"一词已为其他心理学派所专用,因而英译为"configuration",或音译为"gestalt";中译为"完形",或音译为"格式塔"。

2) 术语

作为心理学术语的格式塔具有两种含义:一是指事物的一般属性,即形式;二是指事物的个别实体,即分离的整体,形式仅为其属性之一。也就是说,"假使有一种经验的现象,它的每一成分都牵连到其他成分,而且每一成分之所以有其特性,即因为它和其他部分具有关系,这种现象便称为格式塔"(高觉敷主编《西方近代心理学史》)。总之,格式塔不是孤立不变的现象,而是指通体相关的完整的现象。完整的现象具有它本身完整的特性,它既不能割裂成简单的元素,同时它的特征又不包含于任何元素之内。

3) 引申

在格式塔知觉理论的应用中,几乎把格式塔视为"有组织整体"的同义词,即认为所有知觉现象都是有组织的整体,都具有格式塔的性质。于是,凡能使某一感知对象(如建筑立面、平面)成为有组织整体的因素或原则,都被称为格式塔。"格式塔(或格式塔原则)在建筑设计中的应用""良好格式塔"这一类说法,就是由此引申而来的。

2．基本观点

1）知觉的整体性

知觉的整体性认为人的知觉经验是完整的格式塔,不能人为地区分为元素。

2）同型论

同型论认为物理现象、生理现象和心理现象,都具有同样的格式塔性质,具有两两相对应的关系,都是同型(或称同构)的现象。"相对应"是理解同型的关键,即特定的物理现象会引起特定的生理和心理现象。

3）场作用力

场作用力可看成是同型论的推论。这一观点认为,既然物理现象是保持力关系的整体,那么与之对应的生理和心理现象当然也是保持力关系的整体,即三者都具有相对应的完整动力结构。

3．格式塔知觉理论在景观设计中的应用

现实生活中,人总是试图在知觉范围内对感知对象加以组织和秩序化,从而增强对环境的理解和适应。由于人对环境刺激的组织与思维过程和客观环境刺激的特性存在着同构性,所以环境刺激特性也直接影响着人的知觉效果。

1）图形与背景

在一定的场内,我们并不是对其中所有对象都能明显感知到,而是有选择地感知一定的对象。有些突显出来成为图形,有些退居衬托地位成为背景,俗称图底之分。丹麦学者鲁宾(E. Rubin)早就注意到这种现象,并绘制了著名的鲁宾两可图(见图2-3)。该图中若以黑色为背景,看到的是一个白色的花瓶;若以白色为背景,看到的是两个相对的人面。先天失明者复明后的实验证明,图底之分是复明后视知觉最早具有的反应,因此是先天赋予的,后天经验对此只起到一定的强化作用。F1赛车运动的标志,是这一原理的完美实例。

图2-3　鲁宾两可图

（1）图形与背景的关系

① 图形清晰明确,对比较强;背景模糊不定,对比较弱。

② 图形是被包围的较小对象,背景是包围着的较大对象。图形有轮廓,一般人们感知不到背景的轮廓。

③ 当图形与背景相互围合且形状类似时,图底关系可以互换。例如面对一匹斑马,可以说它是黑色的,身上有白色条纹;也可以说它是白色的,身上有黑色条纹;还可以说它既不是黑色的也不是白色的,是由黑色跟白色的条纹组成的。当图形与背景对称而且都是人们所熟悉的有意义的对象时,例如鲁宾两可图中的花瓶与人面,图底关系也可以互换。中国的阴阳太极图是围合、对称、类似、意义兼而有之的一个典型实例。

（2）图底关系在景观设计中的意义

图底关系是人凭直觉认识世界的最基本需要。真实环境中有清晰程度不同的图底关系。有的清晰，有的模糊，有时该清晰的却很模糊，该模糊的反倒清晰，不一定符合使用要求，这就需要经过设计加以调整。另一方面，感知对象图底不分或难分，容易成为暧昧或混乱的图形（见图2-4），视知觉就会忽略不顾，或因图形的闪烁而感到疲劳。此时若强制集中注意力（如强制观看混乱的展品），则更易加重视觉疲劳而感到厌烦。所以，在景观设计中强调图底之分，不仅符合视知觉需要，而且有助于突出景观和建筑的主

图 2-4　图底不分

体，让人在随意和轻松的情境中，第一眼就能发现所要观察的对象。同时，环境中某一形态的要素，一旦被感知为图形，它就会取得对背景的支配地位，使整个形态构图形成对比、主次和等级等。反之，缺乏图底之分的景观环境，易造成消极的视觉效果。

（3）易成图形的主要条件

① 小面积比大面积易成图形。当小面积形态采用对比色时，尤其引人注目，如蓝天上的白云、湖泊中的岛屿、碧波白帆、青山黄瓦、万绿丛中一点红等。

② 单纯的几何形态易成图形。如卢浮宫前的玻璃金字塔，在复杂的建筑环境中以其单纯的几何形态，吸引着游人的注意力而突显为图形。

③ 水平和垂直形态比斜向形态易成图形。

④ 对称形态易成图形。

⑤ 封闭形态比开放形态易成图形，大如群山环抱的天池，小如围墙上的漏窗、月洞门等。

⑥ 单个的凸出形态比凹入形态易成图形。对于凹凸连续的形态，图形与背景可以互换。此时，主体的经验及客体所包含的意义，常成为判断图底关系的依据。例如，图2-5中所示的建筑群，总是被看成上凸而不是下凹的图形。

图 2-5　城市建筑轮廓线

⑦ 动的形态比静的形态更易成为图形,如广场上的喷泉、活动雕塑或飘动的彩旗等。

⑧ 整体性强的形态易成图形,如景观中或山坡上具有共同特点并成组布置的建筑群。

⑨ 奇异的或与众不同的形态易成为图形,如在中国传统风格的街道上出现一座天主教堂,或在以现代建筑为主的街道上出现一组仿古建筑。众所周知的悉尼歌剧院就是以其独特的建筑造型在海滨建筑群中显得极为醒目。

2）群化原则

格式塔心理学认为,当我们自然而然地观察时,知觉具有控制多种刺激、使它们形成有机整体的倾向。这种使多种刺激被感知为统一整体的控制规律,通常称为群化原则(见图 2-6)。

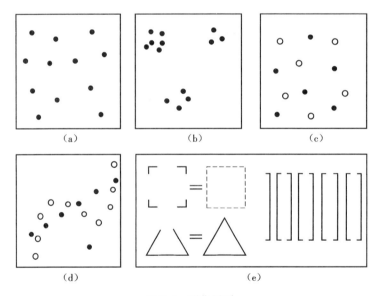

图 2-6　群化原则

(a) 均布散点;(b) 邻近原则;(c) 相似原则;(d) 连续原则;(e) 封闭原则

(1) 邻近原则

相互邻近的元素被感知为有内聚力的整体。这一原则体现了格式塔学派同型论和场作用力的观点,同时也与系统论的耗散结构理论观点相吻合。远离平衡态的系统会发生自组织现象,发生这种现象的外因是场的作用,内因是元素间的协同作用。图 2-6 中(a)表示在一定范围内元素均匀分布的平衡态,面对这些均布散点,人们一般没有兴趣去多看多想;图 2-6(b)则出现了数量不等的元素相聚的非平衡态,聚合成群的元素易被感知为整体,如空中的星云、草原上的蒙古包群或田野上的村落等。但是,建筑物或环境要素之间也并非越近越好,相互之间的距离不仅要考虑采光、通风、日照、防火等功能需要,也要考虑心理因素的影响。有机的整体系统总是疏密有致、恰如其分,才是一种富有生机的结合,正如景观设计中讲究的"疏可跑马、密不容针"。

(2) 相似原则

彼此相似的元素易被感知为整体(见图 2-6(c))。这是人认识世界时对刺激对象的分类和简化。物以类聚是人们根深蒂固的观念。无论是色彩、形状或质感方面的相似,在一定范围内均会产生这样的视觉效果。如果其中一种元素稍加组织,则易被感知为图形,其他元素则会被弱化为背景。真实环境中常常是邻近性与相似性共同起作用。如城市人形雕塑,尽管高矮、胖瘦互不相同,但由于材料、质感、色彩、形状、基座铁脚及力感等相似性,以及在空间上的相互靠近,给人以强烈的整体感,组成了似在行走的"家族"。

(3) 连续原则

按一定规则连续排列的同种元素,易被感知为一个整体(见图 2-6(d))。排列成直线的圆点,被看作一条直线而不是连续的点的排列。排列成曲线的小圆,被看作一条曲线。在真实环境中,连续原则被运用到星座命名、建筑构图、空间组合与导向、广告与美术图案等方面。连续性是感知对象有序的现象。从系统论观点来看,这样的一组元素不仅仅是远离平衡态,而且从混沌走向有序,产生了组织和结构,更易被看作一个有机的整体。

(4) 封闭原则

一个接近完整但尚未完全闭合的图形,易被看作一个完整的图形(见图 2-6(e))。例如:仅仅看到对称布局的四个直角,就能感受到由这四个直角所包围的正方形;缺了一个角的三角形,仍被看成三角形;把并排等距的一组垂直线段两两相对加上横向短线,就会把有四条横线包围的每两条竖线看成一个整体。这些图形虽未闭合,或距闭合甚远,但其辅助线的倾向,引导我们把它们视为整体,也可以说其中包含力的作用和动态趋势。这类感知图形,有时被称为"主观轮廓"。达到这种闭合的效果一般需要满足以下两个条件:

① 不完整的视觉对象在完整时呈简单形状;

② 这一简单形状具有某种合乎逻辑的连续性。

在建筑环境中,人们通常把一个敞厅看作一个完整的空间场所,原因在于其完整的形态为简单矩形,并以其四角保持着周边的连续性。城市广场也属类似实例。相互有围合倾向的建筑,被围合的空间往往给人以较强的领域感。如果是住宅区,其中的居民就会因此而加强交往,减少陌生行人流量,有利于建立居民的控制感、安全感和责任感。

3) 简化原则

感知对象的知觉组织所需要的信息量越少,该对象被感知到的可能性就越大。简单的几何形体容易被感知为图形就是这一道理。人们在对视觉刺激进行组织时,也喜欢采取尽量减少或简化的方式,使之更加有序和易于理解。

(1) 良好完形原则

视觉组织中,将对称、规则、简单形态的一组刺激视为一个整体。例如,一个直角梯形加了一条对角线,仍被看作一个完整的梯形。将 12 个小圆排成一个椭圆,外加的一个同样的小圆,无论与其中的任何一个怎样靠近,它仍被隔离于这个整体的椭圆之外(见图 2-7)。

(2) 简洁原则

简洁原则是对上一原则的深化,指知觉在组织空间位置相邻的视觉刺激时,具有使对象尽可能简化的倾向(见图 2-8)。

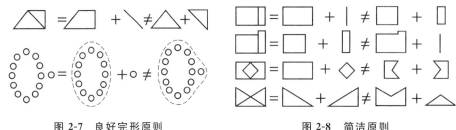

图 2-7　良好完形原则　　　　　　　　　图 2-8　简洁原则

格式塔组织原则从理论上阐明了知觉整体性与形式的关系,为"统一中求变化,变化中求统一"这一传统信条找到了科学而翔实的依据。同时,由于这些原则出自图形实验,运用时易于掌握、操作和引申,对景观设计具有广泛的影响。但是,上述原则主要适用于二维几何图形和视点静止的三维景观,有时难以对真实环境中的视知觉作出满意的解释。另一方面,由于过分强调直觉,忽视后天经验和文化的影响,难以对个人和人群的知觉差异作出恰当的反映。

2.2.2　生态知觉理论

生态知觉理论是由吉布森(James Gibson)提出的。他的研究之所以被称为生态知觉理论,是因为其强调人类的生存适应性,例如,寻求生活资源及配偶、预防伤亡等。该理论包括以下两个基本观点。

1. 环境的提供

知觉是一个有机的整体过程,人感知到的是环境中有意义的刺激模式,并不是一个个分开的孤立的刺激。知觉是环境刺激生态特性的直接产物。

2. 知觉反应的先天本能

感知觉是机体对环境进化适应的结果。机体的很多知觉反应技能不是习得的,而是遗传进化的结果。视觉悬崖实验(见图 2-9)可提供有力的佐证。研究者制作了平坦的棋盘式的图案,用不同的图案营造出"视觉悬崖"的错觉,并在图案的上方覆盖玻璃板。将 2~3 个月大的婴儿腹部向下放在"视觉悬崖"的一边,发现婴儿的心跳速度会减慢,这说明他们体验到了物体深度。把 6 个月大的婴儿放在玻璃板上,让其母亲在另一边招呼婴儿时,发现婴儿会毫不犹豫地爬过没有深度错觉的一边,但却不愿意爬过看起来具有悬崖特点的一边,纵使母亲在对面怎么叫也一样。这在某种程度上表明,动物的这一重要知觉能力很早(从会移动开始)就已形成。

图 2-9 视觉悬崖试验

事实上,不少动物的知觉能力的确是先天遗传的。但人类不同于其他动物的是,双手的解放、手脑的协调发展使智力得到进一步开发,学习能力提高,对客观刺激的判断和利用水平远远超出生物本能。人类对生活环境的选择与改善、对工具的创造等行为,就是这种更高级的生态知觉的体现。

3. 在景观设计中应用

从环境与行为关系来说,环境的"提供"包括三重含义:第一,环境对象要为它的使用群体提供便捷性,即让需要它的人能方便地到达它所在的位置;第二,环境对象要有明确的意义,这种意义不是脱离功能的空洞的概念,而是由环境的物质特征直接显示出来的、周围人群所需要的功能意义;第三,要让使用者的需要得到满足。人们对环境客体的发现、理解和利用,总是一个由表及里、由探索到体验、由偶然的直觉到习惯性行为的过程。

环境的物质特征与社会特征,一旦向周围需要它的人们展示了它的功能意义,人们就会发现和利用它。在一定的社会条件下,常常是有什么样的环境就会发生什么样的行为,无论主观上是赞成还是反对。2006 年,沈阳举办园博会期间,园林部门为了美化市容,煞费苦心投入大量人力、物力和财力,沿街摆放了许多碗形花卉大盆景。然而,不尽如人意的是,许多过往行人没有看到其美的价值,却发现了它装废弃物的功能。不少盆景内积存着废塑料袋、各种饮料包装、一次性方便碗筷和吃剩的食物等垃圾。要说这里的市民不文明,他们却没有将废物随手乱扔,而是特意丢在这些盆里,以致这些意在美化街景的盆景反而成为多余的摆设和妨碍城市卫生的累赘。这一现象只能说明当前这里更需要的是垃圾箱。

城市环境是高度人工化的环境,从环境"提供"的观点来说,很多行为现象都能从它的环境特征中找到原因。观察和分析各种行为现象及其发生的原因,对于改进景观设计和管理都会提供有益的启发。现实生活中,寻常百姓更多地关注衣食住行、娱乐、交往等环境的功能特性及其利用。然而在城市环境中,这些方面提供给居民的只是现成的有限选择,居民的满足程度关系着居民生活的质量,影响到他们对环境的态度,这一切又反过来影响着物质环境的特征和社会环境的生态。

2.2.3 概率知觉理论

格式塔知觉理论主要强调视觉的直觉作用,生态知觉理论强调机体先天的本能和环境所提供信息的准确性,而由布伦斯维克(E. Brunswick)提出的概率知觉理论,更重视在真实环境中实验所得出的结论,更重视后天知识、经验和学习的作用。概率知觉理论认为,环境知觉是人主动解释来自环境的感觉输入的过程。环境提供给我们的感觉信息,从来都不能准确地反映真实环境的特性。事实上,这些信息往往是复杂的,甚至是使人误解的环境线索。如我们所熟知的一些错觉现象,两个一模一样的楼体,你会觉得离自己近的那个楼体要比离自己远的楼体大,这就是通常所说的近大远小。这种观点恰好与吉布森的观点相反。

概念知觉理论认为,个人在知觉中起着极其主动的作用。为了应付从环境到达我们的感觉线索的不定性和不一致性,个人必须建立对环境加以判断的概率论点,这些概率论点是从以往大量环境场景的感觉线索中取样得到的。然而,由于个人所生活的时空的局限性,不可能对所有的环境取样。所以,对任何给定环境的判断也不可能是绝对肯定的,仅仅是一种概率估计。个人可以通过在环境中的一系列行动,评价它们的功能效果,检验概率判断的准确性。

概率知觉理论对景观开发者、设计者和管理者来说包含两层含义:其一,按不同景观环境的功能性质,恰当地运用确定性和不确定性;其二,承认自己的认识与环境使用者需要之间的差距,从而使自己能比较主动和客观地去了解环境使用者的生活和需要。

实际环境中由于人的不同需要而产生了各种各样的场所。有的场所需要提供适当的复杂性、不定性,甚至错觉,以维持一定的唤醒水平和兴趣,如游览和娱乐场所。有些场所需要提供较清晰的知觉判断,强调简单性、确定性和便捷性,如医院、车站、机场、商场、交通要道等。设计不当,就会引起不良反应,甚至造成严重后果。

在工作或交通环境中,知觉的清晰性对安全和效率起着至关重要的作用,如适度充分的照明、醒目的信号等。路旁令人分心的视觉刺激、使用不当的现代建筑玻璃幕墙等,常常因干扰视觉的清晰性而成为事故隐患。

对于娱乐场所或风景点,常常可以利用视错觉,创造出人意料的效果。一些日本花园,通过前景布置的大树、近处较大的房子、较精致的观察对象及远处较模糊的小树和较小的房子,创造更深、更远的错觉,以使花园显得比实际更大。许多中国传统园林则利用墙与建筑的组合、树木的掩映和道路的迂回曲折,创造丰富的空间层次,以形成小中见大的效果。曲径通幽、豁然开朗、欲扬先抑……无不体现出这一原理。

不同学派的知觉理论,从不同视角解释客观世界与现象世界之间的关系,共同构成景观心理学理论体系建立的基础。格式塔知觉理论是基于现象学的观点和方法基础提出的,更易为设计者接受和偏爱,它的组织原则对景观设计的确有重要的指导意义。但是,我们不应忘记格式塔心物同型的基本观点,脱离了使用者生理和心理需要的格式塔,得不到使用者的认可,也不能算作成功的设计。从这种意义来说,格式塔知觉理论同生态知觉理论有着共同的基础和密切的联系。

概率知觉理论更加强调学习的重要性,即时间和人的主动探索行为在提高知觉判断中的作用。每个人都带着一定的偏见去观察和解释客观世界。每个人所了解的世界都是其中的局部而非全局。就全体人类来说,也不过是立足于特定的时空以自己特有的思维去观察和解释世界。现象世界与客观存在的真实世界,永远不能画等号。但真实世界是现象世界存在的前提,现象世界是真实世界的近似反映。每个人头脑中都装着一个世界,每个人都不可能完全了解别人的世界,也不可能把自己的世界完全装入别人的头脑中。因此,从人的认识来说,总是山外有山、天外有天。作为景观设计者,应该尊重别人的世界,这就需要尽量去了解别人的世界。因此,尽管概率知觉理论在设计者中不像格式塔理论那样深入人心,但对设计者和管理者客观地认识自己和了解使用者,同样起着不可忽视的作用。

2.3 刺激、人体感应与安全

2.3.1 个人空间和人际距离

1. 个人空间

人类学家艾德华·霍尔指出,每个人都被一个看不见的个人空间气泡所包围。

个人空间像一个围绕着人体的看不见的气泡,腰以上部分为圆柱形,自腰以下逐渐变细,呈圆锥形(见图 2-10)。这一气泡跟随着人体的移动而移动,依据个人所意识到的不同情境而胀缩,是个人心理上所需要的最小空间范围,他人对这一空间的侵犯与干扰会引起个人的焦虑和不安。

2. 人际距离

艾德华·霍尔研究了相互交往中人际间的距离问题,将人际距离概括为四种,即密切距离、个人距离、社交距离和公共距离(见图 2-11)。不同种类的人际距离具有不同的感官反应和行为特征,反映出人在交往时的不同心理需要。

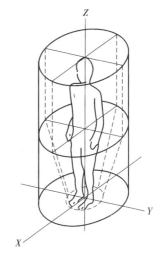

图 2-10　个人空间三维模型

(1) 密切距离

密切距离范围为 0~0.45 m,小于个人空间,可以相互体验到对方的辐射热、气味,是一种比较亲昵的距离。在如此近的距离内,发音容易受干扰,触觉成为主要的交往方式,距离稍远则表现为亲切的耳语。但在公共场所,与陌生人处于这一距离时会感到严重不安。

(2) 个人距离

个人距离范围为 0.45~1.2 m,与个人空间基本一致。处于该距离范围内,能提供详细的信息反馈,谈话声音适中,言语交往多于触觉。个人距离适于亲属、密友或熟人之间的交谈。公共场所的交流活动多发生在不相识的人们之间,景观空间设计既要保证交流的进行,又不能过多侵犯个体领域的需求,以免因拥挤而产生焦虑感。休息区的设计,要保证人们可以拥有半径在60 cm以上的空间。

(3) 社交距离

社交距离范围为1.2～3.6 m,指邻居、朋友、同事之间的一般性谈话的距离。在这一距离中,相互接触已不可能,由视觉提供的信息没有个人距离时详尽,彼此保持正常的声音水平。观察发现,若熟人在这一距离出现,坐着工作的人不打招呼继续工作也不为失礼;反之,若小于这一距离,工作的人不得不打招呼。

(4) 公共距离

公共距离范围为3.6～8 m或更远的距离,这是演员或政治家与公众正规接触的距离。这一距离无细微的感觉信息的输入,无视觉细部可见。为了正确表达意思,需提高声音,甚至采用动作辅助语言表达。

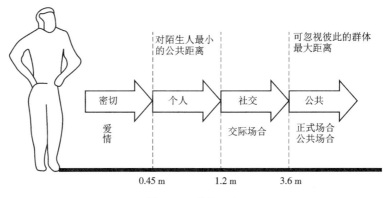

图 2-11 人际距离

3. 个人空间和人际距离在景观设计中的应用

(1) 个人空间的应用

"个人空间"这一概念,主要用于解释公共场所中人们的就座习惯。例如,在外部公共空间中,为了保持个人空间,人们喜欢坐在角部或边界明显处(见图2-12)。凸出或凹进的角部,如L形长凳、L形花池,特别吸引个人就座休息或面对面谈话。移动座椅可成组灵活布置,有利于群体交往,特别受到使用者的偏爱。

(2) 人际距离的应用

人际距离可作为设计依据,供布置家具、决定室内尺度、设计园林小品时参考。例如,在公园等外部公共空间中,用于交谈的设施,就应符个人距离远距离至社交距离近距离的要求。公共距离可作为"冷静旁观"时的最小间隔。不少人,尤其是老人和妇女,偏爱从这一距离旁观他人的活动。人际距离研究还表明,人利用空间进行交往时具有多种需要。在公园等场合,座椅布置必须采取多种方式,才能满足不同活动和不同人际距离的要求。

人际距离还可加以引申,应用于景观设计。日本建筑师芦原义信把建筑物之间的距离与人际距离作了类比。他认为,建筑物之间的距离与建筑高度之比 $D/H>1$ 时,产生远离感;$D/H<1$ 时,产生接近感;当 $D/H>4$ 时,建筑物之间的影响很小,基本上可不加考虑。

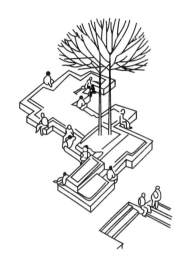

图 2-12 人的就座习惯

2.3.2 安全性和依靠感

人的需要可以有不同的划分,生理需要和心理需要是两个基本的类型。美国行为科学家亚伯拉罕·马斯洛(Abraham Maslow)提出了著名的需要层次理论。马斯洛认为,人类有五种基本需要,即生理需要、安全需要、社交需要、尊重需要和自我实现需要(见表 2-1)。

表 2-1 需要层次理论

需要类型	马斯洛的需要层次理论
社会性需要	5.自我实现需要:自主、真实体现自己的欲望……
	4.尊重需要:自尊、自重、名誉、威信、受人尊敬……
	3.社交需要:交往、友情、爱情、感情、归属……
自然性需要	2.安全需要:人身安全、职业保障……
	1.生理需要:衣、食、住、行、性……

从表 2-1 可以看出,对于安全的需要是仅次于生理需要的基本自然性需要。人们在潜意识里往往倾向于隐蔽自己而面向公众,从而使自己处于更加安全的地位。这也是所有动物在自然界中生存必须具备的防御和攻击的本能。我们都有过这样的经验:在没有护栏的桥或者平台上,尽管面积够大,自己并不会掉下去,但是往往还是觉得不安全。同样,人在过于高大空旷的空间里,也会产生恐惧感,宁可选择小一点的空间以求安全。

研究表明,在公园、广场中,树木、台阶、围墙等背后有依托的地方,更受休憩人群的欢迎。许多公共空间里,空间中停留的人群并不是平均分布的,往往在墙边、拐弯处、亭廊、树木等地方滞留的人较多。这些都体现了人们对于安全和依靠感的需求。

目前,景观设计中对空间环境的安全性关注较少。大众对景观的理解多停留在改善、美化人居环境的层面上,而往往忽视其作为一种特殊系统而存在的各种危险隐患。景观,作为公众各种活动的载体以及社会生活形式的基础,需要确保其基本的安全要求,以满足使用人群的人身安全和心理安全的需要。

2.3.3 领域性

1. 领域性

领域性是个人或群体为满足某种需要,拥有或占用一个场所或一块区域,并对其加以人格化和防卫的行为模式。该场所或区域就是拥有或占用它的个人或群体的领域。

领域性是所有高等动物的天性。人的领域性不仅包含生物性的一面,还包含社会性的一面。人对领域行为的需要和反应,也比动物复杂得多。个人需要层次的不同,如生理需要、安全需要、社交需要、尊重需要、自我实现需要等。领域的特征和范围也不同,如一个座位、一个角落、一间房间、一套住宅、一组建筑物、一片土地……随着拥有和占用程度不同,个人或群体对领域的控制,即人格化与防卫的程度也明显不同。领域这一概念不同于个人空间。个人空间是一个随身体移动的、看不见的气泡。而领域无论大小,都是一个静止的、可见的物质空间。

2. 领域的类型

鉴于领域对个人或群体生活的私密性、重要性及其使用时间长短的不同,阿尔托曼(Irwin Altman)将领域分为主要领域、次要领域和公共领域等三个领域。

(1) 主要领域

主要领域是使用者使用时间最多、控制感最强的场所,包括家、办公室等。对于使用者来说,主要领域是最重要的场所。

(2) 次要领域

次要领域对使用者的作用不如主要领域那么重要,不归使用者专门占有,使用者对其控制也没有那么强,属半公共性质,是主要领域和公共领域之间的桥梁。次要领域包括夜总会、邻里酒吧、私宅前的街道、自助餐厅或休息室的就座区等。

(3) 公共领域

公共领域一般包括电话亭、网球场、海滨、公园、图书馆以及步行商业街休息区等场所。

3. 领域的功能

(1) 组织功能

领域具有不同的尺度和区分方法。最小的领域是个人空间,它也是领域中唯一可移动的空间范围。其他依次为私人房间、家、邻里、社区、城市,形成了从小到大一整套领域系统。明确的功能分区使人们了解到哪些具体领域从事哪些具体活动、会见到哪些人,有利于个人根据自己的角色和需要安排自己的行为,形成稳定有秩序的生活(见图 2-13)。

(2) 私密性与控制感

领域有助于私密性的形成和控制感的建立。私密性不仅指离群索居,还包含着人与人交往的程度、方式。尽管电话、传真、网络等的出现,为人们的交往提供了多种

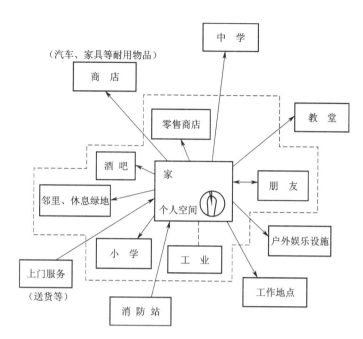

图 2-13 个人的知觉领域和活动领域

便捷的途径,但任何交往工具都无法取代面对面的对话。在日常生活环境(尤其是居住环境)中,人们一般不喜欢非此即彼的生硬的两极组合。生活在具有丰富私密性—公共性层次的环境之中,会令人感到舒适而自然,既可以选择不同方式的交往,又可以躲避不必要的应激。例如,住宅中划分不同的功能分区,以满足家庭成员之间亲密而有间的良好关系。厅为家庭的公共空间,但每个人在餐厅的就座位置差不多都形成了固定的习惯;卧室和书房是个人的私密空间,家庭各成员一般都尊重关门这类领域性行为。

建筑物外部通过适当范围的空间围合,如草坪、树篱、台地、栅栏等方式,形成具有不同私密性层次的领域,也有利于个人或群体的同一性。在老年居民较多的住宅前,提供边界明确的半私密户外空间,供老年人栽花养草,既有益于老年人身心健康,又有益于美化环境。而且环境条件的改善,促进了居民(尤其老年人)的户外交往,加强了对居住环境的监视与安全防卫,的确是一举多得的好事。沈阳某小区一楼的一位六旬老人是个养花迷,因家中窄小,就将室内的盆栽摆在自家阳台和阳台外围空地上,成为小区一道美丽的风景。她的这种行为带动了小区内的其他养花爱好者,阳台外围就成了这些人活动和交流的场地。居委会注意到老人们的行动,就在宅间的空地上建造了两个花池,为老人们提供了养花的场地。这样一来,老人们的干劲更大了。每年春天,小区的花池整个绿化都由他们来做,播种、浇水、施肥、除草等,老人们忙得不亦乐乎。

个人空间、私密性和领域性,直接影响着人的拥挤感、控制感和安全感。根据三者与人的关系,可以发展出一种模式,将私密性、个人空间、领域性和拥挤感联系起来(见图 2-14)。

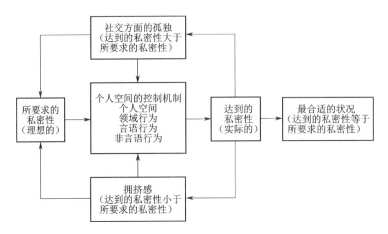

图 2-14 私密性、个人空间、领域性与拥挤感之间的关系

前面的讨论中,一再提到帮助使用者建立控制感的重要性。控制感的建立,一方面取决于使用者的人格,另一方面,环境本身的私密性层次和领域特征也是必不可少的条件。有些环境本身就让使用者无法控制,对围护结构之外发生的一切都无可奈何。从生态知觉来说,私密性层次和领域特征,对环境的主人是一种"提供",对外来的侵犯者则是一种"遏制"。物质环境的生态特征,在很大程度上影响着社会环境的生态。设计者和管理者的思路可以是"管",也可以是"提供"。但"管"的结果不一定理想,可能会引起使用者被动消极的心态甚至产生抗拒反应。提供条件让住户对户外环境人格化,会调动居民的积极性,使之主动地去维护环境和创造更美的环境。

2.3.4 瞭望与庇护

理论和实验观测都表明,人在公共场所中普遍存在"窥视"的偏好。看和被看,是广场上最生动的游戏。林荫中的隐蔽处、广场和草地边缘,都是最佳的"窥视"场所,因而也是设置座椅、提供休憩的合适场所。在明处或广场中央设计活跃的景观元素,如喷泉和水体,吸引人的参与,使其无意间成为被看的对象和"演员"。

如果站在高楼上鸟瞰一个广场,会发现人群的散布是有规律可循的。人群不是均匀散布在外部空间之中,也不会在最宽敞的空地上长久停下脚步,逗留的人群大多数会以某一建造物或树木为据点,团聚周围(见图 2-15)。回忆我们自己的切身体验,坐在背后有树的长凳上,或者靠在门廊和建造物旁边的那种依赖感,常使我们觉得满足,仿佛得到了呵护和防卫,或许这正来源于人类对于安全感的一种需要(见图 2-16)。

这种对于方位的安全需要也许起源于穴居时代的防备意识。当原始人在户外寻找地方就座时,通常会寻找一棵树、一块石头或一个土坡作为依靠。这更有利于隐藏

图 2-15 欧洲某广场

图 2-16 街道的一角

自己,发现猎物。阿普尔顿(Jay Appleton)提出过类似理论假设,认为人们偏爱既具有庇护性又具有开敞视野的地方,这是生物演化的必然结果。这类场所提供了可进行观察、可选择做出反应、可进行防卫的有利位置,而且还提供了一个防卫空间,使人免受伤害。一些纪实性报道为这种现象提供了更多佐证。龙卷风的劫后余生者回忆,"铺天盖地的泥沙、砖瓦、树枝一起砸过来……大家本能地往墙角躲避""本能地就势钻到了床底下""我就势趴在公路上"。当安全受到威胁时,人所表露出的这种本能反应,为景观设计的方位考虑提出了要求和参考。空无一人的广场将丧失聚集行人的吸引力。

2.3.5 舒适度与生气感

空间中的生气感,是由人的活动造成的。空间中即使没有人,但有人活动的痕迹,同样可以引起生气感。克里斯托弗·亚历山大(Christopher Alexander)曾说过:"空间好比是一条小河,潺潺流水好比人们的活动。枯竭的河流是没有生命的,但没有河岸,水也不会循此而流。二者是合二为一、相互依赖的整体。"从"人看人的乐趣"中我们不难发现,人们喜欢聚集于有人活动的地方,这类场所对使用者的亲和力较强,能据此吸引更多的观看者。通过在别人面前的"表演",获得对自我价值认可的满足,无论是观看者还是被看者,都会获得各自的满足。在对欧洲大量的广场进行调查后发现,一个充满生气的空间,具有一定的封闭性和敞开性,敞开性的空间总与另一个空间相接。舒适空间,除了环境质量的舒适,还应具备两个特点:① 较小的部分封闭的空间,可以作为人们的依靠;② 人们可以通过它的开放部分,看到另一个较大的空间。其中,环境的依靠性对空间的舒适感有着重要的意义,它既能满足人们对空间私密性的要求,又可以使人观察到外部空间中公共性更强的活动,从而产生舒适感。

2.4 刺激与行为

2.4.1 刺激与行为

刺激与行为曲线,是一个倒置的字母 U(见图 2-17)。许多心理方面的问题都有

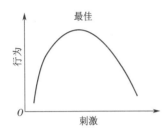

图 2-17 刺激与行为曲线

这样的特点。没有足够的刺激,将感到无聊,对于事物失去兴趣。过度刺激则意味着不能集中精力。最好的表现位于两者之间的某一点。

某些地方,人们无疑会期望它能提供大量的刺激。游乐场就是一个重要例子,尤其在夜晚,伴随着光明与黑暗的对比,还有喧嚣、拥挤、兴奋以及食物的香味。人们需要这样的环境来自我取悦。这里不需要任何内心活动,这就是要点。在这样的地方,意味着抛弃顾虑和担忧,进入忘我的境界。在这里,不存在尺度问题。哥本哈根的蒂沃利花园(Tivoli Gardens)就是一个很好的例子(见图 2-18、图 2-19)。当夜幕逐渐落下的时候,整个园子都值得再游历一次。无数的碘钨灯胜过荧光灯的光芒,创造出一个全新的、神奇的而又不同的世界。夜晚,视距缩短了,本地化的碘钨灯的应用使注意力集中,更加具有选择性,以至于只是随便转转,都会不断发现新奇的地方。

图 2-18 蒂沃利花园(一)

图 2-19 蒂沃利花园(二)

就知觉而言,人偏爱复杂刺激;然而就认知而言,人需要识别和理解环境,希望环境有组织、有条理,并形成一定的秩序,以便加以分类、命名和记忆。知觉实际上也依赖于认知。环境不易识别,人就难以感知,当然更无心去欣赏环境。换言之,人希望在不迷失方位、环境易于识别的前提下,去感知丰富复杂的环境刺激。一般,就较大尺度的环境(如城市和风景区)而言,人需要秩序明确、条理清晰;而在较小的尺度上,人偏爱丰富复杂,甚至曲折迂回、扑朔迷离。因此,"有组织的复杂性",是景观设计师

在布置景观要素时所追求的理想场景。

2.4.2　设计适宜的刺激情境

在景观设计过程中,无论是布置一座假山还是布置一个植物空间,都有诸多环境心理因素需要考虑。不仅要考虑它们的空间位置关系,还要考虑与其有关的人的关系。设计师应该通过一系列关系的设计,来充分展示物体最吸引人的特征,从而控制人对物体的感知。在长期的设计思考过程中,景观设计师会形成这样一种经验,那就是设计的景观与人的联系往往比景观本身更为重要。以一棵树为线索,对人来说,一棵看不见的或者容易被忽略的树,就等于不存在。更具体一点的,远处山坡上的一棵开花的观赏树,对游人来说也只是某时某地的一个标识,当人们爬上山坡去接近那棵树,并看清楚开花的这棵是一棵合欢树时,便开始产生丰富的联想:想去摘一朵花,闻一闻它的花香。

2.5　景观要素与心理

景观设计的理论体系中,很早就涉及心理学范畴的要素,尤其是一些有关形式美法则的问题。比如,设计活动中必然要接触到的人体工程学,就是协调尺度与行为活动和心理感受之间的一门学科。与景观设计密切相关的造型、尺度、材质、色彩、光线等,都直接对景观中主体行为者的心理活动产生影响。

2.5.1　造型与心理

景观设计中的造型,是指一个事物在形式上的外在体现。它是艺术表现的一种重要手段,在景观设计中可以说是无处不在,大到室外景观中的整体布局、小品、雕塑、公共设施等,小到室内的家具、陈设、日用品等。在景观表现过程中,造型起着至关重要的作用。例如:用原木制成的座椅散发着朴实、自然的气息(见图 2-20);而波浪形随意扭曲的椅子,则伴随着更多的想象空间,充满自由的韵味(见图 2-21)。

图 2-20　木制座椅

图 2-21　造型座椅

　　造型是一种特殊的存在形式,即对各种信息的吸取、加工、传递和交换。造型的心理功能,就在于它是一种特定的信息加工和交流的形式。设计师将从生活中获得的视觉信息和非视觉信息,通过形象思维进行编码加工,再通过创作实践活动把这些信息加工成具有心理效应的实物。当人们通过使用或身临其境来感受这些实物时,信息被传递给观赏者,实现了设计师与观赏者之间的意识交流。在设计过程中,由于客户对造型的创造缺乏相应的专业知识,只能用语言形式来表达他对一个未来场所在感受上的企盼,比如他们常用舒适、宽敞、整齐、优美等形容词来描述一个空间场所。设计师的任务,就是将这些概念性的语言转化成视觉语言,也就是造型。在这里,造型是实现景观设计者和景观使用者之间感觉和意识交流的桥梁之一。

　　另一方面,由于受到习得性联想的作用,欣赏和思维习惯形成了一定的定势效应,造型艺术中的形象语言就具有"普遍性"的特点,这种效应也可以用皮亚杰(Jean Piaget)的"固有图式"来解释。对于同一形式,人们对它的感受大体上是一致的,在面对民族性、地域性和个人差异时,不像语言、文字、风俗习惯那样具有明显的反差。形象语言更为直接地被人类广泛接受。比如,直线形给人以硬朗、率直、简单的感受,曲线形给人以润滑、柔美、轻盈之感。利用这种现象,就可以通过各种造型,进行情感表达或者满足使用者的情感需求。从这方面讲,造型是人类通过形象语言和联想进行认知活动的重要途径之一。由于人类自身生理感觉结构和对空间的感知形式所带来的局限性,在对造型的感受上往往会产生错觉。视觉错觉很常见。透视中的近大远小、等长的垂直线比水平线看起来更长(见图 2-22(a))等,都是常见的视觉错觉现象。还有许多有名的视觉错觉实验:在缪勒莱尔的错觉实验中(见图 2-22(b)),两边箭头方向的不同,使两条等长的线段长度看起来有明显的差别;在赫林的错觉实验(见图 2-22(c))和冯特的错觉实验中(见图 2-22(d)),原本平行的线条看起来不平行了,而且直线看起来像曲线;在艾宾浩斯的错觉实验中(见图 2-22(e)),由于周围参照物的不同,两个等半径的圆显得一大一小。

　　了解这些常规性的错觉产生类型,有助于避免错觉的产生和有效利用错觉所带来的特殊效果。事实上,早在古希腊的神庙建造中,人们就已经开始意识到错觉对造型的影响,并通过各种手法进行相应的调整。① 升起。当观察者以垂直角度观看水平长线条时,会受到透视的影响而觉得线条的两端向下垂落(当线条高于视点高度时)或向上翘起(当线条低于视点高度时)。所以,古希腊神庙在处理檐部时将两端微微升起(见图 2-23(a)),而在处理台阶时将中间微微升起(见图 2-23(b)),以调整视错觉形成的变形。② 山花前倾。三角形的山花是神庙建筑的重要装饰面。为了调整从下往上看时立面的后倾现象,也为了便于观赏山花上的雕刻,希腊神庙的山花都略向前倾(见图 2-23(c))。③ 柱式收分。通常,站在建筑物的前面观察建筑,会觉得建筑物上部逐渐缩小,从而产生宏伟的感受。希腊神庙为了加强这种感觉,在柱式的 1/3 处开始进行收分(见图 2-23(d)),使柱式视平线以上部位的透视感变得更强烈。④ 内倾。同样为了加强透视感,希腊神庙的廊柱,都倒向建筑物的几何中心(见图

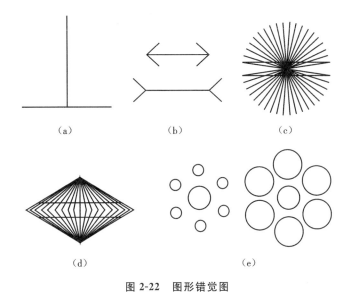

图 2-22 图形错觉图

（a）垂直水平错觉；（b）缪勒莱尔错觉；（c）赫林错觉；

（d）冯特错觉；（e）艾宾浩斯错觉

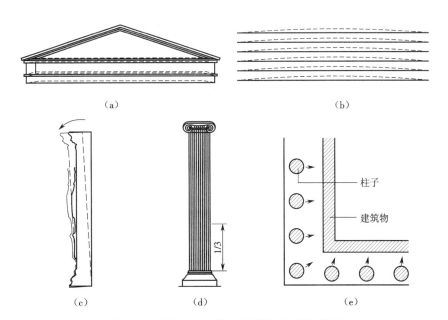

图 2-23 希腊神庙对建筑造型进行的视觉调整

（a）檐部的视差处理；（b）台阶的视差处理；（c）山花的前倾处理；

（d）柱式的收分；（e）廊柱向建筑物内倾

2-23(e)),从而使建筑物作为一个整体时,显得比实际情况更雄伟壮丽。希腊神庙在建造工艺上,无论如何都不可能跟今天的高楼大厦相提并论,但它们的气魄与壮观并不亚于城市中的高楼,这在一定程度上正是得益于对造型进行的各种视觉调整。

2.5.2 尺度与心理——量感效应

一栋建筑或一件雕塑之所以能打动人心,除出色的艺术造型外,其空间尺度的大小也深刻地影响着人的心理感受。一般来说,艺术造型外在形式空间占有量的大小,可引起观赏者三种不同的心理量感效应,即敬畏感、真实感和趣味感。

走进云冈石窟第三窟,看见高近 25 m 的大佛像(见图 2-24(a)),不由得产生一种神秘、茫然、敬畏之感。这种心理现象,就是敬畏感效应。敬畏感效应,能使造型作品产生高大、神秘、雄伟、庄严等感觉。所以,宗教艺术造型中的主体造像或纪念性雕塑等造型创作中,往往都用超大尺度来处理,以适应其需要。人民英雄纪念碑、美国纽约的自由女神像等,都具有这种敬畏感效应。

看见秦始皇陵兵马俑形象,就会觉得栩栩如生,犹如真人。这种心理现象,就是真实感效应。真实感效应具有亲切、真实、细腻、同步感强等特点。在景观设计中,这样的尺度最为常用,并且因为尺度带来的亲和力,会引起人群的聚集。广场上的水池,其高度与人的膝部高度相当,从而吸引游人落座聚集。现在许多城市的商业步行街上,都设置一些与人体尺度等大的铜铸雕塑,来展现商业街上人的购物、休闲行为,从而给人以亲切感(见图 2-24(b))。在室内环境中,大部分的尺度都必须严格地以人体的生理结构为参照,以便尽可能地满足人们活动的需要,并且产生心理上的亲切感和舒适感。

另外,如果造型艺术的尺度比人体的体量小很多时,敬畏感和真实感就都没有了,就像柜台上的小佛像,只有一种欣赏的情趣之感。这种心理现象,可称为趣味感效应,或者叫作玩偶效应。一些小产品或工艺品,为了强调其特有的审美效果,突出精巧的艺术特色并和日常生活需要相适应,往往采用相对缩小体量的办法,使之产生一种玩偶效应。中国的盆景艺术,"缩地千里""缩龙成寸"以展现大自然的无限风光,就是很典型的例子(见图 2-24(c))。儿童活动区景观设计和室内设计的陈设布置,就可以充分利用这种趣味感效应,营造生动活泼的空间环境。

产生这些心理效应的原因比较复杂,有宗教宣传和环境气氛的烘托作用,也有事物本身姿态、造型的刺激作用,但是起主要作用的还是因造型作品的尺度而产生的心理作用变化。因此,这三种心理效应都属于量感效应。量感效应的产生,来自绝对物质量与心理量两方面因素的相互作用,即造型的现实尺度和观者心理尺度定势之间的交叉或重合。换句话说,就是造型作品在具体情境下的尺度感与观者的经验之间产生的交叉或重合。造型的心理尺度定势是指人在长期知觉经验的基础上所形成的尺度知觉定势。人在对空间造型感知的过程中,总是将同一空间中的各种形体相互进行参照。例如,电脑桌与座椅之间的比例、苹果与西瓜之间的比例等是人们所熟知

（a） （b） （c）

图 2-24 尺度对心理感受的影响

（a）云冈石窟——敬畏感效应;（b）人体尺度——真实感效应;（c）工艺品——趣味感效应

的,这些东西长时间反复被人们感知,它们之间的比例关系会在主体的心理上形成一个固定的知觉印象,即形成一种定势。造型的量感心理效应,就是心理定势与现实尺度共同作用的结果。

同时,量感效应的产生还与人本身的绝对物质量有关联。人在认识世界时,会不自觉地站在自身的角度看待周围的事物,以自身的价值标准来衡量世界,如益虫、害虫的划分等。人体对于比自身大很多的绝对物质量造型,容易产生敬畏感;而对于比自身小很多的绝对物质量造型,则容易产生趣味感。

造型量感效应强度随着造型尺度的变化而有规律地变化。有心理学家做过试验:以人物雕塑为考察对象,发现当人物雕塑大于真人 1.5 倍时,敬畏感较弱;在雕塑尺度超过真人 3 倍以后,敬畏感效应开始产生;4 倍以上时,敬畏感效应迅速增强。真实感效应的最佳尺度,应为人体平均数的 1.05～1.15 倍。真实感效应是现实尺度和心理量尺度的重合,但并不是尺度与人等大的雕塑真实感效应最强。雕塑本身是单色,并且不活动,根据对造型尺度感知的主观因素,等大人物雕塑感觉会略小于真人。玩偶效应是由于造型尺度过小,在心理量尺度的衡量下失去真实感而产生的。玩偶效应在造型尺度为实际尺度的 1/10 时开始出现,小于 1/20 以后变强,而绝对物质量为心理量尺度的 1/2 左右时,趣味感、真实感效应都很弱。根据需要选择合适的尺度在景观环境设计中是十分重要的。

2.5.3 材质与心理

人对材质的知觉心理过程是不可否认的。如果设计作品的空间形态是感人的,那么利用良好的材质可以使产品设计以最简约的方式充满艺术性。

材料的肌理质感通过表面特征给人以视觉和触觉感受,并产生心理联想和象征意义。物品形态中的肌理因素,能够暗示使用方式或起警示作用。人们早就发现,手指尖上的指纹使把手的接触面形成了细线状的突起物,从而提高了手的敏感度并增加了把持物体的摩擦力,这使很多物体,尤其是手工工具的把手,获得有效的利用,并成为手指用力和把持处的暗示。

通过选择合适的造型材料来增加感性、浪漫成分,可以使产品与人的互动性更强。不同的质感肌理,能给人不同的心理感受,这是由材质的情感联想性所决定的。石头、木头等传统材质,会使人联想起一些古典的东西,产生一种朴实、自然的感觉。玻璃、钢铁、塑料等材质,体现出强烈的现代科技感。另一方面,材料本身作为一种艺术形态,就具有很高的欣赏价值。比如,一件陶瓷雕塑,因手工操作产生了一些变形和粗糙,反而会产生一种耐人寻味的感觉,因为它真实记载了工艺的自然流程,表达了材质的本性;以原木和麻绳为材料的园桥,蕴含着自然神秘而温情的格调,使人产生强烈的情感共鸣;玻璃、钢材等光滑而均匀的材质,将材料光洁的美表现得淋漓尽致,就像清澈的山间小溪、出淤泥而不染的荷花,映射出一种动人的纯净美。在景观设计过程中,充分利用这种美,可以满足人们审美心理的需求。所以,在选择材料时不仅要以材料的强度、耐磨性等物理量来做评定,而且应将材料与人的情感关系远近作为重要的评价尺度。

亨利·摩尔(Henry Moore)的雕塑(见图 2-25、图 2-26)通常是大弧线、光滑的过渡、浑圆的统一,给人优雅、轻松、愉悦的感觉。如果放置在公园等环境中,大部分都采用青铜材质,与自然非常亲近,与人也很亲近。如果放置在楼群环境中,除了青铜之外,还会使用一种特殊的石材,一种会有许多气孔的石质疏松的白色岩石,用来消除周围环境对作品造成的反光等影响,使作品的转折更加柔和、雅致。由此可见,材料质感和肌理的性能特征,直接影响到材料用于所制物体后最终的视觉效果和心理感受。景观设计师应该熟悉不同材料的性能特征,对材质、肌理、形态、结构等方面的

图 2-25 亨利·摩尔的雕塑(一)

图 2-26 亨利·摩尔的雕塑(二)

关系进行深入的分析和研究,科学、合理地加以选用,才能满足景观设计和景观使用者多方面的需要。

2.5.4 色彩与心理

看到不同的颜色,心理会随之受到影响而发生不同的变化。这些影响总是在不知不觉中发生作用,左右人们的情绪。这是由于我们长期生活在一个有色彩的世界里,积累了许多视觉经验,一旦视觉经验与外来色彩刺激发生一定的呼应,就会在人的心理上引出某种情绪。色彩的心理效应发生在不同层次中,有些属于直接的刺激,有些要通过间接的联想,更高层次则涉及人的观念与信仰。这种变化因人而异,但大体上是一致的。

色彩对人心理的影响基本可分为两种类型。① 直接的心理效应。这是指来自色彩的物理光刺激,对人的生理产生的直接影响。心理学家曾做过许多实验,结果发现在红色环境中,人的脉搏会加快,血压有所升高,情绪容易兴奋冲动,而处在蓝色环境中,脉搏会减缓,情绪也较沉静。有的科学家则发现,颜色能影响脑电波,脑电波对红色的反应是警觉,对蓝色的反应是放松。② 间接的心理效应。这是指色彩给人的印象、经验和体验所导致的联想。关于这一点,可以从表 2-2 中看到色彩和心理感受之间的一一对应关系。虽然这种关系有时也会受到其他情绪的影响,比如刚刚看完惊悚片的人突然看到一片红色,可能会出现恐惧感,而不是兴奋感。不过,一般情况下,这种对应关系是具有参考价值的。

表 2-2 色彩的心理联想、表现意义和运用效果

色彩	心 理 联 想	表 现 意 义	运 用 效 果
红	兴奋、热烈、激情、喜庆、高贵、紧张、奋进	自由、火、血、胜利	刺激、兴奋、强烈煽动效果
橙	愉快、激情、活跃、热情、精神、活泼、甜美	阳光、火、美食	活泼、愉快、有朝气
黄	光明、希望、愉悦、阳光、明朗、动感、欢快	阳光、黄金、收获	华丽、富丽堂皇
绿	舒适、和平、新鲜、青春、希望、安宁、温和	和平、春天、青年	友善、舒适
蓝	清爽、开朗、理智、沉静、深远、伤感、寂静	天空、海洋、信念	冷静、智慧、开阔
紫	高贵、神秘、豪华、思念、悲哀、温柔、女性	忏悔、女性	神秘感、女性化
白	洁净、明朗、清晰、透明、纯真、虚无、简洁	贞洁、光明	纯洁、清爽
灰	沉着、平易、暧昧、内向、消极、失望、抑郁	质朴、阴天	普通、平易
黑	深沉、庄重、成熟、稳定、坚定、压抑、悲痛	夜晚、高雅、死亡	气魄、高贵、男性化

景观设计中,有必要强调的还有色彩的联觉效应,也就是由色彩的视觉感应而引起其他感觉的现象。① 温度感。色彩可以让人感觉到温暖或寒冷。冬天看见橙红、明黄等颜色,会让人产生暖意,这种颜色称为暖色调;夏天看见蓝色、绿色,会让人感

觉到清凉,这种颜色称为冷色调;还有一种中性色,如紫色、灰色等,当与冷色调放在一起时,它们显得偏暖,当与暖色调放在一起时,它们显得偏冷。② 距离感。明度高的暖色,让人感到距离缩小,称之为前进色;明度低的冷色,使人感到距离增大,称之为后退色。想要增加小型空间的宽敞度,可以用后退色来粉刷墙壁。③ 轻重感。深色感觉重,浅色感觉轻;暗淡色感觉重,明亮色感觉轻;明度一样时,暖色感觉重,冷色感觉轻。人们习惯于上轻下重的感觉,所以在室内设计中,天花通常用浅色,地面通常用深色。④ 面积感。面积一样大的两块色彩,明度高的浅色有放大的感觉,反之有缩小的感觉。⑤ 动静感。暖色使人兴奋,是动感色彩;冷色使人沉静,为静感色彩。明度高的浅色使人轻松,反之则让人觉得压抑。让色彩的各种心理效应在景观设计的实践活动中得到充分应用,将取得事半功倍的效果。

2.5.5 光线与心理

景观与活动人群之间的互动关系,很大程度上依靠于视觉感知,而视觉感知又以光线的存在为前提,因为光是唯一能引起视觉感官反应的要素。但这里要讲的景观照明并非仅仅局限于设备、工作和生理需要,而是要更为深入地考虑到光线对景观使用者的态度、心理及行为所造成的诱导或影响。

1. 光线与温度的感知

光线常常跟温度感联系在一起,因此就有了冷光源和暖光源的划分。光线充足的地方比较暖和,光线较弱的地方比较阴冷。人类出于自身对适宜温度的需求,会因为这种由光线带来的温度感而对景观产生一定的趋避性。比如,冬天的南墙根下,总会聚集一群闲谈的老人,他们会因和煦的阳光而享受一个愉快的下午;相反,阴凉处则显得相对冷清,甚至连路过的人都会尽量选择朝阳的路线。夏天,人们会对广场上的凉亭、公园里的树荫感兴趣。一个有趣的现象是,夏天当十字路口的红灯亮时,骑自行车的人群会不约而同地集中在树荫下,即使这些树荫离路口还很远。这一点反映了不同的气温条件下,人类对于光线的两种截然不同的态度。应用在景观设计中,就必须考虑到构筑物对光线造成的影响,以及由此产生的对人类行为的引导。如果一个广场上缺乏能形成树荫的大型乔木,就不可能在夏天的中午有人群聚集。反之,如果公园里到处都是密集的树林,缺乏可以沐浴阳光的草坪,那么冬天也就不可能有很多人光顾。

2. 光线的区域限定性

发光的物体比暗淡的物体更具吸引力。当这种吸引力加强到一定程度以后,人们的视线会仅集中于有光线照射的区域。典型的例子就是舞台布景。如果要突出舞台上某一演员的表演,光线往往会集中照射在他(她)一人身上,形成一个或几个圆锥形的照射中心,使台下观众的注意力都集中在这一区域范围内。这就是光线的区域限定性。所以,商场里需要安装许多可以调节的射灯,以便集中照射一件商品而突出该商品的重要地位;室内设计中,墙上的装饰画上端会安装专门的照射灯,来加强它对视线的吸引力(见图 2-27);夜晚,在城市的广场上,会有许多照射灯集中于广场中心的主题雕塑或重要景观建筑上,来突出雕塑或建筑的重要地位,加强对人们视线的吸引力(见图 2-28)。物体由于光线照射而发光,对观察者的视网膜造成刺激,从而对感知进行强化。

图 2-27 南京城市规划展览馆

图 2-28 天津水上公园——利用
灯光强调重要景观

景观设计中,有意识地对光线的区域限定性加以应用,可以起到对景观进行软分隔的效果。比如说,酒吧的大厅本身是开敞的,座位之间没有进行硬性的实际分隔,但如果在整体比较幽暗的环境中,餐桌上面有顶灯或桌边有台灯进行局部照明,那就会以这个光源为中心形成一个独立的区域,从而在心理上达到分区的目的。

同样的设计也可以应用到夜景设计之中。比如,在夜晚公园里有照明的地方一般为人的活动、聚集区域,在这样的区域,人们可以开展各种健身活动或是游憩,这就是公共空间(见图 2-29);没有照明的地方通常是彼此之间关系亲密的人,如情侣,常选择的区域是比较私密的空间。

3. 光线的气氛营造与影响

光线对人的感情、行为状态、心理感受都会产生不同的影响,这是毋庸置疑的。暖光源会让人感到慵懒、放松、温馨、休闲;冷光源会让人感到清静、快速、利索、冷漠;漫射光会让人产生平静、温和的感觉;直射光会让人产生压抑、紧张的感觉。在日常生活中,家庭环境通常采用暖光源来营造温暖的感觉;办公空间则更多采用冷光源,来暗示快节奏的工作效率。在电视里常会看到,警察为了让一个嫌疑犯说出实情而对他进行审问时,会用一束直射光直接射在犯人的脸上,这就是一种利用光线对人的心理影响来摧毁嫌疑犯心理防线的手段。

图 2-29 天津某公共环境夜景中灯光下休闲的人们

商业环境中尤其应注意光线的应用,因为这几乎直接影响到经营结果。如果在舞厅里到处都用冷冷的日光灯照射,那就根本谈不上什么热闹、活跃的气氛,也就不会有顾客来这里消费娱乐。相反,闪烁的霓虹灯和绚丽的漫射光源所带来的多变、激荡的感觉,正是街头追求刺激的红男绿女们所需要的。只有当光线所营造的氛围与该环境场所的消费群的心理需求相一致时,才具备顾客盈门的可能性。同样,在景观设计中也必须注重光线设计。节日夜晚,所有的广场灯都打开,强烈的投射聚光灯、色彩斑斓的庭院灯、草坪灯、地灯、LED 灯管、各种特制灯饰营造出了节日的气氛,感染游人及市民,从而调动人们节日兴奋、热烈和愉悦的情绪(见图 2-30(a))。平日里,广场上只开启庭院灯和聚光灯,为市民晚间使用广场创造了条件,没有更多的气氛烘托(见图 2-30(b))。纪念性场所的光线就必须以营造庄严、肃穆的感觉为主导,使人们一旦进入这个环境就产生不能大声喧哗的自觉性,心情也相对变得沉重。只有这样,光线的应用设计才是成功的。总之,在进行有关光线的设计布局时,充分考虑到人们的心理感受是极其重要的。

(a)　　　　　　　　　　　　　　　(b)

图 2-30 光线气氛的营造

(a) 天津乐园夜景;(b) 广场夜景

　　造型、尺度、材质、色彩、光线等，都是景观设计中的基本元素，这些元素直接或间接地与人的心理感受相互关联在一起。在设计过程中对这些元素进行组合时，不同的组合方式也会对心理造成不同的影响。事实上，绝大多数情况下，这些元素都是以组合形式出现在景观中的，将它们分开来进行论述，是为了更直观地弄清它们与人类心理活动之间的微妙关系，并非由此就有理由将它们孤立开来分别对待，就如格式塔的原理一样，人们所感知的其实一直都是一个整体。

3　空间认知与景观审美

3.1　空间认知

　　城市景观不管是平淡无奇,还是独具特色,长期生活在其中的人们都会有各自的空间认知方式。各种空间要素综合起来,共同构成城市大环境。方便的交通、明显的标志物,让我们可以很容易地在不同的区域穿梭移动,而不会迷路。虽然城市的结构序列在不断变化,但只要我们随时调整脑中的"环境暂存地图",仍能很容易地去适应这些变化。这种环境在人心理上的表达,以及记忆重现环境形象的能力,一直都是人类最基本的生存技能之一。

3.1.1　空间认知的性质

　　空间认知由一系列心理过程组成。人们通过一系列的心理活动,获得空间环境中有关位置和现象属性的信息,如方向、距离、位置等,然后对其进行编码、储存、回忆和解码。依靠这种认知能力,人们能够准确地回家、上班、购物以及从事其他各种活动。空间认知过程如图 3-1 所示。

获得信息	→	大脑处理信息	→	产生作用
收集和领悟	→	编码、储存、回忆、解码	→	位置、距离、方向、组织

图 3-1　空间认知过程

　　空间认知依赖于环境知觉,环境信息的捕捉靠感官来实现。通过对道路、标志物、边界等要素的观察,获得某一区域的信息;通过视觉,把握不同地点之间的距离,捕捉不同区域的主要标志物。对这些信息的捕捉加工,可以使我们对周围的环境更加熟悉,逐渐形成"空间记忆",以备随时使用。以前熟悉的某个区域突然变化时,这些变化了的信息进一步被大脑加工和储存,构成新的信息保存起来。随着空间环境的变化,人们对涌入大脑的新信息不断地进行编码、分类、储存,对原有的认知地图加以完善,从而获得认路和识别方向的能力。

3.1.2　空间认知地图

　　大约在一百万年前,一个晴朗的黄昏,地点在东非大峡谷,我们的祖先在漫长的演化中停下来休息片刻。在湖底的泥泞上,他们用一根木棒画了几条线,来代表这个湖,代表一条河,一个大森林以及林外若干可以狩猎的好地方,然后指着湖说:"这里,小伙子,我们目前在这里,希望明天去那个地方。"

——摘自[美]克莱·摩根《地图的麻木》

稍有生活经验的人,都会对居住的地方或经常过往的区域有一些基本的空间认识。借助于这些基本空间认识,在环境中就能够灵活定向、定位、寻找目标和方向,或者在付诸行动之前,正确理解环境所包含的意义。心理学家认为,对环境的识别理解,关键在于空间环境形象能在记忆中重现。这就好像把一张空间地图储存在大脑之中。这种"空间地图"就称为意象或表象(image)。具体空间环境意象,则称为认知地图或心理地图。

认知地图是一个动态的过程。广义上讲,它等同于空间认知。狭义而言,它是一种结构,空间信息通过编码储存在此结构中。在认知地图中,视觉信息占主要部分,同时还包含其他感觉信息。比如,有位中学生制作了一张上海市认知地图,在这张认知地图中,他把苏州河改成了"臭苏州河",非视觉意象对视觉意象起到了强化(消极强化或积极强化)作用,如此一来,苏州河的美景、高耸入云的临水大厦,都被消极强化了。

认知地图是人们大脑对路线方向的简易表达,来自人们对环境的体验与感知,具有直觉性和形象性。随着环境知识的不断增加,认知地图不断丰富完善。在原认知地图的基础上,人们会很快适应新环境。认知地图不如交通图那么完整,它可能比例不对、曲线变直线,或是方向画错、模模糊糊、一鳞半爪。但是它具有环境的基本特征,能有效地帮助人们适应环境以及在环境中定位、定向和寻路。

在实际环境中,认知地图能帮助人们在记忆中对环境布局加以组织,提高在环境中活动的机动性,方便工作、学习、购物和休闲等活动。对同一物质环境,每个人具有不同的认知地图,反映出人格、年龄、职业、社会地位、生活方式等个人特征。认知地图为人类的公共活动和社会交往提供了必要的公共符号系统。不同的个人对同一环境的认知地图交叠起来,就构成了对环境的共同记忆,称为公共意象。公共意象越清晰,公共符号系统的作用也就越突出,人们的公共活动和社会交往就越活跃。活跃的社会生活,又会进一步提高公共意象的清晰度。在城市中,它的一个重要特征,就是居民通过共用的符号系统和共同的交往模式被联系起来,这个符号系统被一定数量的市民所共同拥有。公共意象反映出一群人对某一地区环境的共识,能在一定程度上反映出环境本身的属性,强化了地域形象,使地域具有更加鲜明的个性特征。景观设计的作用之一,就是塑造特定场地的公共意象。

3.1.3　在景观设计中的运用

认知地图揭示了人们识别和理解环境(即环境认知)的规律,为景观设计提供了大量可以借鉴的信息。

1. 预言行为模式

一般来讲,群体公共意向能反映出环境的主要特征。公共意向与人们的活动范围和生活体验密切相关。例如,女人更熟悉邻里和社区,男人则偏向于较大的范围。女人所画的"家"的认知地图,其空间范围竟比男人所画的大一倍。学龄儿童所画的居住区的认知地图,一般以路线型为主,并以家和学校为双中心,形成有限的带形区域。不同区域的居民具有不同的区域意象。对一个城市来说,城市中心往往成为人们意象的公共部分。在城市中,如果主要工作场所和商业区位于市中心,住宅区位于外围,那么居民的城市意象一般呈现扇形。扇形区域之外比较生疏,区域之内则比较熟悉。这一扇形区域就是居民的日常活动范围(见图3-2)。群体的城市(区域)公共意象,通常反映他们的活动范围,即意象与活动存在某种程度的一致性。景观规划设计人员可以通过意象调研来判断使用者的活动范围、预言购物消遣等方面的行为模式,在设计中能合理布置公共交通线路,安排商业和公共服务设施。

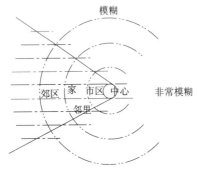

图 3-2 扇形的认知地图

2. 改善识别特征以及"易识别"设计原则

意象调查有多种方法。① 直接提问。如"在市里寻路是否容易",可以得到肯定性的回答。但是,它不足以分析具体环境的识别特征。② 寻址说明。比如,告诉亲友来访的路线。该法只能了解局部区域。③ 意象图分析。运用意象图分析,可以从整体和要素两个方面获得大量有用的信息。环境的识别特征模糊而低弱时,人们的意象大多表现为零散或局部的认识。环境(如城市市区)过于复杂时,意象图常出现大范围空白或较多错误。过于单调的环境(如道路等宽、绿化相同、沿街建筑相似的方格网区域),意象图则成为模糊而抽象的示意图。

意象要素平均数量过低,表明环境要素的可意象性低弱;特定要素的认同率过低,表明缺乏可公认的环境要素。例如:对于"武汉市的中心在哪里"这一问题,被问者答案多样而离散,认同率偏低,这表明武汉市缺乏市民公认的中心;但南京则不然,市中心非常明确,新街口及其周围区域认同率达90%以上。

对各组成要素单独进行分析,也有助于改善识别特征。比如,台北意象研究发现,在界定都市边界方面,台北市四周大部分自然地景"不曾扮演任何重要而积极的角色"。据此,研究报告建议在规划和设计中,要充分利用台北市四周山水环绕、资源丰富的自然地景,为都市生活提供必要的舒展和缓冲之地,增进北市独特的自明性。

凯文·林奇(Kevin Lynch)曾针对不同要素,设想了"易识别设计"的原则。比如,高度易识别的标志应与环境背景形成明显对比,细部应尽量丰富,以吸引观察者的注意,远望应清晰可见等。林奇认为,高度易识别的区域应具有内在的同一性,如独特的狭窄街道、特殊的建筑类型或建筑特点、特殊的建筑材料等。关于识别特征，林奇概括为十项，即背景关系的清晰性，形式的简明性、连续性、支配性，结合的明确性，方向区别，视野，运动意识，时间序列和命名意义。在林奇等人早期工作的基础上，米尔格拉姆(S. Milgram)等人提出了城市环境组成要素可识别性预言模型。他们认为，可识别性(recognizability)必须既考虑行为者又考虑环境特点。居民不经常使用的地段，即使非常独特，也难以被居民所识别。因此，可识别的要素必定位于人流集中的地方。反过来，要素在社会和建筑两方面的独特性，又能进一步加强可识别性。用公式表示为

$$R = f(C \times D)$$

即某一要素(区域)的可识别性(R)，是人流集中程度(C)和社会、建筑两方面特性(D)的函数。

在规划和设计中，必须综合处理各类环境要素。巧妙的排列组合，常常能起到相互加强的效果。醒目的标志突出区域的中心。节点附近的标志因位置重要，总会更加引人注目，并进一步强化节点的功能。节点、标志、道路的恰当组合，会使道路意象更加明显。各种要素根据其重要程度，可分为不同的等级。在不同尺度的环境中，可以加入不同等级的标志或道路。但必须指出，城市区域是各类要素相互交织共同组成的有机整体，只有在整体环境中，特定要素才能体现其效果和含义。因此，最终的要素设计还必须经受整体环境效果的检验。景观和城市设计中的"易于识别性"并不是唯一指标，必须具体环境具体分析。商业区、游乐场和公园，既应该考虑认知(或整体)上的易识别性，同时又要考虑知觉(或局部)上的复杂性。

3. 了解认知规律

就一般认知规律而言，人们总是倾向于根据"头脑中固有的环境结构"去解释现实环境。环境结构明确，容易形成比较清晰完整的意象，居民生活也安定自在。反之，公共意象结构模糊——方向混乱、缺乏中心、骨架不明、层次含混，那就意味着现实环境中也存在相应的缺陷。空间结构的好坏，可以通过意象调查反映出来。在台北都市意象的调查中，人们普遍认为该市具有清晰的空间结构，但是"就整体而言，其南北向之组织性似乎强于东西方向"。据此建议，台北市在今后发展中可"维护坐北朝南之历史性轴向，增进、强化空间之东西方向感，完成台北整体之空间取向架构"。

认知地图所提供的信息，包括使用者对环境设计的反应和评价，它反映了公众的认知规律。无视这些规律，常易导致消极的心理反应。例如：南京新街口的公共厕所正对着金陵饭店的入口轴线，公众对此类"恶作剧"难以理解，因为这不符合他们的认知规律；用城市金钥匙代替新街口的孙中山塑像，也违背公众认知规律，抽象毕竟比具象更难理解。

通过认知地图，能了解公众对不同环境的反应，为提高环境质量提供必要的依据。不同的使用群体有不同的环境意象，可以得出不同的环境设计原则。例如：幼儿

园和小学环境设计,应有利于儿童认知能力的发展;居住区设计应向儿童、老人和残疾人倾斜,首先满足上述群体在环境认知方面的需要,做到区域结构明确、定位定向容易、寻址方便;大型游乐场、风景旅游区除了注意识别性外,还必须具有一定刺激性和复杂性。

3.2 城市意向

景观设计与城市密不可分。许多有关城市的研究成果,可以在景观设计中得到应用和借鉴。在宏观上,对景观设计影响较大的要算城市意向。所谓城市意向,就是城市在人们头脑中所构成的形象,或称城市空间认知地图。城市意向是观察者与城市之间双向作用的产物。城市环境提供相关特征,表明它们之间的关系。观察者根据自己的经验和知识,对构成城市环境的要素进行选择和组织,然后赋予其一定的形象。

3.2.1 城市意向五要素

城市意向五要素,是指道路、区域、边界、节点和标志。它最早由凯文·林奇提出并做了系统研究。这五大要素不仅适用于大的区域,还适用于县城、社区,甚至小到一个房间。比如,一个居住区,几栋楼房就构成了小块区域,围墙作为边界,小区道路指引方向,道路交叉口作为节点,而小区花园就可以当作社区标志了。

1. 道路

道路(见图 3-3)是有方向性、连续的线形要素。它可以指引人们走向目标区域。

图 3-3 曲折小路

大街、运河、步行道、小径、铁路等都可以看作道路。道路是城市意向中较为重要的构成元素,在大多数人的印象中占据了控制性地位,构成城市的大体骨架轮廓,其他构成要素均沿它布置并且与其密切关联。

道路系统构成了城市的主干脉络,使整个城市能够有组织、有秩序地运行。不同级别的道路处于不同的区域,有着不同的构成要素,给人的感觉也不尽相同。

① 特殊的道路可能成为大量道路中的特征性元素,而习惯性的道路能给人以最深刻的印象,包括主干道上的重点构成元素,像公共花园、大型雕塑,这些设施都强化了主干道的控制形象。

② 集中的沿街活动和专门用途,会在观察者思想中产生显著的特征。例如,商业步行街如果去掉街道两侧的商铺店面装饰,它只是一条平常的街道,但加进去之后,效果就完全不同,它成为一条既能满足人们购物需求,又能开展一些娱乐休闲活

动的街道,市民在逛街购物的同时,自然就会留下深刻印象。

③ 有特点的空间或建筑外形,均能加强特定道路的形象。试想一下,某条街道新建了一座三角大楼,而这座建筑在城市中是首屈一指的,人们在观赏建筑的同时自然也会记住这条街道,毕竟它是通往这座建筑的必经之路。而同一条街道中差异较大的空间组合或是街道附近让人着迷的景观也会有这种吸引力,毕竟它们都令观察者难以忘怀。

④ 如果某些区域的主要街道缺乏特征又容易混淆,那就很难让观察者得到整体印象。人生活在城市中,不能俯瞰其整体印象,只能通过对简单要素的积累综合,才能了解其整体意义。但若城市中的简单要素都不容易获取时,那更谈不上整体印象了。

⑤ 一条道路应具有可识别性和连续性。如果能很方便地为人们指引目标,它还应该具有方向性。线形要素的正反方向很明显,可以通过一定的梯度变化来实现,即沿着一个方向无限递增,包括使用频度的递增(见图3-4)。地形的坡度变化就是很常见的递增方式。同时,拉长的曲线也有变化梯度。

⑥ 人们倾向于关注道路的起点和终点。端点的识别,有助于增强人们对道路整体性的把握,从而将整个城市联系起来。终点不太明显的例子常常会遇到,如图3-5所示,三条路通向同一方向,却是不同的终点。对于这类道路,我们可以观察终点附近明显的建筑物或标志,这样可以很方便地辨认出终点。

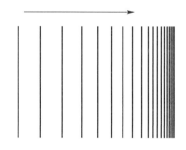

图3-4 线形要素频度的递增

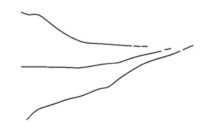

图3-5 三条路通向同一方向但终点不同

⑦ 通过对空间走廊的限定,能给有特征的结构提供足够场地或者急剧的方向变换,均能够加强视觉感受,给人留下深刻的印象。

2. 区域

区域(见图3-6),即构成特征相似的大片空间。区域是城市里中等或较大的部分,像田野、大海、森林、耕地等。区域有时会有明显的界限,有时界限会很模糊。例如,一片森林中两个由不同植物构成的区域,并没有严格的线条区分,边界就会显得很模糊。

图3-6 大片集中的建筑区域

区域在观察者心里产生进入"内部"的感受,不管是在区域外部或内部,都能感受到区域中某些共同的特征。林奇在三个城市(波士顿、洛杉矶、泽西城)的调查中,发现了区域给人们的普遍印象。

① 区域是城市形象的主要构成要素。最熟悉城市的人总是习惯于去识别区域。有部分人也会依赖于一些小的构成要素去组织和定向。

② 主题的连续决定了区域的形体特征,包括这些构成因素的无尽变化,如纹理、空间、形式、细节、标记、建筑类型和用途、活动、居民、修缮程度、地形等。比如,在波士顿,立面的类似——材料、式样、装饰、色彩、外轮廓等,都是让主要区域具有同一性的基本要素。主题单元,是指一组事物所具有的共同特征,通常很容易让人辨认。强烈形象的形成需要某些提示给以适当强化。有些地区虽有醒目的标牌,但由于缺乏视觉强度和影响,其在整个城市脉络中不突出,所以不足以构成主题单元。社会内涵对于区域的建立也有着重要的作用。比如说这个地区曾发生过一场灾难,或者说这里曾经诞生过一个英雄人物,这都在一定程度上强化了区域的印象。

③ 每一个区域都有边界(见图3-7)。但有一些边界明确可见,有些边界不甚清楚,甚至一些区域完全没有边界。这些边界具有一种作用,它可以限定一个区域,增强区域的特点。但边界不会明显地去构成区域。边界有时会扩大——无规律地对城市进行分割的倾向。而一些较强的边界,会影响从一个区域到另一个区域的过渡。

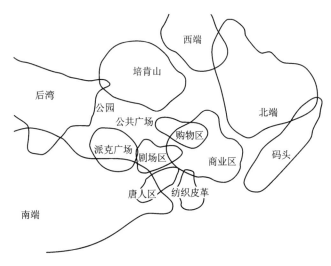

图3-7　波士顿各区域的可变界线

④ 有较强的核心。核心周围的主题向外逐渐形成梯度变化的区域也不少见(见图3-8)。有时,一个强大的核心借助于"放射发散性"就会产生向中心点接近的感觉,可以形成一个区域。景观设计师可以有意地在建筑集中但无视觉中心的区域,通过"放射发散"的方式设计"核心区域",形成中心区域景观。

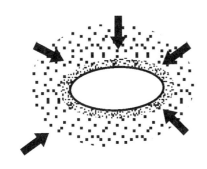 

图 3-8 核心放射发散特征   图 3-9 道路作为边界

3. 边界

边界(见图 3-9),即不是道路或不视为道路的线形要素。它通常是两个面的界线,也可以称作两个区域的交接线。边界可能是连续的,但没有方向性,不能作为指引。生活中的河岸、海岸、围墙、路堑、林荫道等都是边界。边界可作为某种侧向的参照基准。最强的边界就是那些视觉明确、形式连续,而且不可穿透的边界,如苏州的护城河。在景观设计中,创造边界地带景观很重要。边界地带往往会结合不同区域的特点,在生态因子组成或系统属性方面引起某种差异,形成奇妙的景观,吸引人们前往。

4. 节点

节点(见图 3-10)主要指城市的一些中心、要点地带,是观察者借此进入城市的战略点、道路的连接点或者某种特点的集合点,如十字交叉口、方向变换处、中心广场、大型广场、中心集会处等。它是视觉的焦距点,代表了区域的中心和象征。节点的重要性表现在它是某些用途或特征的集中,例如人们常去的街角或封闭型广场,这类集中的节点也许就是某一区域的中心和缩影。节点的影响力波及整个区域,甚至成为城市的象征,所以也被称为"核"。许多节点同时具有交叉和集中的两种特征,它和道路相互联系,共同构成了人们路程中的某些集中之处。人们集中注意力感觉周围环境,并在这种交叉的节点处做出抉择。节点与区域也有关系,它往往是区域的核心集中点。在我们的城市中,处处都可以发现节点,有时它甚至会在控制性的位置。

5. 标志

标志(见图 3-11)是观察者的外部参考点。标志是一些具有明显特征并在景观

图 3-10 道路交叉口作为节点   图 3-11 上海东方明珠塔作为城市标志

中很突出的元素,观察者一般不进入其内部,只是处于它的外部,它在城市中有可能作为方向的参照物(参照点)。现今城市居民依靠标志作为向导的趋势日益增加。也就是说,对独一无二性和特殊性的关注,胜过了对连续性的关注。典型的标志可以从多角度和多距离观察。如果典型标志形象清晰,就更容易识别。它们在城市内部或一定范围内,甚至可以作为一种永恒的方向标志,例如塔、穹顶、高山、河流、纪念碑、高楼、大厦等。在有限地点和特定道路上看到的重要场所也是一种标志,像意大利佛罗伦萨大教堂(见图 3-12)、巴黎埃菲尔铁塔、阿尔卑斯山脉、悉尼歌剧院,甚至难以计数的广告、店面、树木等都是标志。它们充斥于观察者的印象之中,成为一种辨认线索、一种结构暗示,甚至作为城市或区域的象征。

图 3-12　意大利佛罗伦萨大教堂

3.2.2　对景观设计的指导

1.道路设计

道路,是穿越城市常见的或潜在的运动流线,是取得整体秩序的最有力手段。主干道路应有明显特征,能与周围次要道路形成差别而显现出来,如沿街某些专门的用途和活动的集中、特殊的照明方式、有特征的空间形式、特殊的地面纹理和沿街建筑立面、特有的气味和声响、特有的装饰细节和绿化等。天津滨江道步行街就以特有的装饰店面、购物街为人们所熟悉。上海的南京路则以历史悠久的外国建筑而知名。

在保证道路连贯性的同时,可以增加一些辅助特征,如树木形成林荫、单一有特色的铺地、古典建筑风格等。道路中的韵律感可以通过有节奏的构图、重复的空间开口、重要建筑或街角杂货铺的重复来构成。这就如同在同一条运输线路上的旅行,使熟悉连续的形象得到增强。

道路应有明确的节点。可通过梯度变化和方向差异来对道路的节点加以强化。较常见的变化梯度是地面坡度。除此之外,还有许多其他变化梯度,如广告、招牌和店铺的渐增以及人数的增加等,都意味着向一个商业集中的节点趋近。色彩或植物也可以形成纹理和梯度变化。建筑物间距的逐步缩短或空间的逐渐变窄,都具有指向中心的作用,即使不对称也可以作为一种指向手段。

如果道路的一些位置能以某种可度量的方式来区别,那么它就不仅有了方向性,还有了尺度。通常的门牌号码就是这种方式。还可以设置一些特征点,特征点越多,这种限定就越精确。这样的路线,就使整个路程获得了新的意义,从而给人以与众不同的体验感。

有些曲折性的道路(见图 3-13)具有明显的动态,能给观察者留下深刻的印象。人们在道路上拐弯、上升、下降时,视觉范围得以开阔,更多的风景映入眼帘。变化为行走增添了乐趣,从而在心底产生动感,让人难以忘怀。景观设计师在规划道路时,应设法加强运动视差和透视效果,增强道路的动态感觉,使人们在行走时获得不同的连续体验。

具有开阔视野和突出目标的道路能加强自身形象,如日落大道、香榭丽舍大街(见图 3-14),它们不仅自身成为一种显著的标志,而且也给人以视觉开阔感。

图 3-13　曲折小道的动态感

图 3-14　香榭丽舍大街

脉络复杂的道路系统构成了城市最基本的骨架。但是,道路中最有全局意义的地方就是交叉口。作为道路的连接点,它让观察者作出选择。若道路结构清晰可见、关系清楚、交叉点形象生动,就会形成一个让人满意的区域中心。近似不规则交叉比规则的三岔口更可取。常见的近似不规则交叉有平行、纺锤(见图 3-15)、矩形道路系统(见图 3-16)或者轴线相接交叉(见图 3-17)和两条或多条道路的十字交叉(见图3-18)。

图 3-15　纺锤状道路系统

图 3-16　矩形道路系统

图 3-17　轴线相接交叉

图 3-18　多条道路十字交叉

道路还可以组织成网络形式。在方向、地形和空间关系方面,构成一个连续网络。道路网中若能加入一些地形变化,并有各种新颖独特的辅助设施,那么道路在视觉上就会产生差异,形象感必然得到增强。曼哈顿的道路网就带有这种特征。色彩、绿化、小品、道路名称、编号、地形和细部装修千差万别,给人一种运动感和尺度感。

在一条有旋律感和韵律感的街道上行走会让人感到兴奋。沿街的活动和特征——标志、空间变换和动感,都可以形成一种旋律线。进一步说,这种旋律可以通过街道两侧的任何物体(包括建筑、小品、植物以及其他一些很小的细节)去实现。

2. 其他构成要素的设计

边界和道路一样,作为一种线形要素,也应保持在方向和整体上的连续。难以被人察觉的边界总是苍白无力的,给人一种似有若无的感觉。一旦边界被察觉,人们就会很深地感受到区域特征的清晰变化以及两个区域的结合。比如,纽约中央公园的高层公寓里面,海边水陆的明确过渡都属于有力的视觉形象,人们的注意力自然会集中于对比强烈、边沿明确的两个区域的接缝处。

若两个区域差异不明显,那么营造观察者的"内外感"就会很有效。设计者可以通过使用对比的材料、连续的凹线和植物的合理配置来达到这一效果。不连续或环状边界要注意设置明确的终点。

一条边界线如果与其他结构在视觉上和交通上有联系,那么它就成为一个重要的特征,其他所有事物都要依据它来布置。要使一条边界形象鲜明,最好的办法就是多去使用它,频繁地使用,必然能广泛地为人们所注意。

一般来说,标志要具有独立性,并与周围背景形成明显对比。比如,高于住宅的塔形建筑或公园里的摩天轮都是明显的标志。柱子或球体一类标志,往往较突出,再加上丰富的细部要素,就更容易吸引人们的视线。

标志并不一定是庞然大物,关键取决于它的位置以及它自身的形象。如果是高大的,就应该能引起人们视线的注意;如果是矮小的,则必须引起人们感觉上的注意。比如,交通线上某个节点,就是能增强感知的地点,位于这类方向选择点的普通建筑物,也是让人难忘的。若赋予标志一种联想或一种精神意义,它的力量又会增强。一幢具有革命意义的普通建筑物,即使它形象不突出,个性不鲜明,但它依然可以成为地区乃至城市的象征,如天安门城楼、中国共产党第一次全国代表大会会址、毛主席纪念馆等。

孤立的标志只能算是一种弱的参考基准,但若把它们聚集起来,相互衬托,形成标志群,就可增强其感染力(见图 3-19)。将一组微不足道的构筑物成组使用,或通过连续序列来布置标志物,都能加深行人印象,使人心情舒畅。威尼斯就是一个实例。

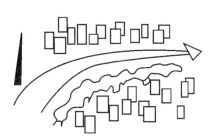

图 3-19　建筑聚集形成标志群,甚至超越独特单一标志的影响力

节点首先要突出个性,才能使人难忘。墙、楼面、细部、照明、绿化、地形、天际线的唯一与连续,都可以创造节点。透明、重叠、封闭、连接、透视、声音与运动形式、光线控制、表面变化、梯度变化等,都能够起到增强节点效果的作用。节点与交通转折点、道路转折点相结合,就会更加引人注意。

界限明确或界限闭合,会使区域更为突出。可以对区域重新划分、重新构建,即使划分和构建以后,各部分有差异,但仍是一个整体。在一个区域中,既要保持其个性,又要表达出与整座城市的关系。区域之间可以通过并列、道路、小区或标志联系起来。这种联系一方面增强了各自的特征,另一方面又组成了一块更大的区域。对于空间区域的体验,不同于一个广场节点或一条道路,其范围要广,且内容也会更丰富。

3.3　审美心理

对美的欣赏与创造,是人的重要心理活动之一。审美的核心内容是审美经验。所谓审美经验,是指审美主体在审美过程中,凝神观察美的事物(艺术品)和现象(如自然现象、社会现象)时,所产生的一种特殊的心理活动和心理体验。这种心理活动及心理体验,是审美主体内在的心理活动与审美对象之间相互交流、相互作用的结果。

审美是一个十分复杂的心理活动过程。一方面,审美主体对审美对象由浅入深、由局部到整体、由外部形象到内部实质和深层意蕴进行审美把握,使对象的美学价值在审美主体的审美活动中逐步得到实现;另一方面,审美对象的美学价值也在不断影响审美主体的审美活动和审美过程。

"爱美之心,人皆有之"。人天生对美的事物感到愉悦,对丑的事物感到厌恶。观看《天鹅湖》,往往会陶醉于唯美的表演之中;倾听贝多芬的《命运》交响曲时,内心会涌现出阵阵波澜和一种对生命的感慨;阅读泰戈尔的诗集,会无法抑制地涌起对生活的无限热爱;阅读鲁迅的《狂人日记》,所能体会出的则是当时社会的黑暗和作者的革命精神。

置身于空气污浊、人声鼎沸的环境之中,心中不免会有阵阵厌恶或烦躁。远离了城市的喧嚣,漫步于田间,面对长天秋水,或小憩于林中清泉之旁,或置身于鸟语花香的环境中时,心中会感到爽朗舒畅、轻松愉悦。不同的景观,能给人以不同的心理感受。

3.3.1 景观审美需要

1. 审美需要——主体积极性的源泉

古代哲人很早就发现人身上有一种驱动因素。这种驱动因素导致人们行动和思考,使人得到快乐或痛苦,在心理上表现为兴趣、信念、意志和意图等。荀子把这种驱动因素称为"欲"。"欲不待可得,所受乎天也"(《荀子·正名》)。他所说的"欲",就是欲望,也可称之为"需求",是凡人皆有的一种本性需要、自然个性。

需要是人所感受到的、与生存发展密切相关的各种条件的综合。需要是个性的一种心理状态,反映个体对内外条件的依赖性。同其他心理现象一样,需要也是对于客观现实的反映,只不过它是个体对外部环境与内部条件稳定需求的反映。比如,天气开始转冷,冬天即将来临,人们忙着安装取暖设备和购置保暖衣物。但这一系列活动的内部原因是什么? 是人对具体生活条件依赖性的反映——防寒的需要。只有这种目的达到了,需要才能被满足。彼得罗夫斯基(A. B. Petrovsky)说过:"个性发展的动力,就是人在活动中不断变化的需要与满足这些需要的实际可能性之间的矛盾。"

人的需要大致分为三类:物质需要、社会需要、精神需要。物质需要基本上是生理的、自然的需要,是人生活的基础,是人维持生命、保存个体及后代延续必须满足的条件。社会需要,包括尊重、友谊、荣誉、爱情、劳动、管理、竞争、模仿等。精神需要是人所特有的,它表现在满足精神文化方面的需求。审美需要就是一种精神需求。美的享受能给人一种舒适、愉快的情绪,给人以精神上的满足,陶冶人的高尚情操。人类对景观的需求似乎晚一点,但景观的前身是园林。中国最早的园林形式可追溯到几千年前殷商的沙丘苑台,周朝的灵囿、灵台、灵沼,直至清朝的颐和园和避暑山庄等。这些园林虽然功能相对简单,但却体现出园林的基本要素——山、水、植物和建筑,表现出人类对美的执着追求。

人的需要是不断发展变化的。人类之初,需要只是为了满足人们直接的肉体需要。衣食住行等基本生活问题解决之后,便出现了劳动、合作、竞争等社会需要,以及求知、审美等精神需要。社会需要和精神需要,都是直接从物质资料的生产活动中产生出来的。但随着社会的发展,这种目的和手段的关系有时可以颠倒过来,精神需要成为第一性的。

依据需要的发展水平,美国人本主义心理学家马斯洛将人的需要分为五个层次,即生理需要、安全需要、社交需要、尊重需要和自我实现需要,自我实现需要又分为求知需要和求美需要两种。后来,他把求知需要与求美需要独立出来,放在"尊重需要"

和"自我实现需要"之间,把需要分为七个层次。马斯洛认为,人的某一种需要得到相应的满足之后,另一种需要就会随之产生,于是人们又继续采取新的行为来满足新的需要。

情感通过体验来反映客观现实与人的需要之间的关系。根据心理学原理,情感是人对客观事物与人的需要之间的关系的反映,或者说是人对客观事物是否符合人的需要而产生的体验。情感与需要是紧密联系在一起的。需要的满足与否,可以引起情感的变化。尽管情感多种多样,但总体来说可划分为愉快与不愉快两大类。需要得到满足,引起主体愉快的情感,反之则引起不愉快的情感。

审美对象能够给人以审美需要的满足,使人产生舒适愉快的审美情感,也能够使人产生压抑的不愉快的情感。审美需要的是审美鉴赏的动力因素。"夫乐者,乐也,人情之所不能免也。"(《礼记·乐记》)"美者,人心之所乐进也;恶者,人心之所恶疾也。"(王弼《老子注》第二章)这些都说明,美的追求或者说审美需要,是驱动人格不断完善的内在动力。当人产生了一定的审美需要的时候,他才会去观赏名画佳作,才会去饱览自然美景,聆听音乐和阅览小说。

2. 审美需要——审美主体的自我实现

在马斯洛的需要层次论中,自我实现是最高层次的需要,而审美需要就是一种自我实现需要。人类的审美需要,是一种物质需求以外的高级精神需求,人们对于美的追求和欣赏,充分体现着人的精神的主体性,主要表现在以下几个方面。

① 美的鉴赏过程和创作过程,是一种"自我实现"的过程。在审美鉴赏中,鉴赏者对审美对象进行感知、想象、联想和再创造,是个人审美能力、审美经验、审美理想在美的对象的体现。鉴赏者在对象中看到的不仅是对象本身的审美属性,接收的并非只是对象的审美信息,就在鉴赏者以参与者身份进入对象时,他本人也就成了一个创造者——在作品的基础上再创造。如果鉴赏主体的审美心理结构比较健全,那么他的再创造会得出丰硕的成果,甚至得出超越审美对象本身的成果。他作为创造性主体的本质,也就在这个过程中得到展现和认可。

② 美的鉴赏和创造是一种"自我发现"的过程。鉴赏者在美的对象上观照自己,寻找自己,并且与审美对象发生心理对位效应。

在审美鉴赏中,鉴赏主体在感知审美对象时,主要依据的是自己的审美心理结构,在感觉的世界中寻找着自我。鉴赏者有一种特殊心态,他总是想在审美对象中发现自己的本质,并把自己与作品中的人物、事件、情节对应起来,产生共鸣。生活中常有这样的事情,一本小说出版后受到广大读者的欢迎,也许是人们从自己熟悉的生活环境中寻找到了作品中的主人公,因而对故事情节感觉到熟悉,这样就产生了一种共鸣。

审美创造者的创造过程也是一个"自我发生"的过程。创作者在创作中既是创造主体又是鉴赏主体,一方面在创作,一方面在鉴赏,并逐渐发现自我。杰出的作家总是在创作中既表现了自己所感知的现实生活和审美情感,又寻找着自我在作品中的位置。所以杜甫才有"文章千古事,得失寸心知"的自得,曹雪芹才有"满纸荒唐言,一把辛酸泪。都云作者痴,谁解其中味"的自叹。

③ 美的鉴赏和创造过程是创造者和鉴赏者"自我创造"的过程。鉴赏者在鉴赏过程中依据自己的生活经验,展开一定的想象与联想,对审美对象进行加工、组合、丰富、补充,创造出一个符合自己的审美经验和审美理想的审美意象来。当审美对象作为一种独立的现实存在时,任何一个鉴赏者都可以在其中进行再创造,都可以"以意逆志"。不同时代的鉴赏者不停地在同一对象上进行着再创造,给对象注入新的时代色彩和审美信息。审美创造过程亦如此。创造一个审美对象,也是不断创造自己的过程。在创造过程中感到的是对自己力量的肯定和灵魂的震撼。一个人把自己的观察、思想、印象、兴趣等一切属于他的感觉世界的东西放进物质材料中的过程,也就是他自己的心灵和自身形象得到创造的过程。

3.3.2 审美心理

1. 审美感知阶段

对形式美的感知构成了美感运动的起点。所谓形式感知,是运用审美感官去观察审美对象的外观形式,把有关形式信息摄取到头脑中来。欣赏雕塑(见图 3-20),

图 3-20 雕塑

我们首先看到它的外观,然后才去追究它的意蕴或深层信息;聆听音乐,我们首先接触到的是旋律、节奏和声音效果;观赏绘画,我们第一眼看到的是色彩、线条、构图;观看舞蹈表演,我们首先看到的是舞蹈的形体动作。正是感官系统让我们能够准确地去感受周围的信息,从而获得美的享受。

审美初感,就是审美活动开始时,对审美对象的第一次感知(即第一印象)。它是对人感觉器官的一种新鲜刺激,或者说是对新鲜刺激的第一次感知,是最为敏锐的。它表现为下述几个特征:① 极为灵敏地把握审美对象的形式特征;② 加强注意的紧张性,缩小注意的范围,使记忆保持长期性;③ 出现瞬间的最佳时刻,获得深刻的印象。绘画创作中的审美初感突出地表现在视觉初感上。画家在进行审美观照时,眼睛视线会对准所注意对象的某一点(这一点是眼睛的注意点),并且不断地转动着视线以转换注意的目标,而眼睛又以跳动的方式将视线转换到新的目标。

2. 审美经验阶段

随着审美感知注意力对审美对象形式的动态扫描,美感运动也就进入由表及里的审美经验阶段。这里所说的审美经验包含两个含义:一是指审美经验结构,审美主体大脑信息库中所储藏的、从审美实践中获得的知识经验(包括生活积累、思想情感、文化水准等)和情感休验积累(包括心理冲动趋向和情感反应模式)构成审美经验结构;二是指审美主体以上述的审美经验结构为内因,对审美对象内容的美所进行的体验活动,它包括认知辨析、直觉感受、联想和探求等心理运动环节。

从静态的角度看,审美经验结构诸要素可归纳为两大系列:表象性信息系列和意向性信息系列。

人们在感觉和知觉基础上所积累的映象称为表象。感知过程中所得到的是当时作用于感官的外部世界客体的感性映象。这些映象,有的完全不留痕迹地从我们的意识中消失,有的则是作为表象而以记忆的形式在意识中保存下来(通常所说的联想,即以记忆表象的复现为其根本特征)。显然,感知缺乏概括性,客观事物是什么,它就照样反映。表象则不同,它可以是某个独特事物的反映,例如关于黄山迎客松的表象,这诚然没有概括性,因为它所反映的事物是客观世界中独一无二的。但是,表象可以反映某一类事物的某种具体形象,例如某房屋,这种表象就具有了一定的概括性。因为房屋涵盖的范围太广,大城市的居民可以想起平顶高层、公寓式房屋,而小城市的居民可能想起木屋、砖墙房屋以及墙面抹灰的二层楼等,农村的居民也许会想起各种平房、瓦房。这三种房屋表象并不包含任何一种房屋中的实际个体所具有的许多特点,而是突出了三类房屋某些共同的、一般的特征(如样式、高低、外墙和屋顶等),是具有一般概括性的概念。这些形象储存在大脑中,就构成了表象性信息系列。以此作为主体的内在参照物,才可能对特定的审美对象所包含的生活内容产生熟识感、亲近感并进一步产生美感。

审美经验结构的另一组成部分是意向性信息系列。它包括含审美在内的实践活动,人们会对所见所闻产生一定的分析、思索和情感反应,这些心理活动并不都随时过境迁而被淡忘,有些会和表象一起留在大脑之中,日积月累,这类信息凝聚起来,就会使人们对某一事物形成某种带有巨大巩固性的稳定看法和想法,以及带有惯性的情感反应模式。这种建立在一定文化水准之上并且受制于思想的看法、想法和情感趣味的意向、期望和需要以及与之相适应的情感反应模式,就是意向性系列。它左右着审美主体对审美对象意蕴内容的辨察和探求,从而影响着美感发展的方向。

3. 审美创造阶段

审美创造是依赖于想象来实现的。审美想象,就是在感性经验基础上开拓新的意蕴、构筑新的表象的心理过程,其最终目的是创造富于独创性的意象。

经验是创造的基础,而延时式经验中的审美探求,是想象开拓深层意蕴的基础。当审美者沿着形象特征所提供的线索,按迹循踪深入探求其内含的意蕴而有所收获时,往往不可避免地会带有创造性的因素。

在领略内在意蕴的基础上,审美创造活动就朝着构筑新的意象形态的境地迸发。一方面,通过直接感知,吸取审美对象的形象特征,扬弃偶然的形象枝节,这种有取有舍的心理过程,乃是"得其精而忘其粗",对感知的形象信息进行一番淘洗选择,是意象形态构成的重要环节;另一方面,调动记忆中的经验,即借助联想为创造性想象输送经验"仓库"中所积累的有关记忆表象(创造性想象的基本趋向是对联想所唤起的经验的改造,从而构筑带有审美者独特创造性的意象形态)。

在创造性的想象中构筑各种类型的意象,是美感发展的最高阶段。意象创造使审美者的自由自觉的本质力量得到极其充分的展示。意象的灵魂输入了审美者心灵酿造的信息,意象的躯体混合着审美者孕育的血肉,意象成了审美者对象化的自我。

3.3.3 审美想象

审美想象不同于一般想象,它总是会受制于主体的审美意识,是一种表现主体个性和趣味的想象,它与主体的审美修养有着密切的联系。同一个对象,不同主体所引发出的想象不一样。对某一门类的艺术有着特殊爱好和兴趣的人,总是比较容易对这门艺术产生丰富的想象,而这种想象也很独特。

审美想象的产生需要以下三个条件。

① 审美想象的基础是多彩多姿的现实生活。审美想象如果远离生活就会成为"灰色"之物。只有与那些常青的生活之树相依为命,想象才会是具体而丰富、新鲜而生动的。我们欣赏借助显微摄影所得到的污染中的美,尤其需要一定的现实生活基础,否则,很难从那些"奇形怪状"的物质微粒结构中获得美感享受,或者充其量把它们看成一些斑斑块块而已。但当具备了一定的生活经验,就会有这种想象:"带有气泡的雹块横切面"令人想到敦煌的飞天形象,"雨滴中的针状硫酸晶体"恰似团团粉蝶。

② 审美想象要受激情的推动。审美想象与科学想象的区别在于,科学想象力要受理解力的支配,而审美想象力则受到情感的推动。科学家在科学研究中,要凭借想象力发现已经存在但还没有发现的某些客观规律;而审美者(特别是艺术家)却在于依据想象发现、体味审美对象的审美意蕴,创造出新的审美意象。

③ 审美想象要靠际遇触发审美联想。在设计中会有这种体会:有时候各种条件都已具备,但方案还是久久不能完成;有时候偶然一次旅游,或者一个故事的触动,灵感突然爆发,想象力会很活跃,于是设计作品马上就完成了。与小说、音乐作品、美术作品一样,景观设计与灵感有着密切的关系,有时灵感甚至构成了整个作品的灵魂。

3.3.4 审美体验

1.审美体验的内涵

审美体验,是指审美主体在审美活动中,对审美对象进行聚精会神的审美观照时在内心所经历的感受。审美体验的成果,就是审美感受的获得;审美体验的深入,引起了审美感受的深化。比如说,艺术家们所创作的艺术作品,就是他们审美体验的结晶,他们以这种方式将自己体验过的生活、情感和感受过的世界传达给接受者,接受者也从中分享到他们的审美意趣和审美情感。但艺术作品本身只是一些凝固的或非凝固的符号信息,它只有经过接受者内在解释结构的解释才会变得鲜活起来。也就是说,接受者只有在审美体验中才能获得作品的审美意蕴,才能在感情上与创造者进行交流。至于那些含义深远、言在此而意在彼的"微言大义"式的作品,则更需要接受者细心的体验才能识得"庐山真面目"。比如说,人们第一次来到拙政园,穿过主门往北走不久就会看到主体建筑"远香堂"(见图 3-21),它紧邻水面,周围环境开阔,荷蕖满池,附近垒石玲珑,林木苍翠,让人赏心悦目。也许这时人们已经被眼前这醉人的风景所打动,急于去观赏建筑里面的陈设,或是在临水月台上眺望东西两山、屹立的小亭或是去观赏荷花。但当人们再次游览"远香堂"的时候,一些小的、奇妙的、上次被忽略的新事物也许就会进入他们的眼帘,会有人去细心地感受这里的意境。"远香堂"取自宋代著名理学家周敦颐之《爱莲说》中"香远益清"之意,本来就是一处观赏荷花的胜地。第三次来,人们又会有不同的感受,更多的细部会进入他们眼中。这样反复多次的欣赏琢磨,人们的感受显然越来越深,从而获得一种成就感和自豪感。而这种体会和感受的过程带给人们的乐趣远超过一目了然、全盘呈现在人们眼前的景物。

图 3-21　拙政园之远香堂

　　审美体验与非审美体验的区别在于:① 审美体验是一种精神的、总体的情感体验,而日常生活体验或科学体验是功利的、单纯的情感体验。审美体验往往由客体对象形式美的愉悦,到对人生、未来、永恒的感悟,并能直接深入人的潜意识深层领域。由对审美对象的外部形式的感知,深入内部实质的理解,再深入深层意蕴的领悟,从而获得心灵的触动。② 审美体验是一种心理震撼的强效应,比之科学体验、道德体验,在强度上显得更为强烈。③ 审美体验过程始终伴随着一种心理愉悦,并在意象纷呈中获得审美享受,而不像实践体验、日常生活体验那样,因为有太强的功利目的性而丧失其精神的愉悦性。

2.审美体验的主要特征

（1）极大的灵活性和广泛性

审美体验具有极大的灵活性和广泛性。所谓灵活性,是指审美体验既可以独立进行,又可以与其他实践活动并行不悖。游览秀丽的山川、雄伟的大海,观赏娇艳的花朵、稀世的珍品,当然是审美体验活动。但是在从事其他活动之时,同样可以进行审美体验活动。

（2）强烈的个体性和主观性

审美体验活动具有个体性和主观性。它虽属人所共有的心理活动,但却只能以个体的方式进行,而且表现出鲜明的个体性和主观色彩。面对同样的客观事物,不同的人有着不同的感受或体验。而审美体验的个体性和主观性还表现在,体验者所感受到作品的意义、情感并不一定与作家或艺术家所要表达的意义、情感相一致,他们在作品中看到的是自己的世界。每个人所能领略到的境界都是性格、情趣和经验的返照,而每个人的性格、情趣和经验都是不同的。

所以"无论是欣赏自然风景或是读诗,各人在对象中取得多少,就看他在自我中能够付与多少,无所付与便不能有所取得"（朱光潜《诗论》）。这正是审美体验具有强烈的个体性和主观性的原因所在。

（3）丰富的直觉性和具体性

审美体验活动是人"以全部感觉"作为主要手段来把握世界、肯定自己的一种方式,而且在审美对象上直观自身,获得审美愉悦。因而审美体验富有直觉性与具体性,这不仅表现在整个审美体验过程中主体不能离开客体而孤立存在,同时还表现在审美主体必须调动各种感官去精细地感受审美对象,以把握具体的情境,从而形成审美意象,获得审美感受。审美体验的这种直觉性和具体性,是一种精神的、总体的情感体验的体现,是其有别于一般日常生活体验的重要标志。

（4）浓厚的感情性和活跃的联想力

审美体验的过程,自始至终都充满着主体的情感活动。在审美体验中,人们依据一定的审美态度,去观察和评价客观事物,从而产生一种情感体验。因此,审美体验活动的自始至终,都伴随着审美主体强烈、浓厚的情感波动。

联想也在审美体验中具有重要的意义。在审美体验过程中,审美主体不是孤立静止地去反映和评价某一单一的事物,而往往是从某些事物的联系、渗透方面加以考虑。只有通过联想加以印证和比较,才能加深对事物的审美感受。狄德罗面对郁郁葱葱的高山,"联想到世界起源的古森林",深感其"美好"。同样,人们观赏气象万千、烟波浩渺的洞庭湖,或有"感极而悲者",或有"其喜洋洋者",这种"览物之情"的差异,乃是通过对人世沧桑的联想而产生的。如果说能够把想象力视为审美活动的创造力高低的一种表现的话,那么,联想力则可视为审美活动的感受力强烈与否的一项标志。

3.3.5 审美探求

1. 审美探求的内涵

（1）探求心理是人类的一种基本特性

探求心理是人类的一种天性，它的核心是求知欲，而表现形式是好奇心。人生来就有一种好奇心，爱好探求周围世界的奥秘，以便了解、认识和掌握客观世界的规律，从而改造世界。在人的探求过程中，会产生惊奇、怀疑、坚信等情感，而这些情感又反过来激发人们进行更深入的探求。

人的探求心理（包括探求自然、社会和艺术等等）从主观上来说是由好奇心被激发而引起的。它是人类有意识、有目的的活动，并使人类逐步摆脱了原始、落后，进入先进的文明。人类一直按照自己的需要在有目的、有计划地探求自然，最终揭开了它的奥秘，掌握了自然的一些规律，并产生积极的结果。所以说，人的探求心理是作为人的一种认识活动而存在的，它是人所具有的一种特性。

（2）审美探求的主要特征

① 审美探求是追求精神上的享受和满足。与科学探求心理的功利性目的不同，审美探求的功利性并不直接，其探求结果也不是获得对事物的抽象认识，而是给人以精神上的享受。为了追求和获得精神上的满足和享受，审美探求可以超出于现实生活和物理时空之外，以一种异乎寻常的力度和气势来表现这种审美探求的结果。

② 审美探求始终都不脱离具体可感的形象。在科学探求过程中，人们往往从感性的事物出发，通过对具体可感的事物的分析、判断、推理，发现事物内在的规律，得到理性的结论，在整个过程中，它由具体走向抽象。而在审美探求过程中，却始终离不开具体可感的形象。尽管抽象思维在审美探求中起着十分重要的作用，但它必须也伴随着具体可感的形象（审美探求与形象运动同时进行），纯粹的抽象思维不能进入审美领域。

③ 审美探求常常达到物我同一的境界。审美探求自始至终都伴随着情感。主体的感情常常被审美对象所牵引，并达到一种物我同一的境界。

（3）好奇心理与逆反心理

生活中常会有这种事情，一部文学作品或电影受到指责和批评之后，很多读者或观众反而会千方百计地传阅或观看。对于这些人来讲，他们更多的是抱着一种好奇心理，想亲自探求一下作品的真实情况，看其内容和形式是否应该受到指责和批评。逆反心理与好奇心理虽都是人的心理活动，但却有着本质的区别。逆反心理是与常态心理相违背的，即有的人对于明明是错误的、落后的事物，反而认为是正确的、进步的，对于明明是正确的、进步的事物，又偏偏看成是错误的、落后的。逆反心理有意或无意颠倒了事物的性质，混淆了是非界限，是一种反常的、变态的、畸形的心理状态。它是由抵触情绪、不信任感而激发形成的一种偏见。但人们的好奇心理却是一种正常的、合理的心理活动，好奇心可以使人产生惊奇、疑问，进而促使人去探索事物的本质,把握事物的规律。人具有好奇心以及由好奇心所形成的探求心理,对于开拓客观世界的未知领域,促进科学的发展,有着极为重要的意义。在审美活动中,人们的审美好奇心,会促使人们深入探求审美对象的内在意蕴。

2. 审美探求在审美活动中的作用

（1）审美探求与审美发现

研究审美探求心理,对于审美创造与审美欣赏都具有十分重要的作用。主体在审美活动中,常常带着一种强烈的好奇心去探求作品,从而在作品所提供的审美信息的基础上作出独特的审美发现。在自然美的鉴赏中,审美探求也会带来新的审美发现。许多自然风景区的开辟,就是人们在审美探求心理的驱使之下所作出的审美发现。

（2）审美探求与审美创造

审美探求促进审美创造。如艺术家在审美探求心理的驱使下进行审美创造的问题。在艺术创造中,每个艺术家都要使自己的作品具有新颖而深刻的主题理念,这也是艺术家在设计创造中所体现的基本思想。艺术家提炼作品主题的过程就是一个艰苦的审美探求的过程。他要透过现象去把握事物的本质,要从司空见惯的事物中去挖掘常人能够感受但又尚未清晰的思想,这样才能显示出主题的深刻性。

3. 重视引发和培育审美探求心理

在审美活动中应注意以下几点。

（1）以新颖独创的作品引发观赏者的探求心理

人的审美探求心理是有惰性的。看戏不愿看老面孔,听曲不想听老调子。似曾相识的旧事物、旧形式很难在人们的审美心理中占据位置。旧的审美对象容易对人的审美心理产生饱和作用。而审美心理的饱和一旦形成,审美探求的兴趣就会消失。因此,各种艺术作品都应该突出其新颖独特性,这样才能给人留下深刻的印象,给人以心灵上的震撼。

（2）应了解和掌握观赏审美探求心理的可行性

艺术作品创作成功后,便成了客观存在,在其中积淀了艺术家的审美探求心理,而观赏者在欣赏作品时也会产生类似于艺术家的审美探求心理,这其实是艺术家审美探求心理的"还原"。这犹如园林艺术中意境的产生一样,造园家通过各种造园要素的布置以及诗词的点题,赋予每个小景区以不同的主题,比如西湖十景——"三潭印月""花港观鱼""断桥残雪""苏堤春晓""曲院风荷""柳浪闻莺""双峰插云""雷峰夕照""平湖秋月"和"南屏晚钟",设计者将自己美好的理念(审美探求心理)赋予景点,这种理念通过人们的观赏进一步复现出来,使观赏者产生类似的联想。

但是设计者也应该充分考虑到他提供的信息是否能够被观赏者理解,是否能激发观赏者的审美探求心理,是否能对观赏者的审美探求做出一定的限制和规范。观赏者可以丰富、补充、探求作品深意,但是不能超越作品所提供的信息引导,否则观赏者不但不会有审美探求的乐趣,还会感觉主题思想隐晦。表达方式要曲折生动,但却不是扑朔荒唐不可理解;手法要新颖独特,但绝非离奇怪诞不可捉摸。所以设计者一定要用心留意这个"度",把握好作品的审美探求,使观赏者能产生审美的乐趣。

（3）注意培养健康的审美探求心理

审美探求心理属于人的审美活动范围,它应该是美的、健康的。由好奇心所引发的探求心理虽然是人的特性,有一定合理性,但也并非就意味着它是完全合乎道德的、健康的。在现实生活中,某些人好奇于小道消息或别人的私生活,又或是一些宣扬暴力、色情的电影艺术作品以及畸形的艺术作品同样能引起人们的好奇心,给人以感官刺激,但是它们不在艺术审美范围中。所以设计师应该注意培养健康、道德的审美探求心理,将观赏者引入正确的审美轨道中,传达给他们景观艺术的真、善、美,让人们从观赏中受益。

3.3.6 审美距离

1.审美距离的内涵

（1）布洛的距离说

"心理距离"一词,由瑞士心理学家、语言学家布洛（Edward Bullough）首先运用于审美分析,并把它作为一个重要的美学原则提出来。布洛认为,所谓"距离",就是"介于我们自身与我们的感受之间的间隔,是我与物在实用观点上的隔绝"。有没有距离,是审美与非审美之间的根本区别。"距离使得审美对象成为'自身目的',距离把艺术提高到超出个人利益的狭隘范围之外,而且授予艺术以'基准'的性质。""美,是最广泛的审美价值,没有距离的间隔就不可能成立。"布洛所说的"距离",不是一般的"空间"或"时间"的范畴,而是指"心理距离",是审美心理与个人功利观念之间的距离,是审美态度对实际人生的超脱。布洛要求人们在审美时必须不计较现实的得失,始终要以单纯的审美态度去进行欣赏和观照。注意到"心理距离"与时空距离的不同,强调"心理距离"是一种对经验的特殊的心理态度和看法,它属于审美心理范畴。这是布洛"心理距离"的精华。

（2）心理距离与审美心理距离

① 心理距离。心理学的研究证明,人的任何心理活动,都是由外界事物的刺激而引起的,并且总是针对一定的对象来进行。人在同一时间之内不能感知周围的一切对象,而只能感知其中的少数对象。这就是心理学中"注意"的指向性和集中性。根据负诱导的规律,当一个人对某一事物发生注意时,他大脑两半球内的有关部位就会形成最优势的兴奋中心,周围其他神经部位必然受到抑制。当一个人注意到某些对象时,他便离开其他对象。集中注意的对象是其注意中心,其余的对象则处于注意的边缘,多数对象处于注意范围之外。这样,注意中心与注意边缘或注意外围之间产生了"距离",这就是心理距离。

② 审美心理距离。在审美的场合,审美对象在人们心理上所引起的正是高度的注意,它必然要产生负诱导。与审美无关的事物和心理活动就会处于注意中心之外。这种审美心理距离的特点在于,事物的审美特性处在心理活动的中心,事物的实用性能、科学认识价值等方面的特性则被视为非审美的东西而被忽略,甚至被弃之一旁。布洛所举的在雾海中航行的例子就是如此。当人们把注意力集中于周围景色时,就会沉醉在这一片朦胧缥缈的美景中,而那潜在的威胁生命的危险全都被置于脑后。这种心理距离是随着美感的强度而扩大的,美感愈强,心理距离愈大。但是并非所有的心理距离都能产生美感。如果人们把注意力集中在航行的安全上,时时担心着前途和命运,那么,即使周围一片迷人的景色,也无法引起主体的美感。因此,审美性的心理距离和一般的心理距离是有区别的。其重要区别在于,一般的心理距离所注意的是中心而不是审美特性,是事物的实用性或其他特性。当一个科学家全神贯注于科学研究工作的时候,他竟然忘记了自己是否吃过饭,这就是一般的心理距离。而孔子在齐国听了《韶》乐,竟三月不知肉味,这种对音乐的欣赏所引起的审美效应,就是审美的心理距离所造成的结果。

(3)设置审美心理距离是进行审美活动的必要条件

主体进行审美活动,必须与对象形成一种审美的距离,而审美距离的形成首先取决于审美主体的审美心理结构。尚未构建起审美心理结构的主体或审美心理结构尚不健全的主体都不可能对审美对象形成一定的审美距离。有的时候,审美距离的形成不仅取决于审美主体的审美心理结构,还取决于特定的物理距离。

在对造型艺术作品进行审美鉴赏时,主体所形成的审美距离与特定时空条件下的物理距离有着密切的关系。观赏雕刻、绘画作品,物理距离有所不同,主体所形成的审美距离也不同。有些作品,比如大型油画、镶嵌瓷画适宜远看;而有些工笔花鸟画作品则适宜近看;至于观赏摩崖造像则更是需要特定的物理距离才能形成审美距离。

很多事实证明,有审美必须有心理距离。心理距离的设置是进行审美活动、获得美感的必要条件。

人们面对"长河落日""大漠孤烟"的塞北风光,或身临悬崖峭壁、万仞峰巅的巴山景色,会沉迷在那惊心动魄的雄伟场面之中,惊叹着大自然的鬼斧神工,精神为之振奋,人格也随之提升。在那被勾魂摄魄的瞬间,人们是无暇回想那深渊巨谷会吞噬万物的潜在危险的。人们在赞叹"滚滚长江东逝水"的顷刻,往往也不会去考虑它水流湍急,即使是修建水电站的地方。因为人们的注意力已经全部被那迷人的景色所吸引,它就处在优势兴奋中心内。至于实用的考虑、科学的价值,全都暂时处于抑制状态之中,不在注意的范围内。心理的距离把人们推到审美欣赏的极致,保证主体不受外来的干扰,而尽情领略大自然的美。

2.审美心理距离产生的条件

(1)使主客体的关系由对立转向统一

人与自然的关系,首先是利害关系。对人类而言,大自然首先是作为能够为人类提供物质生活资料的对象而存在的。当人们尚处于自在阶段,未能充分掌握、利用大自然的规律时,面对客观对象,首先考虑的就是利害关系问题,求取生存的需要迫使人们只能持实用功利的观点来看待事物,注意事物实用方面的特性,而无暇顾及事物的审美特性。所以,人们无法在事物的审美特性与实用特性之间设置审美的心理距离。人们只有通过改造自然界,解决了衣食住行的问题之后,才有可能寻求精神生活的满足,才可能有审美的需要和审美的活动。一旦主客体的矛盾关系得到和解,人们看待事物的角度就能够得到转换,就有可能由实用的观点转到审美的鉴赏,从而在审美中拉开与实用的距离,全神贯注于对象的审美特性。

（2）要有一定的审美能力、鉴赏兴趣和心境

马克思说:"对于不懂音乐的耳朵来说,最美的音乐也毫无意义,音乐对它来说不是对象。"人的心理活动一般都指向集中于对他来说最有意义的事物。但人们审美心理的形成,能够把自己的心理活动指向和集中于某一审美对象,必然以一定的审美能力为前提条件。正因为如此,在大千世界中,在鸟语花香、山川秀丽的自然界,很多人被单纯的实用观点挡住了审美的眼睛,因而或失之交臂,或擦肩而过,或视而不见,或听而不闻。只有那些独具慧眼、感觉敏锐的艺术家,才能发现生活中的美,从而以艺术手段把生活中的美表现出来,给人以美的熏陶。这也说明了大部分艺术家具有高度的审美感受力,最能设置审美的心理距离,把事物放在审美的角度来观察。

人的注意力的指向和集中,在很大程度上是由兴趣支配的。兴趣是一个人优先对一定的事情发生注意的倾向。矿石商人之所以只看到矿石的货币价值,而看不见矿石的美,就因为他对此没有兴趣,因而也没有把他的注意力集中在这方面,不可能形成审美的心理距离。

兴趣有高低雅俗之分,它根据年龄、修养、性格、时代、民族、地域等的不同而表现出明显的差异。并非所有的兴趣都能促使审美主体与对象形成审美距离。唯有高雅的,与一定时代精神、民族精神和地域风情相统一的兴趣方能使主体与对象形成审美距离。

正如不朽的艺术雕塑——米洛斯的维纳斯(见图 3-22),虽然创作的时间已经久远,但它在艺术史上的震撼力没有停止,并已逐渐成为赞颂女性人体美的代名词。她一直为世界上所有热爱艺术和美的人们所景仰,人们以能亲眼目睹这尊古希腊最伟大的艺术奇迹为人生一大幸事。

心境对于注意力的指向也有很大的影响。当一个人处于某种心境中,他往往以同样的情绪状态看待一切事物。"如果一个人当时具有特殊的情感,那么凡是和他的这种情感有关的各种事物就很容易引起他不随意的注意。"(杨清

图 3-22　断臂维纳斯

《心理学概论》)所以,审美活动要求主体方面有适宜的心境,不为物役,才能保持适当的心理距离以在审美观照中获得审美感受。

(3)审美对象必须具有能吸引注意力的审美特性

注意的一个基本特征是它的"选择性"。人的心理活动总是有选择地指向和集中于某一对象,而人的审美探求心理又总是让人将其注意力集中于新异的、富于变化的事物。一出平淡无奇、老生常谈的戏,很难引起观众的审美注意,而一幕形式新颖、情节曲折的戏,则很容易收到突出的审美效果,促成审美心理距离的设置。

3.审美心理距离在审美中的作用

(1)使审美对象多方面的审美特性得以充分显现,并拓宽审美对象的范围

当审美主体把它全部心理功能的活动指向或集中于对象的审美特性的时候,头脑中相应部位的优势兴奋中心必然导致周围部位的抑制。这样,审美对象就好像形成了一个孤立绝缘、无挂无碍的独立体。孔子闻《韶》乐,三月不知肉味,就因为《韶》乐在他的大脑中产生的优势兴奋中心抑制了味觉神经的活动。当优势兴奋中心把审美对象孤立起来时,对象各方面的审美特性就得到最充分的显现,使审美主体得到最佳的审美享受。

罗丹说:"美是到处都有的,对于我们的眼睛,不是缺少美,而是缺少发现。"(《罗丹艺术论》)发现美,拓宽审美对象的范围,不仅在于主体的实践力量,也在于心理距离的获得。高山和大海作为自然存在,并非作为人的审美对象而设置。尽管客观上它们是美的,但在地理学家的眼中,它们只是科学认识的对象,未能进入审美的范围。而在山水画家看来,它们是审美对象,审美心理距离使它们超越了自然的物质功用,而从中发现了美,它们也就进入了审美范围。

(2)使审美主体调动起各种心理功能进行深入的审美体验

中国古代美学中的"出入"说(如王国维在《人间词话》中关于"词人对自然人生,须入乎其内,又须出乎其外"的论述),其"出"就是设置审美的心理距离问题,"出"就能对生活进行审美观照,并进行深入的审美体验,才有"高情至论"(龚自珍《尊史》)。因为心理距离产生时,大脑两半球中相应部位出现的优势兴奋中心最适宜于反映客观外物,它把主体的感知、想象、情感、思维等多种心理功能都充分地调动起来,以促进美感的产生。美学家往往提倡审美时的凝思默察、全神贯注,就是为了形成最优势的兴奋中心,以期获得最大的美感。乘船过山峡(见图 3-23),如果对神女峰(见图 3-24)仅仅是匆匆一瞥,那只不过是一堆石头,而一旦把注意力全部集中在石头上面,并充分调动起各种心理功能,一幅充满生机的、富有神话色彩的图画便浮现在眼前,审美感受也就油然而生。所以要创造出美的作品,必须进入一个虚静的境界,将注意力集中指向在对象的审美属性上,主体才有可能对对象形成审美距离,从而进行深入的审美体验。

图 3-23　穿越三峡 　　　　　　　　　　　　　图 3-24　三峡神女峰

（3）促使审美主客体由物我对立向物我同一的转化

审美的心理距离产生时，被注意到的对象与未被注意到的对象之间形成间隔。优势兴奋中心周围的神经活动都处于抑制状态，主体的注意中心实际上被孤立起来了。在产生美感的瞬间，主体完全沉浸在审美对象中，他心中只有当前所观照的审美世界，而别无他物。在这种凝神观照中，主体把整个自我移入审美对象中去，而对象又包含着主体的精神活动，"对象是我自己而且我的自我也就是对象……我自己和对象之间的对立消灭了"（里普斯《移情作用、内模仿和器官感觉》）。这种现象之所以发生，其实都是以心理距离的作用为前提的。在心理距离所造成的封闭系统中，人与物之间发生情感转移，这种转移一旦达到高潮，就会产生物我同一的境界。

3.4　景观设计与审美

景观，作为人类创造的充满大自然情趣的生活游憩空间，除具有实用功能外，还具有更深一层的艺术功能，即通过园林欣赏审美。审美学与景观设计有着不可分割的联系，它是一门解释审美、美感的本质以及美与真、善，审美与欣赏、鉴赏、娱乐的关系和美感与人类其他感觉的关系的学问，从其实践或运用的角度来说则是一种境界学或修养学——通过阐明人的本质、价值和意义来试图提高人的境界和修养而使真正的人性放射出璀璨夺目的光彩。在设计中，审美学的一些理论可以为设计师所借鉴利用，从而提高景观设计含金量，营造出能为大众喜欢并欣赏的优秀景观作品。

中国传统园林中的美学思想，深受早期老子审美、儒家审美的影响，倡导"仁"与"和""美"与"善"的境界，包括"以和为贵""形神兼养"等观点，表现出一种乐观、积极、谦虚、礼貌的文化氛围。所以古典园林艺术审美多是从诗画情趣和意境角度来讲审美主体所获得的美感,其中主要运用了诸如引起美的联想、产生了悠然意境而又怡然自得的哲学反思等人文语言,塑造了独特的东方园林的风格,给我们留下了宝贵的财富。譬如中国古典园林(见图 3-25)中所运用的诗文的意蕴以及画意的构图方式,使其融合了诗情画意的美感以及特有的东方意蕴,不仅将前人诗文的某些境界、场景在园林中以具体的形象复现出来,通过景名、匾额、楹联等文学手段作直接的点题,还借鉴了文学艺术的手法使古典园林的规划设计颇多类似文学艺术的结构,在景点的安排之中加强了犹如诗歌的韵律感和节奏感。在古典园林的构图经营上,假山的堆叠方式充分体现了古典园林的画意之美,其堆叠章法既是天然山岳构成规律的概括、提炼,也能看到"布山形、取峦向、分石脉""主峰最宜高耸,客山须是奔趋"等山水画理的体现。其他诸如建筑、理水、植物搭配也都明显表现出画意的特点。不仅如此,古典园林中还充满了深刻的意境表达,通过诗文、点题、匾额等画龙点睛之笔,给观赏者传达出一定的情感思绪或哲理表达,使人能陷入深刻的联想之中。正是因为具备这些特点,中国古典园林才能够在世界上独树一帜,它传达给观赏者的审美情景更是只可意会不可言传的,在对美的观赏中让人受益匪浅。

虽脱胎于中国园林,但日本园林表现出和中国园林很不相同的审美情感。其本身的自然社会环境和宗教影响造就了日本人悲观、压抑、内敛的民族性格,其园林审美情绪也表现出相应幽(深奥)、玄(神秘)、佗(清淡)、寂(静谧)的境界,枯山水(见图3-26)、平庭、茶庭等是园林的主要形式,使人在凝神观察中品味、顿悟最深层次的美感——物之哀,表现出对自然和人生的深深眷恋和淡淡伤感。

图 3-25 佛香阁建筑群呈现出的韵律感和节奏感

图 3-26 日本枯山水景观所表现出来的枯寂之美

曾有人认为自然美经过提炼、取精成为艺术品,已不是纯自然的形式,也许会和当前的生活存在显著的距离,这样的认识不无道理。格式塔心理学研究表明:人们在日常生活和艺术欣赏中宁愿欣赏那些稍微不规则和稍稍复杂些的式样,其理由是这些式样能唤起人们注意和紧张的情绪,继而(审美主体)对其积极地组织,最后组织活动得以完成,开始的紧张逐渐消失;而这种活动呈现出一种有始有终、有高潮有起伏的经验,这样的经验给我们的情绪带来与众不同的快感。这也说明了日常生活中司空见惯的对象是不可能引起我们的美感的,只有那些与生活有一定距离的对象,即在时间、空间、心理上超越生活的对象才能引起我们的注意和紧张,而这种紧张是通过对审美主体内在生理和内在情感的刺激产生的,即这种愉快感均来自外在刺激。这种刺激和紧张是中等程度的(相对内在生理和内在情感而言),它来自审美信息的新颖度与可理解性之间的平衡(见图3-27)。一个景观设计作品,其审美信息新颖度越大,独创性也越大,产生的刺激也越强烈,它的可理解量就会越小,越不容易被欣赏者接受。景观的审美主体主要是游人,每个人知识水平、修养程度以及对景观美的理解水平不一样,在创造园林美时要增强审美信息的可理解性,但也要保持一定的新颖度,使游人可以在休闲中认识世界、增长知识、提高修养和陶冶情操。因此,景观设计者应该致力于寻求可理解性与新颖度之间的最佳点,充分体现景观艺术功能。但随着社会的发展进步和游人对景观审美能力的提高,这个满足审美需求的最佳点会向新颖量一方不断移动。在每一个不同时期,这要根据物质与精神文明发展的程度来决定。所以设计者也要适时而变,随时调整自己的审美信息,力求创造出符合当代游人审美观的优秀景观作品,从而做到景观创作审美与欣赏审美的相互统一。

图 3-27 寻求可理解性与新颖度的最佳点

但是,现代科技处于全球支配地位,它在给人们的工作带来了优越性的同时,也不知不觉弱化了人们内在的心智,使得景观设计行业又出现了许多新的问题。

① 景观设计过度依赖机器。计算机设计、计算机绘图极大地丰富了图面效果,提高了参与国际竞争的能力。但设计者在熟练使用软件的同时,手绘表现的基本能力却逐日下降,这很直接地影响了学生对于景观设计(包括建筑学、城市规划)的想象能力,降低了审美情趣的敏感度。

② 缺乏自身审美与情趣的培养。设计者学习期间重视专业课,却极大地忽视了自身的审美,尤其是情趣的培养。一个好的景观设计者,在具备基础专业能力的同时,也应该具有高尚的审美观念,并具备社会责任、职业道德、开阔的视野等综合能力。

③ 缺乏景观设计的情感理念剖析。设计者对形式的关心超过了对于理念的剖析,他们为了所谓"好""漂亮"的方案,只关心设计的外在形式,却忽视了景观设计作品的内涵,缺乏深入的人性化思考。

④ 景观设计教育与大众情趣脱节。由于学生接触范围狭小,其审美情趣多是通过书籍或各种媒体来培养,对于现存的社会问题很少关心,更谈不上接触社会。即使

进入社会,现实工作的繁忙也使设计师缺乏了解社会的责任感,很少和群众去沟通,因此造成了景观设计的某些作品不能为大众所认同和喜爱。只能说设计者是按照自己美好的愿望去创造,但忽视了大众的情感需求,没有能取得自己预计的理想效果。

如果这种情况任其发展,势必要阻碍中国景观设计行业的长期发展。审美活动给了我们某种形而上的慰藉,对释放人们心中的强制和压抑、满足陶冶人们的情操、唤醒建构诗意的生存理念,都具有一定的积极意义。它改善了人性质量并提升了生存品质,建构起和谐的、诗意的生存理念,这正是我们在景观设计本质中极力追求的东西。而景观设计的服务群体是人民大众,只有他们的认可,才能体现出作品真正的成功。从侧面来讲,景观设计教育与大众情趣脱节也是"以人为本"理念的缺失。景观环境的体验者是人,我们应该从景观环境中看到人的需要,觉察人们的思想、活动、喜怒哀乐的心理变化。即使是同一个人,各个时间段的需要也不一样,有时需要热闹、交往、流动,有时却想要安宁、私密、静态。因此,在我们对环境的设计中,应该着重了解大众的审美情趣,在设计中用心去关心爱护每一个人,让他们在放松休闲的同时也能满足其各种生理或是心理的需求,从而体验到设计者的一片良苦用心。

3.5 城市景观美学

城市景观,即在城市人居环境中所营造出来的景观艺术,也可以称作城市范围内各种视觉事物和视觉事件的综合艺术。它体现了城市中各种视觉要素与周围空间组织的关系。城市景观的形成标志着艺术、科学与工程技术的互相融合,其范围涉及城区人居环境的各个方面,是景观设计中相当重要的一部分。

广义上来说,城市景观不仅包括建筑、道路、交通、雕塑,还包括社会秩序、交通秩序、环境卫生、居民生活场所、商店、橱窗、居民装束、照明彩灯等。建筑构成了城市景观的主体,在视觉感官上处于主导地位。而道路交通与其他公共设施以及环境景观和由山水林木花卉等构成的自然景观也是十分重要的。城市景观的美学是建立在建筑个体(或建筑组群)以及空间景观造型与物质等空间元素彼此间的协调关系之上的。一个城市的面貌优美与否,除了自然环境之外,还在于它是否与旧建筑环境(传统手法)、各种辅助设施相协调。如果答案是肯定的,那城市的新容和旧貌才能相得益彰,城市的特性才会鲜明突出。这样的城市景观本身才能让人产生美感和愉悦的心情。

城市本身的构成要素比较复杂,所以它的景观美学就体现在方方面面,包括城市中的建筑、街道、公共设施、居住区、游憩和集会场所以及各种公共设施,将这些元素按功能和美学原则组织在一起,就构成了城市景观美学的本质。城市景观美学是以安排各种素材为对象的,所以它是一项空间造型艺术,包括美学和运用功能两方面。在表现其形态美的同时,也要通过合理布置城市其他构成要素(包括道路、区域、节点、标志、边界),塑造出城市的"可识别性",营造一个清晰的城市意向,满足人们工作、生活、休闲等各项需求。城市景观和大自然风景一样,在不停地变化、不断地发展。自然景观属于自发的运动,各种地质、气候条件造就了自然景观。但城市景观是由人所创造的,为了让城市景观变得更美,需要使城市建筑与周围景观互相协调、和谐统一。杭州的城市风貌就是一个成功例子,自然美景和现代建筑互相协调、平衡统一,宛如一幅"城市山林"的风景画。整个城市中散发着清新的自然空气,但也不乏现代繁华的城市景观,随处充满着人性化的味道。

城市中的景观设计,既要使人感到城市的景观美,又要使人觉得在这个空间里活动有舒适感和开阔感,使所有的宏伟建筑和大型设施存在于人们的视觉美之中。城市景观美不但要萃取大自然的精华,而且还要把人工美嵌入大自然中去。整个都市只有具备了人工景观美与自然景观美的协调一致,才能取得完美的统一感与均衡感。城市景观美学是城市和谐的美学,它组成一个和谐生活的城市,为城市居民劳动、生活、公共活动和休息服务。它不仅是具有空间景观艺术感染力的空间环境,又要具有思想形象的构思,再通过空间结构和艺术造型表现出来,所以城市景观美的设计是实用与艺术的统一。

城市景观美学,在表现出其形式美的同时,还应具有历史的延续性与空间的广延性。一个城市从过去到现在一直在逐渐发展与完善,它或多或少具有一些过去风格的建筑景观,也许这些城市景观相对于现在的形式会显得有些"落后"或"陈旧",但是这些城市的片段见证了人类的发展,是人类自身曾经奋斗过的痕迹,作为历史遗产,它能使整个城市充满历史底蕴与文化积淀。

具体而言,城市景观审美的历史感主要体现在审美品格、时间韵味以及主观感受这三个层面,即城市景观的典与雅、古与今以及观与思。

1. 典与雅

就城市景观审美的历史感中审美品格这一层面而言,城市景观的历史感便是典与雅。典主要侧重于城市景观中的时间意味,而雅则侧重于城市景观中的文化底蕴。

典,意味着历史悠久。人类文明延续至今,大凡历史悠久的城市景观都给人一种历史的厚重感,人处于这种历史悠久的城市景观之中,总是会激起无限的自豪感,因为这些城市承载了太多人类自己的奋斗史和所取得的成就,相比于漫长的历史长河,我们作为单一的个体的确非常渺小,但是作为一个文化群体、一个民族乃至一个国家,我们的力量又是如此强大。漫长的岁月变迁和空间更迭,无法掩埋人类在这个星球上所踏过的足迹,无法泯灭人类在历史长河中所经历的辉煌与梦想。

雅,意味着我们可以凭借城市景观一直延续至今的悠久历史而回忆过去,并审视人类现今的境遇。凭借我们的城市景观,我们对城市的过去回忆得愈远,我们对城市现在的境遇也了解得愈深,历史的厚重也不断丰富着现在。这些厚重的历史景观为我们回忆过去提供了一个载体,使得我们在不断发展进步的同时,也思索着过去的历史。古罗马的大角斗场(见图 3-28)可谓是代表城市景观"雅"的典型案例,从功能、规模、技术和风格而言,大角斗场无疑是古罗马的典范之作,古罗马的文明相当一部分都凝结在这座辉煌的建筑之中,它不仅是古罗马城市景观的一个标志,而且也象征着整个意大利文明。而中国最能代表文化纯正与品格高雅的便是古代木结构建筑特有的大屋顶铺陈华丽的斗拱(见图 3-29)。这些具有中国特色的形制无疑代表着中华民族自身独特的文明传承,作为中国千百年来古代建筑所选择的结构体系,无数工匠在其上发挥和表现了他们的才华与睿智,也创造了许多辉煌的建筑奇迹,从而使得中国古代建筑在世界景观史上占据着独特的地位。木构架结构的个体建筑,内墙外墙可有可无,空间可虚可实、可隔可透。其结构充分造就了它的灵活性和随意性,由此创造出千姿百态、生动活泼的外观形象,其结构自然环境的山、水、花木密切嵌合的多样性,它完全可以自由随意地充当园林景观的点缀物。不仅如此,它也可以化零为整,呈现出整体性的群体建筑景观——严整、对称、均齐,充分表现宫廷建筑的整体感与韵律感。所以,它被赞为中华文明中文化纯正和品格高雅的典范之作。

图 3-28　古罗马之大角斗场

图 3-29　中国古代木结构建筑之华丽斗拱

2. 古与今

就城市景观审美的历史感中时间韵味这一层面而言,城市景观的历史感便是古与今,即城市中历史景观的"古"与当代景观的"今"所形成的张力之美。城市是一个巨大的展示舞台,不同时代的景观在这个舞台中并存,为古与今两者间的对话架设起桥梁。在这种对话中,我们能够感知到历史景观所诠释的历史印记与当代景观所呈现的当下生活之间营造的张力。双方在保持自身鲜明个性的前提下共存共栖,营造出城市景观独特的美学情境。通过对古与今的观照,这两个时代所呈现出来的景观在和谐地对话,宛若过去的时间仍然流淌在我们当代生活的血液之中,而现在的时间也仿佛具备一种穿透的效力直接撞击着人类过去奋斗的时光。进而,人类自身的历史在古与今所营造的张力中生发出一种生命的动势。

3. 观与思

城市景观审美历史感中的个体主观感受便是观与思,即对城市景观的观照与想象。观,主要是观照城市景观的外在形式,即城市景观所呈现的形式美——包括对立与统一、主从与重点、均衡与稳定、对比与微差、韵律与节奏、比例与尺度。对于一些古代的城市景观,由于受条件制约以及城市景观自身的特性,其所体现的艺术风格都是经过千锤百炼才逐渐完善与成熟的,在这些城市景观中所体现出来的形式美原则更为地道,也更为经典。古希腊建筑形式,就是经过几个世纪的漫长岁月,在形制和形式大致相同的建筑物上反复推敲与琢磨,才最终达到精细入微的艺术境界,如柱子上的额枋与檐部这些构件的形式、比例和相互组合等的细部处理。在公元前6世纪,这些处理已经相当成熟,最为经典、表现最为突出的有两种柱式:古典时期的爱奥尼柱式(见图 3-30)和多立克柱式(见图 3-31)。这两种柱式有着各自鲜明的特色:爱奥尼柱式表现出清秀柔丽的性格,典型地呈现出女体的比例,柱子修长,开间较为宽阔,柱头采用精巧柔和的涡卷台基,外廊下垂,檐部及台基采用柔和的线条和浅浮雕形式;多立克柱式则主要表现刚劲雄健的性格,典型地呈现出男体的比例,柱子粗壮,开间较为狭窄,柱头采用简单而刚挺的倒圆锥台,外廊上举,檐部以及台基采用刚劲的线条以及高浮雕甚至圆雕的形式。这种兼具独特性、一贯性以及稳定性的成熟艺术风格远非当代景观所能媲及,自然而然给我们很深的艺术审美感受。而在表现统一多样性时,古埃及的吉萨金字塔群与狮身人面像、中国的故宫建筑群、土耳其伊斯坦布尔的圣索菲亚大教堂、法国古典主义典型构图的凡尔赛宫苑以及印度的泰姬陵都妥善而又恰当地应用了这一基本原则,给我们留下珍贵的文化遗产。

图 3-30　爱奥尼柱式

图 3-31　多立克柱式

　　城市景观是一部用石头写成的史书。时空维度通过历史景观的具象形体而凝固,同时又通过景观自身所承载的人类文明的积淀在时间维度上扩展。一个城市若具备了审美的形态要素,又具有丰厚的历史沉淀,那它必将成为镶嵌在广阔自然背景和悠久人文背景上的一颗绚丽明珠。

4　平面构成

4.1　概述

从形态构成上来说,景观既包含人工形态,也包含自然形态。在城镇景观中,人工形态占主导地位。在自然风景区景观中,自然形态占较大比例。当前,景观设计的对象主要是人工形态。人工形态,是指人工制作物这一形态类型,由自然或人工材料,经人为有目的的加工制作而成。无论是自然形态的还是人工形态的东西,都有自身的物质特性,都服从于一定的自然规律,都是占用一定时间和空间而存在的物质实体。

人工形态是人们有目的的劳动成果,直接用于满足人的某种需要,因此它的存在具有符合人的目的性的特点。作为人的劳动成果,人工形态必然打上劳动主体——人的烙印。它使原来自在的自然成为一种"人化的自然",成为由人的能动性改造了的人工自然,所以它具有人的主体特征。主体性反映了人作为活动主体所具有的需要、目的、意向和心理特征。这种特征通过主体的活动而凝结在景观产品中,转化为一种静止的物质属性。由于人的生产活动都是在一定的社会关系中进行的,所以人工制品(景观)都具有一定的社会特征,是特定社会文化的产物。这就是说人工制品(景观)总是随着社会历史的变迁而演化。同一种制品(景观)在不同时代有不同的面貌。自然形态不以符合人的目的作为存在的前提。如果说自然形态也有某种目的性的话,那么也只是一种符合自然演化的"目的性",即具有某种对自然界的适应能力,从而保持了它的自然存在。

从一般系统论的观点来看,任何景观都是由各种景观要素按照相应的结构形式组合起来的系统,以实现特定的功能。要素、结构、形式和功能是任一景观所不可缺少的构成成分。其中,要素是景观的物质基础,结构是景观的内部组合方式,形式是要素和结构的外在表现,功能是景观与外部环境的相互作用,即对人发挥的效用。

任何景观构建都需要利用一定的景观要素,这就像制作木器家具离不开木材、盖房子离不开砖瓦或钢筋水泥一样。要素本身也有自然形态和人工形态的区分。作为景观构成的物质部分,要素可以区分为结构性要素和功能性要素。前者构成景观的结构实体,如地形地貌;后者作为基础性的功能构件发挥作用,如园路、雕塑等。

景观中各种要素的相互联结和作用方式称为结构。景观总是由要素按照一定的结构方式组合起来,发挥一定的功能效用。景观结构一般具有层次性、有序性和稳定性三个特点。所谓景观结构的层次性,是指根据景观复杂程度的不同,景观要素(如建筑、道路、植物等)所构成的不同的隶属和组合关系。在这种隶属关系中,上位结构体的功能目的是靠下位结构体作为手段来实现的,两者之间存在目的和手段的转化。结构的有序性,是指景观结构要使各种材料之间建立合理的联系,即按照一定的目的性和规律性组成。这种有序性体现了合目的性与合规律性的统一。景观设计和营建的过程就是将景观的各种要素从无序转为有序的过程。有序性是景观实现其功能的保证。结构的稳定性是指景观作为有序的整体,无论处于静态或动态,其各种要素之间的相互作用都能保持一种平衡状态。结构稳定性是景观功能可靠性和人与景观的安全性的保证,从而使景观在一定期限内发挥应有的功能。

景观形式是要素和结构的外在表现,即各种景观要素组合所形成的外观,如形体、色彩、质地等,它能直接为人们所感知。景观只有通过形式才能成为人的知觉对象,使人对它产生认知的、行为的和情感的反应,从而发挥其物质功能和精神功能。形式作为景观造型的结果,可以发挥信息传递作用,由此构成一种符号或景观语言。它通过造型手段告诉人们这个景观是什么、有什么用、怎样欣赏和意味着什么,由此使景观与游客之间实现对话。形式是景观发挥认知和审美功能的依据,也是景观外观质量的传达因素。

景观的功能,是指景观通过与环境的相互作用而对人和邻近系统所发挥的效用。它是景观动态系统产生一定活动方式的能力,即将一定的输入转化为特定输出的能力。自然系统(如植物)的功能是通过叶子的光合作用、呼吸作用和根部的吸收作用,与自然环境进行物质、信息和能量的交换;人造景观系统则是直接为了满足人的娱乐休闲需要而设计制造的。离开了人的需要,景观便失去了存在的价值。景观的更新改造,便是以更加完善的功能取代原有的功能。

景观设计时,首先要对其功能作出明确的定义,这样才能明确指示出这一景观功能的具体内涵和要求,如观赏、休憩、锻炼、气候调节等,以及居住区景观是面向该区的居民、城市广场是面向全体市民等。把详细的功能定义作为问题提出求解,便可以获得一系列的景观技术方法和结构方案。景观功能的具体化可以表现在不同的性能指标和技术规格上。只有当这些性能指标和技术规格与人的需要以及周围系统的需要相关联时,它们才具有功能的意义。

景观要素的组合、布设和改造,广义上说就是一种几何造型。景观设计的核心目的是使其功能效用得到充分发挥。从这种意义上说,景观是依据功能来造型的,所以它属于功能形态。几何造型最初主要针对工业产品。20世纪以前的欧洲,工业产品生产还停留在借用手工艺品的形式或因袭传统的装饰。当时工业制品处于初创阶段,还不可能对工业产品的造型做更多的思考。包豪斯学院(Das Staatliches Bauhaus)的开创性工作之一,便是对工业产品的形式进行纯化。它强调以几何造型为主,使产品形式单纯明快、轮廓简单,为工业时代的产品造型开拓了道路。

英国艺术评论家里德(Herbert Read,1893—1968)对于以格罗佩斯(Walter Gropius,1883—1969)为首的包豪斯学院的开拓方向表示支持,并且希望从理论上对艺术与工业的结合加以论证。他在《艺术与工业——工业设计原理》一书中提出：早在一百年前，有远见的企业家已经意识到，艺术是商业因素，最富艺术性的产品将赢得市场。他把纯艺术称为人文主义艺术，认为它是通过社会生活形象的塑造来表达人的理想和情感的；而把工业设计称为抽象艺术，抽象艺术是通过产品本身的造型而不是外加装饰来提高产品的审美感染力，它是利用几何形体来造型的。在这里，设计师将和谐与比例的法则运用于产品的功能形式上。只要设计师能使产品的功能目的有机地、成比例地组合起来，那么他便是一个抽象艺术家。产品的审美感染力既来自直观，也来自理性。然而，最高一级的抽象艺术并不是理性的。它不能依靠法则和计算来实现，而只能依靠对形式的直觉把握。也就是说，产品的形式并不是几何学意义上的单纯、和谐、比例等合理性问题，而是如何通过审美的创造而为人所欣赏的问题。

图 4-1　人体造型的几何化

里德着重分析了几何造型中的形式法则和形式美。几何造型具有抽象性，它是以数为基础的，构成了不同的数量比例关系（见图 4-1）。他也认为，完全遵循比例原则就会使艺术缺乏生气。对于抽象形式的选择，本能完全依据理性，其中有更深层心理因素的影响，他把这些因素归结为直觉和潜意识。

几何造型可以通过各种形式法则来进行。例如，通过主从关系中对主体部分的强调来达到集中统一的效果，或通过形式和色彩的单纯化来达到简洁和统一的效果，还能通过反复的连续性变化来形成整体统一的效果。同样，实现调和关系的手段也是多种多样的，可以通过类似和对比的方式达到调和，而对比可以是线形的曲直、形状的钝锐、体量的大小、光影的明暗、纯度的高低、色相的冷暖、质地的粗细、位置的前后以及动静关系等。这说明形式法则是多种多样的。

景观作为一种功能形态，其形式的选择依据在于景观功能的表现。对于这一点，阿恩海姆(R. Arnheim，1904－1994)在《建筑形式的动力学》一书中作出了明确的回答。他说，在利用这种形式自由度的时候，建筑师自身个性的表现，绝不能成为创造的主要动机，不幸的是，这种情况我们见得太多了。在这里，形式美并不能成为唯一的依据。在形式关系当中，作出和谐与否的判断是没有意义的。因为形式关系的处理受不同功能用途的制约。这就是说，景观形式所要表现的是功能目的本身，这种表现正好构成了功能美。

景观几何造型离不开点、线、面的处理。但是，造型中点的意义不同于几何学中纯粹的点,它是相对于景观整体而言的,如一棵树、一个花坛或者一个亭子,广义上都可以看作一个点。它们往往是视觉注意的中心。处理好点的设计可以起到画龙点睛的作用。大面积上的点应避免置于中心位置,靠近角落或一个边反而显得生动。当有多个点时,应避免等距排列,以免单调,一般按功能分组,既便于操作,又富有节奏感。点作为信息传递的符号,应与面之间在色彩和质地上形成对比,以引人注目。

线是景观造型的有力手段。景观的外形轮廓线、各面的交线、面上的分割线,都是明确的造型语言。它们具有不同的性格特征和情感意蕴:直线简洁明快,曲线优雅柔和,垂直线挺拔有力,水平线沉稳安定。它们的不同运用可以丰富形体的表现力。

面是立体的组成部分。静态景观以平面组成为主,运动体则以曲面为主。矩形比方形富于变化,比例得当可以妙趣横生。相交的垂直平面以弧面过渡能增加亲切感和舒适感。

4.2 欧几里得几何

讲平面构成,离不开经典几何。下面,我们将经典几何的一些相关定义、公理和定理回顾一下。欧几里得在泰勒斯、毕达哥拉斯、柏拉图等学派的工作基础上,运用亚里士多德提供的逻辑方法,系统地写出了光辉著作《几何原本》。它是历史上第一本比较完整的数学理论著作,它建立在定义、公设、公理等几个最初的假设上,以这些假设为基础,运用逻辑的定义和推理方法,导出后面的一切定义和定理,把历史上积累起来的几何知识编排成一个比较完整的概念和理论系统。《几何原本》是用不严格公理法建立的一个逻辑体系,共有定义 124 个,定理 466 个。与平面构成和景观设计关系紧密的定义、公设、公理等列举如下。

1. 定义

① 点没有大小。

② 线有长度,没宽度。

③ 线的界是点。

④ 直线是同其中各点看齐的线。

⑤ 面只有长度和宽度。

⑥ 面的界是线。

⑦ 平面是与其上的直线看齐的面。

⑧ 平行直线是这样的直线,它们在同一平面上,而且往两个方向无限延长后,在两个方向上都不会相交。

⑨ 有公共点的两直线,称为两相交直线,公共点称为交点。

⑩ 每个(无序)点对 A、B,称为线段,记作 AB 或 BA;点 A 与 B 称为线段 AB 的端点。

⑪ 对于线段 AB,所有位于 A、B 之间的点,为线段 AB 的内点或"线段的点"。

在直线 AB 上除去 AB 的端点及内点以外一切其余的点,称为线段 AB 的外点。即"线段可以延长"。

⑫ 不共线的三点 A、B、C,组成三角形,记作△ABC。线段 AB、BC、CA 称为△ABC 的边,A、B、C 称为△ABC 的顶点。

2. 公设

① 从任意点到另一点可以作直线。

② 直线可以无限延长。

③ 以任意点为中心,可用任意长为半径作圆。

④ 所有直角皆相等。

⑤ 如果两条直线与第三条直线相交,所构成的同侧内角的和小于两直角,则这两条直线在这一侧相交。

3. 公理

① 等于同一量的量相等。

② 等量加等量,其和相等。

③ 等量减等量,其差相等。

④ 可叠合的量相等。

⑤ 全体大于部分。

⑥ 经过两点有一条直线,并且只有一条直线。

⑦ 两点之间,线段最短。

⑧ 经过一点有且只有一条直线垂直于已知直线。

⑨ 垂直线段最短。

⑩ 经过直线外一点,有且只有一条直线和这条直线平行。

⑪ 平面上至少有两点或三点不在同一直线上。

⑫ 过不在同一直线上的三点 A、B、C 必有一个平面 α,在每一平面上至少有三点。

⑬ 过不在同一直线上的三点 A、B、C 至多有一个平面。

⑭ 若一条直线的两点在同一平面 α 上,则该直线的每一点都在 α 上。

⑮ 若两个平面有一公共点 A,则它们至少还有另一个公共点 B。

⑯ 至少存在四点不在同一平面上。

公理⑪～⑬指出了点与平面的结合关系,给出了由点确定平面的起码保证。由不在一条直线上的三点 A、B、C 确定的平面 α,记作 α(A、B、C)。

公理⑭指出了直线与平面从属的充要条件。

公理⑮给出了两个平面相交概念的基础和相交的特征(条件)。更重要的是,公理⑮、⑯是确定这个几何空间维数的公理。事实上,公理⑯是说:在所研究的空间里,它的点不都在一个平面内,即它起码是"立体的",其维数(n)不小于 3(n≥3)。

⑰ 同位角相等,则两直线平行。

⑱ 两直线平行,则同位角相等。

⑲ 有两边和它们的夹角对应相等的两个三角形全等。

⑳ 有两角和它们的夹边对应相等的两个二角形全等。

㉑ 有三边对应相等的两个三角形全等。

㉒ 若两平面有一个公共点,则它们相交于过这点的一条直线。

㉓ 平行于同一条直线的另外两条直线互相平行。

㉔ 夹在两个平行平面间的两个几何体,被平行于这两个平面的任意平面所截,如果截得的两个截面的面积总相等,那么,这两个几何体体积相等。

4.3　平面构成

4.3.1　平面构成的起源与发展

平面构成是指在二维平面内,对造型要素或既有形态(包括具象形态和抽象形态)按照一定的法则进行分解组合,从而创造理想形态的过程,就是要培养一种理性的、逻辑的创新思维,使艺术设计活动从无序、感性思维,经过一定的训练达到有规律、有秩序、有理智的新思维。通过对基本形态要素(点、线、面)的特性与相互关系的理解,以及比例、均衡、对比、统一、节奏、韵律等美的形式法则的运用,将各形态要素以一种新的秩序重新组合,从而创造出一种新的形态。

平面构成理论从 19 世纪末开始发展,到 20 世纪初逐步形成较完善的理论和实践体系。1919 年,德国萨克森-魏玛实用艺术学校和魏玛造型艺术学校合并,在魏玛成立了国立建筑设计学院,又称包豪斯学院。包豪斯学院的建立标志着现代设计艺术和平面构成理论的繁荣和发展。当时,包豪斯学院的建立主要是适应工业社会发展的需要,通过对纯美术和应用视觉艺术的共性研究,在大工业基础上寻求艺术与技术的统一,从而建立起现代工业设计体系。从 1919 年建立,到 1933 年被纳粹政府强行关闭,短短 14 年间,包豪斯学院培养出 500 多名学生。作为早期著名的艺术设计高等学府,包豪斯是许多设计工作者心目中的圣地,成为现代设计的发源地。其第一任校长为著名建筑设计师沃尔特·格罗佩斯。格罗佩斯认为,在工业化时代,设计师应充分利用所有科学技术和美学资源来设计创造新产品,以满足人类精神与物质的双重需求。他提倡艺术与技术的统一。包豪斯的教师队伍汇集了许多优秀的现代艺术大师,如表现主义、神秘主义画家约翰内斯·伊顿(Johannes Itten,1888—1967),抽象主义画家瓦西里·康定斯基(Wassily Kandinsky,1866—1944)和保罗·克利(Paul Klee,1879—1940),以及构成主义设计师莫霍利·纳吉(Moholy Nagy,1895—1946)等,都先后在包豪斯任教。同时,包豪斯还聘请工厂里的技师对学生进行双轨制教学,使学生成为既有艺术素养又有科学技术知识和实用头脑的设计师。包豪斯实行艺术教育和技术教育相结合的方针,架起了艺术和技术重新统一的桥梁,填补了艺术创作与物质生产、体力劳动与精神价值之间的鸿沟。包豪斯制定了艺术设计师创造劳动的原则、艺术设计的教学方法以及与新型建筑理论不可分割的艺术设计理论,形成了自己的艺术设计模式:把艺术设计作为个性全面发展、恢复个性的完整性、并通过个性的创造重建物质世界完整性的一种方式。包豪斯把艺术设计看作创造性的艺术活动,强调艺术设计和艺术的密切联系,因此被称为艺术设计中的艺术流派。

20世纪初期,随着我国工业生产的兴起和发展,西方现代主义艺术流派以及一些新兴现代艺术流派很快传入我国,对国内传统文化产生了重要影响,美术教育得到较快发展,促使艺术设计在我国诞生。在早期的艺术设计教育中,一些留学生起了重要的作用,如陈之佛、刘既漂、雷圭元等,都对我国现代艺术设计的发展作出了重要贡献。20世纪70年代末,改革开放带动了经济的发展、科技的进步、艺术的繁荣,平面构成与色彩构成、立体构成作为艺术设计的"构成体系"在我国开始采用。经过20多年的发展已形成比较完整的教学体系,其基本理论和实践原则被广泛应用于艺术设计领域,取得了有目共睹的成果。近几年该体系在景观设计领域的应用刚刚起步,正处于发展完善之中。

4.3.2 平面构成的基本要素

平面构成的基本要素可分为四大类,即概念要素、视觉要素、关系要素和实用要素。

1. 概念要素

概念要素是指在客观现实中并不存在的,由感知而得到的抽象性要素,具体而言就是点、线、面、体(见图4-2)。

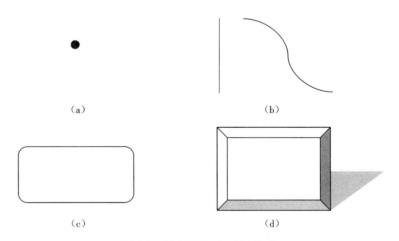

(a)

(b)

(c)

(d)

图 4-2 概念要素:点、线、面、体

(a)点;(b)线;(c)面;(d)体

(1)点

点在几何学上的严格定义、点与线和面之间的关系以及相关定理,前面已有阐述。点是一切形态的基础。在几何学定义中,点只有位置而没有大小,更没有长度和宽度,它是一条线的开始和终结,或在线的交叉处。在实际应用中,点的感觉是相对而言的,具有一定的视觉形象。

点具有视觉张力,当视觉区域中出现点时,人们的视线就会被吸引集中到这一点上,形成力的中心。若点移动,则人的视线也随之移动。当两点并存于同一个画面时,人在视觉心理上会自动在其间生成心理连线;多点连续排列可产生虚线和虚面;多点按一定大小排列可产生方向感、节奏感和韵律感;点在画面中位置不同,会给人带来不同的心理感受。

(2)线

在几何学中,线是点移动的轨迹,线有长度无宽度,线有位置和方向,线存在于面的边缘和面与面的交叉处。

线的分类:在曲直上,线可分作直线、曲线和折线;在方向上,直线又可分作水平线、垂直线和斜线,曲线又可分作自由曲线和几何曲线。线还有粗细、长短之分。

线的视觉语言特征:总体而言,粗线较细线醒目,长线较短线突出,成角度的线比水平或垂直状的线更富于变化。

直线的视觉效果偏重于静态,较为理性,有明确方向性,具有很好的表现力。水平线平和安定,垂直线硬挺沉稳,斜直线向上方倾斜则上升积极、向下倾斜则沉降消极。

垂直线:挺拔、明朗、坚强,富有男子的阳刚之气。

水平直线:平和、安定、辽阔、静止、永恒。

斜线:有趋势、有变化,动态感、方向感、刺激感强。

折线:波动感、不安定感。

几何曲线:有规律性、弹性。

自由曲线:优雅、流畅、柔和、轻松,富有感情色彩和阴柔的女性魅力(见图4-3)。

粗线:短促、有力、稳重。

图 4-3 优雅流畅的自由曲线

细线：纤细、锐利、速度感强。

了解线的形态，是为了更好地把握线的表现力，为运用线这一视觉语言进行设计打好基础。

（3）面

几何学中的面是线移动的轨迹，面有长度和宽度但无厚度。视觉上点的扩大与线的宽度增加均可产生面的感觉。

面的形态按几何学可分为圆形、方形、角形和不规则形。

面的视觉语言特征如下。

圆形：圆润、饱满，富有行动感。标准的正圆形中心对称，使形态柔和中见沉稳；带有生命力的卵形则有充实的弹力。

方形：稳定、坚实、规整、富有理性。

角形：尖锐、刺激（见图 4-4）。因其有尖锐突出的角，可加重人知觉上的紧张感，故有极强的不安定性。

图 4-4 尖锐刺激的三角形面

不规则形：由曲线、直线复合而成的复杂面形，个性复杂，即使同一形态，也会因观察环境和主观心态的不同而产生不同的心理感受。

（4）体

在几何学中，体是面移动的轨迹，是具有长度、宽度和高度的三维空间实体。

按照三维空间实体的基本形态来分，体可分为下列四种。

几何平面立体：由四个及四个以上的几何平面的边界直线相互衔接而形成的封闭的空间实体。如(正)三角锥体、(正)四棱锥体、(正)立方体、棱柱、棱台等。

几何曲面立体：带有几何曲线形边的平面，沿着直线方向运动而形成的几何曲面柱体或回转体,如圆柱、圆锥、圆台、圆环、圆球等。

自由曲面立体:由自由形体和自由曲面所形成的回转体。

自然形体:自然形成的一些天然形体,如山川、石砾、苍柏、枯藤、朽根等。

体的视觉语言特征如下。

几何平面立体由于其形体表面为平面,其棱线为直线,所以给人的视觉心理特征是庄重、大方、简练、沉着、严肃、刚直、明快等。

几何曲面立体因其表面为几何曲面,故显得比几何平面立体、活泼、生动;又因其秩序性较强,给人的视觉心理特征是既严肃又活泼、既端庄又灵巧。

自由曲面立体给人的视觉心理感受是,既有曲线变化给人以优美活泼感,又有一定的秩序性。但应注意,如果其曲面变化太大,各面的曲线缺乏统一的整体性,就会给人琐碎、零乱的感觉,因此有的自由曲面立体还应与直线形体适当结合,以增强其稳定性和坚强感。

天然形成的自然形体极具偶然性,有的形态感觉很独特,再加上一些自身所独有的材质美感和色彩,给人的视觉印象更是清新独特。

2. 视觉要素

要想使概念要素可视化,则需通过形状、数量、色彩和肌理加以体现。而形状、数量、色彩和肌理就是视觉要素。这些要素是人们在实际观察中能够感知到的,因此视觉要素是景观设计中最为重要的部分。

(1)形状

形状是指曲直性、开闭性、凹凸性、贯通性等,任何可见的物质都有其形状,它是一切物质的外貌。

(2)数量

个数、根数、点的大小和多少、线的长短和粗细、面的广度、体的量感等,任何形态都有大小、多少、数量之感。

(3)色彩

色彩特指色相、明度、纯度这三要素,正因为有颜色的感受和刺激,才使视觉要素形态世界更加丰富多彩。

(4)肌理

肌理指材料质地的组织构造给人的主观感受,肌理有细密和粗糙的不同,可分为视觉肌理和触觉肌理两大类。

3. 关系要素

形态视觉要素的编排组合是通过一定的关系要素进行的。具体来说,关系要素可分为以下两种。

(1)方位

方位指形态之间的方向与相互位置,比如,是垂直、水平、倾斜,还是相互分离、交叠等。

（2）光线

光的存在使人的视觉感知到各种各样的形态,但相同的形态因光照角度和光色不同,给人的视觉感受也不同。光线可分为明暗、透射、反射、光源等。

4. 实用要素

实用要素指设计的内容及功能方面。它包括对象的生机、情感、意义、功能四个部分。

在人类形态创造过程中,总是更加注重形态的生命活力感和奋发向上的积极进取感,希望借助形态的主观感受,来表达人类的情态情感,赋予形态一定的象征意义,满足景观在功能方面的各种需求,如观赏、运动、休憩等。

4.3.3　平面构成与概念要素

构成就是研究物质世界形态要素及其组合规律。构成与设计是有区别的。构成研究的内容是涉及各个艺术门类之间的、相互关联的立体因素,从整个设计领域中抽取出来,专门研究它们的视觉效果和造型特点,从而做到科学、系统、全面地掌握形态。构成为设计提供广泛的发展基础。构成的构思不完全依赖于设计师的灵感,而是把灵感和严密的逻辑思维结合起来。通过逻辑推理,结合美学、工艺、材料等因素,确定最后方案。构成可为设计积累大量素材。构成的目的在于培养造型的感觉能力、想象能力和构成能力。构成是包括技术、材料在内的综合训练。在构成过程中,须结合技术和材料来考虑造型的可能性。对于设计师来说,不仅要掌握造型规律,而且还要了解和掌握技术、材料等方面的知识与技能。

1. 正形与负形

在平面构成中形象占据画面空间,这时习惯把形象称为"图",而将周围的空间称为"底"。在这里"图"就是"正形",而相对于"图"来说的"底"就是"负形"。"正形"与"负形"在某些情况下可相互转换。在平面设计中,无论是形与形或是形与空间都是相对的。假设图与底只限于黑白二色时,将会出现四种形式:当图是黑、底也是黑时,或当图是白、底也是白时称为消失;当图是黑,底是白时,称为正形;当图是白,而底是黑时,称为负形。

2. 单形

平面构成中出现的一个完整的单独形象称为单形。单形是相对复形而言的。单形具有单一性、独立性与完整性。单形的群组化将使图形与图形之间发生各种相遇关系,从而组合出新形,其变化是无穷的。单形可单独地重复群化,也可先组成组合单形,而后再以组合单形为基础,以一定的规律反复排列。单形的群组化是平面构成中一种非常重要的构成方法。

图形与图形之间是由一定的编排组合关系构成的。按照可见关系,有方向和位置两种;按照感知关系,有空间和重心两种。

（1）方向

形的方向取决于观察者的观看角度以及形与形或形与框架的相对关系。

（2）位置

形的位置取决于形与框架的关系以及形与形的关系。通常,形与形有分离、接触、覆叠、透叠、差叠、减缺、联合、重合等八种位置关系(见图4-5)。

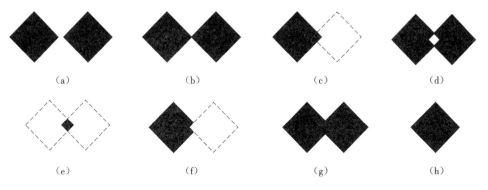

图 4-5 形与形的位置关系

(a) 分离;(b) 接触;(c) 覆叠;(d) 透叠;(e) 差叠;(f) 减缺;(g) 联合;(h) 重合

（3）空间

空间是在平面构成中,由于形与形的上下、前后位置的不同而给人造成的一种深度感和立体感。这种进深事实上是不可触摸的,是人的视觉经验联想而产生的一种"视错觉"。

（4）重心

平面构成中的重心也属于视觉心理感受,是形体给人带来的轻重感和不稳定感,这种感觉是通过人的经验联想到的。

3. 点的构成

点是一切形态的基础。点在几何学中没有大小、方向和形状,但在平面构成领域中,点可以有自己的形状。点的感觉由大小决定。

（1）点的相对性

在景观设计中,点是一个相对的概念。点的大小是相对而言的,超过一定视觉比例的点,就转化为其他形态要素。比如,在A1画板上,直径1.0 cm的圆,在某一画面中单独存在时具有面的性质,但当将它放在整块画板上考虑时,则可以看作一个点。一株千年国槐,走近它时感觉它是一个巨大的面和体,而将其纳入整个景观中观察时则可看作一个点。

夜空中的星星、剧场里观众的脸,不论形状如何都具有点的感觉。因此,对于点与线、点与面的区分没有具体的标准,需要在具体的环境中,与其他造型要素对比,然后确定是点还是面。

（2）点的形状

在日常生活中,我们很少注意到点的真实性与点的几何学定义之间的差别。生活中的点,确实是能看能摸的实体,自然就具有面的可能性,从而点就包含面的成分。

　　点的形状是可以随心所欲的,但最基本的形态是圆点、方点、角点和规则点(见图4-6)。平面设计中的点,就其大小、面积和不同的形状而言,点越小,点的感觉越强,点越大,面的感觉越强,点的感觉越显得弱。从点与形的关系看,以圆点最为有利,即使形状较大,在不少情况下仍然认为是点的感觉。但是,点的面积如果越小,就越发难以辨认,其存在的感觉也就越弱。同样,轮廓不清或中空的点,其特性也会显得较弱(见图4-7)。

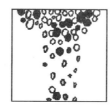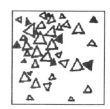

图 4-6　点的形状

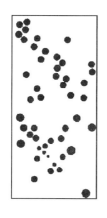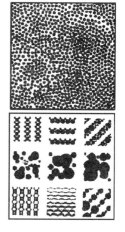

图 4-7　点的大小与面感

（3）点的构成与视觉感觉

单独的一个点具有吸引视觉注意力的功能。

当两点并存于同一画面时,人在视觉心理上会自动在其间生成心理连线。

多点连续排列可产生虚线和虚面(见图4-8)。

多点按一定大小排列可产生方向感、节奏感和韵律感(见图4-9)。

图 4-8　多点连续排列　　　　　　　　　图 4-9　多点按一定大小排列

点在画面中位置不同,给人带来的心理感受也就不同(见图 4-10)。点位于画面中央时,感觉安静平稳,且引人注目。点上移至一角,会产生不安定的动感。点下移至一角,也会产生运动欲出的感觉。在图 4-11(a)中,点位于图面中上部,自由、欢快,有一种得胜之感。在图 4-11(b)中,点位于图面中下部,感觉沉闷、压抑和悲伤。在图 4-11(c)中,点位于横式画面中央,最引人注目。

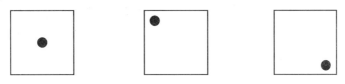

图 4-10 点的位置变化所产生的不同视觉效果(1)

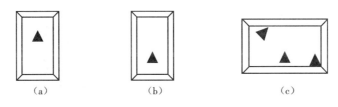

图 4-11 点的位置变化所产生的不同视觉效果(2)
(a)点位于图面中上部;(b)点位于图面中下部;(c)点位于横式画面中央

大小相同的点相互作用相等,视线移动平稳(见图 4-12)。

大小相异的点接近时,小点会被大点吸引,视觉感受会偏重于大点,小点易被忽略(见图 4-13)。

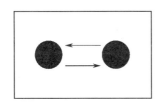

图 4-12 大小相同的点

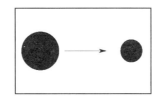

图 4-13 大小相异的点

完全相同的点等间隔地排列,显得有规则而整齐,静止平稳。但是由于缺乏个性,视觉感受较弱(见图 4-14)。

大小不同的点等间隔地交换,画面动感增加,视线移动也具有方向感(见图 4-15)。

将大小不同的点有规律地变换位置,即间隔拉近或疏远,点的排列就会产生虚幻的线的感觉(见图 4-16)。

利用点的规律性构成可形成类似照片放大的效果(见图 4-17)。图中的眼睛是通过抽象的几何点变换大小来完成的,比起单纯用色线绘画更富于装饰性和趣味性。

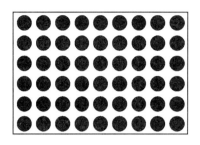

图 4-14 完全相同的点等间隔地排列

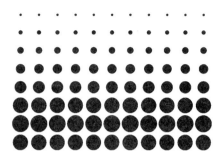

图 4-15 大小不同的点等间隔地交换

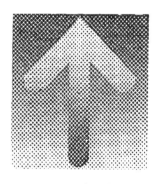

图 4-16 虚幻线感

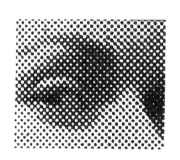

图 4-17 点的照片放大效果

大而排列疏朗的点,看起来轻松舒畅;小而密集的点,让人感到紧张压抑(见图 4-18)。

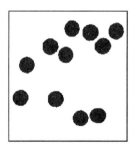
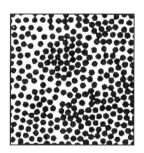

图 4-18 点的疏与密

叠纹可用点或线来形成。如果把这些点加以条理化,就可形成空间性的叠纹(错视)。所谓错视,就是感觉与客观事实不相一致的现象。点所处的位置,随着其色彩、明度和环境条件等的变化,会产生远近大小等多种错视现象。

一般来说,明亮的暖色,在人的视觉上会产生前进和膨胀的感觉。黑底色上的白点与白底色上的黑点相比,感觉会大一些。白点有扩张感,黑点有收缩感(见图 4-19)。橘黄色点比蓝色点感觉大。按照这一原理,在设计中我们可以用明亮的色彩突出主题,使用较暗的色彩适当减弱次要部分的文字或图形。秋季,枫树变红,银杏变黄。为突出场地或引导视线,可采用孤植枫树或银杏。

同样大小的两个点,由于周围点的大小不同,中间两个点也产生不同大小的错视。在图 4-20 中,中间的圆点是等大的。如果图中周围的点大,由于对比的作用,就会感觉中间的点小。相反,如果图中周围的点小,就会感觉中间的点大。

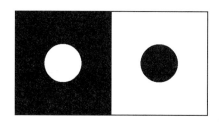

图 4-19 白点的扩张感和黑点的收缩感

图 4-20 点在不同环境下产生
不同大小的错视

图 4-21 是两个完全对称的图形。图形上点的位置,由水平和垂直直线相交而成。由于圆点的大小不同,点与点的间隔也起了变化。有的点因所处的位置不同,所产生的视觉效果也不同。图中左下角黑底上的白色圆点,因接近正方形外框的边线,受到来自边线所产生的引力影响,呈现一种被拉过去的感觉,似乎紧接角隅。相反,在白底右下角的黑色圆点,因不存在边框的影响,便不会发生吸引作用。

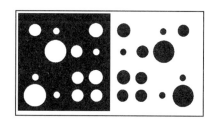

图 4-21 点受边线影响所
产生的不同错视

4.线的构成

线处于点与形之间,在景观形态中线有具体的位置、长度、宽度、方向、形状和性格,而在几何学上线是没有粗细之分的,只有长度、方向和形状。线在景观形态造型中的地位非常重要。线具有不同的特征,在视觉上具有多样性。设计师要善于将线与形态巧妙地结合,以求创造出所要表达的意念。通过线形变换可以构造出具有空间性、方向性和节奏感的多种形态形式。

不同的工具可以画出不同的线条。利用圆珠笔、钢笔、毛笔、蜡笔等不同画线工具画出的线条感觉是不一样的,用不同的画法,效果也有很大的差别。每种线条各具个性,表情独特。

线还有粗细、浓淡和间隔之分。粗线有力,细线细腻且具速度感。在空间分布上给人的感觉是粗线在细线的前面,浓重的线条比浅淡的线条要显得近一些,而间隔狭窄的线组比间隔宽松的线组要显得远一些。

直线和曲线是决定画面形态的基本要素。直线可分为铅垂线、水平线和斜线。曲线可分几何曲线和自由曲线。曲线是女性化的象征,与直线相比,有较温暖的感情性格,具有动感、弹力、自由、优雅的感觉。曲线构成优美,富于节奏感和韵律感。

（1）直线构成

直线视觉感受刚劲、有力、坚定,具有方向性,能传达坚硬、静穆和严肃等感情,故称"硬线"。

水平线给人以平静、深远、安稳之感,吸引视线作横向延伸(见图 4-22)。

铅垂线给人以高耸、挺拔、雄伟、刚强、坚硬之感,具有上下延伸的视觉效果(见图 4-23、图 4-24)。

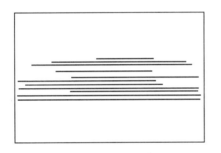

图 4-22　水平线视觉感受

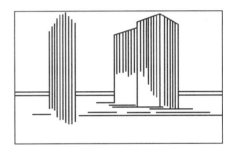

图 4-23　铅垂线视觉感受(1)

图 4-24　铅垂线视觉感受(2)

　　斜线使人感觉冲击、奔腾、不安、倾倒和推拉,对视线产生发散、集中的视觉效果(见图4-25)。直线折线使人感觉起伏、运动、锋利、尖锐(见图4 26)。

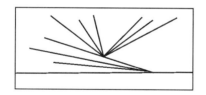
图4-25　斜直线视觉感受

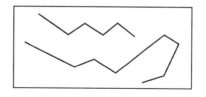
图4-26　直线折线视觉感受

　　直线有统贯其他要素的作用。如图4-27所示,有两个孤立的元素,按其功能要求,它们的位置不能移动,但幅面呈现分散零星的感觉。设计者用一条深浅适宜的直线把二者贯穿了起来,使孤立无关的两个元素联成整体,彼此有所照应。

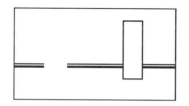
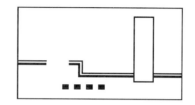
图4-27　直线统贯其他要素

　　直线有分割大面的作用。如图4-28所示,一个机箱的正立面空无一物,显得呆板空乏。如果加上一套水平线,就把大面分割成有联系的两个部分,打破了空乏沉闷的格局。

　　直线有调整视线的作用。图4-29所示为既宽又矮的机台,为了打破这一难看状况,加上一些铅垂线,即可削弱宽而矮的感觉。

　　直线有破除零乱的作用。如图4-30所示,内外轮廓线都由曲线组成,图内元素复杂多变,零乱散漫。这时加上几根直线给予分割串联,就可把这些元素统一起来,破除散乱的感觉。

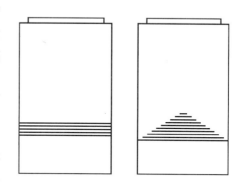
图4-28　直线分割大面

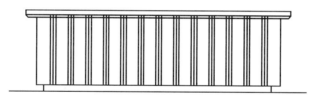
图4-29　直线调整视线

图 4-30　直线破除零乱

　　直线有平衡视觉重量的作用。如图 4-31 所示,公共汽车车窗下的车身大,面积空白,使人产生上重下轻的感觉。如在下部加一条颜色深重的直线,车身下部就会有一定的重量感,视觉上得到重量平衡,增加了汽车的安全感。

图 4-31　直线平衡视觉重量

　　子母线是在粗线两侧或某一侧附加细直线或曲线而形成的复线(见图 4-32)。子母线具有直线和曲线的共同特征,刚直而富于柔和感,在花坛、花镜、地面铺装等方面可广泛采用。

图 4-32　子母线

　　线的错视是指线与线或线与其他形态构成时,相互对照,使线的性质与实际情况发生偏差现象。常见的为长短、曲直错视。

　　一条直线如果与斜线交叉,这条直线在视觉上便要受到影响。尤其是交叉的斜线越多或倾斜度越大时,直线越显得弯曲,这种现象在使用平行线时最为明显。

　　平行线在不同附加物的影响下,会显得不平行。

　　相同长度的两条直线,由于两端的形状不同,感觉长短也不同。

　　(2) 曲线构成

　　规则几何曲线主要包括圆、椭圆、抛物线、涡线等。规则几何曲线整齐、端正、对称、秩序感强。曲线上各点都在同一平面上时,称为平面曲线。反之,曲线上各点不都在同一平面上时,称为空间曲线。景观设计中,花坛、地面铺装、植物配置等许多方面都会涉及曲线问题(见图 4-33、图 4-34)。下面是常见几何曲线的画法与应用。

图 4-33 植物构成的自由曲线

图 4-34 挡土墙自由曲线造型

① 圆。圆可以有多种构成形式,如同心圆、四分之一圆、圆与方、同心圆加半径等(见图 4-35~图 4-38)。

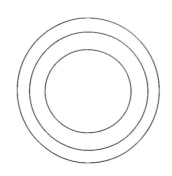

图 4-35 圆的构成形式——同心圆

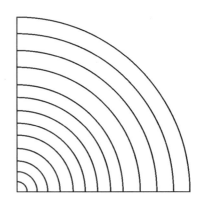

图 4-36 圆的构成形式——四分之一圆

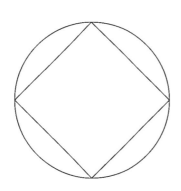

图 4-37 圆的构成形式——圆与方

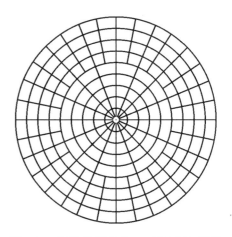

图 4-38 圆的构成形式——同心圆加半径

② 椭圆。椭圆的几何性质和物理性质相一致,景观设计中可以利用此物理特性设计出巧妙的景观或景观形态。如,某些景观建筑物的墙面或屋顶利用椭圆来造型,会取得神奇的效果。

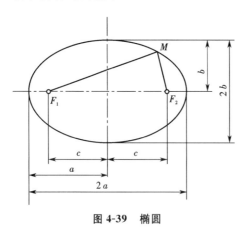

图 4-39 椭圆

设椭圆的两个焦点分别为 F_1 和 F_2,在焦点 F_2 处置一个光源,照射到椭圆曲面上的光线,必将反射到另一焦点 F_1 处。

如在焦点 F_2 处发出声音,声波传到椭圆曲面上,必将反射到另一焦点 F_1 处。

椭圆的几何定义为:在平面上,一动点 M 到两定点 F_1 和 F_2 的距离之和保持不变,记为 $2a$,该点运功所产生的轨迹即为椭圆(见图 4-39)。F_1 和 F_2 为焦点,M 为动点。M 到焦点的距离称为"焦半径"。

$$MF_1 + MF_2 = 2a$$

椭圆的标准方程为

$$\frac{x^2}{a^2} + \frac{y^2}{b^2} = 1$$

其中 $a>0$，$b>0$。a、b 中较大者为椭圆长半轴，较小者为椭圆短半轴。

在设计和景观工程施工中，都要涉及椭圆的绘制问题，下面介绍几种绘制方法。

a.矩形法。根据想要的尺寸和比例画出主轴 AB 和副轴 CD，两轴相互垂直。过点 A 和点 B，分别作直线，与 CD 平行；过点 C 和点 D，分别作直线，与 AB 平行。四条直线连接形成一个矩形。再将 AB、EH、FG 各分为八等份（见图 4-40）。

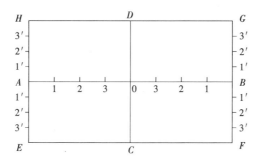

图 4-40　矩形椭圆画法（1）

从点 D 向 $1'$、$2'$、$3'$ 画线。从点 C 分别通过 1、2、3 画线并与前面画出的线相交，用圆点标记通过 C3 和 D3′ 的交点、C2 和 D2′ 的交点、C1 和 D1′ 的交点（见图 4-41）。在另外三个象限中重复这一做法，然后用平滑曲线连接各点形成椭圆（见图 4-42）。

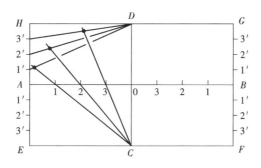

图 4-41　矩形椭圆画法（2）

b.内插法。该法特别适合于现场施工。垂直放置主轴 AB 和副轴 DC 两条绳子，这将是椭圆的最宽和最窄处（见图 4-43）。

测量 AO 距离。以点 D 为端点，AO 长度为线段长度，与 AO 相交，交点标记为 F_1 和 F_2，用金属钉固定，以免移动（见图 4-44）。

拿一条平滑的绳子，在绳子上做两个标记，距离正好等于 AB 之间的距离。把绳

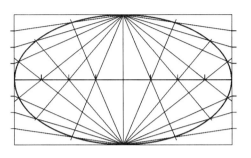

图 4-42　矩形椭圆画法(3)

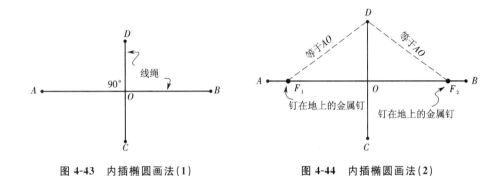

图 4-43　内插椭圆画法(1)　　　　　　图 4-44　内插椭圆画法(2)

子用钉子固定,两个标记位于F_1、F_2两点。取一段粉笔,拉紧绳子,粉笔随绳子移动就画出一个椭圆(见图 4-45)。

　　c.同心圆法。长、短轴已知时可用同心圆画法(见图 4-46)。以长半轴为半径画大圆,以短半轴为半径画同心小圆。等分圆心角,各等分线分别交于各圆周。过小圆上各交点作直线平行于长轴,过大圆上各交点作直线平行于短轴。平行于长轴与平行于短轴的各线段分别交于1,2,3,4,…各点。光滑地连接各点即成椭圆曲线。

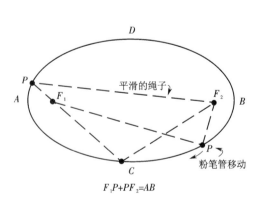

图 4-45　内插椭圆画法(3)

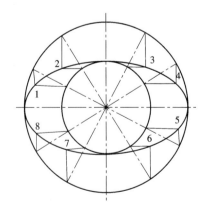

图 4-46　同心圆椭圆画法

d. 四心近似画法。长、短轴已知时,还可用四心近似画法(见图 4 47)。以点 O 为圆心、OA 为半径画弧交短轴延长线于点 E,以短轴之端点 C 为圆心、CE 为半径作弧,交 CA 于点 E_1。作 AE_1 的垂直平分线,交 OA 于点 1,交 OD 于点 2。

以点 O 为对称中心,将点 2 对称取于 OC 上得点 4;以点 O 为对称中心,将点 1 对称取于 OB 上得点 3。

以点 2 为圆心、$C2$ 为半径画弧;以点 4 为圆心、$D4$ 为半径画弧;以点 1 为圆心、$A1$ 为半径画弧;以点 3 为圆心、$B3$ 为半径画弧。四条圆弧分别光滑相接,即为近似椭圆。

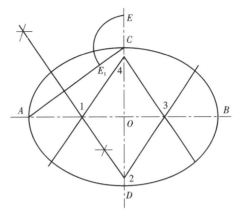

图 4-47 四心近似椭圆画法

③ 螺旋线。螺旋线在大自然中很常见,造型优美典雅。

爱奥尼亚螺旋(Greek Ionic volute)源于希腊。在图 4-48 中,虚线表示各段圆弧的半径,圆心也标示出来了。爱奥尼亚螺旋的具体画法见附录。

图 4-49 为普通螺旋线。图中虚线代表各相应段圆弧的半径。

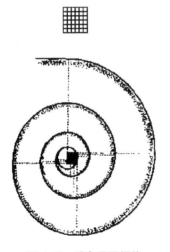

图 4-48 爱奥尼亚螺旋

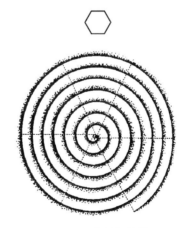

图 4-49 普通螺旋线

图 4-50 为黄金分割螺旋线。黄金分割螺旋线在大自然中很常见,很值得景观设计师在设计中采用。黄金矩形的特点是在把矩形切掉一块正方形之后,剩下的矩形仍然满足黄金比率。通过在正方形里画 1/4 圆弧,就可把黄金分割螺旋线绘出来。

④ 抛物线。抛物线的几何定义是:平面上有一定点 F 和一条定直线 L,今有一动点 M,与定点和定直线的距离保持不变,动点 M 移动后所形成的轨迹,就是抛物

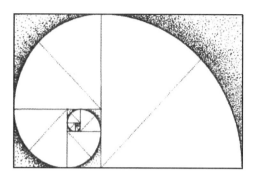

图 4-50　黄金分割螺旋线

线。定点 F 叫作抛物线的焦点,定直线 L 叫作抛物线的准线。

抛物线沿中心对称轴旋转一周,即形成抛物面。抛物面的特点是:从焦点 F 处发出的射线,经抛物面反射后,均与对称轴平行;反之,如发射线与对称轴平行,则其反射线集中于交点 F 上。这一性质称为抛物面的"焦聚性",是抛物面所具有的特殊使用价值。景观设计中,灯光、水景、建筑小品等,都可巧妙地利用抛物线的这种特性,创造出特殊的声光效果(见图 4-51)。

图 4-51　树穴抛物线造型

已知抛物线焦点到准线的距离为 P,则可采用下面三种方法的任意一种画出抛物线。

画法(a):作线段 KF,使 $|KF|=P$,点 O 为线段 KF 的中点,过点 K 作 KF 的垂线 l,在 KF 的延长线上取点 M_1,以点 F 为圆心、以 OM_1 为半径画圆⊙F,再以点 K 为圆心、以 OM_1 为半径画弧交直线 KF 于点 N_1,过点 N_1 作垂直于 KF 的直线,与圆⊙F 相交于点 P_1 和 P_1',改变点 M_1 的位置,例如点 M_2,M_3,…,用同样的方法画出点

P_2 ,P_2' ;P_3 ,P_3' ;…,把点 P_1 ,P_1' ;P_2 ,P_2' ;P_3 ,P_3' ;…用平滑的曲线连接起来,就得到所求的抛物线(见图 4-52)。

画法(b):作直线 l ,在 l 上取$|OF|=P/2$。过点 O 作 $l_1\perp l$,在 l_1 上取点 M_1 ,以线段 OM_1 的中点 N_1 为圆心、$|OM_1|$ 为直径作圆$\odot N_1$,再分别过点 M_1 、F 作圆$\odot N_1$ 的切线,两切线交于点 Q_1 。改变点 M_1 的位置,如点 M_2 ,M_3 ,…,用同样的方法画出点 Q_2 ,Q_3 ,…,把点 O ,Q_1 ,Q_2 ,Q_3 ,…用平滑的曲线连接起来,就得到所要画的抛物线(见图 4-53)。

画法(c):作直线 a ,在 a 上取线段 KF ,使$|KF|=P$。点 O 为线段 KF 的中点。过点 K 、O ,分别作 $l\perp a$,$b\perp a$ 。在 l 上任取一点 S_1 (可以与 K 重合),连接 S_1F ,与垂直线 b 相交于点 P_1 。过 P_1 作 S_1F 的垂线,与过点 S_1 且平行于 a 的直线相交于点 Q_1 。改变点 S_1 的位置,如点 S_2 ,S_3 ,…,用同样的方法画出点 Q_2 ,Q_3 ,…,用平滑曲线将点 O ,Q_1 ,Q_2 ,Q_3 ,…连接起来,便得所求抛物线(见图 4-54)。

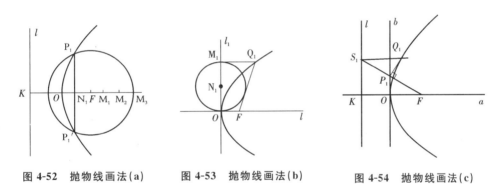

图 4-52 抛物线画法(a)　　　图 4-53 抛物线画法(b)　　　图 4-54 抛物线画法(c)

5. 面

线的移动形成面。面有长度和宽度,没有厚度。在平面构成设计中,按照面的构成方式,可将面分为五类,即规则几何面、自由曲面、不规则面、有机曲面和偶发面。由规则几何图形,如三角形、正方形、正六边形、圆、椭圆等构成的面,称为规则几何面。自由曲线形成的面,称为自由曲面。自然界和生物有机体自然形成的面,如水滴、鹅卵石、叶片、树干等,称为有机曲面。不规则的面由直线和曲线共同构成。偶然方法形成的面,称为偶发面,如泼墨、烧烤、拓印等方式形成的面。

面是相对于点而存在的、面积较大的形态要素。在视觉上面要比点、线来得强烈、实在,具有鲜明的个性特征。不同的面具有不同的形象特征。

规则几何面:明快、单纯、规整、秩序。

不规则面:表达一定的情态、情趣。

有机曲面:生机、膨胀、优美、弹性。

在平面构成中,面还具有量感、可辨性和立体感等特性。

① 量感。在构成中,“面”相对于“点”和“线”,视觉效果较大,量感强。“点”的放

大和"线"长的缩短,都会使点和线接近面。当放大或缩短比例达到一定程度时,二者就成为抽象的面。面的量感,通过面积大小、明暗对比、虚实对比和空间层次等关系表现出来。面大,明暗对比较强。实面、表层面的相对量感强。在景观设计中,面的量感取决于它所处的本底特性和自身材质。

② 可辨性。面的外轮廓线使面具有可辨性,我们称之为形或形象。前已述及,按照外轮廓线的变化,可将面大体分为规则几何面、自由曲面、不规则面、有机曲面和偶发面等。在景观设计中,不同形象的面具有不同的艺术效果,适用于不同的空间,这主要取决于外轮廓线的特性。

外轮廓线闭合,面被填充时,量感较足。如圆形或正方形,其内部被完全填充时,它就具有坚实、庄严、稳定和充实的感觉。一般来讲,单面要比复杂面、有空洞或凹陷的面更有体量感和充实感。面轮廓线闭合,其内中空时,"线"的感觉要比"面"的感觉强烈。轮廓线变粗,中空面积减小,"面"的感觉增强。轮廓线没闭合或者没有确定的轮廓线时,面的感觉变弱。

③ 立体感。这里所指的是二维平面上的视觉立体感,而不是三维空间。在二维平面中,立体感是人的一种视觉错觉。面经过一定的艺术处理,会具有立体感(见图4-55~图4-57)。

图 4-55　平面立体感(渐变)——地面铺装

景观设计中常见的面有以下几种。

① 植被。植物,包括乔木、灌木、花卉、藤本和草本植物,它们经过一定的组合处理,可形成各种各样的面(见图 4-58、图 4-59)。如,冬青经过适当修剪造型,可构成长方形面、正方形面和圆形面等多种形态的面。对于疏林草地景观,从宏观上说,乔

图 4-56　平面立体感（渐变）——公园入口地面铺装

图 4-57　平面立体感（渐变）——广场地面铺装

木层形成一个面,下面的草本植物构成一个面。

　　② 地面铺装。地面铺装是景观设计中最基本的面。地面铺装有助于限定空间、标识空间、增强空间的可识别性。在地面铺装中,面的应用最广泛、最富于变化,也最富于创造性。

图 4-58　植物构成的水平平面

图 4-59　植物构成的垂直平面

③ 水体。河、湖、溪、涧、池、瀑、泉等,在承载体的衬托下就具有形,都可以看作各种不同形式的面,可以按照面的有关特性对其进行设计处理。

面的形态表现可通过形与形的组合进行创造,在平面构成方式中将详细介绍。

常用规则几何面画法如下。

① 正五边形画法。

已知正五边形的边长为 AB,求作此正五边形。

量取线段 AB 的中点 M,过点 M 作 AB 的垂直平分线。在 AB 的垂直平分线上找出点 C,使 $AB=MC$。以点 C 为圆心、AM 为半径画弧,与 AC 的延长线交于点 D。以点 A 为圆心、AD 为半径画弧,与 MC 的延长线交于点 E。以 AB 为半径,分别以点 A、B、E 为圆心画弧,得到交点 F、J。连接 A、B、E、F、J 各点,就得到所求的正五边形(见图 4-60)。

② 正六边形画法。

已知外接圆的直径为 AB(或正六边形对角线的长度为 AB),圆心为点 O,求作此正六边形。

以点 A、B 为圆心,AO 为半径,在圆周上画弧,与圆周分别交于 D、E、C、F 四点。连接各交点就得所求的正六边形(见图 4-61)。

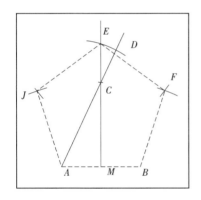

图 4-60 正五边形画法

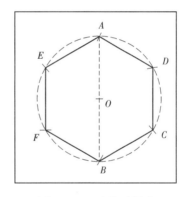

图 4-61 正六边形画法

③ 正七边形画法。

已知正七边形的边长为 AB,求作此正七边形。

过点 M 作 AB 的垂直平分线 MC,连接 BC、CA,得到一个正三角形 ABC。将 BC 分为六等份。在 MC 延长线上量取点 O,CO 长度等于 BC 长度的 1/6。以点 O 为圆心、OA 为半径画圆,以点 B 为圆心、AB 为半径画弧,与圆周交于点 D,再以点 D 为圆心、AB 为半径画弧,与圆周交于点 E,以此类推,可得点 F、J、H,连接各点即得所求的正七边形(见图 4-62)。

④ 正八边形画法。

用正方形画八边形。已知外接正方形的边长 AB,求作此正八边形。

连接正方形的两条对角线 AC、BD,相交于点 O。分别以点 A、B、C、D 为圆心、OA 为半径画弧,得交点 E、F、Z、K、G、H、I、J。连接各交点即得到所求的正八边形

(见图4-63)。

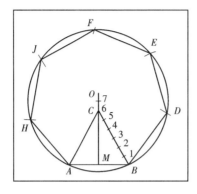

图 4-62　正七边形画法

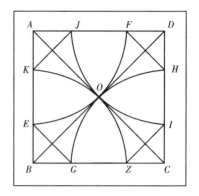

图 4-63　正八边形画法

4.3.4　平面构成方式

形态构成的最基本单元,称为基本形。基本形可以是基本造型元素点、线、面、体,也可以是这些基本造型元素的变换和组合。对基本形,按照一定的方法进行变换,就可构成所期望的形态。这一变换过程,就称为平面构成方式。最常见的平面构成方式有组合、分割、重复、发射构成、矛盾空间、密集等,下面分别介绍。

1.组合

基本形状经过各种方式的组合,会形成各种不同的形态。常见的组合方式有叠加、复叠、透叠、减缺、分离、联合和消失等(见图 4-64)。

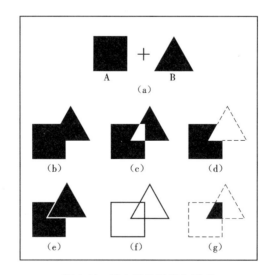

图 4-64　基本形常见组合形式
(a)叠加;(b)复叠;(c)透叠;(d)减缺;(e)分离;(f)联合;(g)消失

一些经典组合形态如图 4-65～图 4-67 所示。

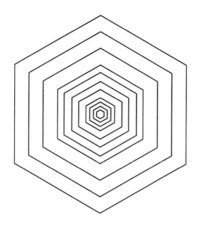

图 4-65 同心正六边形组合

图 4-66 长方形与圆的组合

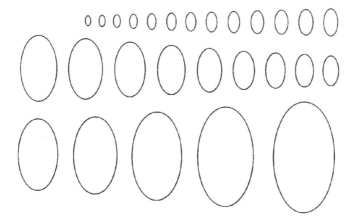

图 4-67 椭圆组合

叠加:两个或多个基本形简单相加而成。

复叠:A 形与 B 形重叠时,A 形与 B 形全部涂黑。

透叠:A 形与 B 形重叠时,重叠之处留白。

减缺:A 形与 B 形重叠时,保留 A 形,消失 B 形。

分离:A 形与 B 形重叠时,B 形与 A 形分离处留空白界线。

联合:A 形与 B 形重叠时,A 形与 B 形同时用线条描绘。

消失:A 形与 B 形重叠时,保留重叠形状,重叠之外部分消失。

2. 分割

基本形状经过适当的分割,所形成的形态多种多样。地面铺装、水景的布设都离不开面的分割。面的分割是最常见的造型方法。

① 正方形画面的直线分割。图 4-68 中,水平方向 A、B、C、D、E 表示纵向分割,垂直方向 a、b、c、d、e 表示横向分割,分割线的位置不同,所得到的形态也不一样。如 aE 组合为横向水平等分线与对角线的组合,对角部分相等;Ee 组合为对角线交叉四等分分割,所得各部分相等,这种对称性的分割安定平衡,但使用过多容易使人感到呆板。b×d×D 和 a×B×E 采用了两种以上的分割方法,得到的形态更富于变化。

② 矩形分割。矩形分割也叫平方根矩形分割,根据数学比例关系进行分割。分割面具有严格的数学依据,具有心理上的安定感和逻辑上的合理性(见图 4-69～图 4-71)。

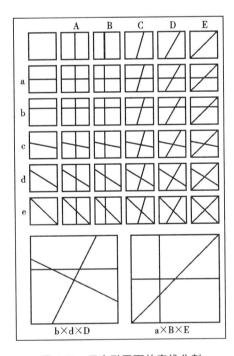

图 4-68　正方形画面的直线分割

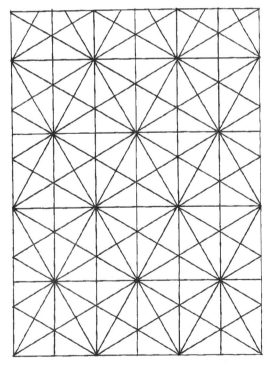

图 4-69　矩形分割(小长方形,30°/60°三角形)

图 4-70 矩形分割(小正方形,45°/90°三角形)

③ 倍数分割。倍数分割也称等分分割,即将被分割整体按一定的倍数进行等量分割,分割后的形态面积和形状相同。对称分割就是一种倍数分割形式。倍数分割具有匀称、均衡的特点(见图 4-72)。

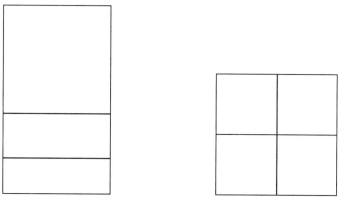

图 4-71 矩形分割　　　　**图 4-72 倍数分割**

④ 递进分割。递进分割是指分割间距按照一定的数学规律逐渐增大或缩小以实现分割的方法。递进分割在视觉上具有渐变性,画面有较强的秩序感和动感(见图4-73)。

⑤ 自由分割。这种分割摆脱了程式化的束缚,没有严格的限制,避免了单调和生硬。但是分割时仍应注意视觉中单位形象量的均衡性,按照形式美法则来组织、调

整画面,力求在变化中取得某种共同性,使画面整体获得统一(见图 4-74)。

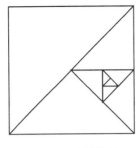 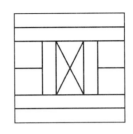

图 4-73　递进分割　　　　　　图 4-74　自由分割

⑥ 线段黄金分割。把某一线段分为两段,分割后的长段与原直线长度之比等于分割后短段和长段之比,这种分割法即为线段黄金分割。

对于给定线段 AB,对其进行黄金分割(见图 4-75)。以点 B 为垂足,作垂线 BC。以 AB 长度的 1/2 为半径、点 B 为圆心画弧,交 BC 于点 C。连接 AC,得到一个直角三角形。以点 C 为圆心、CB 为半径画弧,与 AC 相交,得点 D。以点 A 为圆心、AD 为半径画弧,与 AB 相交,得点 E。所得两线段即为黄金分割线段,其中 AE 为长线段,EB 为短线段,EB 与 AE 之比为 0.618。在点 E 对线段进行切割,所得的图形会带来视觉上的和谐与美的感受。

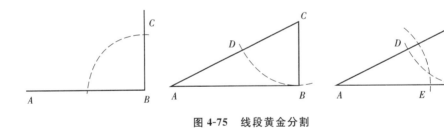

图 4-75　线段黄金分割

⑦ 黄金矩形分割。景观设计中,有些要素可以设计成矩形,如水池、花坛、亭等。矩形的长宽比可以多种多样,但一般情况下,在满足结构和功能要求的基础上,要尽可能使矩形的长宽之比等于或者接近黄金比例,即矩形长宽之比为 1.618。这种比例关系,视觉上看起来比较协调美观。

在图 4-76 中,图(a)所示为黄金矩形,图(b)所示为由两个相等的正方形所构成的矩形,图(c)所示为比正方形稍长一点的矩形。对比这三种矩形在形态上的表现即可发现:图(b)所示矩形虽然是两个正方形的组合,但长与宽的比值太大,显得太长;图(c)所示矩形长与宽的比值趋近于"1",几乎近于正方形,显得呆板;图(a)所示矩形长与宽的比值为 1.618,视觉效果协调、美观、活跃、大方。

设有一个正方形 $ABCD$,要求以它为基础分割出一个黄金矩形。先求出正方形 AB 边的中点 O。连接 OC,以点 O 为圆心、OC 为半径画弧,与 AB 的延长线相交于

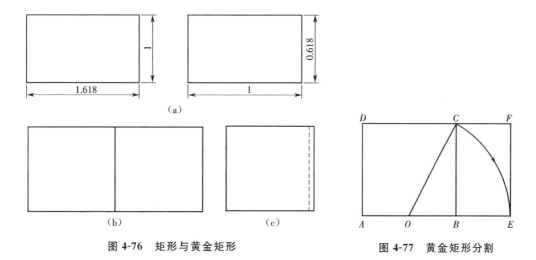

图 4-76　矩形与黄金矩形　　　　图 4-77　黄金矩形分割

点 E。过点 E 作 AD 平行线，与 CD 的延长线交于点 F。所得的矩形 $AEFD$ 即为所求的黄金矩形（见图 4-77）。

⑧ 平方根矩形分割。平方根矩形又称根号矩形，其特点是宽与长之比分别为 $1:\sqrt{2}$，$1:\sqrt{3}$，$1:\sqrt{4}$，…。

a. 平方根矩形画法（a）。

设有一个正方形 $ABCD$，边长为 1。连接对角线 AC，AC 的长度即为 $\sqrt{2}$。以点 A 为圆心、AC 为半径画弧，与 AB 的延长线相交于点 E。过点 E 作 AD 的平行线，与 DC 的延长线相交于点 F，所得矩形 $AEFD$ 即为 $1:\sqrt{2}$ 矩形，亦即 $\sqrt{2}$ 矩形。以点 A 为圆心、$\sqrt{2}$ 矩形的对角线 AF 为半径画弧，与 AE 的延长线交于点 G，过点 G 作 AD 的平行线，与 DF 的延长线交于点 H，所得四边形 $AGHD$ 即为 $1:\sqrt{3}$ 矩形，即 $\sqrt{3}$ 矩形。按此法类推，可得 $\sqrt{4}$ 矩形、$\sqrt{5}$ 矩形……（见图 4-78）。

b. 平方根矩形画法（b）（正方形对角线交点法）。

已知矩形的长边，求作根号矩形。以矩形的长边为边长，作正方形 $ABCD$。连接对角线 AC。以点 A 为圆心、AB 为半径画弧，与 AC 相交于点 E。过点 E 作 AB 的平行线 FG，所得矩形 $ABGF$ 即为 $\sqrt{2}$ 矩形。连接 $\sqrt{2}$ 矩形的对角线 AG，与弧 BD 交于点 H，过点 H 作 AB 的平行线 MN，所得矩形 $ABNM$ 即为 $\sqrt{3}$ 的矩形。其余可类推（见图 4-79）。

⑨ 九宫格分割。设有一正方形，将其等分为 9 个小正方形，就构成九宫格（见图 4-80）。

⑩ 谢宾斯基地毯（Sierpinski Carpet）分割。波兰数学家瓦茨瓦夫·谢宾斯基（Wactaw Sierpiński）在研究分形结构时所提出的一种分割形式（见图 4-81）。

将一个实心正方形划分为 3×3 的 9 个小正方形，去掉中间的小正方形，再对余

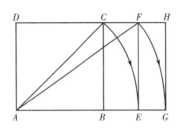

图 4-78 平方根矩形画法(a)

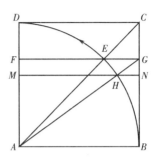

图 4-79 平方根矩形画法(b)

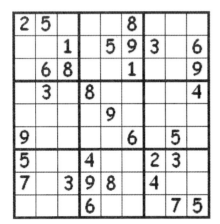

图 4-80 九宫格分割

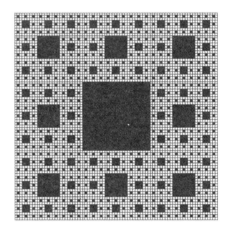

图 4-81 谢宾斯基地毯分割

下的小正方形重复这一操作就可得到谢宾斯基地毯分割(见图 4-82)。

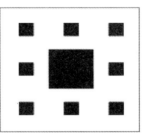
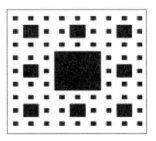

图 4-82 谢宾斯基地毯的构建

⑪ 达恩地毯(Dhan Carpet)分割。达恩地毯是谢宾斯基地毯的变形(见图 4-83)。

将一个实心正方形等分为 16 个小正方形,把位于四角上的小正方形去掉,即得达恩地毯分割(见图 4-84)。

⑫ 康丽地毯(Kangri Carpet)分割。康丽地毯也是谢宾斯基地毯的变形(见图 4-85)。

将一个实心正方形分为 6 个小正方形,最大的一个小正方形占原正方形面积的

图 4-83　达恩地毯分割

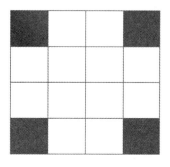

图 4-84　达恩地毯的构建

$\dfrac{4}{9}$，余下的 5 个全等小正方形占原正方形面积的 $\dfrac{5}{9}$，去掉左下角的一个小正方形，即得康丽地毯分割（见图 4-86）。

图 4-85　康丽地毯分割

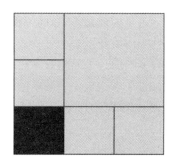

图 4-86　康丽地毯的构建

⑬ 维诺德地毯（Vinod Carpet）分割。维诺德地毯亦是谢宾斯基地毯的变形（见图 4-87）。

将一个实心正方形分为 10 个小正方形，最大的一个小正方形占原正方形面积的

$\frac{16}{25}$,余下的 9 个全等小正方形占原正方形面积的$\frac{9}{25}$,从左上角开始,每隔一个小正方形去掉一个浅色小正方形,即得维诺德地毯分割(见图 4-88)。

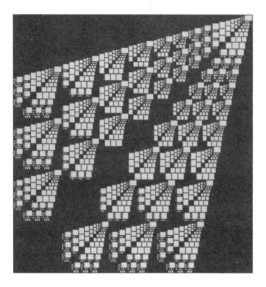

图 4-87　维诺德地毯分割

图 4-88　维诺德地毯的构建

⑭ 柯里什纳地毯(Krishna Carpet)分割。柯里什纳地毯仍是谢宾斯基地毯的变形(见图 4-89)。

将一个实心正方形分为 10 个小正方形,最大的一个小正方形占原正方形面积的$\frac{16}{25}$,余下的 9 个全等小正方形占原正方形面积的$\frac{9}{25}$,从左上角开始,去掉第 3 个小正方形,即得柯里什纳地毯分割(见图 4-90)。

3. 重复

重复构成是指,在同一视觉空间中,同一形态或同组形态出现两次或两次以上,以此来构成新形态的过程。形态相同,可以表现在形状、大小、方向、位置、色彩、肌理等许多方面。重复构成常常依赖骨骼的重复来表现,骨骼决定基本形排列的位置。重复是平面构成中最基本的构成手法。基本形有规律地反复出现,可以强化图像力度,产生深刻的视觉印象,有较强的安定性、秩序感和韵律感。一个人从街上走过,你可能并不注意。一群人从街上走过时,则会引起较大关注。性别、年龄、服饰、走路姿态和语言都相同的一群人,从街道上走过时,就会产生令人震撼的效果。也就是说,一个并不显眼的形态,经过重复出现,就会产生强大的视觉冲击力。但是,重复若使用得不恰当,会使形态变得乏味单调、僵化机械。

重复构成可分为基本形重复构成和骨骼重复构成两种。

基本形重复构成是指同一形态被反复使用。它又可分为单体重复、单元重复和近似重复等。

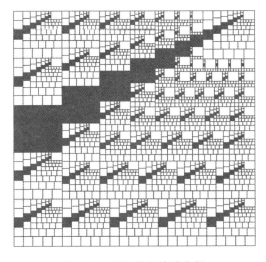

图 4-89　柯里什纳地毯分割

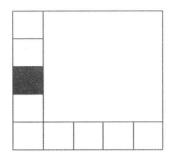

图 4-90　柯里什纳地毯的构建

　　单体重复是指单个形体反复排列出现,形成形象的连续性、再现性和统一性(见图 4-91),如地面铺装用的瓷砖、行道树等。单元重复是指将一组形体进行巡回式的排列(见图 4-92),如教室中的桌椅排列。近似重复是指,基本形态在形状、大小、色彩等方面发生某些变化,但又保持规律性和整体性。有时,完全重复构成所产生的形态会令人感到呆板、平淡,缺乏趣味性。近似重复则会使这种情况有所改善。通过近似重复,形态在统一中有变化,同中有异,异中有同,产生的视觉效果更加丰富多彩。

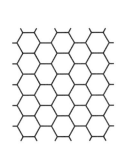

图 4-91　单体重复构成

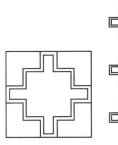

图 4-92　单元重复构成

　　骨骼重复构成中的骨骼,就是构成图形的骨架或框架。骨骼可使图形有秩序地排列。

　　骨骼可分为规律性骨骼和非规律性骨骼两类。规律性骨骼有精确、严谨的骨骼线和带规律性的数字关系。基本形状按照骨骼排列,能产生强烈的秩序感。在这种构成中,组成骨骼的水平线和竖直线都必须等比例重复。骨骼线可以有方向和阔窄等方面的变动,但也必须是等比例的重复。基本形可以在骨骼内重复排列,也可有方向、位置的变动。填色时,还可以进行"正""负"互换。规律性骨骼构成中,基本形超出骨骼的部分必须切除。非规律性骨骼则没有严谨的骨骼线,构成方式比较自由。

景观设计中有许多要素可以采用重复构成形式。成行的树木可以看作线,树穴可以看作点,种植设计可按点或线的重复构成规律进行安排。安排得当,会产生高耸、深远的视觉效果(见图 4-93)。

图 4-93 树木重复构成

4. 发射构成

发射构成是指基本形或骨骼围绕一个中心成发射状重复排列的构成方式。发射是一种常见的自然现象,如太阳、电灯等,都是常见的发射发光体。以发射方式构成的图形有着强烈的吸引力、极好的视觉效果、较强的节奏和韵律感。视觉上动人心弦,引人注目。

发射构成有两个基本要素:一是发射中心,二是发射方向。发射中心就是基本形或骨骼的焦点。发射方向就是基本形或骨骼的排列组合走向。由基本形成骨骼的排列组合形成的发射线具有方向性。

根据发射方向,发射构成可以分为以下几种。

① 离心式发射。发射点位于中央,所有发射线都从中心或附近发出,向四周展开。离心式发射形成的图形具有闪烁感(见图 4-94)。

② 向心式发射。与离心式发射相反,中心点在外部,骨骼线由外往里向中心聚集。用这种形式构成的图形有较强的立体感。

③ 移心式发射。发射点按照一定的规律,有秩序地渐次移动位置。发射形式可以是圆形、方形,也可以是直线(见图 4-95)。

④ 同心式发射。骨骼线呈圆形、方形或螺旋形,围绕同一中心点层层环绕,向外发射。这种发射方式所形成的图形能表现进深,空间感强(见图 4-96~图 4-98)。

⑤ 多心式发射。发射点有多个,发射线有多种结合形式,如互相衔接、同心圆以及圆和直线的结合等。

图 4-94　离心式发射

图 4-95　移心式发射

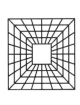

图 4-96　离心式、同心式发射组合　　图 4-97　离心式发射、同心式发射的组合与重复

发射构成与渐变构成有着相同之处,即发射构成与渐变构成有类似的骨骼,并且发射构成中常常伴有渐变,发射骨骼与渐变骨骼的结合加强了图形的进深感和律动感(见图 4-99)。

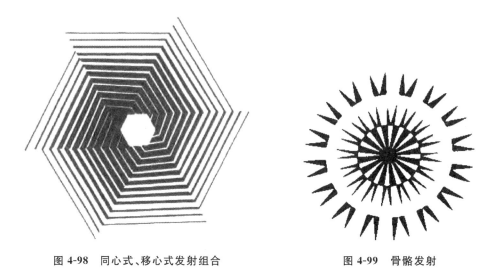

图 4-98 同心式、移心式发射组合   图 4-99 骨骼发射

5. 矛盾空间

空间是指物体所占据的位置,它是三维的,由高、宽、深三个要素组成。对于物体而言,这种空间形态也叫作物理空间。平面构成中所谈到的空间,是指在平面上所能感觉到的一种空间形式。平面构成中的空间具有平面性、幻觉性和矛盾性。它只是一种假象,是二维空间上的一种三维错觉,其本质上还是平面的。

在平面上创建空间通常采用以下几种方法。

① 重叠。两个形态相互重叠,就会产生一前一后的感觉。平面上的深度感就是这样产生的(见图 4-100)。

② 大小变化。根据透视原理,视觉对物体的反应是近大远小,近处清楚远处模糊。在平面上,物体形态大小变化愈大,空间深度感就愈强(见图 4-101)。

图 4-100 平面上空间创建:重叠   图 4-101 平面上空间创建:大小变化

③ 倾斜变化。基本形倾斜成排排列。此种方法所创造的图形具有空间旋转效果和深度感(见图 4-102)。

图 4-102 平面上空间创建:倾斜变化

④ 弯曲变化。基本形发生弯曲变化并呈规律性排列。平面形态的弯曲会产生有深度的幻觉,从而使图形具有空间感(见图 4-103)。

⑤ 投影。投影也能产生一种视觉上的空间感(见图 4-104)。

⑥ 透视。在平面上表示空间关系,透视是最常用的手法之一(见图 4-105)。

⑦ 面的连接。面的连接、弯曲、旋转等都可形成体。能够形成体的面在视觉上都具有空间感(见图 4-106)。

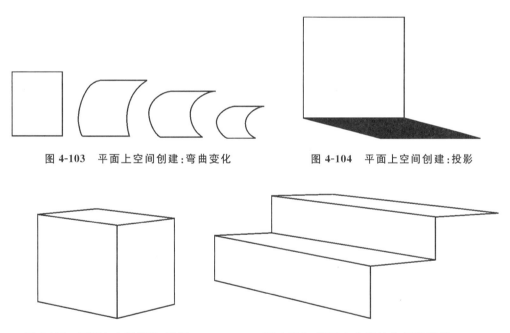

图 4-103 平面上空间创建:弯曲变化　　图 4-104 平面上空间创建:投影

图 4-105 平面上空间创建:透视　　图 4-106 平面上空间创建:面的连接

矛盾空间是指在平面上利用平面局限性和视觉错觉所创造出的在实际空间中并不存在的空间形式。矛盾空间视点一般有两个以上(见图 4-107)。

在景观设计中,有时可以故意违背透视原理,创造出矛盾空间。这种空间虽然具有不合理性,但有时还不容易立即找出其矛盾之所在,这样就会激起游客兴趣,增强景点的吸引力。

矛盾空间构成方法有以下两种。

① 共用面。将视点不同的两个形体,用一个共用面紧紧地联系在一起。在视觉上可以创造出既有俯视又有仰视的空间结构(见图 4-108、图 4-109)。

图 4-107　矛盾空间(多视点、多消失点)

图 4-108　共用面矛盾空间(1)

②　矛盾连接。用直线、曲线或折线将各个形体相互连接起来,各个形体的连接存在矛盾关系。

图 4-109 共用面矛盾空间(2)

　　在矛盾空间构成中,以上两种方法都常用。有时只用一种,有时两种共用,有时可以相互融合。这要根据具体的设计对象和设计目的,进行灵活运用(见图 4-110)。

图 4-110 矛盾空间

6. 密集

密集构成是指画面中基本形呈密集排列的构成方式。密疏是相对的,有密就有疏。基本形的密集,在数量、方向和位置上要有一定的变化,一般是从密集集中到逐渐消失。最密或最疏的地方往往成为视觉焦点,产生一种视觉张力,犹如磁场般具有吸引力和律动感。密集构成在景观设计中很常见,如小片树林、水景中的卵石、绿篱等。

密集构成可分为两类:一类是基本形密集,另一类是骨骼密集。下面分别简要介绍。

(1) 基本形密集

基本形密集主要包括点的密集和线的密集两类。

① 点的密集。构图时,先在画面上设置一个概念性的点,基本形在组织排列上围绕该点密集(见图 4-111)。

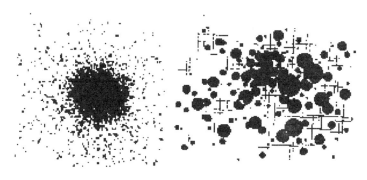

图 4-111　点的密集

点的密集往往就会产生线的感觉。点的间隔越小,线化越明显。无趋向性的点密集时,也会产生线化的现象。多个密集点群从大到小排列时,会产生由强到弱的运动感和由近及远的深度感。密集时,如果点与点之间的距离相同,就会形成面。树木枝条可以看作点,经过修剪,枝条产生密集效果,就具有面的感觉(见图 4-112)。

② 线的密集。线的密集有两种形式。第一种:线密集排列,间距相等或几近相等。第二种:构图时先设一概念性线,基本形向此线密集,靠线越近密集程度越高,离线越远密集程度越低。

线的密集排列方式不同,会产生不同的视觉感受:线按照一定的规律等距离排列,会产生灰面感(见图 4-113);不同距离的线,间隔排列或线的粗细发生变化,会有不同的肌理效果;形状不同的线等距离排列,会产生凹凸效果(见图 4-114、图 4-115)。

(2) 骨骼密集

骨骼密集中,骨骼是非规律性的。画面中见不到真正的骨骼,基本形的密集和扩散靠无形的引力来控制,由此形成画面的节奏和韵律。骨骼密集分为 4 种。

① 向点密集。画面中预先设置一个或多个概念性点,所有基本形向该点凝聚或从该点向四周散开。画面中出现两个以上概念点时,应有主次之分,使画面不致紊乱

图 4-112 点的密集形成面

图 4-113 灰面感

（见图 4-116）。

②向线密集。画面中预先设置一条或多条概念性线，基本形向它密集。离线越近，密集程度越高；离线越远，密集程度越低。线的形状与分布不受限制（见图 4-117）。

③向面密集。画面中概念线形成了简单的形，基本形都向着某个形状聚集。由概念线所形成的概念形不受限制（见图 4-118）。

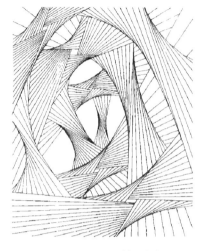

图 4-114 凹凸效果(1)

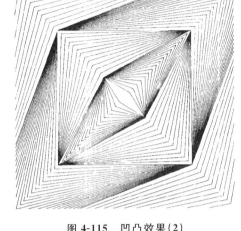

图 4-115 凹凸效果(2)

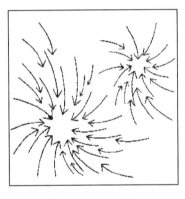

图 4-116 向点密集

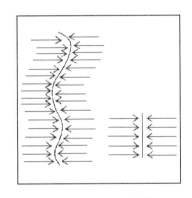

图 4-117 向线密集

④ 向骨骼密集。图面中有作用性骨骼时,基本形的位置和走向按照既定的秩序有规律地发生变化,产生密集效果(见图 4-119)。

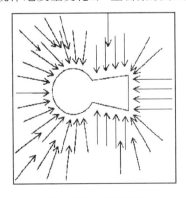

图 4-118 向面密集

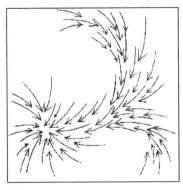

图 4-119 向骨骼密集

5　景观色彩

不同领域的人对色彩有不同的理解。对物理学家来说,色彩是由光的波长所决定的;对生理学家和心理学家来说,色彩涉及眼睛和大脑的神经反应,并与神经系统密切相关;在生物学家眼里,色彩不仅仅是一种美的东西,还是大自然中关系生死存亡的决定因素;社会历史学家和语言学家所看到的色彩,与人类文化密不可分;在艺术领域,色彩从艺术和技术两个方面促进了绘画的发展。

5.1　色彩的基本概念及体系

5.1.1　色彩的属性

众所周知,自然界的色彩十分丰富。人们之所以能够清楚地加以区分,是因为它们都有各自的鲜明特征。色相表现色彩的种类,明度表现色彩的深浅,纯度表现色彩的鲜艳程度。五彩缤纷的世界,正是由色彩的上述三个特征经过组合变化而呈现出来的。

格拉斯曼颜色定律认为,人的视觉能分辨出颜色的三种性质,即色相、明度和纯度。这通常被称为色彩三属性或色彩三要素。

1. 原色、间色、复色

① 原色、间色、复色的概念。

原色:不能通过其他颜色混合而形成的颜色,又称为第一次色、基色。

间色:通过两种原色相混合而产生的颜色。

复色:通过原色与间色混合,或者两种间色混合而产生的颜色。人们见到的色彩中复色最多,复色的运用也最具有潜移默化的亲和力。

② 色光三原色和颜料三原色。

三原色的本质是:三原色具有独立性,三原色中任何一色都不能用其余两种色彩合成。其他颜色可以由三原色按照一定的比例混合出来。三原色所占比例不同,可以调配出不同色彩。

色光三原色是以生理学家和物理学家的观点为基础而提出的。色光三原色分别为:朱红色、翠绿色、蓝紫色。红、绿、蓝三色光具有三个特性:a. 不能再分解;b. 不能由其他色光混合出来;c. 三色光等量混合后会形成白色。

颜料三原色是以色素或颜料方面的理论为基础而提出的。颜料三原色分别为:品红色、柠檬黄色和湖蓝色。

2. 加法混合、减法混合、平均混合

(1) 加法混合

① 加法混合是指色光的混合。当两种或两种以上的色光混合时,会同时或在极短时间内连续刺激人的视觉器官,使人产生一种新的色彩感觉。混合色的总亮度等于相混各色光的亮度之和。加法混合效果是由人的视觉器官来完成的,是一种视觉混合。

② 加法混合的特点:色光三原色朱红色、翠绿色和蓝紫色相混合,呈白光;两种互补关系的色光相混,产生白色;混合后的新色光明度高于混合前色光明度;混合的色光数量愈多,混合新色光明度愈高。

朱红色光+翠绿色光=黄色光,

翠绿色光+蓝紫色光=蓝色光,

蓝紫色光+朱红色光=紫红色光,

朱红色光+翠绿色光+蓝紫色光=白光(三原色同时等量混合时),如彩图 5-1 所示。

三原色光混合而得的黄色光、蓝色光、紫红色光为间色光。如果只通过两种色光混合就能产生白色光,那么这两种色光(如朱红色光与蓝色光、翠绿色光与紫色光、蓝紫色光与黄色光)互为补色。景观设计中,加色混合常常用于照明设计。需要注意的是,被混合的色光在变亮的同时,混合出的颜色的鲜艳度也会发生减退,色彩的效果也就变弱了。

③ 通过色相环可以看出:距离较近的两色光相混合,混合出的新色光明度增高,纯度也增高;距离较远的两色光相混合,混合出的新色光明度增高,纯度降低。

(2) 减法混合

① 减法混合是指颜料、染料的混合。

减法混合的三原色是加法混合的三原色的补色,即翠绿的补色红(品红)、蓝紫色的补色黄(柠檬黄)、朱红的补色蓝(湖蓝),如彩图 5-2 所示。

② 减法混合的特点。

颜料三原色红(R)、黄(Y)、蓝(B)相混合,呈黑浊色;两种互补关系的色相混合,产生黑浊色;混合的新色,明度和纯度下降;混合的色愈多,混合后的新色的明度和纯度愈低。

红色+蓝色=紫色,

黄色+红色=橙色,

黄色+蓝色=绿色,

色料的混合与色光的混合有相似之处:可以任意选用一组三原色来进行混合。

③ 通过色相环可以看出:距离较近的两色料相混合,混出的新色料明度降低,纯度也略有降低;距离较远的两色料相混合,混出的新色料明度降低,纯度也降低;补色相混,纯度消失,明度为黑灰色。

（3）平均混合

① 平均混合，是基于人的视觉生理特征所产生的视觉色彩混合。色光或发光材料本身并不发生变化，混色效果的亮度既不增加也不降低，属平均混合，也叫作中性混合。

② 平均混合有两种方式。

a. 旋转混合。将两种或两种以上的颜色旋转，不同的颜色快速而连续地刺激人眼，致使眼睛来不及反应，就会在视网膜上出现混色效果，如彩图5-3、彩图5-4所示。

b. 空间混合。两种或两种以上的颜色点或色线非常密集地并置、交织排列，通过一定距离观看，使其在视网膜上达到难以辨别的视觉调和效果，也就是在视觉中产生色彩混合，如彩图5-5所示。

③ 旋转混合的特点：旋转中产生的视觉混合，一旦旋转停止，混合将不再存在。

④ 空间混合的特点。

a. 有彩色混合后产生的新色明度，处于两色之间。例如：红色＋黄色＝橙色。

b. 有彩色和无彩色相混，产生两色中间色。例如：红色＋灰色＝红灰色。

c. 非补色相混，产生两色中间色。例如：红色＋青色＝红青色。

d. 互补色按比例相混，可得无彩色灰或有彩色灰。例如：红色＋绿色＝灰色。

e. 近看色彩丰富，远看统一，不同视距产生不同的色彩效果。

f. 色彩构成有震动感，适合表现光感。

g. 混合各色比例发生变化，少套色可得到多套色的效果。

3. 色彩的三属性

（1）色相

色相是指颜色的基本相貌，也是区别色彩的一种方法。从物理学的角度而言，色相是由波的长短决定的，不同的色相有着不同的波长。波长相同，色相相同。

通常以色相环来表达色相。色相环以明度色阶表示色相的完整体系和次序的变化。色相环由纯色组成，如彩图5-6所示。

瑞士色彩学家约翰内斯·伊顿（Johannes Itten）曾设计了十二色相环。其优点就是具有相同的间隔，同时六对补色也分别置于直径两端的对立位置上，为初学者识别出十二色相的任何一种提供了方便，而且可以非常清楚地认识三原色（红、黄、蓝）、三间色（橙、绿、紫）至十二色相的形成过程。按照十二色相形成的原理，以此类推，继续混合，就产生出二十四乃至更多的色相。所有色相都以渐次推移的顺序严整排列，呈现一种秩序化。

在色相环的圆周上，每一个高纯度色相都有一个相应的位置。色相环的圆心是白色（光色）或者灰色（颜色）。色相环圆周上的高纯度色一旦离开了圆周向中心移动，就不再是最纯的色了，越向中心靠拢，纯度就越低。在色相环上，每一个色相和其相对180°位置的色相，都是互补色的关系。据此可以容易地找到每个色彩的对应补色。补色同时放置在一起时，会产生强烈的对比作用，互相加强，形成一种强烈刺激的色彩关系。两种补色相混合可以产生一种黑灰色。不同比例的补色混合时，再加以淡化,可以得到各种复杂而微妙的灰色。这些特点使补色的应用在色彩关系中举足轻重。

色相的种类是无限多的,但就人类的视觉而言,健康的视力能感觉出平均约 4 nm 波长间隔的色相差异。人眼能识别的色相的极限只有 160 个左右。一般来说,正常的视觉可以分辨 100 个左右色相,而完整的蒙塞尔色相环刚好 100 个色相,如彩图 5-7所示。

(2) 明度

明度是指色彩的明暗程度,也可称色彩的亮度、深浅。明度是全部色彩都具有的属性,任何色彩都可以还原成明度关系来考虑。色彩中白色成分越多,反射率越高,明度就越高;反之,黑色成分越多,反射率越低,明度就越低。色彩明度可以用明度色阶来表示。把黑色、白色分为两极,在中间根据明度的顺序等间距分若干个灰色,形成每一个色阶。每一色阶表示一个明度等级,靠近白端为高明度色,靠近黑端为低明度色,中间部分为中明度色。黑白两色之间可形成许多明度色阶,人的最大明度层次判别可达 200 个左右,如彩图 5-8 所示。

一般来讲,明度标准定在 9 级即可满足使用的需求。蒙塞尔色系将明度定为包括黑白在内的十一级,中间有九个不同程度的灰。

彩色中,任何一种颜色都有它自身的明度特征,如暗红—红—亮红。在无彩色中,明度最高为白色,明度最低为黑色,中间为灰色系列,这个系列从亮到暗构成该色以明度为主的序列。在纯色系列中,黄色为明度最高的色,紫色为明度最低的色,这两种颜色本身也是一对互补色。橙、绿、红、蓝的明度居于黄、紫之间。这些色相依次排列,构成色相的明度次序(见图 5-1)。

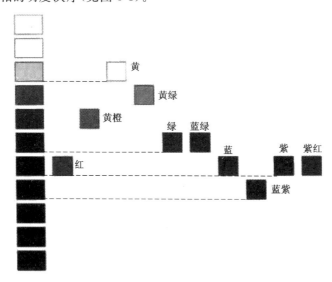

图 5-1　明度

明度是三要素中独立性最强的属性,它既可通过无彩色的黑、白、灰来呈现,同时也可体现于有彩色中。

(3)纯度

纯度是指色彩的纯净程度,也可认为是色彩感觉的鲜艳程度,也叫作彩度、饱和度、艳度、浓度等。在颜料中,红色是纯度最高的色相,橙、黄、紫等色是纯度较高的色相,蓝、绿色是纯度最低的色相。黑、白、灰色没有纯度。光谱中,红、橙、黄、绿、蓝、紫等色光,都是最纯的高纯度色光。在颜料的混合中,任何一个色彩加白、黑、灰或加其补色都会降低它的纯度,如彩图 5-9 所示。

影响纯度的因素如下。

① 波长的单一程度。

② 颜料本身的最高纯度。

③ 眼睛对不同波长光的敏感度。眼睛在正常光线下对红色光波感觉敏锐,对绿色光波感觉迟钝。因此,红色的纯度就显得高,而绿色的纯度就显得低。纯度只能是一定色相感的纯度,凡是有纯度的色彩必然有相应的色相感。

5.1.2 色彩的分类

视觉感知的色彩现象虽然五光十色、魅力多变,但就整个色彩系统的颜色来说,可以分为无彩色和有彩色两大类。它们共同组成了色彩体系。

1. 无彩色

① 无彩色:当投照光、反射光与透射光在视觉中没有感受到共同单色光的特征时,所看到的就是无彩色。

② 无彩色系统分为黑色、白色、灰色。

黑、白、灰色属于无彩色。从物理学角度看,它们不包括在可见光谱中,不能称为色彩。需要指出的是,在心理学上它们有着完整的色彩性质,在色彩体系中扮演着重要角色,在颜料中也扮演着重要角色。一种颜料混入白色后,会显得比较明亮;相反,混入黑色后就显得比较深暗。加入黑色或混合的灰色时,原色彩纯度会降低。因此,黑、白、灰色无论在心理学上还是在生理学上都可称为无彩色。

无彩色是没有任何色相感觉的,略带蓝的灰则属有彩色。

2. 有彩色

① 有彩色:当投照光、反射光与透射光在视觉中感受到某色光的特征时,所看到的就是有彩色。

② 有彩色系统可分为纯色、清色、暗色和浊色。

纯色:不含黑、白、灰色,饱和度最高的色。清色:纯色加入白色所得的色。暗色:纯色加入黑色所得的色。浊色:纯色加入灰色所得的色。

红、橙、黄、绿、蓝、紫为基本色。有彩色的种类是无限的,光谱中的全部色都属于有彩色。基本色之间不同量的混合,以及基本色与黑、白、灰色之间不同量的混合,都会产生出成千上万种有彩色。把这些色彩科学地组织、分类,并赋予数字符号,就编成一套系统的色彩图库。

5.1.3 色彩的表示方法

为了在工作中有效地运用色彩,必须将色彩按照一定的规律和秩序排列起来。目前常用的色彩表示方法就是色相环和色立体。

① 色相环:最初的基本色相为红、橙、黄、绿、蓝、紫。在各色中间加插一两个中间色,其头尾色相按光谱顺序为:红、橙红、黄橙、黄、黄绿、绿、绿蓝、蓝绿、蓝、蓝紫、紫。红紫、红和紫中间,再加个中间色,可制出十二基本色相。这十二色相的彩调变化在光谱色感上是均匀的。如果再进一步找出其中间色,便可以得到二十四个色相。如果再把光谱的红、橙、黄、绿、蓝、紫诸色带圈起来,在红和紫之间插入半幅,构成环形的色相关系,便称为色相环。

② 色立体:就是把色彩的三属性有系统地排列组合成一个立体形状的色彩结构(见图 5-2)。这种体系如果借助于三维空间形式体现色彩的明度、色相、纯度之间的关系,则称之为色立体。色立体对于整体色彩的整理、分类、表示、记述以及色彩的观察、表达和应用都有很大的帮助。

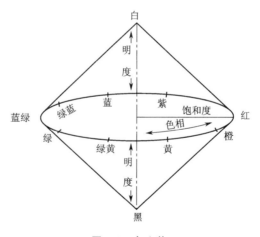

图 5-2 色立体

色立体的空间立体模型有多种。其基本共同点是:粗略的比拟是近似地球的外形。其贯穿球心的中心竖轴为明度的标尺,上端("北极")是最高明度的白色,下端("南极")则是最低明度的黑色,赤道线(类似地球的水平赤道线或倾斜的黄道坐标曲线)为各种标准色相,水平切面均代表同明度水平的可供采用的全部色阶。越接近外缘("地球"的表层)颜色越饱和,纯度越高;越接近中心竖轴,其中掺的同一明度的灰则越多。所有颜色的纯色相和相应明度的灰之间的最大数量的饱和等级是在明度的中段展现的,高明度和低明度的色则分别接近白和黑。在复圆锥形或球形色立体模型中,每个标准色相的最大直径大致在中间,并向两极逐渐缩小。

色立体学说的形成经历了漫长的发展过程。1676 年,英国物理学家牛顿用三棱镜发现了日光的七色带,揭开了阳光与自然界一切色彩现象的科学奥秘,形成了由色相环组成的色彩平面图。这一色相环还不能理想地表述色彩的三个属性(明度、色相、纯度)的相互关系。为此,一些学者先后提出了各自的创见。1772 年,拉姆伯特(Lambert)提出了金字塔式的色彩图概念。之后,栾琴(Runge,1771—1810)提出了色彩的球体概念。接着,冯特(Wundt,1832 —1920)提出了色彩的圆锥概念,还有的学者提出了色彩的双圆锥概念。这样,经过三百多年的探索和不断发展,在表达色彩的序列和相互关系上,便从一开始的平面圆锥、多边形色彩图,发展到现在的空间立体球形色彩图——色立体。

5.1.4　色彩体系

景观色彩设计需要对现状数据进行收集、统计和分析,需要对现状色彩进行精确测量、标注和表现,这就必将用到色序系统。色序系统是指颜色按照感知色彩的特性在颜色空间进行有序地排列所构成的系统。

国际上色序系统有多种,并没有一个一致认同并采纳的色彩表示系统,很多国家都制定了自己的颜色系统。目前,国际上常用的色彩体系主要有 CIE 标准色度学系统、蒙塞尔色彩体系、日本实用色彩坐标体系(P. C. C. S)、中国颜色体系(CSC)、奥斯特华德色彩体系、美国光学学会均匀色体系、瑞典自然色体系、德国工业标准颜色体系等。这些色彩体系的具体操作方法虽然不同,但是都是为了全面、科学、直观地描述色彩的特性。针对景观色彩应用需要,这里重点介绍四套色彩体系,即 CIE 标准色度学系统、蒙塞尔色彩体系、日本实用色彩坐标体系和中国颜色体系,以及计算机绘图软件主要色彩系统模式。

1. CIE 标准色度学系统

(1) CIE(国际照明委员会)

CIE 全称为 Commission Internationale de L'Eclairage(法)或 International Commission on Illumination(英)。该委员会创建的目的就是要建立一套界定和测量色彩的技术标准。从 1930 年开始,CIE 标准一直沿用到数字视频时代,其中包括白光标准(D65)和阴极射线管(CRT)内表面红、绿、蓝三种磷光理论上的理想颜色。CIE 的总部位于奥地利维也纳。

(2) CIE 颜色系统

为了从基色出发,定义一种与设备无关的颜色模型,1931 年 9 月,CIE 在英国剑桥召开了一次具有历史意义的大会。CIE 的颜色科学家们试图在加色法混色模型(RGB 模型)基础上,用数学的方法从真实的基色推导出理论的三基色,创建一个新的颜色系统,使颜料、染料和印刷等工业能够明确指定产品的颜色。该次会议制定了一些统一标准,CIE 颜色系统逐渐形成。CIE 颜色系统主要有以下标准和指标。

① 观察者标准:普通人眼对颜色的响应。该标准采用想象的 X、Y、Z 三种基色,

用颜色匹配函数表示,颜色匹配实验使用 2°的视野。

② 标准光源:用于比较颜色的光源规范。

③ CIE XYZ 基色系统:与 RGB 相关的想象的基色系统,但更适用于颜色的计算。

④ CIE xyY 颜色空间:一个由 XYZ 导出的颜色空间,它把与颜色属性相关的 x 和 y,从与明度属性相关的亮度 Y 中分离开。

⑤ CIE 色度图:容易看到颜色之间关系的一种图。

以上为 CIE 颜色系统的基础。其后,国际照明委员会对该系统进行了多次修订,到 1964 年逐步定型。CIE 颜色系统是其他颜色系统的基础。它使用红、绿、蓝三种颜色作为三种基色,而所有其他颜色都从这三种颜色中导出。通过相加混色或者相减混色,任何色调都可以使用不同量的基色生产。虽然大多数人可能一辈子都不直接使用这个系统,只有颜色科学家或者某些计算机程序使用,但了解它对开发新的颜色系统、编写或者使用与颜色相关的应用程序都是有用的。

CIE 表色体系是现在唯一的全世界通用的表色体系,CIE 的表色法属于混合系的光学表示法,以杨・赫尔姆霍茨(Young Helmholtz)的三原色为基础来制定。

1976 年,为了解决颜色空间的感知一致性问题,制定了 CIE 1976 $L^* a^* b^*$ 颜色空间规范。规范有两种:一种是用于自照明的颜色空间,叫作 CIELUV,如彩图 5-10 所示;另一种是用于非自照明的颜色空间,叫作 CIE 1976 $L^* a^* b^*$ 或者 CIELAB,如彩图 5-11 所示。这两个颜色空间与颜色的感知更均匀,并且给了人们评估两种颜色近似程度的一种方法,允许使用数字量 ΔE 表示两种颜色之差。

(3) CIE 1931 RGB

按照三基色原理,颜色实际上也是物理量,对物理量可以进行计算和度量。根据这个原理,1931 年国际照明委员会给出了 RGB 颜色匹配函数。在该函数中,横坐标表示光谱波长,纵坐标表示用以匹配光谱各色所需要的三基色刺激值。这些值是以等能量白光为标准的系数,是观察者实验结果的平均值。这就是 CIE 1931 RGB 颜色系统。

(4) CIE 1931 色度图

CIE 1931 色度图是用标称值表示的 CIE 色度图,x 表示红色分量,y 表示绿色分量。点 E 代表白光,它的坐标为(0.33,0.33)。环绕在颜色空间边沿的颜色是光谱色,边界代表光谱色的最大饱和度,边界上的数字表示光谱色的波长,其轮廓包含所有的感知色调。所有单色光都位于舌形曲线上,这条曲线就是单色轨迹,曲线旁标注的数字是单色(或称光谱色)光的波长值;自然界中各种实际颜色都位于这条闭合曲线内;RGB 系统中选用的物理三基色在色度图的舌形曲线上。

CIE 标准色度图系统的制定以两个事实为根据:一是任何一种光的颜色都能用红、绿、蓝三原色的光匹配出来;二是大多数人具有非常相似的色彩感觉。基于这个原理,CIE 制定了标准色系统的基本工具色度图,任何一种颜色都可以用两个色坐标在色度图上表示出来。

值得注意的是,CIE 标准色度系统不是按照人眼所感知的颜色本身来分类的,而是按照引起颜色感知的物理刺激(即色刺激)来分类的,是一个色刺激混合系统。其他几种颜色系统都是按照颜色本身来分类的,属于色表系统。

2. 蒙塞尔色彩体系

蒙塞尔色彩体系(Munsell's color system)是由美国的色彩学家、教育学家蒙塞尔(Albert H. Munsell,1858—1918)于 1915 年创立的。《蒙塞尔颜色图谱》(*Munsell's Book of Colors*)1915 年在美国出版。该图谱在 1929 年和 1943 年分别经美国国家标准局和美国光学会修订,出版了《蒙塞尔颜色图册》。蒙塞尔色彩体系是从心理学的角度根据颜色的视知觉特点所制定的表色体系。目前,国际上普遍采用该表色体系作为颜色分类和标定的办法。1973 年和 1974 年最新版本的颜色图册包括两套样品,一套有光泽,一套无光泽。有光泽色谱共包括 1450 块颜色,附有一套黑白的 37 块中性灰色;无光泽色谱有 1150 块颜色,附有 32 块中性灰色。每块颜色大约 1.8 cm×2.1 cm。

蒙塞尔色彩体系是一个采用圆柱坐标系来表示色彩的三属性的三维空间模型。它用一个三维空间模型将各种颜色的特性,包括色相、明度和纯度,全部表示出来。立体模型中的每一部位各代表一个特定颜色,并给予一定的标号。对于有彩色,标定色相、明度、纯度,分别用 H、V、C 来表示,其标号为 HV/C,如彩图 5-12 所示;对于无彩色,纯度为零,故也无色相而言,只剩下明度 V,其标号为 NV,如彩图 5-13 所示。

(1)蒙塞尔色相表示

蒙塞尔色彩体系的圆周角坐标对应于物体色的色相,以符号 H 来表示。蒙塞尔色相环主要由 10 个色相组成:红(R)、黄(Y)、绿(G)、蓝(B)、紫(P)以及它们相互的间色黄红(YR)、绿黄(GY)、蓝绿(BG)、紫蓝(PB)、红紫(RP)。R 与 RP 间为 RP+R,RP 与 P 间为 P+RP,P 与 PB 间为 PB+P,PB 与 B 间为 B+PB,B 与 BG 间为 BG+B,BG 与 G 间为 G+BG,G 与 GY 间为 GY+G,GY 与 Y 间为 Y+GY,Y 与 YR 间为 YR+Y,YR 与 R 间为 R+YR。为了作更细的划分,每个色相又分成 10 个等级。每 5 种主要色相和中间色相的等级定为 5,每种色相都分出 2.5、5、7.5、10 四个色阶,全图册共分 40 个色相。

(2)蒙塞尔明度表示

蒙塞尔色彩体系的中心轴表示明度,从白到黑分为 11 个等级,以符号 V 来表示。因物体色的明度是有界的,所以明度坐标也是有极限的。明度再低也不可能低于反射率为零的黑色,所以将明度坐标低端的极限标为零。明度再高也不可能达到反射率为 100% 的白色,所以明度坐标高端的极限为 10。在明度坐标的 0 和 10 之间按照视觉的等明度差均分为 10 段,都成等距坐标。包括 0 与 10 在内共有 11 个等明度级,依次标为 0~10,0 表示理想黑,10 表示理想白,1~9 表示中间灰。

(3)蒙塞尔纯度表示

蒙塞尔色彩体系的径向坐标对应于物体色的纯度,以符号 C 表示。各纯度轴均垂直于中心轴的各个明度级的色枝,形成树状,故蒙塞尔色体系也称为"蒙塞尔色树",如彩图 5-14 所示。各纯度轴基于心理上色彩锐度的等差排列。

蒙塞尔体系的纯度是用距离中性轴的远近来表示的。竖轴的无彩色的纯度作为 0,用渐增的等间隔来区分其他纯度,离开中性轴越远,纯度越高,最远为各色相的纯色。因为纯度是根据色相和明度的不同来划分阶段的,即使同样的纯度记号,若色相和明度不同,包含灰色的比例也会不同。故在色系表中各色相、明度的最高纯度在色立体的最外侧,如彩图 5-15 所示。

(4)蒙塞尔表色方式

蒙塞尔色彩体系中 10 个主色相的标注见表 5-1。

表 5-1 蒙塞尔色彩体系中 10 个主色相的标注

红——5R4/14	黄红——5YR6/12
黄——5Y8/12	绿黄——5GY8/10
绿——5G6/10	绿蓝——5GB5/8
蓝——5B5/8	紫蓝——5PB4/12
紫——5P4/10	红紫——5RP4/12

蒙塞尔色彩体系以色彩的色相(H)、明度(V)和纯度(C)三属性来表示,标注为 HV/C。如 5R4/14 表示色相为第 5 号红色,明度为 4,纯度为 14,该色为中间明度、最高纯度的红。无彩色用 NV 表示,如 N8,表示明度为 8 的无彩灰。

蒙塞尔色彩体系可以明确地告诉人们:虽然色彩的感觉是感性的,但是人类的感性是可以量化的;人类的诸如色彩感觉等本身是不可靠的,不仅存在个体差异,往往也会因为主客观情况不同而产生明显的差异;只有利用科学技术手段,进行定量的数据分析,才能够得出可靠的数据。

(5)蒙塞尔色彩体系的意义

今天所用的蒙塞尔色彩体系,早已不再是当初蒙塞尔本人所提出的系统,而是美国国家标准局和美国光学学会对蒙塞尔色彩体系修订后的色彩体系,即使用的是《蒙塞尔颜色图册》。

新修订的蒙塞尔色彩体系,是在严格的光学测色与心理物理学手法所测的数据的基础上建立的,无论在理论上还是应用上都有着重要的意义。

① 给物体的色彩定量化的标注和科学化、系统化的命名。

② 它能够与 1931 CIE 色度学体系间进行直接准确的互换,能够直观地找到物体色的色相、明度和纯度等视觉心理三属性与主波长、明度反射率、纯度等客观物理三特性间的关系。

③ 其他色彩体系的建立是以蒙塞尔色彩体系作为基础的。例如 1993 年出版的《中国颜色体系》。

3. 日本实用色彩坐标体系

在美国光学学会开始对蒙塞尔色彩体系进行修订的同时,日本也开始了本国的色彩体系研究。1951 年由和田三造主持的日本标准色协会推出过一个与蒙塞尔色彩体系十分相似的色彩标准体系,该系统采用了 24 色相环的现代补色环,但这并不是日本的色彩体系。

日本标准色协会改建为日本色彩研究所后,开设自主的色彩研究。于 1966 年推出了综合蒙塞尔色彩体系和奥斯特华德色彩体系(Ostwald color order system)优点的折中型的日本色彩研究所色彩体系(practical color co-ordinate system),简称 P. C. C. S 色彩体系。该体系以色彩调和为目的,注重色彩设计的应用,并使用了东方人容易理解和接受的色彩名称,是非常具有实用价值的色彩工具。在日本,P. C. C. S 色彩体系被作为对儿童、学生及色彩初学者进行色彩教育的工具,同时也是配色设计和市场调查的工具。

(1)P. C. C. S 色相表示

P. C. C. S 色彩体系的色相以红、橙、黄、绿、蓝、紫 6 个色为主要基础色相,并调配成 24 个色相。6 个基础色相是以光谱上的颜色互为基础的,色相与色相之间的距离间隔为感觉上的等差,所以色相环上直径的两端并不是互为补色关系,但是从心理感受上来说却有补色关系。这 24 个色相分别以 1～24 编号,组成 24 色色相环,如彩图5-16、表 5-2 所示。

表 5-2　24 色色相环色调记号、色相记号及色彩名称

色调记号	色相记号 P.C.C.S	色彩名称	色调记号	色相记号 P.C.C.S	色彩名称
V1	1:pR	泛紫的红	V13	13:bG	泛蓝的绿
V2	2:R	红	V14	14:BG	蓝绿
V3	3:yR	泛黄的红	V15	15:BG	蓝绿
V4	4:rO	泛红的橙	V16	16:gB	泛绿的蓝
V5	5:O	橙	V17	17:B	蓝
V6	6:yO	泛黄的橙	V18	18:B	蓝
V7	7:rY	泛红的黄	V19	19:pB	泛紫的蓝
V8	8:Y	黄	V20	20:V	蓝紫
V9	9:gY	泛绿的黄	V21	21:bP	泛蓝的紫
V10	10:YG	黄绿	V22	22:P	紫
V11	11:yG	泛黄的绿	V23	23:rP	泛红的紫
V12	12:G	绿	V24	24:RP	紫红

(2)P. C. C. S 明度表示

P. C. C. S 色彩体系的明度系列是把黑定为 1,白定为 9.5,其间有 7 个阶段的灰

色系列,分别是 2.4、3.5、4.5、5.5、6.5、7.5、8.5,全部共为 9 个明度等级。越靠近白,亮度越高;越靠近黑,亮度越低。简单的划分就是最高、高、略高、中、略低、低、最低 7 个明度区域。在 9 个级别间,如果再插进分界级,即 2、3、4、5、6、7、8、9,一共 17 个亮度级。

（3）P.C.C.S 纯度表示

P.C.C.S 纯度是以 S 来表示的。它吸取了奥斯特华德色彩体系各纯色纯度等价性的特点,P.C.C.S 的纯度从无彩色的中心轴开始,纯度为 0,沿水平横轴方向展开,等距离地划分出 9 个阶段。离开中心轴越远,纯度就越高,端点便是纯色;反之,越靠近中心轴,纯度就越低。在 24 色相中,纯度最高的色相纯度定为 10,纯度最低的色相纯度定为 5。这 9 个阶段,从灰到艳分别定义为:1S～3S 为低纯度区,4S～6S 为中纯度区,7S～9S 为高纯度区。

P.C.C.S 纯度近似于蒙塞尔色彩体系的纯度系统,但又有不同之处。P.C.C.S 各色相的最高纯度均为 10S,所有纯色均放置在离无彩色中心轴等距离的位置上,所以视觉上各色相的纯度尺度是不一样的。

（4）P.C.C.S 色调系统

色调(tone)可以表示明度和纯度无法表示的色彩的直观印象,可以认为是明度和纯度的复合概念,色调用日常语言来形容,如鲜艳的(vivid)、明亮的(bright)、柔和的(soft)等。

P.C.C.S 色彩体系色调图共分为 12 个种类,如表 5-3 所示。

表 5-3　P.C.C.S 色彩体系色调图的 12 个种类

色 调 名 称	纯 度 阶 段	记　号
鲜艳色调(vivid)	9S	v
明亮色调(bright)	7S,8S	b
强色调(strong)	7S,8S	s
深色调(deep)	7S,8S	dp
浅色调(light)	5S,6S	lt
柔和色调(soft)	5S,6S	sf
浊色调(dull)	5S,6S	d
暗色调(dark)	5S,6S	dk
淡粉色调(pink)	1S～4S	p
浅灰色调(light grayish)	1S～4S	ltg
灰色调(grayish)	1S～4S	g
暗灰色调(dark grayish)	1S～4S	dkg

上述 12 个色调可以归纳为 4 类,如彩图 5-17 所示。

① 明清色调:包括 p 色调、lt 色调、b 色调,这些色调都是混合白色而来的。

② 暗清色调:包括 dkg 色调、dk 色调、dp 色调,这些色调都是混合黑色而来的。

③ 中间色调:包括 ltg 色调、g 色调、sf 色调、d 色调、s 色调,这些色调都是混合灰色而来的。

④ 纯色色调:包括 v 色调,是各色相中的原色。

(5) P. C. C. S 表色方式

P. C. C. S 色立体的色表示法是以色相、明度、纯度的顺序排列出一组数字。例如,1-16-4 编号的色,色相为红色,明度为中等明度,纯度偏低。因此,该色为一中等明度的灰红色。

(6) 新日本颜色系

日本于 1978 年 12 月出版了一套颜色样卡,称新日本颜色系,包括 5 000 块颜色,它是目前国际上具有最多颜色的图谱。它也按蒙塞尔色彩图谱命名,但考虑到蒙氏色立体中的 40 个色相不能满足实际上的需要,尤其是在 R 到 Y 和 PB 区间。因而又增加了 1.25R、6.25R、1.25YR、3.75YR、8.75YR、6.25Y、3.75PB、6.25PB 等 8 个色相,总共 48 个色相。光值即明度,分为 10 个等级,每个等级为 0.5,即光值为 1～9.5。纯度分 14 个等级,每级差为 1,即纯度为 1～14。

4. 中国颜色体系

(1) 中国色彩体系有中国国家级的色彩标准样册和 CNCS 中国应用色彩体系。

1988 年,"中国颜色体系的研究课题"立项。

1994—1995 年,我国相继发布了《中国颜色体系样册》(GSBA 26003—1994) 和《中国颜色体系》(GB/T 15608—1995) 两项国家标准。《中国颜色体系样册》由全国颜色标准化技术委员会负责审定,所有颜色实物样品须经过中国计量科学院光学处的检验和确认。

中国颜色体系是我国在颜色管理和应用方面建立的一个标准颜色体系。色空间用色调、明度、纯度颜色三属性表示。在色空间里,色调、明度、纯度三方向上视觉感觉均匀。其基础色度分级是依据"中国人眼视知觉特性的实验研究"结果而确定的。

(2) 几种常用的色彩工具

①《中国颜色体系标准样册》。它适用于教学展示、色彩研究、色彩设计、色彩管理等,如彩图 5-18 所示。

《中国颜色体系标准样册》采用国际通用的颜色三维属性进行标定,在编制结构上与蒙塞尔色彩体系类似。由无彩色系和有彩色系组成,用颜色立体表示。样册中共包括 40 种色调、5 139 个颜色,是目前世界上拥有颜色数量最多的标准样册之一。全部色样品依据颜色的三属性,通过中国人的视觉特性实验,按视觉的等色调差、等明度差、等纯度差标尺编排。进行色彩测量的仪器为 TOPCON BM-7 便携式彩色亮度计(color luminance meter)和美能达分光光度测量仪(spectrophotometer CM-2 600d)。

② 中国建筑色卡。国家标准《建筑颜色的表示方法》(GB/T 18922—2008)的颜色样品,是建筑行业专用色卡,适用于建筑设计、建筑材料、建筑装饰以及建筑监理等建筑领域,是建筑色彩选择、管理、交流和传递的标准色彩工具(见图 5-3),是景观色彩设计的主要参考工具。

③ 中国建筑色卡 240 色(商用版)。中国建筑色卡的精简版,便捷实用,适合涂料供应商使用,如彩图 5-19 所示。

④ 室内色彩搭配色卡。它是可以进行搭配的色卡,改变了传统的色卡模式,色卡本身提供有 36 种经典搭配方案,外加色彩计算公式,轻松实现若干种搭配效果(见图 5-4)。

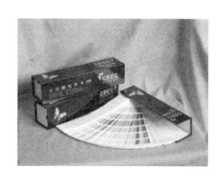

图 5-3　中国建筑色卡

图 5-4　室内色彩搭配色卡

(3) 中国颜色与蒙塞尔色彩体系的区别

① 中国颜色体系缺少个别蒙塞尔色彩体系所具有的高纯度值的颜色样品。

② 中国颜色体系在所有色相页上均增加了明度值为 8.5 的颜色样品,因而高明度值低纯度值的色彩样品种类多于蒙塞尔色彩体系。

5. 计算机绘图软件主要色彩系统模式

从系统的角度来理解颜色的相互关系对于设计来说有着重要而实际的意义。众所周知,今天的设计工作大部分是由计算机来完成的。因此,了解计算机绘图软件中主要的颜色系统十分必要。在计算机色彩系统中,不同的用途和输出方式形成了不同的色彩模式,其中最常用的色彩模式是 RGB、CMYK、HSB、Lab、Grayscale、Bitmap、Indexed Color 等。

(1) RGB 模式

RGB 颜色模式是利用光学三原色来描述与量化色彩的。在自然界中,大多数颜色都可以由红色、绿色和蓝色合成。这三种颜色的光线在复合光中所占的比例不同,所合成的复合光的颜色也就不同,通常所说的三原色就是指这三种颜色。由红色、绿色和蓝色作为合成其他颜色的基色而组成的颜色系统就叫作 RGB 模式颜色系统。

RGB 颜色的合成是利用颜色相加得到的。RGB 颜色模式是很多应用软件(如 Photoshop)中最常见，也是最常用到的一种颜色模式。

RGB 颜色模式中各色相都有 256 级亮度，用数字表示为 0，1，2，…，254，255，共 256 级。根据计算，256 级的 RGB 色彩总共能组合出约 1 678 万种色彩，即 256×256×256＝16 777 216，也就是通常所说的 1 600 万色，也称 24 位色(2 的 24 次方)。

(2) CMYK 模式

除了红色、绿色和蓝色可以作为颜色系统的基色以外，由青(cyan)、品红(magenta)、黄色(yellow)以及黑(black)四种基色组成的颜色系统称为 CMYK 颜色系统。CMYK 也称作印刷色彩模式，如彩图 5-20 所示。C、M、Y 是三种印刷颜色名称的首字母，而 K 取的是 black 的尾字母。之所以不取首字母，是为了避免与蓝色(blue)相混淆。CMYK 是以百分比来选择的，相当于油墨的浓度。在印刷业，标准的彩色图像模式就是 CMYK 模式，它一般应用在印刷输出的分色处理上。与 RGB 模式不同的是，它的颜色合成方式不是颜色相加，而是颜色相减。四种基色在合成时所占的比重和强度不同，所获得的合成结果也不同。

从彩图 5-20 中可以看到，青、品红和黄三色相加不会产生黑色，而只是一种深咖啡色，所以要再加上一个黑色。

通过对 RGB 和 CMYK 色彩模式的比较，可以看出两者之间是有本质区别的。RGB 模式是一种发光的色彩模式，色彩由光色构成，不需要借助自然光。CMYK 是一种依靠反光的色彩模式，反光模式需要借助外界光源才能看见物体。一般来说，通常在屏幕上看到的图像都是用 RGB 模式表现的，如计算机的显示器。印刷品上看到的图像是用 CMYK 模式表现的，如报纸、杂志等。

(3) HSB 模式

HSB 也称 HSL，是一种学术性更强的色彩系统，如彩图 5-21 所示。

色相(hue)、饱和度(saturation)和明亮度(brightness)也许更合适人们的习惯，它们不是将色彩数字化成不同的数值，而是基于人对颜色的感觉。

色相：基于从某个物体反射回的光波，或者是透射过某个物体的光波。可以把色相看成颜色轮上的颜色。通常用 0°～360°来表示，其中 0°与 360°首尾相接，色相相同。

饱和度：经常也称作 chroma，指某种颜色中所含灰色的数量的多少，含灰色越多，饱和度越小。通常用 0%(灰色)至 100%(完全饱和)的百分比来度量。在标准色轮上，饱和度从中心到边缘递增。

明亮度：对颜色中光的强度的衡量。明亮度越大，则色彩越鲜艳。通常用 0%(黑色)至 100%(白色)的百分比来度量。

可以看出，HSB 色彩模式是以蒙塞尔色彩体系为基础的。其最大优点就是尊重人的直觉感受，色彩比较直观，在选取颜色的时候也很方便。

(4) Lab 模式

Lab 是 CIE(Commission International d'Eclairage 国际照明委员会)指定的标

示颜色的标准之一,广泛应用于彩色印刷和复制层面。

L:亮度;a:由绿至红;b:由蓝至黄。

CIE 颜色系统以数学方式来表示颜色,不依赖于特定的设备,这样确保输出设备经校正后所代表的颜色能保持一致性。

Lab 色彩空间涵盖了 RGB 和 CMYK。Photoshop 软件内部,从 RGB 颜色模式转换到 CMYK 颜色模式,也是经由 Lab 做中间量来完成的。

(5) Grayscale 模式

Grayscale 模式也称为灰度模式。灰度模式的图像只有灰度信息而没有彩色信息。在 Photoshop 软件中,灰度模式的像素取值通常为 0～255。0 表示灰度最弱的颜色,即黑色;255 表示灰度最强的颜色,即白色。其他值是指黑色渐变至白色的中间过渡的灰色。通常用这种模式来处理和制作黑白照片,效果也不错,这说明在计算机绘图软件中,黑白色的系统设置也是相当必要的,就像现代色彩设计中的色立体那样,黑白颜色不仅自身有着色彩价值,而且可与其他色彩形成对比关系,贯穿在整个色彩系统之中。

(6) Bitmap 模式

Bitmap 模式也称为黑白模式。在这种模式下,图像中的每个像素只占一个数据位,因此图像中只有黑、白两种颜色。它也是所有模式中所需图像存储空间最小的一种。有一点需要注意的是,在 Photoshop 软件中,要把一幅彩色图像转换为黑白模式图像时,必须先把它转换为灰度模式图像,然后才可以把它转换为黑白模式图像。

(7) Indexed Color 模式

Indexed Color 模式也称为索引色模式。在这种模式的图像中,图像的头部有一个被称作调色板的区域,在该区域中存储了图像所用到的全部颜色。图像中每个像素的值,只是一个指向调色板中该像素颜色的位置的数距。通常情况下,一幅索引色模式的图像的调色板区域的长度为 256,因此图像中表示每个像素的存储单元最大能表示 256 即可,这只需要一个字节。索引色模式图像所占的存储空间较小,但索引色模式图像由于受调色板区域长度的限制,一般情况下最多只能有 256 种颜色。要把一幅色素大于 256 的图像转换为索引色模式时,Photoshop 软件首先分析图像中都有哪些颜色,然后从中选取 256 种最主要的颜色放入调色板中,图像中每一个像素点的颜色都在这 256 种颜色中指定。如果没有与某一像素点原先一样的颜色,Photoshop 软件就会通过计算从调色板中找一个相近的颜色来代替。所以,这种转换会使图像产生一定程度的失真,但一般情况下不会太大。对一幅图像的颜色要求不是特别严格时,可以通过把其转换为索引色模式存储来节约存储空间。

5.2 色彩的基本理论

色彩是各种物体因吸收和反射光亮的程度不同,呈现出的复杂的光折射现象。

色彩是光刺激眼睛,传到大脑的视觉中枢而产生的一种感觉。色彩是很容易被人接受的,即使是嗷嗷待哺的婴儿,对环境的色彩都有反应。所以马克思说,色彩的感觉是一般美感中最大众化的形式。

色彩作为一门理论学科,它的发展起源于牛顿利用三棱镜分解的光学实验,该实验揭示了色彩的秘密。而后,汤姆斯·杨(Thomas Young)于1807年发表色光三原色论,歌德于1801年发表《色彩论》,勃鲁斯特(D. Brewster)发表颜料的原色论,谢弗鲁尔(M. Chevreul)发表《色彩调和与对比三法则》。这些理论和研究著作的发表,为色彩基本理论的建立奠定了基础。

5.2.1 色彩物理学

1. 色彩和光的基本知识

我们知道,一切视觉活动都必须依赖于光的存在。据统计,人类从外界得到的信息大约有80%来自光和视觉。色彩是一种视觉形态,产生视觉的主要条件是光线,物体受到光线的照射才产生出形与色彩。眼睛之所以能看见色彩,是因为有光线的作用。从景观设计的角度看,光和色彩是使景观空间艺术化的重要手段。掌握光的基本知识,合理而巧妙地运用光和色彩的关系,是景观设计师所必备的基本技能。

光由以下三种形式进入视觉。

光源光:光源发出的色光直接进入视觉,如霓虹灯等。

透射光:光源光穿过透明或半透明物体后再进入视觉,如灯笼等。

反射光:物像通过光源光的照射后反射入视觉。

(1) 光谱

1666年,英国物理学家牛顿利用光的折射实验,确定了色与光的关系。他将一束白光(阳光)从细缝引入暗室,并使其通过三棱镜,光产生折射。折射光碰到白屏幕时,显现出彩虹一样美丽的色带,这条色带的顺序分别是红、橙、黄、绿、青、蓝、紫七种色线(见图5-5)。如再一次把七色光线通过棱镜进行分化,却不能使其扩散,于是将七色光称为光谱。

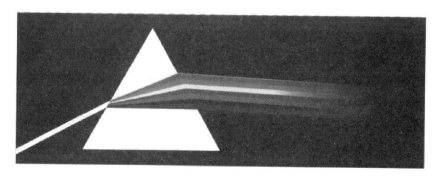

图5-5 光谱

（2）单色光和复色光

太阳光之所以产生色散，是由于各种单色光的波长不同。不同波长的光在视觉上形成不同的颜色（见表5-4）。单色光是单一波长的光，如700 nm的单色光呈红色。复色光是不同波长混合在一起的光。红色光的波长最长，在空气中的穿透力强；紫色光的波长最短，在空气中的穿透力较弱。在光谱范围的两端，靠红色光以外肉眼看不见的光线称为红外线，靠紫色光以外肉眼看不见的光线称为紫外线（见图5-6）。在色光中，红、橙、黄、绿、青、蓝、紫加在一起，便成了白光。与此相反，如果将颜料加在一起，便成了黑灰色。

表5-4 不同波长的颜色感觉

波长/nm	颜色感觉	波长/nm	颜色感觉
620～760	红	500～530	绿
590～620	橙	470～500	青
560～590	黄	430～470	蓝
530～560	黄绿	380～430	紫

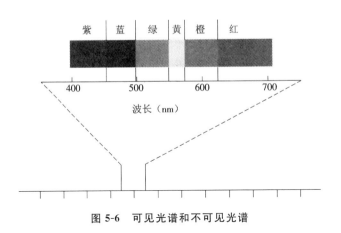

图5-6 可见光谱和不可见光谱

（3）波长与颜色的关系

波长与颜色的关系并不是完全固定的，单色光的颜色是连续变化的，不存在严格的界限。

2. 光与色彩的关系

任何物体都具有其自身的固有色彩。这些色彩看上去都好像附着在物体的表面，然而一旦光线减弱或消失，任何物体上的色彩都会失去，甚至某种固定色彩的物体由于灯光色彩的改变，转瞬间就变成了别的色彩。这是因为色彩是以光线为媒介照射到物体上，经由物体的反射或透射之后，刺激眼睛所产生的现象。在黑暗中看不见任何色彩，是因为没有光线。反过来，光线很好的地方，有人却看不见色彩，这可能是因为眼睛疲劳或者此人的色彩知觉出了问题。光线是感知色彩的前提条件。

（1）光源色

光源色是从光源本身发出的或从光源来的、被镜面反射的光的颜色。

光源有自然光源和人造光源之分。太阳是自然界最大的发光体。在日常生活中,光有多种来源,色相偏冷的如日光灯光、月光、电焊弧光等,较暖的如白炽灯光、火光等。即便是太阳光,一天之中早晨、中午、傍晚时间上的差异和照射地球角度的不同,也会对景物的色彩产生不同的影响。

不同的光源会导致物体产生不同的色彩。一个石膏体由红色光投射,其受光部位会呈现红色;如果改投蓝光,那么它的受光部位会呈现蓝色。由此可见,相同的景物在不同光源下会出现不同的视觉色彩。光源色的色相是影响景物色相的重要原因。舞台美术就是利用改变光源色的原理,在相同的环境里,营造出不同的时间氛围,创造出变幻莫测的艺术效果。

（2）物体色

光被物体反射或透射后的颜色叫作物体色。物体色取决于光源的光谱组成和物体对光谱的反射或透射情况。物体表面质感不同,对光的吸收、反射、折射也不同,不同环境形成不同的物体色(见图 5-7)。

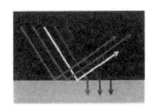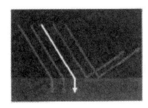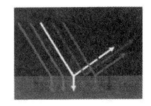

图 5-7　物体色

物体在接受光线的照射后,吸收部分光线的颜色,反射其余部分光线的颜色。眼睛所感受到的物体的色彩,正好是反射出来的光线的色彩。光的反射通常包括平行反射和扩散反射。

① 平行反射。当光线投射在表面光滑、坚硬的物体上时,呈平行、规则的反射状态,故称"平行反射",也称"正反射"(见图 5-8)。

② 扩散反射。光线同表面粗糙、松软的物体相遇时,呈不规则的反射状态,故称"扩散反射",也称"漫反射"(见图 5-9)。

平行反射反光强、受环境色制约大,所以常失去物体固有色的特征,给人变化不定的色彩印象。扩散反射反光弱,受环境色影响小,所以表露的色彩显得稳定鲜明。这也是玻璃器皿色彩很难辨认而绒布色彩一目了然的原因。生活中对于物体色的确定,一般是以日光的照射为基本条件的。因此,物体基本上都表现其本色。

（3）色彩的空间感

四川九寨沟的水是九寨沟的灵魂,因其清纯洁净、晶莹剔透、色彩丰富而闻名。浅水处无色透明,深水处又可见碧蓝的水色。古人有诗云:"秋水共长天一色",这种

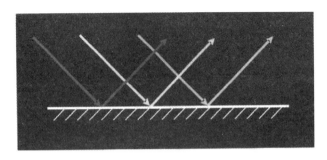

图 5-8 平行反射

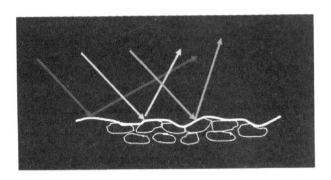

图 5-9 扩散反射

感觉与空间色彩感是相似的。空气似乎五色,积之太厚则呈现出蓝色,所以,远处的景物总是被蒙上一层蓝紫色,这就是所谓的空间透视色彩。大气的色彩也同时淡化了明暗的对比,模糊了色彩的边界,色彩对比的强度和边界的清晰程度也会影响色彩的空间距离感。

5.2.2 色彩生理学

人类经历了漫长的进化过程,为了适应自然而繁衍生存,逐步形成和完善了各种感觉器官。人通过感觉器官从外部世界接收信息,从而产生视觉、听觉、嗅觉、触觉、味觉等各种感觉,其中视觉器官最为重要。视觉是认识世界的窗口,因为它担负着80%以上的信息接收任务。人的眼睛是最精密、灵敏的感受器。世界万物的明暗、色彩、形状、空间是靠眼睛来认识和辨别的。但是,视觉器官的功能不是万能的,有时候会因为视觉生理功能上的局限性而产生错视与幻觉,造成主观感觉和客观现实之间的误差。色彩感觉有其本身的规律。在研究色彩视觉生理规律时,既要弄清楚人的眼睛为什么能看到色彩,又要分析视觉过程中认识色彩产生失真现象的原因,从而在色彩设计中科学地把握色彩和应用色彩。

光和物体是生成色彩的客观条件,但它们只有通过人们的眼睛并作用于大脑,才会生成各种各样的色彩,所以色彩的存在必须立足于有一双正常的、健康的眼睛。盲人感觉不到色彩的存在。视力不正常,也必然在色彩知觉方面出现偏差,如色盲、色弱患者等。眼睛的作用与太阳光的作用一样重要,在色感方面两者缺 不可。

1. 人眼的生理构造及功能

自然的选择和人类的进化构成了人类特有的视觉器官——眼睛。眼睛的各种生理构造具有不同的功能,担负着不同的任务,它们整体协调工作,形成一个复杂的视觉系统,使人们从外界获得各种视觉信息。

(1) 人眼的构造

眼是人的视觉器官,人的眼睛近似球形,位于眼眶内。正常成年人的眼球前后径平均为 24 mm,垂直径平均为 23 mm。最前端突出于眶外 12~14 mm,受眼睑保护。人的眼睛主要由眼球、视神经、视路及眼附属器等组成,如彩图 5-22 所示。

(2) 视觉过程的描述

视觉过程基本遵循"光线→物体→眼睛→大脑→视知觉"的路线形成。

可以把眼睛类比成照相机:水晶体相当于镜头,水晶体通过悬韧带的运动可以自动调节光圈;玻璃体相当于暗箱;视网膜相当于底片。人眼受到光的刺激后,光通过水晶体投射到视网膜上,视网膜上视觉细胞的兴奋与抑制反应又通过视神经传递到大脑的视觉中枢,产生物像和色彩的感觉。

(3) 色觉的形成

人眼不仅能够感受光线的强弱,还能辨别不同的颜色。人眼辨别颜色的能力,是指视网膜对不同波长的光的感受特性。视网膜锥状感光细胞内有三种不同的感光色素,分别对应 570 nm 的红光、535 nm 的绿光和 445 nm 的蓝光。红、绿、蓝三种光的混合比例不同,就形成了不同的颜色,产生各种色觉。人眼对任一色彩的视觉反应取决于红、绿、蓝三色输入量的代数和,这就是格拉斯曼定律。该定律是色度学理论的重要基础。例如,当黄光进入人眼时,它能同时刺激视网膜上含有红敏素和绿敏素的两类锥状细胞,产生"红"和"绿"的综合感觉——黄色。

人眼对不同波长的单色敏感程度不同。在光亮环境中,人眼对 555 nm 的黄绿光最敏感;在较暗环境中对 507 nm 的蓝绿光最敏感。

2. 人眼的视觉特性

(1) 人眼的光谱感觉性

对不同波长的光,人眼睛的灵敏度是不同的。而且,人眼适应亮度不同,光谱灵敏度也不同。从明视觉到暗视觉过程中,人眼的光谱视见函数曲线逐渐移向短波方向(见图 5-10)。这种现象称为普尔金效应或视觉偏移规律。这是因为杆体细胞和锥形细胞对单色光亮度接受的灵敏度不同所致。锥体细胞是明适应条件下的感受器,它对光和色都有反应,而杆体细胞仅对亮度起作用。一般当亮度大于等于 3 cd/m^2 时,只有锥体细胞起作用;而当亮度为 $3 \times 10^{-4} \sim 1$ cd/m^2 时,两种细胞则共同起作用。

在照明技术中,通常把锥体细胞称为明视觉器官,把杆体细胞称为暗视觉器官,

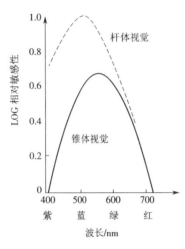

图 5-10　光谱视见函数曲线

把亮度也相应分为明视范围和暗视范围,把亮度 $3 \times 10^{-4} \sim 1$ cd/m² 之间的范围称为中间视觉(又称为黄昏视觉)范围。

对于一个固定光谱成分的光,不同适应亮度条件下,人眼的感觉亮度与实际亮度不同。换句话说,客观(测量)的亮度与感受到的亮度之间存在差异。

(2)人眼绝对感光阈与绝对灵敏度

在视觉研究中,背景亮度近似于零时,人眼所能辨别的临界亮度,叫作人眼的绝对感光阈。实验证明,当所识别的目标视角增大时,这个临界亮度值就下降,视角小于等于 50° 时才不再下降。所以通常把目标视角等于 50° 时的临界亮度叫作人眼的绝对感光阈或绝对阈限。绝对感光阈越小,绝对灵敏度就越大。对于连续光谱白光的绝对感光阈约为 10^{-6} cd/m²。

临界亮度与光的颜色(或光谱成分)也有关。在相同视角下,对青、蓝光的临界亮度值低,而对红、黄光的临界亮度值就较高。这是因为在暗视觉时,杆体细胞的光谱灵敏度向短波方向偏移的缘故。

(3)人眼的视觉感色区

锥体分布特性导致视野中出现感色的不一致性。锥体分布的非线性,使得视野的外围只能感知黑白等无彩色。这部分对于任何鲜艳色彩都毫无感觉,但对进入视野的运动体却很敏感。当运动体继续向视野中央移动时,开始进入色彩世界,但最初出现的色感只是蓝和黄,故称之为蓝-黄区。在该区中任何一个色块,视为蓝或视为黄,根据其色彩成分中蓝和黄所占优势而定。如蓝占优势的紫色块将视为蓝或蓝灰系列,黄占优势的橙色块将被视为黄或黄灰系列,但它们还不具备完整的色感。只有继续向视野的中心靠拢时,才会增添红、绿色感。这一相当小的区域被称为红-绿区。进入红-绿区后,才会在蓝、黄色感基础上补充红、绿色感,形成完整的色彩知觉。所以所谓红-绿区实为完整感色区。但这个感色区面积很小,除了外侧可延伸至 30° 左右,其他三个方向仅距视中心 10° 左右,并且其中大部分为分辨率不高或没有视觉的盲点。真正用于观察的只是在视中心四周 2° 左右极小范围内由中央凹所生成的视觉。

3. 光与视觉

(1)光的作用

光既是人类生存的必要条件,又是人类通过视觉反应认识外面世界的充分条件。光能一直是人类持续开发的资源,光不仅照亮了世界,而且给予人类温暖。新光源的不断发明,使我们工作、学习、生活的照明条件得以进一步改善。但是,光也有其不利的一面。长期在强光照射下工作,很容易导致疲劳和紧张,视力下降,工作效率明显降低。过度的光照还会引起皮肤灼伤和剧烈头痛。对景观设计师来说,充分认识光对视觉的作用,科学合理地利用光资源,才能创造出安全、舒适、高效的光环境,创造出色彩宜人的作品。

(2) 光与视敏度

眼睛对于光的敏感程度称为视敏度。视敏度与照明度有关,随着照明度的增大而增大。在光线不足的环境中,视觉分辨能力会迅速下降。视敏度还与视野在视网膜上的位置有关,离中央凹越远,视敏度越差。

根据国际照明委员会(CIE)的规定,最高视敏度设为 1。眼睛能够感觉到的光波波长为 380~780 nm,低于 380 nm 的紫外线和高于 780 nm 的红外线均不能感觉到。在可见光谱范围内,眼睛对不同波长的光的感受性也不同。视觉生理正常的人,对光谱中波长为 555 nm 左右的黄绿光最为敏感,高于或低于 555 nm 波长的光视敏度都会降低,越是趋向光谱两端视敏度越是降低。眼睛对红外线和紫外线均无视敏度。人眼视敏度的特征对景观设计有十分重要的意义。钠灯和水银灯发出的光是波长接近于 555 nm 的黄绿光,视敏度较高,照明效率高,适用于广场、隧道、道路的照明。由红橙色装潢的商品适宜搁置在明亮处,以引人注目;而黄绿色装潢的商品因色彩比较鲜明,适宜陈列在较暗处。

(3) 光与视野

所谓视野,是指眼球固定注视一点时所看见的空间范围。双眼视野大于单眼视野。不同方向上的视野不同,水平面 180°,垂直面 130°(其中上方 60°,下方 70°)。在视线周围 30°范围清晰度最高。在美术馆设计中,将展品挂在离地高 1.6 m 左右的墙面上,当人站在一定的距离(展品高度的 1.5~2.0 倍)之外观看时,可使展品处于这一视觉清楚区域内。

各种颜色的视野大小不同:绿色视野最小,红色较大,蓝色更大,白色最大,其原因主要是感受不同波长光线的视锥细胞比较集中于视网膜中心。视野的大小可用视野计来测定。在实际生活中,视野中心的水平线和垂直线呈直线。偏离视野中心看到的水平线和垂直线就会出现凹曲现象。因此,判断水平线或垂直线时,必须固定视野和视角。视野范围直接影响空间的感受。测定室内空间时,如果各围合空间的界面都在视野范围内,那么空间感觉就显得小,并且有压抑感;实界面多的封闭空间显小,虚界面多的开敞式空间则显大。

(4) 光与视度

视度是指观看物体清楚的程度。为了保证眼睛能看得见、看得清楚,首先要有光,但是仅仅是微弱的光量,眼睛辨别物体的清晰度仍会发生困难,说明视度与光量有关。其次视度还与物体的视角、物体和其背景的亮度对比、眼睛与物体的视觉距离以及眼睛观察的时间长短等因素有关。在白天光线下,看清楚物体的最佳视角为 4°~5°。视角大、物体与背景亮度对比强、视觉距离短、观察时间长,视度就大,反之,视度就会缩小。

（5）眩光现象

人们在白天眼睛正视阳光或在夜间正视汽车灯光,强烈的光照会导致视觉模糊,这种现象称为眩光现象。当眼睛受到过强的光线刺激以后,瞳孔就会缩小,同时视敏度迅速降低,视觉就会发生障碍。通常发光体与眼睛视线形成的角度对眩光现象影响很大。60°以上的视角一般无眩光作用,45°左右的视角有微弱眩光作用,27°左右视角有中等眩光作用,14°左右视角有强烈眩光作用,0°左右视角有极强烈的眩光作用。为了防止眩光现象的发生,在设计灯光时,应该避免强光对眼睛的直接照射,光的亮度也应相应地调整,并保证光照的均匀度。

4. 色彩与视觉

（1）色彩与视觉

色彩的产生,主要是因为人眼接受来自物体表面或内部的对于光源的反射或投射。色彩由光、物体特性与人眼视觉机构三大因素组成。关于色彩与视觉的准确机理,目前还不是太清楚。但一般认为是杆状体和锥状体在起作用。杆状体含有一种具有光敏度的视觉紫色,也就是被称为视网膜紫质的物质。这种色素接触到光线时,其所蕴含的紫色会变白,由此减少了本应由杆状体所传送的特定的黑暗信息。如同杆状体一样,视锥同样含有具有光敏度的色素,即视青紫素。一般认为存在三种视锥细胞。

① 蓝视锥细胞:其视色素为蓝敏色素,其吸收光谱峰值为 445～450 nm,感知的是短波波长的存在。

② 绿视锥细胞:其视色素为绿敏色素,其吸收光谱峰值为 525～540 nm,感知的是中等波波长的存在。

③ 红视锥细胞:其视色素为红敏色素,其吸收光谱峰值为 555～575 nm,感知的是长波波长的存在。

当眼睛受到 380～780 nm 范围内可见光谱的刺激以后,除了有亮度的反应外,同时产生色彩的感觉。眼睛对可见光谱的光十分敏感,波长不同所产生的色觉有别,因此,能辨别五彩缤纷的世界万物。

（2）视觉适应

生物的进化使人类有了适应环境变化的本能。人类在与环境的交互作用过程中,也逐步形成了许多适应自然环境的本能。如炎热的夏天,人体通过发汗降低体温;严寒的冬天,人体皮肤和毛孔收缩,防止热量耗散;强烈光线的刺激下,眼睛会自动调节瞳孔,减少光量进入,保证视敏度和减轻视觉疲劳。人的眼睛具有一定的适应环境变化的能力。这种特殊功能在视觉生理上就叫视觉适应。

① 明暗适应。色彩的视觉适应可表现为暗适应和明适应。

暗适应是视网膜对光刺激的敏感度降低的结果。从室外进入已经开场的影剧院时,眼睛一下子不能适应,眼前漆黑一片,什么也看不见,之后才慢慢看清身边的物像,这就是色彩的暗适应现象。

明适应反之。例如电影散场,从漆黑的环境走出来,在明亮的阳光下,觉得阳光眩目,睁不开眼睛,要过一会儿才能慢慢恢复正常视觉,看清周围的景物,这就是色彩的明适应现象。明适应是眼睛的视网膜对光刺激的敏感度升高的结果。人眼的暗适应时间要比明适应时间长,需要 5~10 min,明适应则只需要 1~2 s。

眼睛在暗适应过程中,瞳孔扩大,使进入眼球的光线增加 10~20 倍,视网膜上的视杆细胞的感受性迅速兴奋,视敏度不断提高,从而获得清晰的视觉。完成视觉暗适应的过程需要 5~10 min。明适应是视网膜在光刺激由弱到强的过程中,视锥细胞和视杆细胞的功能迅速转换,适应时间比暗适应短得多,大约只需要 1 s。

② 远近适应。人眼相当于一架精密度很高的照相机,它具有自动调节焦距的功能。人眼的晶状体相当于透镜,而且比透镜具有更大的优点。照相机必须依靠镜头的伸缩来调节焦距,而晶状体可以通过眼部肌肉自由改变厚度来调节焦距,使物像在视网膜上始终保持清晰的影像。在一定的视觉范围内,不同距离的物体眼睛都能看得比较清楚,相隔不到 10 m 的不同建筑物和同一静物台上的物体几乎一样清晰可见。

③ 颜色适应。关于颜色适应,可以用这样的一个实验来说明。当你戴上有色眼镜观察外界景物时,开始一切景物似乎都带有镜片的颜色。经过相当一段时间后,镜片的颜色在感觉中会自然消失,外界的景物会受色彩经验的影响又恢复成近似原来生活中的颜色。但是当你突然摘下有色眼镜,景物的颜色又会感觉失真。这种视觉现象叫作颜色适应。

④ 视后像。光源停止作用后,人视觉中继续保持的一种印象叫作视后像。如手术室的医生接触和看到的是病人鲜红的血,长时间工作后再看周围白色墙面时,会在墙上看到血的暗绿色的后像。视后像是在人的眼前根本不存在的影像。只是由于人眼视网膜中与景物影像相应部位的感色纤维在受到相应色光的刺激而产生疲劳感之后,不能把相继感受的色光信息真实地传递到大脑造成的。对视后像的形成也有人认为是眼睛把先看色彩的补色残像加到后看物体色彩上面的缘故。这也是从视觉现象来认识视后像形成的规律,与视后像的颜色倾向于所看物体补色的观点是一致的。

⑤ 向光性效应。高亮度地方可吸引人的注意力。根据这一点,景观设计中利用高亮度的光源,来强调景观的特色,不失为一种好的方法。

⑥ 光亮效应。人感受到的房间照度变化差值与照度水平之比为一个常数。例如,照度为 10 lx 的房间,增加 1 lx 可感到照度变了;而 100 lx 的房间,则要增加 10 lx 才能觉察出照度变化。这叫韦伯定律,是照明标准制定的依据。

(3) 视觉适应对认识色彩的影响

人眼睛的视觉适应能力,对于人适应客观环境的变化具有十分重要的生物学意义。周围环境的色彩和明暗程度变化很大。例如,星光之夜和太阳光之下,亮度相差达数百万倍。如果人眼睛不具备视觉适应机制,那么就不可能辨别物体的形状、空间及明暗色彩。人眼睛的视觉适应能力是人类在漫长的生活环境中进化而来的,它在人认识世界的过程中发挥着重要的作用。但是视觉适应对于设计者来说,有时却带来消极的作用,因为它影响人们客观真实地认识世界的本来面貌。

最重要的是,人眼认识色彩的准确性并非与时间成正比。颜色的刺激在眼睛上作用只需几秒钟就够了,就足以使眼睛对某一颜色的敏感性降低而使眼睛的色彩感觉由此改变。长时间注视某种颜色,它的纯度感觉会显著地减弱,深色会变亮,浅色会变暗。色彩视觉的最佳时间域为5~10 s。设计工作者应该始终注意保持对象色彩的新鲜感和第一印象,培养敏锐的观察能力。

5.2.3 色彩心理学

1.色彩的心理特征

(1) 不同色彩会产生不同的心理反应

色彩虽然属于视觉范畴,但不同的色彩会引起不同的心理反应。现代心理学研究证明,人受到色彩的刺激后会产生不同的心理感应,它直接影响了人的情绪,有时甚至会影响人的身体健康。

美国色彩学家雷斯·邱斯金(Thraco Huggins)曾做过这样一个实验:让人们分为四组分别进入四个涂满红色、黄色、蓝色、绿色的单一色彩的房间。结果有如下发现。

① 进入红色房间内的人,脉搏渐渐加快,血压升高,情绪亢进兴奋。红色的刺激使他们情绪烦躁,不能安心工作。

② 进入黄色房间内的人,脉搏和血压变化不大。但是在高明度黄色的刺激下,很快产生视觉疲劳,进而产生心理疲劳。

③ 进入蓝色房间内的人,血压有所下降,脉搏渐渐平缓,情绪低迷忧郁,工作效率不断下降。

④ 进入绿色房间内的人,在生理上无异常反应,但长时间观看单调的绿色,渴望得到不同的视觉满足。

实验的结果证明,色彩确实可以影响人们的情绪和身体健康。

色彩的心理反应可分为直接心理反应和间接心理反应。色彩的直接心理反应来自色彩本身对人的生理刺激所产生的心理体验,如红色使人脉搏渐渐加快,血压升高。色彩的间接心理反应是由于色彩对人产生直接的刺激后而产生或联想到的更强烈更深层意义的反应,如红色使人想到红旗、鲜血等。

(2) 色彩的记忆性

记忆中的色彩称为记忆色。人对色彩的记忆,由于年龄、性别、个性、职业、教育、自然环境及社会背景的不同,差别很大。关于色彩与记忆,目前的研究成果可归纳为以下几个方面。

① 色彩的记忆能力是否能借用教育与训练提高,到目前为止尚无一致的结论。一般认为色彩的记忆个人差别很大。

② 人对于物体色彩的记忆性相当正确,各色相均能严格地区分出来,因此并没有任何色相,包括原色在内,能代表他色或出现色相简化等偏移现象。

③ 记忆中的色彩因重点选择(视觉简化)获得了某种程度的强调。

④ 一般情况下,暖色系要比冷色系的色彩记忆性强。

⑤ 原色(第一次色)比间色(第二次色)容易记忆。

⑥ 高纯度的色彩记忆率高。

⑦ 华丽的色调比朴素的色调易于唤起脑中的记忆。

⑧ 背景不同,记忆性变化很大。无彩色的记忆效果差。黑白灰假若与其他色彩合用,就可提高它们的记忆率。

⑨ 暖色系的纯色要比同色的高明度色彩记忆性高,冷色系的纯色则与同色的高明度色彩记忆效果大致相同。

⑩ 色彩单纯、形态简单的要比色彩多而形态复杂的容易记忆。

(3)色彩联想

看到色彩的时候常常会想起与该色相联系的色彩,这种因为联想而出现的色彩称为色彩联想。色彩联想主要是通过记忆、知识或经验获得。色彩联想主要有两种方式:具体联想和抽象联想。

日本的冢田对色彩联想做过调查(见表5-5、表5-6)。

表 5-5　色的具体联想

颜　　色	人群(性别)			
	小学生(男)	小学生(女)	青年(男)	青年(女)
白色	雪、白纸	雪、白兔	雪、白雪	雪、砂糖
灰色	鼠、灰	鼠、阴天	灰、混凝土	阴云、冬空
黑色	煤、夜色	头发、煤	夜色、伞	墨水、西服
红色	苹果、太阳	郁金香、西服	红旗、血	口红、红鞋
橙色	橘子、柿子	橘子、人参	橙子、肉汁	橘子、砖
黄色	香蕉、向日葵	菜花、蒲公英	月亮、雏鸟	柠檬、月
绿色	树叶、山	草、草坪	树叶、蚊帐	草、毛衣
蓝色	天空、海洋	天空、水	海洋、天空	海洋、湖
紫色	葡萄、堇菜	葡萄、桔梗	裙子、礼服	茄子、紫藤

表 5-6　色的抽象联想

颜　　色	人群(性别)			
	青年(男)	青年(女)	老年(男)	老年(女)
白色	清洁、神圣	清楚、纯洁	洁白、纯真	洁白、神秘
灰色	阴郁、绝望	阴郁、忧郁	荒废、平凡	沉默、死亡
黑色	死亡、刚健	悲哀、坚实	生命、严肃	阴郁、冷淡
红色	热情、革命	热情、危险	热烈、卑俗	热烈、幼稚
橙色	焦躁、可怜	卑俗、温情	甘美、明朗	欢喜、华美
黄色	明快、泼辣	明快、希望	光明、明快	光明、明朗
绿色	永恒、新鲜	和平、理想	深远、和平	希望、公平
蓝色	无限、理想	永恒、理智	冷淡、薄情	平静、悠久
紫色	高尚、古朴	优雅、高贵	古朴、优美	高贵、消极

（4）色彩表情

表情特色是色彩领域中重要的研究对象之一。表情本意为通过人的面部变化，反映出其内心的思想活动和情感状态，如喜、怒、哀、乐等。在色彩心理学中，色彩表情是指借助同视觉心理经验保持一致的简化色彩形式，传递人们情感生活或精神世界中的某种思想观念，是将色彩人格化的一种心理模式。

色彩不同，表情特征不同。每一种色相，当它的纯度和明度发生变化时，颜色的表情也就随之改变。要想说出各种颜色的表情特征，就像要说出世界上每个人的性格特征一样困难。然而对于典型的性格，还是可以作出一些描述的。

① 红色。红色是热烈、冲动、强有力的色彩，它能提高肌肉的机能和加快血液循环。

红色易引人注目，同时也最易使人产生共鸣。红色被广泛地用来传达有活力、积极、热忱、温暖、前进等含义的形象。另外，红色也常被用作警告、危险、禁止、防火等标示用色。

大红色醒目，如红旗、万绿丛中一点红。浅红色一般较为温柔、幼嫩，如新房的布置、孩童的衣饰等。深红色一般可以作衬托，有比较深沉、热烈的感觉。

② 橙色。橙色是欢快、活泼的光辉色彩，是暖色系中最温暖、最富有光辉的色彩。它使人联想到金色的秋天、丰硕的果实，是一种富足、快乐和幸福的颜色。歌德在他的《色彩论》中对橙色是这样描述的："对情感具有无比的影响力。"欧洲很多国家都喜欢把橙色运用于建筑中，如瑞典的斯德哥尔摩。

橙色明视度高，在工业安全用色中，橙色属于警戒色，如火车头、登山服装、背包、救生衣等。橙色一般可作为喜庆的颜色，同时也可作为富贵色。

③ 黄色。黄色灿烂、辉煌，有着太阳般的光辉，象征着照亮黑暗的智慧之光，在

中国帝王与古罗马贵族的服装中是象征财富、权力、崇高的色彩。值得注意的是,黄色的程度不同,所表达的色彩表情也不尽相同,如暗黄色给人以衰败、空虚和不健康的感觉。

在我国传统文化中,黄色始终被最尊奉为高贵而神圣的正色。在阴阳五色说中,黄色属土,而土居"五方"的中央方位,故被认为是万物之色形成的基础。据考究,在我国黄色被正式钦定为皇帝御用色彩是从唐高宗总章元年(公元 668 年)开始的。

黄色能够刺激人们的视神经,吸引人的注意力。许多城市选用黄色作为公共设施和公共交通的指定色。在工业用色中,黄色也常常被用来警告危险或提醒注意,如交通标志上的黄灯,工程用的大型机器,学生用的雨衣、雨鞋等。

④ 绿色。绿色是一种非常美丽、优雅的颜色。它生机勃勃,象征着生命。绿色宽容、大度,几乎能容纳所有的颜色。绿色最具亲和力,无论是儿童、青年、中年还是老年都可以充分使用。生活的各方面都离不开绿色,绿色还可以作为一种休闲的颜色。

在商业设计中,绿色传达理想、希望、生长意象及清爽的感觉。工厂内为了避免工人在操作时眼睛疲劳,许多机械的颜色都采用绿色。一般的医疗场所也常采用绿色来装饰空间,起到平衡心境的作用。绿色还有安全、和平的含义。如我国的邮政就采用绿色作为标志色彩。外国(如美国、马来西亚等)很多城市将绿色作为公路道路的指示牌颜色。

绿色中掺入黄色为黄绿色,它单纯、年轻;绿色中掺入蓝色为蓝绿色,它清秀、豁达;含灰的绿色是一种宁静、平和的色彩,就像暮色中的森林或晨雾中的田野。

⑤ 蓝色。蓝色是博大、理性、宽广的色彩,天空和大海都呈蓝色。蓝色是永恒的象征,它属于收缩的、内向的、消极的冷调区域颜色。与暖色调的颜色相比,它的明视度和注目性都较弱。纯净的蓝色表现出一种典雅、文静、理智、安详与洁净的含义。我国有许多以蓝色作为主色调的经典运用,如苗族的蜡染服饰、江浙的蓝印花布,还有闻名于世的青花瓷。在景观建筑中,最著名的应是北京天坛的祈年殿与皇穹宇的宝顶以及天地墙、七十二长廊等,都是由蓝色琉璃瓦覆盖而成的。在西方,蓝色常常暗示着信仰、神圣、纯正和高贵等。著名的伊顿教授曾说过:"蓝色以信仰的颤动,把我们的精神召唤到无限的精神境界。"希腊人钟情蓝色,这在 2004 年的雅典奥林匹克运动会上表现得淋漓尽致,各种不同明度和纯度的蓝色构成了雅典奥运会的主色调。

由于蓝色沉稳的特性具有理智、准确的意象,因此,在商业设计中,强调科技、效率的商品或企业形象,大多选用蓝色当标准色、企业色,如计算机、汽车、影印机、摄影器材等。蓝色的用途很广,并且可以安定情绪。天蓝色可用于医院、卫生设备的装饰,或者夏日的衣饰、窗帘等。

⑥ 紫色。紫色是波长最短的可见光波,故而其明视度和注目性最弱。紫色是非知觉的色,它美丽而又神秘,给人深刻的印象。它既富有威胁性,又富有鼓舞性。紫色常见的象征含义包括虔诚、高贵、梦幻、冷艳、神秘、哀悼等。用紫色表现孤独与献

身,用紫红色表现神圣的爱与精神的统辖领域,这就是紫色带来的表现价值。在古代中国,紫色与红色密切相关。人们认为紫色就是暗红色,具有高贵、吉祥的含义。"紫气东来"就很好地佐证了色彩所代表的祥瑞含义。紫色在等级森严的封建社会也是地位极高的颜色。如官服的色彩制度就有明确的规定:以唐代为例,只有三品以上的官员方可着紫色。

由于紫色具有强烈的女性化性格,在商业设计用色中,紫色也受到相当大的限制,除了和女性有关的商品或企业形象之外,其他类的设计不常采用紫色为主色。

⑦ 白色。白色被认为是"万色之源"。色彩学家海因里希·弗里林(Heinrich Flynn)曾说:"所有颜色都是从它们的起源——白色分离后而得来的。"由于不存在全反射的现象,纯粹的白色并不存在。但是,白色比其他颜色在明视度和注目性方面都显得较强。白色给人纯洁、神圣、清白、朴素、无私、坦荡、缥缈的感受。

在色彩学的概念中,白色是中性的色彩。纯白色会带给人寒冷、冷酷的感觉。所以,在使用白色时,都会掺一些其他的色彩,如象牙白、米白、乳白、苹果白等。

在中国古代哲学思想中,白色和黑色被视作幻化万物万世的力量与源泉。《易经》中即有"一阴一阳之谓道"。其中,白色为"阳色",代表积极、进取、刚强的特性和具有这些特性的事物和现象。而黑色则成为"阴色",代表消极、退守、柔弱的特性。

在日本,白色是神圣与高洁的颜色。日本神话传说中有一个地方被称为"高天厚",那是一个众神栖息的地方,如果凡夫俗子想进入这个世人景仰的圣境,就必须有明净、高洁的心灵。在人间代表此意的颜色,即为白色。因此,日本人在祭祀奉神的地方都使用白色,如神社的墙壁要涂成白色,地面要铺白砂,祭神的灯笼要糊白纸。由此可见日本人对白色的崇拜。

⑧ 黑色。黑色和白色分别位于光谱的两端。黑色为全色相,其明视度和注目性均较差。在自然界中,纯黑色也是不存在的。黑色常常呈现出力量、严肃、永恒、充实、神秘、高贵、哀悼、恐惧、黑暗等意境。

我国古代道家对黑色甚是崇拜。老子云:"玄之又玄,众妙之门。"玄,即是黑色。老子认为黑色是"幽冥之色",是统领宇宙万物的色彩,并且是产生其他色彩的总根源,所以黑色被认定为道教的颜色。据史料记载,我国在宋朝以前,上至皇家宫殿,下至普通老百姓的居所,都使用黑色的瓦修饰屋顶。

在西方人的传统思维中,黑色具有高贵、超俗、稳重的意象,因此在盛大晚会中常常身着黑色的晚礼服出席。在现代科技中,许多科技产品的用色,如电视、跑车、摄影机、音响、仪器等,大多采用黑色。黑色的庄严意象也常用在一些特殊场合的空间设计上,如美国纽约市的二战犹太人遇害纪念馆,其建筑内外均由凝重的黑色花岗岩、金属和玻璃组成。

黑色与白色是对色彩的最后抽象,代表色彩世界的阴极和阳极。中国的太极图案就是以黑、白两色的循环形式,来表现宇宙的永恒运动。黑色意味着空无,像太阳的毁灭,像永恒的沉默,没有未来,失去希望。白色的沉默则有无穷的可能。黑、白两色是极端对立的颜色,它们又总是以对方的存在显示自身的力量。它们仿佛是整个色彩世界的主宰。

⑨ 灰色。灰色是位于黑色和白色中间的色彩。2008 年北京奥运会采用的一种灰色与长城墙体的颜色相近似,因此被命名为"长城灰"。视觉接受灰色,因为它是能够满足人眼对色彩明度舒适要求的中性色。另外,灰色刺激性不大,所以它的明视度和注目性较弱。灰色被赋予了平凡、谦逊、沉稳、含蓄、优雅、中庸、消极等含义。

在我国,灰色多被用于城市建设,如北京、西安、平遥等古城的色彩规划。在法国巴黎,很多著名的建筑色彩都主要由灰色构成,如法国国家图书馆、科技馆、拉·德方斯新城(La Defence)等。

灰色具有柔和、高雅的意象,属于中间性格,男女老少皆能接受。许多高科技产品,尤其是与金属材料有关的,几乎都采用灰色来传达其高科技形象。使用灰色时,大多利用不同的层次变化组合或配以其他色彩,才不会过于单一、沉闷、呆板和僵硬。

黑、白、灰在色彩配色中占有相当重要的地位。它们活跃在各种配色中,最大限度地改变对方的明度、亮度和色相,产生出多层次、多品种的优美色彩。

2. 色彩的心理感觉

正如英国著名心理学家格列高里(Richard Gregory)所说:"颜色知觉对于人类具有极其重要的意义,它是视觉审美的核心,深刻地影响我们的情绪状态。"色彩能唤起人们的情绪甚至情感。

人类之所以会产生感觉,是由于一种适宜的刺激作用于对应的感觉器官,从而产生它特有的响应。这种响应投射在大脑皮层的特定反射区,最终形成特定感觉。适宜刺激在客观上本应出现在甲器官上的感觉中,却同时出现在了乙器官的感觉中,这样一种感觉的共生现象,就称为共感觉。共感觉现象也存在于色彩感觉中。当人们接受了外界的光刺激后,在视觉形成色觉的同时,往往还会伴生出种种非色觉的其他感觉,这种现象就是色彩的共感觉。

色彩的共感觉非常广泛。常见的有色彩的冷暖感、轻重感、软硬感、距离感等。这种色彩的共感觉,实际上是多种信息的综合反映。在色彩刺激引起生理变化的同时,也一定会引发心理反应,即外在色彩世界变化引起的内在心理反应。这种反应和人的生活背景、生活阅历及知识修养有很大关系。不同文化、不同地域、不同年龄的人群的反应存在一定的差异性,但也同时具有一定的基本共性。

(1)色彩的冷暖感

色彩的冷暖感觉可以从不同的角度去解释。但总体而言,色彩的冷暖感是由物理学、生理学、心理学及色度学所决定的。

色彩的冷暖感是人的生理直觉对外界温度条件的经验反应,同时与人的心理联想相关。波长较长的红色、橙色、橙黄色等色调,让人联想到燃烧的物体、太阳及熔化的金属,有温暖感,所以称之为暖色;波长短的色彩,如蓝绿、蓝、蓝紫,使人联想起冰雪、树荫、湖泊、海水等,给人的总体感受是凉爽、清凉、冰冷的,所以称之为冷色。

暖色系的色彩感觉比较活跃,是景观设计中比较常用的色彩。暖色有平衡心理温度的作用。冬季或寒冷地带的春秋季,宜采用暖色的花卉,可打破寒冷的萧索,渲染热烈的氛围,使人感觉温暖。

暖色不宜在高速公路两边及街道的分车带中大面积使用,以免分散司机和行人的注意力,增加事故发生的概率。

冷色系的色彩也常用于景观设计之中,特别是花卉组合方面。冷色常常与白色和适量的暖色搭配,产生明朗、欢快的气氛。如,夏季青色花卉不足的条件下,可以混植大量的白色花卉,仍然不失冷感,多应用于较大广场中的草坪、花坛等处。冷色在心理上有降低温度的感觉。炎热的夏季和气温较高的南方,采用冷色会使人产生凉爽的感觉。

色彩的冷暖感主要是由色相决定的,纯度、明度对冷暖的强度起调节作用。色彩的肌理也有冷暖感。光滑、有较强反射率的材质偏冷,反之,表面粗糙、吸光的材质则相对温暖。

(2)色彩的轻重感

某些物体作用于人体,产生重量感的同时,也产生视觉色感(见表5-7)。

表 5-7　物体的重量感与色感

物　体	重　量　感	色　感
铁	又笨又重	乌黑锃亮
砖石	重,但不如铁	暗灰色
木材	轻,可浮于水面	温暖的明灰色
棉花或雪片	轻如鸿毛,能乘风飞舞	白

由于人们在接收物体的重量刺激的同时,也总接收到这些色刺激,从而形成条件反射,在仅仅接收到这种色刺激的同时,也产生了轻重的感觉。心理上显得重的色彩,如黑与暗灰,被称为重色;心理上显得轻的色彩,如明灰或白色,被称为轻色。

决定色彩轻重感的主要因素是明度。高明度色彩感觉轻,低明度色彩感觉重。虽然色彩的轻重感几乎是由明度决定的,但纯度和色相也有一定作用。明度相同的色彩之间:暖色感觉轻,冷色感觉重;纯度高的感觉轻,纯度低的感觉重。

色彩自身的肌理也能够影响色彩的重量感。细密有光泽的色彩表面给人以稍重的感觉;质地酥松、有空隙、无光泽的表面,给人以稍轻的感觉。在景观建筑中,建筑物基部一般为暗色,其基础栽植也宜选用色彩浓重的植物,如深绿的冷杉、落叶松等,以增强建筑的稳定感。

色彩的重量感和硬度感有非常直接的关系。通常软的色彩也有轻的特质,硬的色彩同样也显得重。

(3)色彩的软硬感

色彩的软硬感与色彩的轻重感密切相关。影响色彩软硬感的主要属性与影响色彩轻重感的主要属性是相同的,即明度。明度越高就显得越软,明度越低就显得越硬。在相同明度下,一般暖色稍显柔软,冷色稍显坚硬。给人以硬的感觉的色彩为硬色,给人以软的感觉的色彩为软色。民间画上配色口诀有"软靠硬,色不楞"一说。这里的软色,指的是淡灰或加粉的天蓝、粉红、粉绿、淡黄等,而硬色指大红、深绿、深蓝、黑色等浓重色彩。软色中又分为阴、阳两类:冷色调的软色偏阴,如粉绿、粉紫、粉青、鼠灰等;暖色调的软色偏阳,如粉红、鹅黄、淡橙、浅绛等。

色彩的软硬感和色彩的明度、纯度有关。纯色及掺黑的色显硬;明度高、纯度低的色彩有柔软感;无彩色系中,黑、白色坚硬,灰色柔软。

(4) 色彩的空间距离感

人们常常有这样的感觉,有些色彩看上去比实际所处的位置要近,而有些正好相反。色彩的空间距离感与色彩的属性有关。

① 从色相来说,以橙色为中心近半个色环的暖色系,色彩在感觉中的距离往往比实际的要近一些,而冷色系的色彩则感觉比实际的要远些。

② 从明度上看,明度高的色彩,在感觉中的距离往往比实际的要近一些,而明度低的色彩则感觉比实际的要远些。

③ 从纯度上看,暖色系的纯度越高,在感觉中的距离越近;反之,冷色系的纯度越高,在感觉中的距离越远。

对于色彩空间距离感,影响最大的因素是色相。

从生理学上讲,人眼晶状体的调节,对于距离的变化是非常精密和灵敏的。但是它总有一定的限度,对于波长微小的差异就无法正确调节。眼睛在同一距离观察不同波长的色彩时,波长长的暖色(如红、橙等色)在视网膜上形成内侧映像,波长短的冷色(如蓝、紫等色)在视网膜上形成外侧映像。暖色好像在前进,冷色好像在后退。色彩中的红、橙、黄等暖色系,感觉上比实际的距离近,称为前进色;蓝、蓝绿等冷色系,感觉上比实际的距离要远,称为后退色。

色彩的明度同样可以引起前进与后退的空间距离感。深暗背景上高明度的亮色有向前的推进感,低明度色彩则后退融合在背景中;相反,在高明度背景上的深色有前进感,浅色则和背景相融,逆光下的明暗关系与此类似。

一个空间,涂满前进色,感觉要比实际的小些,涂成后退色,会感觉比实际空间大。前进色和后退色涂于相同物体的表面,则表面暖色的物体有膨胀感,显得比表面冷色的具有收缩感的物体要大。所以前进色也称为膨胀色,后退色也称为收缩色。

5.2.4 色彩地理学

"色彩地理学"(the geography of color)的概念,是由法国著名色彩学家让·菲利普·朗克洛(Jean Philippe Lenclos)提出并创立的。他说:"每一个国家、每一座城市都有自己的色彩,而这些色彩对一个国家和文化本体的建立,作出了强有力的贡献。"

朗克洛教授从色彩调查开始,并以此为依据率先提出了"色彩地理学"。从特定的地域、气候、人种、习俗、文化等因素的交汇点上,来考察色彩所呈现的影像,就不难发现,由于人的生态环境和文化氛围不同,色彩会产生不同的组合方式。这就是色彩地理学理论的主要观点。

朗克洛教授先后对法国 15 个地区、欧洲 13 个国家和南美洲、非洲、亚洲的 11 个国家进行了色彩调查,了解每一个国家、地区的代表性色彩规律,以此说明建筑色彩与地方性的自然地理环境及人文地理环境的密切关系。

自然地理环境因素包括气象条件和地域材料两个方面。人文地理环境因素包括人类共性和人文社会环境两个方面。

1. 气象条件

气象条件不但是建筑形式及建筑材料的决定因素,而且也是区域自然景观的决定因素。气象条件包括很多方面,但与景观色彩有关的主要是气温、日照、降水和湿度。

(1)气温

通常用大气温度数值的大小,反映大气的冷热程度。大气温度简称气温,我国用摄氏温标,以℃表示,读作摄氏度。气温是最重要的气象要素之一。气温决定着人们的主观感受和由此而产生的心理反应。气温的不同影响到人们的视觉需求。例如,寒冷地区的人们渴望看到橙色、浅黄色等暖色系的色彩;而在炎热地区,人们的心里则需要具有冷感的色彩,于是便喜欢能带来清淡、安静的浅蓝色和浅绿色等冷色系色彩。

(2)日照

日照是太阳辐射的热能,它作为能源有益于地球和人类的生存。太阳的辐射强度和日照率有关,并因地球纬度不同而存在差异。日照的重要指标就是年平均日照时间,由此可推断出该地区一年中有日照的天数,从而掌握地区色彩景观设计的观察条件。强烈的日光将降低色彩的纯度,而柔和的日光会使色彩看起来很鲜艳。

(3)降水

地面从大气中获得的水汽凝结物,称为降水。它包括两部分:一部分是大气中水汽直接在地面或地物表面及低空的凝结物,如霜、露、雾和雾凇,又称为水平降水;另一部分是由空中降落到地面上的水汽凝结物,如雨、雪、霰、雹和雨凇等,又称为垂直降水。但是单纯的霜、露、雾和雾凇等,不作降水量处理。在我国,国家气象局地面观测规范规定,降水量仅指垂直降水,水平降水不作为降水量处理。从云雾降落到地面的液态水或固态水,常见的形式有雨、雪、冰雹等。

根据降水量的多少,可以判断植物的生长状况,由此可以推断某个地区的植物色彩情况。另外,降水会使整个城市景观的色彩呈现灰蒙蒙的感觉。

降雪是降水在北方寒冷地区的一种表现方式。皑皑的白雪覆盖了整个城市,景观色彩不宜过多地使用高明度色彩和无彩色系。

（4）湿度

湿度是表示大气干燥程度的物理量。在一定的温度下,一定体积的空气里含有的水汽越少,则空气越干燥;水汽越多,则空气越潮湿。空气的干湿程度,叫作湿度。

湿度和降水量密切相关,湿度大的地方很容易形成雾天。雾天的大气透明度差,能见度低,色彩的纯度会降低,景观色彩设计时应引起重视。

我国幅员辽阔,许多地区地理状况差异很大,造成气候、文化的不同,相应地,地域标志色彩也就不同。黄土高原气候干燥,日照充分,色彩浓烈,人们偏爱高纯度且色泽强烈的原色;江南水乡气候湿润,人们普遍喜欢纯度偏低而色相中性的混合色,这些色彩显得明快、淡雅,很适应南方气候的防热要求和人们的心理感觉,容易和常年苍翠浓郁的绿化环境相协调;北方平原地区气候干燥,多沙尘,人们常用中等明度的暖色和中性色。

2. 地域材料

"就地取材"是古往今来世界各国都普遍采用的选材依据。交通不发达的古代,只能使用地方性的材料。这就是为什么中国古代建筑大都以木材为主要材料,而古希腊、古罗马建筑是以石材为主要材料。

地质和土壤条件,往往会制约建筑材料的选择。

朗克洛教授的研究报告中就举了一个例子:法国圣康坦市和苏瓦松市,两座城市仅仅相隔 60 km,但是城市景观色彩却大相径庭。圣康坦市城市建设以红砖为主要材料,整个城市景观的主要色彩是暖融融的砖红色;苏瓦松市城市建设以石灰石为主要材料,城市景观主色彩是灰褐色。

3. 人类共性

色彩心理学研究表明,人类对不同色彩的感受会引发不同的心理联想,而这种联想存在一定的共性。可以说,对色彩刺激的生理反应是人类的共性因素。

4. 人文社会环境

人文社会环境包括很多因素,由于自然地理条件和技术工艺的局限而形成的地方建筑材料特色和传统用色习惯,是人文环境重要的组成部分之一。还有诸如社会制度、思想意识、社会风尚、传统习俗、宗教观念、文化艺术及经济技术等因素,共同作用参与形成色彩传统。

现代城市景观的色彩设计应该考虑这些因素。人们对色彩的需求不同,要求也是有限制的,对色彩的使用也存在偏好和禁忌。欧洲的英国认为黑色象征着悲哀和悔恨;亚洲的印度将黑、白和浅淡的色彩视为消极和不受欢迎的颜色;叙利亚喜欢蓝色,而黄色则象征死亡;美洲的巴西认为紫色表示悲伤;非洲的贝宁则认为红色与黑色都是消极的色彩;而信奉伊斯兰教的人们都不用黄色。所以,正确认识色彩在城市景观中的应用,熟悉和了解世界各国、各民族对色彩的不同爱好和特殊禁忌,在景观色彩设计中是十分重要的(见表 5-8、表 5-9)。

表 5-8　中国各民族色彩喜好及禁忌

民　　族	喜好的色彩	禁忌的色彩
汉族	红、黄、绿、青	黑、白多用于丧事
蒙古族	紫红、橙黄、绿、蓝	黑、白
回族	黑、红、绿、蓝	丧事用白
藏族	以白为尊贵的颜色,爱好黑、红、橘黄、紫、深褐	/
维吾尔族	红、绿、粉红、玫瑰红、紫、青白	黄
朝鲜族	白、粉红、粉绿、淡黄	/
苗族	深蓝、墨绿、黑、褐	白、黄、朱红
彝族	红、黄、绿、黑	/
壮族	天蓝	/
满族	黄、紫、红、蓝	白
黎族	红、褐、深蓝、黑	/

表 5-9　不同国家对色彩的喜好和禁忌

洲　　别	国家与地区	喜好的颜色	禁忌的颜色
亚洲	中国	红、黄、绿	黑、白
	韩国	红、黄、绿、鲜艳色	黑、灰
	印度	红、绿、黄、橙、蓝、鲜艳色	黑、白、灰色
	日本	柔和的色彩	黑、深灰、黑白相间
	马来西亚	红、橙、鲜艳色	黑
	巴基斯坦	绿、银色、金色、鲜艳色	黑
	阿富汗	红、绿	/
	缅甸	红、黄、鲜艳色	/
	泰国	鲜艳色	黑
	土耳其	绿、红、白、鲜艳色	/
	叙利亚	青蓝、绿、白	黄
	科威特	绿、深蓝与红白相间	粉红、紫、黄
非洲	埃及	红、橙、绿、青绿、浅蓝、明显色	暗淡色、紫色
	利比亚	绿	/
	摩洛哥	绿、红、黑、鲜艳色	白色
	尼日利亚	/	红、黑
	其他国家	明亮色	黑

续表

洲　　别	国家与地区	喜好的颜色	禁忌的颜色
欧洲	挪威	红、蓝、绿、鲜明色	/
	瑞士	红、黄、蓝	/
	丹麦	红、白、蓝	/
	荷兰	橙	黑
	奥地利	绿	黑
	爱尔兰	绿	黑
	捷克	红、白、蓝	黑
	罗马尼亚	白、红、绿、黄	/
	瑞典	黑、绿、黄	/
	希腊	绿、蓝、黄	无特别禁忌
	意大利	鲜艳色	/
	德国	鲜艳色	/
美洲	美国	无特别爱好	黑紫、紫褐相间
	加拿大	肃静色	/
	墨西哥	红、白、绿	/
	阿根廷	黄、绿、红	/
	哥伦比亚	红、蓝、黄、明亮色	/
	秘鲁	红、红紫、黄、鲜明色	蓝白平行条状色
	圭亚那	明亮色	红、黄、蓝
	古巴	鲜明色	/

色彩地理学理论对景观色彩设计有较为广泛的影响。在进行色彩设计时，要考虑场地的地理环境、气候因子、文化传统、风俗习惯等多方面的因素，仔细推敲才能得到最优秀的色彩配置方案，而只有这样组织的色彩，才会更容易被使用者接受，才能拥有长久的生命力。

5.3　色彩设计原则及色彩管理

目前景观色彩有两种极端倾向：一是"千篇一律"的苍白状态，地域特色的消减，造成了景观文化特色及其个性形态的缺失；另一种则是"缤纷多彩"的无序状态，历史文脉的断裂、对国内外流行风格的盲目追随与原样照搬，导致景观中色彩关系的混乱。从局部看，每一个景观要素与其周边小环境可能都做了精心的色彩设计，但从整体角度看，主色调的缺乏以及局部色彩的零乱，导致各自为政、色彩关系混乱不清。

景观色彩设计为观赏者提供视觉感知，不仅仅是视觉上的冲击，更应该是一种心灵的触动。许多游乐园，特别是由废弃场地改造而成的，通过饱和度高、醒目的色彩来提示和警告游人"安全""不安全""可游""不可游"等相关信息，这里色彩起到了行为导向的作用。很多景观设计也应用色彩来表达场地精神、文化理念，使艺术与科学完美地结合在一起。在一些特殊场所的景观设计中,如医院、孤儿院、老人院等,设计师运用色彩心理学的原理,有效地搭配色彩,产生了良好的心理治疗效果。

了解色彩的设计原则,有助于更好地运用色彩进行设计,在实际情况中营造舒适和谐的色彩环境。掌握了色彩设计原则,可以为色彩管理提供理论依据。

5.3.1　色彩设计原则

1. 色彩对比原则

两种或两种以上的色彩并置时,由于色彩各自的明暗、艳丽等程度的不同而显示出差异。相邻区域的色彩之间相互影响、相互作用,形成色彩的对比。色彩之间存在着色相、明度、纯度、位置、形状以及生理和心理感受的差异性,这种差别的大小决定了色彩对比的强弱。

在景观设计中掌握色彩的对比原则,对景观色彩的设计非常重要。

由于相互作用的缘故,有对比的色彩与单一色彩所呈现的效果是不一样的。这种现象是由视觉残像引起的。短时间注视某一色彩图形后,再看白色背景时,会出现色相、明度关系大体相仿的补色图形。如果背景是有色彩的,残像色就与背景色混色。并置色的情况下,就出现相互影响的情况。进行色彩设计时应当考虑到补色残像形成的视觉效果,并作出相应的处理。

（1）色相对比

在色彩三属性中,以色相差异为主形成的对比称为色相对比。色相对比的强弱,取决于它们在色相环上的位置。

色相对比可以发生在高纯度或低纯度的色彩中,也可以发生在高、低纯度的色彩之间。在色相环中,根据色相之间差距的不同,相应把色相对比分为同类色对比、邻近色对比、中差色对比、对比色对比和补色对比等。

① 同类色对比。一般把色相环上15°以内色彩差别的对比归为同类色对比。它是色相对比中最弱的一个类别。色彩差别小,具有单纯、柔和、朦胧的视觉效果。因色相差异太小而显得单调、无力、模糊。为此,同类色对比中往往通过明度、纯度的调整来加强对比关系。

② 邻近色对比。色相差达到45°左右时的色彩对比称为邻近色对比。其色相对比依然较弱,但色相变化比同类色略丰富些。邻近色对比有和谐统一的特点。

③ 中差色对比。中差色是介于邻近色和对比色之间的中强度对比,色环距离一般在60°~120°之间。中差色对比明快、协调,效果鲜艳、活泼,是常用的一种对比方式。

④ 对比色对比。在色相环上色相跨度达到120°以上的色彩对比,称为对比色对比。它可以获得鲜明、强烈、热闹、刺激的视觉效果,容易让人产生兴奋感,具有饱满、激情、华彩、动感、欢跃等特征。处理不当则让人有眩目、刺眼、凌乱、俗艳、烦躁、不安、动荡之感。

⑤ 补色对比。互为补色的对比是色彩对比的极限,是最为强烈的对比色对比。典型的补色对比有红与绿、黄与紫、蓝与橙。黄与紫的色相个性最为悬殊,明度差在三对补色中最为强烈。相比之下,红与绿的明度差别较小,容易产生协调感,是较为常用的补色对比。

（2）明度对比

在色彩三属性中,以明度的差异形成的对比称为明度对比。明度高的会显得明亮,明度低的会显得阴暗。

依照明度色标,明度在 1 度至 3 度的色彩称为低调色,明度在 4 度至 6 度的色彩称为中调色,明度在 7 度至 9 度的色彩称为高调色。

在明度对比中,明度对比的强弱取决于色与色之间明度差别的大小。明度差别越大,对比就越强;明度差别越小,对比就越弱。明度差别在三度以内的色,属于明度的弱对比,称为短调;明度差别为三度至五度的色,属于中对比,称为中调;明度差别在五度以上的色,属于明度的强对比,称为长调。由高、中、低明度基调和明暗跨度的长、中、短调组合,可组合成为三大类九种不同的明度调子,即高明度基调(高长调、高短调、高中调)、中明度基调(中长调、中短调、中中调)、低明度基调(低长调、低短调、低中调)。

（3）纯度对比

在色彩三属性中,以纯度差异形成的对比称为纯度对比。同一纯度的颜色,在近乎等明度、等色相而纯度不同的两种颜色背景上时,在纯度低的背景色上的会显得鲜艳一些,而在纯度高的背景色上会显得灰浊。

不同色相的纯度不同。纯度对比可以以色立体中各色相的纯度色阶为标准。蒙塞尔色立体的规律显示,红色的纯度最高为 14,蓝绿色的最高纯度为 6,所以很难有一个统一的标准。为了研究方便,将各色相的纯度分为 12 个阶段。

低纯度基调:由 1~4 级的低纯度色彩所组成的基调,采用低纯度基调来完成大面积配色时,易让人感觉明快、干净、朴实。但由于色相对比较弱,会产生单调、贫乏的感觉。大面积的色彩运用中要注意点缀色的使用。

中纯度基调:由 5~8 级的中纯度色彩组成的基调,具有柔和、安静、中庸、可靠的特点。

高纯度基调:由 9~12 级的高纯度色彩组成的基调,给人以强烈、鲜明、活力、热闹的感觉,具有很高的注目性。

（4）同时对比和连续对比

同时对比与连续对比,符合人的视觉的两种基本规律。将色彩的对比从时间上加以区分。同时对比就是在同一时间、同一视域、同一条件、同一范畴内眼睛所看到的对比现象。在同时对比中,对比色的比较、衬托、排斥与影响作用是相互的。对比的色彩效果往往处于易变之中,充满了生气。边缘错视和包围错视就是由同时对比造成的。同时对比带来的知觉现象是由人的视觉生理平衡引起的。

连续对比就是先后看到的对比现象,也称视觉残像。残像又可分正残像和负残像两种。正残像指当强烈的刺激消失后,在极短时间内还会停留于眼中的现象,它是与刺激色相同的一种色的持续。如注视一个红色,当把红色拿走时,其兴奋状态还会在眼中保留片刻,使此时看到的其他色都多少反射了一点红色。负残像产生在正残像之后,当强刺激引起视觉疲劳时,眼中则会出现一处与原色相反的色光。如对黑纸上的红色圆形注视一会儿,再转眼看白纸,白纸上就会清楚地呈现出绿色圆形。可以用任何色彩来重复这种试验,产生的视觉残像总是它的相对补色。原因很清楚,连续对比中的视觉残像,也是由生理平衡造成的。

色彩同时对比的规律如下。

① 亮色与暗色相邻,亮者更亮,暗者更暗。灰色与艳色并置,艳者更艳,灰者更灰。冷色与暖色并置,冷者更冷,暖者更暖。

② 不同色相相邻时,都倾向于将对方推向自己的补色。

③ 补色相邻时,由于对比作用强烈,各自都增加了补色光,色彩的鲜明度也同时增加。

④ 同时对比效果随着纯度增加而增加,同时对比以相邻交界之处即边缘部分最为明显。

⑤ 同时对比作用只有在色彩相邻时才能产生,其中以一色包围另一色时效果最为醒目。

伊顿在《色彩艺术》中指出:"连续对比与同时对比,说明了人类的眼睛只有在互补关系建立时,才会满足或处于平衡。""视觉残像的现象和同时性的效果,两者都表明了一个值得注意的生理上的事实,即视力需要有相应的补色来对任何特定的色彩进行平衡,如果这种补色没有出现,视力还会自动地产生这种补色。""互补色的规则,是色彩和谐布局的基础,因为遵守这种规则便会在视觉中建立精确的平衡。"伊顿提出的"补色平衡理论",揭示了一条色彩构成的基本规律,对色彩艺术实践具有十分重要的指导意义,在景观设计中,是提高艺术感染力的重要手段。

(5)边缘对比

两种颜色对比时,在两种颜色的边缘部分对比效果最强烈,这种现象称为边缘对比。尤其是两种颜色互为补色时,对比更强烈。

红色和绿色是补色关系,形成强烈的对比,两色的边缘感觉带有一种耀眼的边线,实际上是没有边线的。这就是强烈对比产生的错觉。在设计中通常采用渐变、加白边或加阴影等办法来缓和这种对比。

以上对比在实际应用中单独存在的情况比较少,往往是两种或者更多种对比同时存在,只是主次强弱不同而已。此外,色彩对比还有肌理对比、冷暖对比、前后对比、软硬对比等。巧妙运用各种色彩对比,就会产生强烈的艺术效果,如夏日池塘内的碧荷,雨后天晴,绿色荷叶上雨水欲滴欲止,粉红色的荷花相继怒放,一幅天然水彩画呈现在人们眼前,这些都是大自然色彩对比的经典之作。

2. 色彩的调和原则

色彩调和是指两个或两个以上色彩有秩序、协调地组织搭配,产生视觉上的和谐,使人心情愉悦的色彩搭配。色彩调和一般有两层含义:一是色彩调和是配色美的一种形态,能使人愉悦、舒适的配色,是调和的;二是色彩调和是配色美的一种手段。

色彩的调和是相对前面所讲的色彩的对比而言的。从某种程度上说,色彩对比是绝对的,色彩调和是相对的。在色彩研究中,将色彩调和分为类似调和、对比调和、面积调和三种类型。

1)类似调和

类似调和强调色彩的一致性关系,追求的是色彩关系的统一。类似调和包括同一调和与近似调和两种类型。

(1)同一调和

在色相、明度、纯度中某种要素完全相同,称为同一调和。同一调和包括同色相调和、同明度调和、同纯度调和、无彩色调和四类。

① 同色相调和。相同色相之间形成的调和效果,但这些色相在明度和纯度上存在着差异。

② 同明度调和。色相和纯度有差异,但明度基本一致的各色之间的调和。

③ 同纯度调和。色相和明度有差异,但纯度基本一致的各色之间的调和。

④ 无彩色调和。无彩色(黑、白、灰)之间的调和。

同一调和在园林景观中表现明显。夏天的树林,常绿树、落叶树、针叶树、阔叶树的绿色深浅不一,富有色彩层次;花坛内或专类园中深红、浅红、粉红的花卉依浓淡顺序组合出美丽的色彩图案,呈现渐变的退晕之调和韵律感。公园的铺装有混凝土铺装、块石铺装、碎石和卵石铺装等,各式各样的铺装如果同时存在,就要注重色调的调和,否则会破坏景观的统一感。在同一色调内,利用明度和纯度的变化来达到调和,容易创造沉静的气氛。如果环境色调令人感到单调乏味,地面铺装可以有所变化。

(2)近似调和

所谓近似,就是差别很小,同一成分很多,双方很接近很相似。选择性质与程度很接近的色彩组合,或者增加对比色各方的同一性,使色彩间的差别很小,避免或削弱对比感觉,就是近似调和法。调和并非绝对同一,必须保留差别。近似是增强不带尖锐刺激的调和的重要方法。

近似调和包括以下几种:近似色相调和(主要是明度、纯度变化),近似明度调和(色相、纯度变化),近似纯度调和(色相、明度变化),近似色相、纯度调和(明度变化),近似色相、明度调和(纯度变化),近似明度、纯度调和(色相变化)。

近似色依一定顺序渐次排列,统一中有变化,过渡又不会显得生硬,易得到和谐、温和的气势。用于园林景观中,常能给人以混合气氛的美感。在蒙塞尔表色体系中,凡在色立体上相距只有二、三个阶级的色彩组合,都能得到调和感很强的近似调和。

相距阶层越少,调和程度越高。

2) 对比调和

对比调和强调变化而组合形成的和谐色彩。对比调和使本来杂乱无章、自由散漫的色彩变得有条理、有秩序,达到某种既变化又统一的和谐美。伊顿认为:"理想的色彩和谐,就是选择正确的对比方法来显示其最强的效果。"

对比调和分为秩序调和、互混调和、点缀色调和及隔离调和。

① 秩序调和。按一定的秩序等差排列,通过渐变构成具有节奏、韵律感的调和关系。

② 互混调和。强烈刺激的色彩双方不能和谐组合,可在各自的色彩中加入少许对方的色彩,使双方的色彩向对方靠拢,这样相互对立的色彩就有一些关联了,但在互混中要防止过灰、过旺。

③ 点缀色调和。所谓点缀色,即在画面中所占的面积小而分散的色彩。在强烈刺激的色彩双方中点缀同一色彩,或者双方互为点缀,或将双方之一方的色彩点缀进另一方,都能取得一定的调和感。

④ 隔离调和。用第三色隔开对比色或近似色。在对比强烈的两个色彩之间,第三色起到缓解和协调矛盾的作用,在近似的色彩之间起到衬托、增加对比的作用。常用的隔离色有黑、白、灰原色系及金属类色,如金、银、铜等色。采用的手法多为勾边衬底。运用隔离色时,要注意和被隔离色彩之间的明度关系。

对比调和是色彩感觉非常丰富的配色调和方法,可以营造出复杂的变化。每年节假日,公园造景就利用园林植物的色彩对比组合,用大红色的花与浅绿色的草坪相搭配,但为了避免对比过分强烈,在其中又加入白色花卉,起调节和缓冲作用,使整个景观色彩生动明快而不刺激,平和而不平淡。

对比调和在自然中也经常体现出来,如雨后的彩虹,它是由赤、橙、黄、绿、青、蓝、紫色渐变排列组合而成的,非常美丽,也非常调和。由此可见,"调和等于秩序"是有道理的。美国色彩学家蒙塞尔也曾指出并强调"色彩间的关系与秩序"是构成调和的基础。在蒙氏色彩体系中,凡是在色立体上由有规律的线条所组合的色彩,都能构成对比调和。

3) 面积调和

在众多景观色彩设计中,面积这个元素是应该得到更多关注的。色彩的最终感受与色彩的面积大小有着密切的关系。在众多色彩构成的景观画面中,可以采取扩大其中某一色彩或某一类色彩的面积,使其在整体或局部起主导作用,从而得到调和的景观画面。

两块面积相同的色彩是难以协调的。一般来说,色彩设计原则认为,小面积采用高纯度色彩,大面积采用低纯度色彩,比较容易获得色彩感觉的舒适和平衡。面积调和就是通过面积的增大或减小来达到调和。

面积的调和与纯度的调和有相似之处。面积对比的加强实际上是在增加一个色素分量的同时减少了另一个色素的分量,从而起到色彩的调和作用。事实证明,色差大的强对比也会因面积的处理而呈现弱对比效果,给人以调和之感。面积的调和是所有色彩设计必须考虑的问题,也是色彩调和的一个较为重要的方法。

色彩调和是一个涉及物理学、心理学等多学科的复杂研究课题。在色彩设计的过程中,要灵活运用色彩调和,根据具体情况选择不同的方法,努力创造出和谐的景观色彩。调和手法在景观设计中的应用,主要是通过构景要素中的山石、水体、建筑和植物等的风格和色调的一致而获得的。尤其是园林主体植物,尽管各种植物在形态、体量以及色泽上千差万别,但从总体上看,它们之间的共性多于差异性,在绿色这个基调上得到了统一。总之,凡用调和手法取得统一的构图,易达到含蓄与优雅的色彩美。

5.3.2 色彩管理

色彩管理已经渗透到生活和工作的方方面面。很多国家及城市都制定了各自的城市景观、建筑空间、工艺设计等方面的色彩控制及指导管理条例。人们不能再像从前那样不顾及环境和谐而随意采用色彩、制造色彩污染了。

在工作场所里,通过对色彩的有效管理,会产生许多功效。色彩可以影响生产效率。在理想环境下,色彩管理具有许多功能,概括起来主要有:增强劳动场地的亮度,促进生产,提高工作质量;减轻劳动者的疲劳,减少工伤事故,减少缺勤人数,激发劳动欲望;培养劳动者工作条理化习惯,增加劳动者的愉快感;增强劳动者爱护设备的责任感,培养劳动者统一着装的习惯;激发士气。

5.4 景观色彩的基本概况及构成要素

5.4.1 景观色彩

1. 景观

景观的概念在前面的章节中已经论述过了,所以在这里我们只是简单地讨论一下景观所包含的内容,从而引出广义景观涉及的色彩所包含的内容。

这里所讨论的主要是城市景观。广义上讲,城市景观是城市空间与物质实体的外在表现。它包括城市实体建筑要素、城市空间要素、基面和城市小品等多种构成要素。色彩景观是建筑物、道路、广场、广告、车辆等人工装饰色彩和山林、绿地、天空、水色等自然色彩的综合。

应该认识到的是,景观是一个多层次、多功能的研究体系,各学派的研究都是对整个景观研究框架的补充和完善,它们之间是相互补充而不是相互对立的。对城市色彩景观的理解不是单纯的建筑色彩研究,也不是单纯的植物色彩研究,而是对综合城市各个构成要素所呈现的公共空间色彩面貌进行的色彩研究。

2.景观色彩(色彩景观)

英国色彩规划专家迈克尔·兰卡斯特(Michael Lancaster)提出了景观色彩(colorscape)的概念,即关注色彩作为城市景观中的重要组成要素,从宏观的、景观的角度进行系统的研究,通过对环境中色彩因子的控制性规划和设计来表现地域化、个性化的城市景观。

随着城市化进程的加速,环境恶化问题越来越严重,人们对自身生活环境质量日益关注,希望能够把城市建设和发展所带来的在色彩方面无序、杂乱、忽视地方文化传统的现象加以解决,进而创造出美观、和谐又不失特色的城市色彩面貌。景观色彩问题就是在这种背景下提出来的。

5.4.2 景观色彩研究概述

1.国外概况

在西方,城市色彩规划已有很长的历史了。意大利都灵市就是一个典型例子。1800—1850年,意大利都灵市政府在当地建筑师协会的建议下,委托该组织负责全城色彩的全面规划与设计。据记载,当年都灵市色彩规划过程中,不仅注意了城市建筑与街道、广场的色彩风格统一,而且连一些主要街道和广场的颜色设计也极为细致、丰富。在都灵市的旧城复建中,以色彩作为规划手段的做法给人们以启发。后来,这一做法在许多欧洲国家的城市规划中被使用,成为景观色彩规划的开端。

20世纪70年代,国际色彩顾问协会(IAA)主席法兰克·马汉克先生(Frank Mahnke)在他的《色彩,环境和人的反应》(*Color,Environment and Human Response*)一书中,提出了"色彩体验金字塔"的概念。色彩体验金字塔强调"看见"色彩的过程不是一个简单的视觉过程,而是一个复杂的体验过程。它可表示为:对色彩刺激的生理反应→潜在无意识→有意识的象征和联想→文化影响和独特风格→时尚、潮流和风格的影响→个体体验。在这个由初级到高级的金字塔系列中(见图5-11),可清晰地把握影响人们色彩心理的脉络,即经过生理反应到心理反应,再到文化影响的过程。

在瑞士色彩学家约翰内斯·伊顿的"主观色彩特征"的启示下,20世纪80年代初,美国人卡洛尔·杰克逊(Karel Jefferson)提出了色彩四季理论,该理论迅速风靡欧美。色彩四季理论把人眼可以看到的750~1 000多万种颜色按基调的不同进行冷暖划分,进而形成四组色彩群。每一组色彩群的颜色刚好与大自然四季的色彩特征相吻合。这四组色彩群分别命名为"春""秋"(为暖色系)"夏""冬"(为冷色系)。色彩四季理论自问世以来,因其科学性、严谨性和实用性而具有强大的生命力。该理论用最佳色彩显示了万物与自然界的和谐之美。

1989年,法国著名色彩学家让·菲利普·朗克洛从色彩调查开始,提出了"色彩地理学"的概念。他认为:一个地区或城市的色彩,会因为其在地球上所处的地理位置的不同而大相径庭。这既包括了自然地理条件的因素,也包括了不同种类文化所造成的影响,即自然地理和人文地理两方面的因素共同决定了一个地区或城市的色彩。

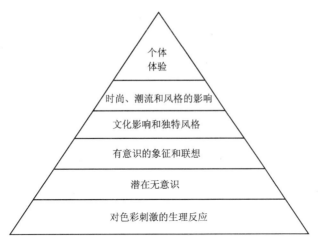

图 5-11　色彩体验金字塔

　　20 世纪 80 年代,英国伦敦市政府曾聘请米切尔·兰卡斯特为泰晤士河进行色彩规划与设计。在兰卡斯特的设计中,泰晤士河沿岸各个节点的色彩规划都与城市的整体色彩方案相协调。与此同时,他鼓励居民和开发商在大的色彩规划框架里,自主地选择一些较为个性化的色彩表达方式。经过改造后的泰晤士河两岸的色彩环境不仅统一和谐而且千变万化,是整个伦敦市色彩环境改造中最为成功之处。

　　现在,发达国家都已把景观色彩设计纳入整个城市规划之中,积极采用先进色彩理念,尽可能消除城市景观发展中的色彩污染和色彩趋同现象。国外城市景观色彩研究概况详见表 5-10。

表 5-10　国外城市景观色彩研究概况

国家	时　　间	城市/地区	色彩规划项目
意大利	1800—1850年	都灵	市政府委托当地建筑师协会对全城色彩进行了全面规划与设计。1845 年,建筑师协会向公众发表了近 50 年的研究和实践成果——城市色彩图谱。这些色彩都被编号,以此作为房主和建筑师协会成员进行房屋重新粉饰的参考。这项城市色彩计划被列入正式的政府文件
	1978 年	都灵	都灵理工大学乔瓦尼·布里诺教授主持了该市的色彩风貌修复工作
法国	1961 年和1968 年	巴黎	法国巴黎规划部门完成了对大巴黎区规划的两次调整,巴黎的米黄色基调就是形成于该时期

续表

国家	时　间	城市/地区	色彩规划项目
日本	1970—1972年	东京	市政府出资委托日本色彩研究中心对东京进行了全面的色彩调研,形成《东京色彩调研报告》。在此基础上诞生了世界上第一部具有现代意味的城市色彩规划——《东京城市色彩规划》
	1976年	宫崎县	开展关于建立(与自然协调的)色彩标准的研究
	1978年	神户	颁布《城市景观法规》,规定城市色彩的运用
	1978年	广岛	成立了"管理指导城市色彩的创造景观美的规划委员会"
	1980年	川崎	市政府为该市重要地区——海湾工业区制定了川崎《海湾地区色彩设计法规》,并规定该区域的建筑每7~8年重新粉刷一次
	1981年和1992年	—	日本建设省于1981年和1992年分别推出了"城市规划的基本规划",以立法的形式提出了《城市空间色彩规划》法案。规定色彩专项设计作为城市规划或建筑设计的最后一个环节,必须得到专家组成的委员会的批准,整个规划或设计才能生效、实施
	1994年	立川	色彩设计家吉田慎吾主持了该市法瑞特区的色彩规划,确定了一套安静、中性的复合色谱作为实施方案
	1995年	大阪	在大阪市役所计画局和日本色彩技术研究所的共同合作下,制定了《大阪市色彩景观计划手册》,为大阪市的色彩建设提出了指导性的条例和建议,规范和控制了建筑的色彩设计
	1998年	京都	成立了公共色彩研究课题组,对该市的广告、路牌、宣传栏等内容进行了专题调查与研究
	2004年	—	日本通过了《景观法》,以法律的形式规定城市的建筑色彩及环境
英国	1980年	伦敦	英国环境色彩设计师米切尔·兰卡斯特为泰晤士河两岸进行了色彩规划与设计,取得了突出的成就

续表

国家	时 间	城市/地区	色彩规划项目
挪威	1981 年开始，20 世纪 90 年代末结束	朗伊尔城	挪威朗伊尔城委托挪威卑尔根艺术学院教授哥瑞特·斯麦迪尔进行规划和设计，近 20 年的城市色彩规划使这个靠近北极地区、以煤矿业为主的不起眼的小城，一跃成为挪威重要的旅游城市
德国	1990—1993 年	波茨坦 Kirchsteigfeld 地区	瑞士色彩学教授维尔纳·施皮尔曼负责主持了德国波茨坦 Kirchsteigfeld 地区的城市色彩规划。遵循德国特有的中明度和中纯度暖色调的建筑色彩传统，将沉稳的氧化红色系和赭黄色系定位为城市主色调，灰色系、本白色系、白色作为城市辅助色系，蓝色系则充当了点缀色。得到了大多数 Kirchsteigfeld 居民和造访者的积极评价和肯定
韩国	21 世纪初	—	韩国为了规划及控制城市高层公寓的色彩，进行了一项制定高层公寓色彩规划实用指南的研究。这项研究在实地调研的基础上，对现有高层住宅的外观色彩进行了提炼，筛选出 208 个标准色。用计算机对色彩模拟建立评估场景，通过分析与评价，最终得出一套色彩搭配体系及色彩规划指南，用以指导设计和保证高层公寓外观最低限度的色彩协调

2. 国内概况

我国历史悠久，文化丰富。在色彩学方面，早在 2 500 年前就建立了五色体系，是世界历史上最早的色彩体系，早于西方千年以上。到了汉代，阴阳五行学说盛行。青、赤、黄、白、黑五种颜色被视为正色，与五行对应起来，即赤色代表火，黄色代表金，青色代表水，白色代表土，黑色代表木。不仅如此，这五种颜色还象征着季节甚至动物：青色象征春季，指青龙；赤色象征夏季，指朱雀；黄色指黄龙；白色象征秋季，指白虎；黑色象征冬季，指玄武。这五种颜色的象征性进一步与"堪舆""风水"结合起来，应用到建筑选址、平面布置、立面处理等工程实践之中。至明清时期，宫廷建筑色彩已是五彩斑斓。皇城建筑中，高明度的灰色大量应用于建筑室内外，洁白的汉白玉栏杆立在灰色地面上，色彩艳丽的建筑在黑与白的衬托下极为和谐。

我国传统城市色彩虽无法规约束，但在历史上也形成了一些体现地方特色的固有色彩。北京故宫，顶部是黄色琉璃瓦，墙是红色，基座是白色，鲜明而煊赫的色彩显示了当时帝王的风范与威严；普通老百姓的四合院，则一律灰砖青瓦，淡雅古朴。

1991—1993 年,北京市建筑设计研究院提出了"我国传统建筑装饰、环境、色彩研究"课题。他们对北京、西藏、广西、皖南、海南、新疆 6 个地区的传统建筑色彩应用特点进行了系统研究,获得了大量第一手材料。这是我国建筑色彩史上第一次开展的大规模的与色彩相关的学术研究活动。

1998 年,中国美术学院承担了深圳华侨城欢乐谷建筑与环境色彩设计任务。这是中国建筑史上第一个具有明确景观色彩意义的设计。

为了改善色彩状况,北京市于 2000 年颁布了《北京建筑物外立面保持整洁管理规定》,该规定提出,"外立面色彩主要采用以灰色调为本的复合色,以创造稳重、大气、素雅、和谐的城市环境"。北京的色彩控制规划以故宫为中心,环状向外扩展,颜色由故宫的朱墙碧瓦向民居的灰墙青瓦,再向现代建筑的浅灰、白色过渡。2006 年,北京市又提出了彩色北京、五色之都的设计方案,分别为东紫、南绿、西蓝、北橙、中灰,意与奥运五色相对应。

除北京外,国内不少城市,如哈尔滨、武汉等,都制定了与城市色彩或城市景观色彩相关的法律法规。近些年,城市色彩或景观色彩研究在我国得到了较大发展。不少学者对城市色彩或城市景观色彩进行了研究,取得了可喜成果(见表 5-11)。

表 5-11 国内城市色彩规划研究项目一览表

色彩规划类型	城市/地区	色彩规划项目
强调城市主导色的城市色彩规划	北京	2000 年,北京出台了《北京市建筑物外立面保持整洁管理规定》,以灰色调为本的复合色被定为建筑物外立面的推荐色,此后城八区新建的建筑物在做设计方案时,均须加入外立面色彩设计的内容
	哈尔滨	2002—2004 年,哈尔滨工业大学规划设计院负责哈尔滨的城市色彩规划,将"米黄+白"作为哈尔滨的城市色彩基调
	南京	2004 年,南京召开了城市色彩建设研讨会,专家就南京城市主色调进行了讨论并征询市民意见,最后浅绿色成为支持比例最高的城市色彩基调
	西安	2005 年,西安规划部门将以灰色、土黄色、赭石色为主的色彩体系定为城市建筑主色调
	烟台	2006 年,烟台市委托天津大学规划设计院进行烟台市风貌规划暨整体城市设计,市规划局据此制定了《烟台市市区城市风貌规划管理暂行规定》,提出黄色系、暖灰色系及白色为一般城区主色调
	杭州	2006 年,由中国美术学院完成的杭州市城市色彩规划研究,将灰色系定为杭州的主色调,并总结出了"城市色彩总谱",作为今后城市建筑用色的指导

续表

色彩规划类型	城市/地区	色彩规划项目
基于功能分区的城市建筑色彩规划	武汉	2003 年,武汉市规划设计研究院进行的城市色彩规划提出按功能分区提供色彩指引的方案。《武汉城市建筑色彩技术导则》对控制和引导武汉城市建筑色彩的技术路线和规范形式做了有益的探索
按照城市空间结构和城市特色区域进行色彩规划	温州	2001 年,温州市的整体城市设计确定了中心城区建筑的整体主色调以淡雅明快的中性色系为主,辅以冷灰、暖灰色;把中心城区划分成特色区(老城区、中心区、杨府新区、过渡区、扩散区)和廊道系统,分别对其提出色彩引导
	重庆	2006 年,由重庆大学建筑城规学院承担制定的《重庆市主城区城市色彩总体规划研究》,对城市提出暖灰的主导色调并实行分区规划:以渝中半岛东部为中心,为橙黄灰;以长江和嘉陵江为界,东北片区为浅谷黄灰,东南片区为浅豆沙灰,西部片区为浅砖红灰;内环高速内外两部分,色彩内浓外淡
	南昌红谷滩	2005 年,以红色系为主题的城市色彩景观形象,一种高亮度的暖灰色系为主基调的色彩体系
	宁波镇海区	2004 年,中国美术学院色彩研究所负责进行宁波镇海区的色彩规划。根据当地的景观色彩元素,梳理出整个镇海区的景观特质,提炼出区域的概念色谱
	无锡	2006 年,无锡首次对全市 54 条、总长达 161 km 的主要干道的建筑色彩进行规划,以形成视觉上的整体协调

5.4.3 景观色彩构成要素

景观色彩构成要素主要包括建筑色彩、园林色彩、公共设施色彩、道路色彩和照明色彩几个方面,下面分别予以介绍。

1. 建筑色彩

1)建筑色彩实例

根据色彩理论,占据 70% 以上面积的色彩在画面中成为主色。由此可知,在城市景观色彩中,可以人工控制的主要元素就是建筑。

色彩是可以用来表达感情的最具影响力的工具。色彩和光线增强并强调所使用材料的美感。每种色彩都可以引起肉体和心灵上的反应。色彩可以放大一种情绪体验,可能是消极的,也可能是积极的,这取决于如何在建筑中运用这些色彩。

世界上很多著名的建筑作品都体现了色彩与建筑的完美结合。例如,勒·柯布西耶(Le Corbusier)的巴黎大学城巴西学生公寓。建筑的主体向阳面是均布的凹阳台及其栏板,色彩的运用打破了单调的格局。勒·柯布西耶在凹阳台的顶面、侧墙采用了不同色相、不同明度的高纯度色,黑色顶棚的阳台比白色、黄色的看起来更深远,红色、绿色墙面的阳台也比白色、灰蓝色的显得更宽阔。色彩给人营造了前进和后退的空间感受。1976 年建成的轰动一时的法国巴黎蓬皮杜国家艺术与文化中心,也是色彩与建筑有机结合的一个典型。这个建筑打破人们惯有的思维模式,没有为人们营造一种安静、肃穆的文化建筑的氛围,而是充分展现"高度工业技术"倾向。外在的建筑形象与内部展出的现代艺术作品相得益彰,建筑色彩起了很大的作用。红色、绿色、蓝色、黄色涂刷在不同管线上,分别代表了交通、供水、空调、供电管线等不同功能系统,真实反映了建筑逻辑,并且是艺术表达的良好载体。

2) 概念及内容

建筑色彩是指建筑及其附属设施外观色彩的总和,具体包括建筑墙身、门窗、屋顶及其他各种附属构件的色彩。

(1) 建筑外墙色彩

建筑外墙色彩最能直接体现城市景观色彩。我国大多数城市建筑色彩的主旋律为灰色调。纯度、明度过高的建筑,常因过于刺激使城市显得庸俗混乱,让市民烦躁不安,这样的色彩应该尽量避免使用。心理学调查显示,粉红色最容易使人产生焦躁情绪,通常认为最不适合建筑使用。过于灰暗的颜色易让人产生压抑感,也应慎重考虑。

为了避免出现过于高明度、高纯度或者低明度的色彩,很多城市都出台了相应的法规予以限定。2003 年 12 月 11 日起生效的《武汉城市建筑色彩技术导则》中即有相关规定:"区内的城市建筑色彩要求与自身功能、形式、体量相协调,建筑色调原则上不得采用大面积高纯度的原色(如红、黑、绿、蓝、橙、黄等)和深灰色,更不允许高纯度搭配的外观色彩(城市特殊需要警戒和标识的构筑物除外)。"

建筑外墙的颜色与建筑材料的颜色密切相关。合理选择材料也是使建筑色彩和谐的重要因素。

(2) 建筑屋顶色彩

国内有些城市正在推行屋顶平改坡工程,目的就是要使城市景观第五空间更加丰富多彩。屋顶造型在建筑外观的设计中占了很大的比例,屋顶色彩是城市色彩的重要标志。例如,巴黎优雅的灰屋顶、希腊宁静的蓝屋顶、都灵沉稳的咖啡色屋顶、苏州深沉典雅的黑屋顶、北京故宫辉煌的金黄屋顶等,都在某种程度上代表了一座城市。

城市屋顶色彩是塑造城市景观色彩不可或缺的环节。湖北省武汉市在《武汉城市建筑色彩技术导则》中,对屋顶色彩作出了明确规定:"屋顶的色调以较暗的蓝色、橙色、绿灰色为主,以烘托武汉城市'湖光山色'静谧、素雅、清新的山水美。"现在,大多数管理者、设计者都意识到了城市屋顶色彩的重要性,相信未来我国城市景观色彩一定会更加绚丽。

(3) 建筑周边环境色彩

建筑本身是一个单体,但是建筑色彩却必须考虑周边建筑的色彩协调问题。

澳大利亚有些城市对建筑色彩与周边环境色彩的关系就有明确规定。有的城市规定,每三幢房屋必须同一色调、同一式样,从而使整个城市既协调统一又色彩丰富。关于建筑周边色彩问题,国内多数城市还未给予足够重视。比如,规划部门对楼盘的建筑色彩能够给出明确的规定,但有时却忽略了邻近的已建成的建筑的固有色彩。

2. 景观色彩

景观色彩是所有色彩要素所共同形成的整体面貌,通过人的视觉所反映出来,对人的心理和生理感知产生影响。色彩设计要体现和谐、以人为本、具有地域特色的原则。景观色彩要素涉及的内容很多,天空、山石、水体、植物、建筑、小品、铺装等都是景观色彩的物质载体。以天空为例,天空是园林景观的大背景,也是流动的画面。天空的色彩变化不断,有时是万里无云,晴空蔚蓝;有时色彩缤纷,蓝、紫、灰、绿、红、橙、黄同时出现。天空的色彩是变幻莫测的,适当地借用,会取得意想不到的效果。植物在景观色彩设计中占主导地位,下面重点介绍景观中植物色彩的构成问题。

景观中的色彩主要来自植物。以绿色为基调,配以色彩艳丽的花、叶、果、干皮等,就构成了缤纷的色彩景观。早春枝翠叶绿,仲春百花争艳,仲夏叶绿浓荫,深秋丹枫秋菊硕果,寒冬苍松红梅,展现的是一幅色彩绚丽、变化多端的四季图,给常年依旧的山石、建筑赋予了生机。植物的808种色彩及其多样化配置,是创造不同景观意境空间组合的源泉。

(1)叶色

叶色变化是表现植物色彩的主要方面。

① 春色叶植物。许多植物在春季展叶时呈现黄绿或嫩红、嫩紫等娇嫩的色彩,在明媚春光的映照下,鲜艳动人,如垂柳、悬铃木等。常绿植物的新叶初展时,或红或黄,犹如开花般效果,如香樟、石楠、桂花等。

② 秋色叶植物。秋色叶植物是最主要的装扮素材。景观最常用的是火红的秋叶,如枫香、五角枫、柿树、漆树等。部分秋叶呈现的是绚烂的黄色,如银杏、无患子、鹅掌楸、水杉等。

③ 常彩色叶植物。有些园林植物叶色终年为一色,这是近年来园艺植物育种的主要方向之一。常彩色叶植物,可用于图案造型和营造稳定的景观。常见的红色叶系有红枫、红桑、小叶红等,黄色叶系有金叶女贞等,紫色叶系有紫叶李、紫叶桃等。

④ 斑色叶植物。斑色叶植物是指叶片上具有斑点或条纹,或叶缘呈现异色镶边的植物。如金边黄杨、金心黄杨、金边女贞、变叶木等。还有如红背桂、银白杨等叶面颜色具有明显差异的双色叶植物。

常彩色叶植物在景观绿地中可丛植、群植,充分体现群体观赏效果。一些矮灌木在观赏性的草坪花坛中作图案式种植,色彩对比鲜明,装饰效果极强。秋色叶植物和春色叶植物的季相变化非常明显,四季色彩交替变化,能够体现出时间上的更替和节奏韵律美感。如石楠、金叶女贞、鸡爪槭和罗汉松等配植而成的丛植群,随着季节变化可发生色彩的韵律变化,春季石楠嫩叶紫红,夏季金叶女贞叶丛金黄,秋季鸡爪槭红叶如醉,冬季罗汉松叶色苍翠,非常美观。

（2）花色

花色变化是表现植物绚丽多彩、姹紫嫣红的一个方面。植物花色的合理搭配可以构成一幅迷人的图画，它是大自然赐给人类最美的礼物。

植物的花色万紫千红，尤其是草本花卉，花色多样，开花时艳丽动人，犹如绘画中的调色板，色彩缤纷。红色的玫瑰、月季、一串红，黄色的迎春花、小苍兰、春黄菊，粉色的福禄寿、八仙花，橙色的金盏菊、万寿菊，绿色的玉簪，白色的白兰花、瓜叶菊，蓝色的风信子，紫色的薰衣草等，都是景观中常用的草花。搭配合理，能够创造出怡人的景观。近年来，野生花卉越来越受到人们的重视。比如，北方常见的红色的红花酢浆草、紫色的紫花地丁、黄色的蒲公英、蓝紫色的白头翁等，都有广泛采用。北京在奥运绿化中就大量使用了北京特有的野生花卉。当时列入选择范围的有：紫红色的棘豆、黄色的甘野菊、白色及粉色等多种颜色的野鸢尾、粉白色的百里香、红色的小红菊和以前绿化中已有所应用的二月兰等。

不同花色搭配可营造特殊的视觉效果。以冷色为主的植物群放在花卉后部，在视觉上有扩大花卉深度、增加宽度的感受；在狭小的环境中采用冷色调花卉组合，有使空间扩大的感觉。平面花色设计时，冷暖两色的两丛花采用相同的株形、质地及花序时，由于冷色有收缩感，从视觉上看，若想使这两丛花的面积或体积相当，则应适当扩大冷色花的种植面积。

（3）果色

"一点黄金铸秋橘"，苏轼把秋橘的果实描述得如同黄金般美好，说明植物的果实色彩观赏性极高。硕果累累、色彩丰富绚烂描述的正是秋季景观。苏州拙政园中的枇杷园，其果实呈金黄色，每当果压树枝时，呈现出一片金黄色调，煞是动人。

果实的颜色以红色居多，如石榴、山楂、海棠、水枸子，还有黄色的银杏、南蛇藤、梨、梅、杏，蓝紫色的葡萄、李，黑色的刺揪、五加、鼠李、金银花，白色的红瑞木等。

（4）干色

树干色彩也极具观赏价值，尤其是北方的冬季，落叶后的树干在白雪的映衬下更具独特魅力。白桦林就是以其洁白的枝干、挺拔的树形在北方冬季皑皑白雪覆盖下，给雄浑的北国风光增添了旖旎的色彩，因此白桦也享有"林中少女"的美称。通常情况下，树干色彩为褐色。少量植物树干呈现鲜明的色彩，易营造引人注目的亮丽风景，如红色的红瑞木，红褐色的马尾松、杉木、山桃，黄色的金竹、金枝槐、山槐，白色的白桦、白皮松、毛白杨、悬铃木，绿色的竹、梧桐，暗紫色的紫竹等。

3. 公共设施色彩

公共设施主要指在公共露天场所为大众提供免费服务的各种设施。通常这些设施属于社会公共资本财产范畴。城市的公共设施水平，可以反映城市的基础设施建设规模，体现居民的生活水平和生活质量。

（1）公共设施的主要内容

① 交通设施：公交车辆、出租车、街灯、路牌等。

② 商业设施:书报亭、电话亭、售货亭等。

③ 休闲观赏设施:景观小品、街头雕塑、花坛等。

(2)公共设施色彩设计应注意的问题

① 注意整体城市景观色彩与局部城市景观色彩的关系。

② 注重其独有的功能特性,使其易于识别。英国伦敦就将很多公共设施的色彩与交通设施的色彩相统一,路牌、电话亭等色彩统一设计为与公共双层巴士相近的勃艮第红,这种颜色是英国皇家卫队的服装色彩。

应该说,城市公共设施色彩适合中性一些的色调,如黑、白、灰,或者中低明度、中低纯度的颜色,如普蓝、橄榄绿、褐色等。也许这样的色调没有独特的个性,但在整个城市景观色彩规划设计中来说相对稳妥。

在公共设施色彩规划与设计上,尽量从系统化的角度去规划和实施。在这方面,应该向法国巴黎学习。在巴黎,整个城市的公共设施都以沉稳、平和、优雅的橄榄绿为主基调,同时配以不同纯度的绿色。这使得各种绿色与巴黎建筑的主体黄色交相辉映,创造出宜人的城市景观色彩。

4. 道路色彩

道路是展现景观色彩的主要元素。美观大方、丰富多彩的道路景观使生活在城市中的人们心情舒畅。道路色彩可以分为两部分:车行道色彩和步行道色彩。

(1)车行道色彩

车行道色彩较为简单统一,这是由于受其材料限制,大多数道路采用的都是黑灰色的沥青混凝土。分道线以白色为主,辅以明亮的警示黄色。有些区域,车行道开始使用带有色彩的地砖。

(2)步行道色彩

步行道主要是指人行道、绿地或广场中的休闲道路。步行道与车行道的不同之处在于,其除了组织交通和引导人流外,更加注重景观效果。步行道色彩主要体现在地面铺装上。最常采用的材料就是彩色花砖,根据景观色彩的需要,可以选用红色、青灰色等色彩。

5. 照明色彩

照明分为人工照明和自然照明。在景观色彩的设计中,主要讨论人工照明所产生的色彩关系。夜间景观的展现是靠人工照明来实现的。灯光构成的夜间色彩往往比昼间建筑色彩更为强烈,常常能够营造出色彩斑斓的世界。

夜景是否迷人、能否让人流连忘返,主要是由照明灯光的种类、数量、功能、颜色以及排列组合方式决定的。光源的颜色是通过色温(K)、显色指数来表示的。光源的色表特征为:暖色,$K<3\,300$;中间色$3\,300<K<5\,300$;冷色,$K>5\,300$。广场、街道等景观地域常用的是金属卤化物灯、高压钠灯和荧光高压汞灯。在打造美丽夜景的同时,更应该注意环境保护和节能降耗。

总体而言,城市灯光照明可以分为交通灯光、商业灯光、公共场所灯光和景观灯光。

交通灯光主要指应用于道路、高架路、立交桥、人行天桥、车站、机场和港口等场所照明的灯光。商业灯光是指沿街商店、餐饮和娱乐等公共场所门面为了宣传而采用的霓虹灯、灯箱、电子显示屏及广告射灯。公共场所灯光是指应用于商店、广场、公园的照明灯光。景观灯光是指历史古迹、标志性建筑、重点公共艺术场馆,如北京的天安门、天津的天塔、湖北的黄鹤楼等,所使用的灯光。

关于城市灯光照明,近年来国内许多城市根据自身的实际情况,进行了不少规划和建设。比如天津市,目前已构筑六大景观体系,即:以海河为主体,水绕城转、城在水中的夜景灯光景观体系;以三环、十四射、东南半环路灯为支撑的都市廊道夜景灯光景观体系;以天塔为平台,六大景观区为主视点的立体夜景灯光景观体系;以金街为轴心,"十大光团""十条特色街"和47条景观路为放射节点的商业旅游夜景灯光景观体系;百余栋公建"里光外透"和200栋15层以上建筑构成的都市夜景灯光景观体系;以展示天津以历史文脉为主题的风貌特色建筑夜景灯光景观体系。这些灯光设施为天津夜景增添了无限光彩(见图5-12～图5-14)。

图 5-12　解放路金融街夜景

图 5-13　和平路金街夜景

图 5-14　银河广场夜景

5.5　景观色彩设计原则

5.5.1　整体和谐性原则

　　19 世纪,德国美学家谢林(F. Schelling)在《艺术哲学》一书中指出:"个别的美是不存在的,唯有整体才是美的。"在景观色彩设计当中,其整体和谐性主要通过景观中的建筑物、绿化、道路、公共设施等构成要素间的相互联系与彼此作用反映出来,而不是简单的叠加。色彩设计,就是要选好景观的主色调、辅助色、点缀色和背景色,形成和谐统一的色彩效果。值得注意的是,无论做何种色彩规划,必须服从城市规划和城市设计所制定的原则和要求。例如一座历史名城,它自身的景观色彩可能已经形成,在进行旧城复原的过程中一定是以其原有景观本色为基础,像法国巴黎的米黄色、阿姆斯特丹的咖啡色等。

5.5.2　地域特色性原则

　　"一方水土养一方人""淮南为橘,淮北为枳"就是说不同的地理环境、气候条件、物产资源,会形成不同的城市景观色彩。正如北京故宫的"红墙黄瓦"和民宅的"青瓦灰墙"形成了鲜明的色彩对比,构成古老北京特有的色彩标志。青岛以"红瓦、黄墙、绿树、碧海、白云、蓝天"享誉国内,构成了海滨味极浓的城市风貌。杭州的白粉墙、黛黑瓦、青石桥以及碧水、绿树,组成了江南水乡水墨淡彩的城市特色。广州的建筑以黄灰色为主色调,衬以紫红的紫荆花、鲜红的木棉花等艳丽的花色,构成了岭南花城的风韵。

　　北欧地区由于地理位置的特殊性——冬天寒冷、阴霾、漫长,景观色彩设计上多采用暖色系的色彩,如橘红、土红、棕色等温暖的中、低明度和中纯度颜色。地方建筑材料颜色也是决定一个地区景观色彩的主要因素。云南西双版纳吊脚楼的颜色就是来源于所用的材料——灰黄色的竹子。

每一个国家、城市和乡村都有它自己的色彩,而这些色彩在很大程度上参与组成了一个民族和文化的本体。色彩设计应体现出浓厚的地域特征,展现地方性。

5.5.3 民族特色性原则

20 世纪 80 年代,英国皇家建筑学会会长帕金森(Parkinson)说过:"全世界有一个很大的危险,我们的城市正趋向于同一个模样,这是很遗憾的。"只有民族的,才是世界的,城市景观色彩必须注重民族特色,要努力地挖掘本民族色彩文化传统的内容及内涵,并将其发扬光大。作为"西方文明摇篮"的希腊民族,将他们所喜爱的蓝色和白色运用到城市环境中的各个方面,形成具有民族风味的城市色彩。我国各民族对色彩的喜好及禁忌前面章节已经阐述过了,在此不再重述。

5.5.4 功能合理性原则

景观色彩规划与设计要满足功能的需要。这其中包含两层意思:一层指城市自身的整体功能,即定位是文化中心城市、旅游城市还是商业城市等;一层指城市的分区功能,即城市的某个区域的定位是工业中心、商贸中心还是观赏区域等。古往今来,不同的城市因历史、地理等因素的影响都会使其形成特有的城市定位。不同的城市定位和城市规模,势必在城市景观色彩规划与设计上有所不同。如以商业贸易中心定位的中国香港,该区域的城市景观色彩服从于商业目的,五彩缤纷的城市色彩体现了其商业大都市的动感与活力。但对于像巴黎、旧金山、阿姆斯特丹这样的文化名城,假如其城市景观色彩混乱,便会大大损害城市形象。相对说来,欧洲一些旅游小城,其建筑色彩都比较艳丽,给游客留下鲜活的印象;而欧洲的大城市,其建筑色彩都比较淡雅,追求一种宁静的感觉。

5.5.5 传承文化性原则

美国城市规划大师伊利尔·沙里宁(Eliel Saarinen)曾经说过一句经典的话:"让我看看你的城市,我就能说出这个城市居民在文化上追求什么。"

色彩作为城市文化的重要组成部分,不仅具有一般的美学意义,更多的是拥有深刻的思想含义。城市色彩一旦由历史积淀形成,便成为城市文化的载体,并在不断诉说着城市的历史文化韵味。为延续城市历史文脉,色彩规划与设计的原则可以概括为:挖掘、继承、创新。这要求在进行一个城市景观的色彩规划时,首先要充分了解和挖掘这座城市原有的或曾有的传统色彩,这是最为重要的参考。1978 年,都灵理工大学主持建筑修复工作的乔瓦尼·布里诺(Giovanni Brino)教授在修复 19 世纪建筑时,在当地博物馆发现了当年曾经设计与实施过的城市景观色彩规划档案,为此他建议市政府重新恢复都灵曾有的色彩。目前,国内外色彩专家、研究机构在开展城市景观色彩规划与设计时都以此作为切入点。

世界上,特别是欧洲许多城市的色彩之所以个性鲜明、光彩照人,与其重视对城市历史文化传统的继承是密不可分的。例如,法兰克福的旧城在二战中被严重破坏,然而重新修建时采取的不是"弃旧换新"而是"修新如旧",注重同古建筑周边色彩相协调,用米黄色作为外墙涂料的颜色,形成一个色彩小环境。在国内,苏州是在继承城市传统色彩文脉方面最富实效、最成功的城市之一。自古以来,苏州一直保持着"黑、白、灰"的色彩风格。2004年,苏州将其老城区的主体色定位在"黑、白、灰",而辅助色基本定位为中纯度、中低明度的红色和棕色。以黑、白、灰为主,红色为辅的城市色彩规划策略在彰显古城风貌的同时,体现了对城市历史文化的坚定传承态度。

5.6 景观色彩的设计方法

5.6.1 现状调研

影响城市景观色彩的因素很多。对一个城市景观色彩进行规划设计时,首先要做的就是现状调研。城市的现状反映了这座城市的历史,而历史的积淀也是通过城市的现状表现出来的。一个城市景观色彩的确定不是任何一个人可以凭空臆断的,而是建立在调查、分析的基础上的。一般来说,现状调研包括自然环境条件、人文环境条件以及城市景观色彩现状。

1. 自然环境条件

自然环境条件包括气象条件、地域材料、自然地理特征等。在前面的色彩地理学中曾经阐述过这几方面的内容,因此,这里只是简单回顾一下。

1)气象条件

气象条件不但是建筑形式及建筑材料的决定因素,还是一个区域自然景观的决定因素。气象条件包括很多方面,但与景观色彩有关的主要是气温、云量和日照、降水和湿度。

(1)气温

在调研过程中,需要掌握这个地区的年平均温度,以此作为判定该地区冷暖的依据,从而使其成为城市景观色彩规划与设计中采用冷色调还是暖色调的重要参考依据。

(2)云量和日照

云量和日照这两个自然条件的调研是要知道年平均日照时间和年平均云量,从而掌握地区色彩景观规划的观察条件。

(3)降水和湿度

通过一些指标,如年雨日、年雪日和年雾日的资料,还有雨天、雾天、雪天与晴天的比例,可以了解这座城市大部分时间所处的气候环境。

2）地域材料

不同地域出产不同的材料,"就地取材"是古往今来世界各国各地普遍使用材料的依据。虽然当今地域材料的使用不再受技术、交通、经济的限制,但却承载着这个地域某种文化和精神的元素。从人文、地质和土壤的条件等各方面来说,建筑材料的选择是体现地域性城市景观色彩的重要因素。

3）自然地理特征

地理特征在这里是指城市的地貌地形特征。地貌差异对城市景观色彩的影响较大,是丘陵山区还是江南水乡,会对城市景观色彩产生不同的影响。所以现状调研时应尽可能得到更多的信息,通过获取现状照片及仪器测量来积累第一手资料。

2. 人文社会环境

人文社会环境包括很多因素,由自然地理条件和技术工艺局限而形成的地方建筑材料特点和传统用色习惯,是人文环境中重要的组成部分之一。还有诸如社会制度、思想意识、社会风尚、传统习俗、宗教观念、文化艺术及经济技术等因素共同作用参与形成的色彩传统。

人文社会环境对城市景观色彩的影响主要体现在两个方面:尊重原有的历史性建筑和尊重该地域的风俗习惯。在调研的过程中,一定要进行实地勘察、资料搜集、拍照,并认真查阅地方文献。

3. 城市景观色彩现状

现状调研包含人工色彩和自然色彩。人工色彩包括建筑、路面桥梁、雕塑、建筑小品、广告牌、路牌、城市标志;自然色彩包括植物、天空、水系和山峦等。

现状调研的基础是城市地图,根据区域或以街道为单位进行调研。对调研对象要进行分类,并注明建筑形态、外檐材料、色彩及配色方式。另外要测试色彩的色相、明度、纯度。通常采用的方法是 TOPCON BM-7 便携式色彩量度计和美能达分光光度测量仪。但是在实际调研过程中,最简便、最通用的是色卡比较法、拍照法。

5.6.2 明确城市景观色彩规划的定位及制约因素

1. 城市规划原则、城市设计要求和城市及区域的基本性质

一个城市在发展之初就已经有了一个发展规划的总体蓝图。城市景观色彩的规划与设计是城市设计的一部分,需要与城市的规划部门紧密配合。从城市景观色彩规划与设计总体策略的制定,到逐步分级设计、贯彻实施,都需要以城市的总体规划与城市设计的原则为依据。

具体开展城市景观调研工作时,走访城市规划部门和相关设计单位,了解城市的性质、规模,城市景观规划设计的目标、原则、要求,是确定相应的城市景观色彩规划与设计思想的基础。

2. 民意调查

城市景观色彩设计的最终目标就是为人服务,是让在这个城市中生活和工作的

人们感到舒适、和谐。那么人们的评判就很重要了。这就要求城市景观色彩的设计者将自己的专业知识与大众的审美情趣相结合,而不是只以自己的主观意识来决定城市景观色彩的趋势。

居民的意见和建议是至关重要的。条件允许时,要进行民意调查。以前是通过发放问卷来做,随着互联网的快速发展,网络调查更加快速便捷。问卷的设计内容包括两部分:一是对现有城市景观色彩的看法;二是对未来城市景观色彩的期望。

5.6.3 建立城市景观色彩数据库并进行分析

1. 建立城市色彩现状数据库

通过前面大量的现状调研,首先要对收集到的信息进行整理。可以通过分类、列表的方式,将这些视觉的元素进行记录,建立数据库。数据库通常包括材料的选择、色彩的属性及配色方式、配色比例等数据。

2. 对采集的城市色彩样品进行归纳

我国现在进行城市色彩样品归纳分析的主要手段是蒙塞尔色彩体系和中国颜色体系。当运用各种分析手段得到研究色彩相对精确的颜色指数(HV/C)时,便可以利用色彩学的理论知识,从视觉美学的角度对色彩状况和它们之间的配合关系进行分析,从而总结分析出对象的用色规律,得出城市景观的色谱(包括城市景观色彩的主基调色谱、辅助色色谱和点缀色色谱)。

5.6.4 制定城市景观色彩推荐色谱

城市景观色彩设计的最终目的,是给城市提出一个城市色彩的总体规划,同时制定一个城市色彩环境色谱,使其符合城市设计、城市规划的总体战略方向。

具体来说,城市景观色彩的推荐色谱是以通过色彩样品分析得出的研究对象现状色彩关系的评价结果为基础,以已确立的色彩设计概念为依据,以色彩学的色彩设计原则为手段,最终提出整个城市景观色彩的方案或改进修复方案。

5.7 景观色彩的管理及评价

5.7.1 城市景观色彩存在的问题

1. 缺乏统一的色彩规划与管理

随着城市的迅猛发展,我国很多城市都已经开始注意城市景观色彩的问题。但是遗憾的是,大多只停留在呼吁层面上,而未能真正去落实。城市景观色彩规划的过程是漫长的,纵观世界著名的城市景观色彩规划与实践,都是经历了很多年逐渐完善起来的。在这个过程中,不仅城市设计、城市规划的管理者和设计者要有耐心,而且生活在这个城市的人们也要有保护与修复城市色彩景观的决心。

北京是我国最早提出城市色彩建设的城市,但是很长一段时间都未能真正去实施城市色彩的规划,主要原因有两个:一是规划部门一直未能提出一个大众普遍接受的城市色彩规划方案;二是北京城的色彩规划是一个系统工程,因为北京是一个有着悠久历史的古城,在历史的演变中它已经给人们留下了一些固定的色彩印象,修复和改建的过程不是一朝一夕所能完成的。

2. 监管不严导致色彩污染加剧

我国很多城市都已经制定了城市色彩规划方面的条例和法规,但是我们仍然能看到一些不协调的现象发生。人们常说"三分规划、七分管理",尽管有条例和法规可以遵循,但是却因各种因素不能实施,这说明我们的执行能力还需提高。早在2000年,北京曾经颁布"以灰色为本的复合色"的《北京市建筑物外立面保持整洁管理规定》。但是在很多建筑中,我们没有看到城市景观色彩统一起来,反而是色彩更加混乱,随心所欲地表现着单体的色彩特性。

老子说:"五音令人耳聋,五色令人目盲。"城市色彩污染加剧的直接原因就是我们没有很好地管理色彩,运用色彩,而是随心所欲地表现。就像一些城市的开发商、机构或企业不仅不执行已有的城市景观色彩,反而为了突显自己的与众不同,故意采用与整个城市景观色彩相悖的色彩。而当规划部门发现时为时已晚,这些机构、企业或开发商就交些罚款来了结此事。这种以牺牲城市整体形象为代价的行为对于日益严重的城市色彩污染,无疑是雪上加霜。

可喜的是,我们城市的管理者、设计者,更重要的是我们的居住者都已经意识到城市景观色彩的规划设计及实施到了该规范化、法制化的时候了。我们有很多可以学习借鉴的例子,我国这个领域的专家学者也越来越多,同时,致力于城市景观色彩研究的年轻科研人员也如雨后春笋般涌现。我国的专家学者结合国外城市景观色彩建设的经验提出了合理化的建议。其一,成立独立的城市色彩审批机构。该部门可以由政府牵头,组织相关部门和专家等对新建、改建、扩建、维修建筑,以及城市各方面的建设(公共设施、道路、广告等)进行色彩专项审批。未能审批通过者,禁止动工。其二,借鉴邻国日本的经验。任何方案在报批的时候都应该提出2~3套色彩设计方案,以便城市色彩审批机构对其作出选择。例如,我国台湾地区每项工程就必须制定出符合当地环境色彩总体特点的规划方案及其详细设计。其三,施工过程中的监督与指导。为了更好地实施色彩设计方案,可以由城市色彩审批与管理机构派遣色彩专业人员到现场进行检查和指导。其四,相关色彩建设管理单位要对所开发的项目进行定期粉刷。因为现在使用的大多数建筑涂料的平均寿命只有3~5年,因此世界各国都对建筑进行定期粉刷,以便保持原有的色彩风格。如法国巴黎的管理部门就是针对每一条街、每一幢建筑定期组织相关人员进行修缮、洗刷、美化。

只有认识到城市景观色彩规划存在的问题,才能更好地去避免问题、解决问题。如果上述建议能够被采纳并实施,城市景观色彩就会形成更加和谐的美感。

5.7.2 城市景观色彩管理

1.城市景观色彩管理目的

城市景观色彩管理的目的就是使城市最终拥有舒适、宜人、美观的人居环境。城市景观的形成非一朝一夕之功，随着城市规模的不断扩大，成功的城市景观色彩不仅提高了城市环境质量，而且增强了城市魅力，为城市增添了无形资产。

2.城市景观色彩管理方法

城市景观色彩的价值越来越被关注。城市景观色彩管理可分为三个方面：一是制定城市景观色彩控制指导条例，将其纳入城市设计的过程中；二是制定相关法律，以此监督、惩罚违背城市景观色彩规划要求的单位和个人；三是加强对城市景观中人工非恒定色彩的管理，如广告、公共交通工具的色彩等。

5.7.3 城市景观色彩评价

1.城市景观色彩评价的目的

城市景观色彩的评价是以人为本、为人服务的，评价主要是为了满足以下几个方面的需要：城市规划与管理的需要、城市设计与建设的需要、资源合理利用的需要、知识发展与更新的需要、政治策略与公共关系的需要。

（1）城市规划与管理的需要

对于城市发展来说，优秀的城市规划与合理的城市管理是最基础的。城市景观色彩规划与设计是城市规划的重要组成部分，它的评价直接影响到城市规划技术和管理条例的制定。

（2）城市设计与建设的需要

如果一个城市的建筑、公共设施等在设计之初就有可以遵循的城市景观色彩评价标准，那么这个城市的设计与建设就可以实现和谐的可持续发展。城市景观色彩评价将提供指导性意见。

（3）资源合理利用的需要

城市资源是有限的，城市重点区域的景观色彩规划应实施优先次序，而这需要评价结果的支持。资源的合理利用可以使经济效益和社会效益最大化。城市景观色彩评价的结果可能会影响到项目的实施、资源的分配及重组，还有可能会影响到法律的制定。

（4）知识发展与更新的需要

不同时期的城市景观色彩评价标准可能会不同，这是随着知识的发展和更新而改变的。在城市历史的演进过程中，人们的审美情趣、心理状况都在随时变化着。因此，适应城市发展趋势的城市景观色彩评价标准为城市规划提供了专业基础知识。

（5）政治策略公共关系的需要

城市景观的色彩评价有时与真正的评价目的或评价本身无关，而是某种公共关系与策略的需要,进行评价的目的是给公众一个了解该项目的机会,而真正采用的城市景观色彩规划与设计方案实际上已经决定。随着民主制度的真正体现,越来越多的公共项目在实施前都会进行公众评价,然后兼顾各方要求,使得城市景观色彩评价能够满足平衡公共关系及制定公共策略的需要。

2. 城市景观色彩评价的意义

城市景观色彩评价的意义体现在两个方面。

(1) 城市景观色彩评价是城市景观色彩规划与设计的基础环节

城市景观色彩评价,是为了给城市景观色彩规划与设计提供客观的认识依据,只有对其从不同角度、不同立场、不同出发点等多角度进行客观的认识评价,才可能制定出城市景观色彩规划设计的合理策略和方案。

(2) 城市景观色彩评价是城市景观色彩实施情况的检验标准

城市景观色彩的实施过程中,会有相关部门以及公众对其实施进行评价,如果某项城市景观的色彩实施脱离了"控制",即未采用规划部门所提供的色谱,甚至采用了明确禁用的色谱,相关部门和公众就会起到监督作用,而城市景观色彩的评价就会起到检验其效果的作用。需要特别说明的是,虽然公众的评价一般很少考虑功能、造价和思想内涵等隐形内容,但是他们对城市景观色彩的评价却是至关重要的。

6 景观空间设计

景观设计是从空间划分开始的。可以说,景观空间设计是景观设计的核心部分。空间是景观设计的最终体现,通过空间的使用,可以向游人展现设计的内涵和功能。

6.1 空间的基础知识

在学习景观空间设计前,首先要对景观空间的基础知识有所了解,知道景观空间是如何界定的,有哪些基本类型。

6.1.1 景观空间

景观空间是相对实体而言的,基本上是由一个物体与感受者之间的相互关系所形成的,是根据视觉确定的。自然界可看作是无限延伸的。自然界中的事物相互限定,就形成自然空间。景观空间是由人创造的、有目的的外部环境,是比自然空间更有意义的空间。所以,景观空间设计就是创造这种有意义的空间的技术。

在旷野中铺一张放着食品的毯子,立即形成了从原大自然空间中划分出来进行野餐的场地。收起毯子,又恢复了原有的自然场地。两人在雨中同行时,撑开雨伞,伞下产生两个人的天地,收拢雨伞,只有两个人的空间就消失了(见图6-1、图6-2)。

图 6-1　野餐

图 6-2　雨中

空间的形成,概括地讲是由实体要素在自然空间中单独或共同围合成具有实在性或暗示性的范围。这些实体要素包括一切自然要素和人工要素。自然要素包括植物、水体等。人工要素包括城市建筑物、构筑物、街廊设施等。

建筑空间根据常识来说是由地板、墙壁、天花板三要素所限定的(见图6-3)。景

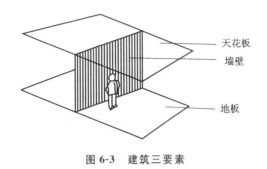

图 6-3 建筑三要素

观空间可以说是比建筑空间少一个或两个要素的空间。

6.1.2 景观空间与实体的关系

景观空间与实体相互依存,不可分割。空间包容渗透实体,实体对空间具有约束性,限定了它的形状、方向。设想一个广场,如果广场内和周围的一切建筑、树木、设施实体都不存在,那么广场也就失去了支撑它的空间。相反,如果广场中塞满了实物,同样也不能构成良好的空间。要创造一个好的空间,就要充分利用景观设计中的各种实体要素,包括建筑、地面、水体、植物、墙面、设施、自然地形等。

景观空间相对实体而言具有不确定性,它不像实体有具体的形态、界面、色彩等,实实在在存在于人们的面前。但空间在某种程度上存在着可认知性,可以通过对相关环境的认知、判断,来获得相应空间的形状、心理感受等,从而体验它、用语言描述它。人对空间的感觉是通过视觉和心理多层次的综合认识来获得的。

6.1.3 景观空间的类型

景观空间按照不同的分类方式,可以分成不同的空间类型。下面就来简单介绍一下景观设计中常常涉及的空间类型。

1. 根据空间的使用性质分类

景观空间按使用性质大致可分为活动型、休憩型和穿越型三类。

(1)活动型

这种类型的外部空间一般规模较大,能容纳多人活动,其形式以下沉式广场与抬起式台地居多。合肥市的明珠广场为下沉式广场,北京天坛的圜丘则是抬起式的园台,不同的围合给人以不同的感受,这些都属于活动型空间。

(2)休憩型

这种类型的外部空间以小区内住宅群中的外部空间为多。一般规模较小,尺度也较小。

(3)穿越型

城市干道边的建筑及一些大型的观演、体育建筑,常有穿越型的外部空间,如城市里的步行通道或步行商业街。合肥市淮河路步行商业街和花园街,其间点缀绿化、小品等,既可穿越,也可休息,还可活动,可以说是多功能的外部空间。

2. 根据空间领域的占有程度分类

根据人在社会中的组群关系以及人们对空间领域的占有程度,可将景观空间分为公共空间、半公共空间和私密空间三种类型。

（1）公共空间

顾名思义,公共空间是属于社会成员共同的空间,是为适应社会频繁的交往和多样的生活需要而产生和存在的,如商业服务、集中公共绿地、休闲广场等。景观空间中的公共空间往往是人群集中的地方,是公共活动中心和交通枢纽,有多种多样的空间要素和设施,人们在其中有较大的选择余地。

（2）半公共空间

半公共空间是介于公共空间和私密空间之间的一种过渡性的空间。它既不像公共空间那么开放,也不像私密空间那样独立。如宅间庭院就属半公共空间。半公共空间多是属于某一范围内的人群,其设计需要有一定的针对性。

（3）私密空间

人除了有社会交往的基本需要外,也有保证自己个人私密和独处的心理和行为要求。私密空间就是要充分保证个人或小团体的活动不被外界注意和观察到的一种空间形式。如居住小区内的住宅就属私密空间。

3. 根据空间的围合程度分类

根据空间的围合程度,景观空间可分为开敞空间、半开敞空间和封闭空间三类。

空间是由多个界面围合而成的。空间的界面可以是实体,也可以是虚面;可以是开敞的,也可以是封闭的。不同的空间形态满足不同的功能需要。

（1）封闭空间

封闭空间多用限制性较强的材料来对空间的界面进行围护,割断了与周围环境的流动和渗透,无论是在视觉、听觉和空间的小气候上都具有较强的隔离和封闭性质。封闭空间的特点是内向、收敛和向心的,具有很强的区域感、安全感和私密性,通常也比较亲切。但过于封闭的空间往往给人单调、沉闷的感觉,所以私密程度要求不是特别高时,可以适当地降低它的封闭性,增加其与周围环境的联系和渗透。

（2）半开敞空间

半开敞空间是介于封闭空间和开敞空间之间的一种过渡形态。它既不像封闭空间那么具有明确的界定和范围,又不像开敞空间那样完全没有界定,呈开放状态。

（3）开敞空间

相对于封闭空间而言,开敞空间的界面围护限定性很小,常常采用虚面的方式来构成空间。它的空间流动性大,限制性小,与周围的空间无论从视觉上还是听觉上都有相当的联系。开敞空间是向外性的、向外扩展的。相对而言,人在开敞空间环境里会比较轻松、活跃、开朗。由于开敞空间讲究的是与周围空间的交流,所以常常采用对景、借景等手法来进行处理,做到生动有趣。

4. 根据对空间的心理感受分类

从人对空间的心理感受上分类,景观空间可分为静态空间和动态空间两类。

不同的空间状态会给人不同的心理感受,有的给人平和、安静的感觉,有的给人流畅、运动的感觉。不同的功能要求和空间性质需要提供相应的空间感受。

(1)静态空间

静态空间是为游人休憩、停留和观景等功能服务的,是一种稳定的、具有较强围合性的景观空间。它反映在空间形态上是一种趋于"面"状的形式,空间构成的长宽比例接近,可以是有明确几何规律的方形、圆形和多边形,也可以是不规则的自然式形态(见图6-4)。

(2)动态空间

动态空间形态最直观的表现是一种线性的空间形式,可以是自然式或规则的线形所形成的廊道式空间(见图6-5)。动态空间具有强烈的引导性、方向性和流动感,其尺度越狭窄,流动感越强。

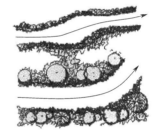

图 6-4 静态空间　　　　　图 6-5 动态空间

6.2 空间要素及形态

景观空间中包含着很多景观设计元素,可以将它们概括为点、线、面和体。同时,从复杂的空间中,也能够总结概括出单一空间的基本形态。

6.2.1 空间的组成要素

现代景观构成要素多种多样,造型千变万化,这些形形色色的造型元素,实际上可看成是简化的几何形体消减、添加的组合。也就是说,景观形象给人的感受,都是以微观造型要素的表情特征为基础的。景观中的任何实体,都可以抽象概括为点、线、面、体四种基本构成要素。它们不是绝对几何意义上的概念,只是视觉感受中的点、线、面、体。它们在造型中具有普遍性的意义。点、线、面、体是景观空间的造型要素,掌握其语言特征是进行景观艺术设计的基础。

点、线、面、体不是由固定的、绝对的大小尺度来确定的,而是取决于人们的观景位置、视野,取决于它们本身的形态、比例以及与周围环境和其他物体的比例关系,还取决于它们在造型中所起的作用等许多要素,是相对而言的。例如,青岛五四广场的火炬雕塑,与广场灯相比,它的形可看作体(见图 6-6),但相对于整个广场,就只能被视为一个点了(见图 6-7)。

图 6-6　青岛五四广场的火炬雕塑与广场灯比为"体"

图 6-7　青岛五四广场的火炬雕塑与广场比为"点"

1. 点

点是构成形态的最小单元,点排列成线,线堆积成面,面组合成体。点既无长度,也无宽度,但可以表示出空间的位置。当平面上只有一个点时,我们的视线会集中在这个点上。点在空间里具有积极的作用,容易形成景观中的视觉焦点。

点的形态在景观中处处可见。其特征是:相对于它所处的空间来说体积较小、相对集中。如一件雕塑、一把座椅、一个水池、一个亭子,甚至草坪中的一棵孤植树,都可看成是景观空间中的一个点。空间里的某些实体形态是否可以被看成点完全取决于人们的观察位置、视野和这些实体的尺度与周围环境的比例关系。点的合理运用是景观设计师创造力的延伸,其手法有自由、阵列、旋转、放射、节奏、特异等。点是一种轻松、随意的装饰元素,是景观艺术设计的重要组成部分。

2. 线

线是点的无限延伸,具有长度和方向性。真实的空间中是不存在线的,线只是一个相对的概念。空间中的线性物体具有宽窄粗细之分。之所以被当成一条线,是因为其长度远远超过它的宽度。线具有极强的表现力,除了反映面的轮廓和体的表面状况外,还给人在视觉上带来方向感、运动感和伸长感。

景观中形形色色的线可归纳为直线和曲线两大类。直线又分为垂直线、水平线和各种角度的斜线;曲线又分为几何形、有机形与自由形等。线与线相接会产生更为复杂的线形,如折线是直线的接合,波形线是弧线的延展等。

线在景观设计中无处不在,横向的如蜿蜒的河流、交织的公路、道路的绿篱带等,纵向的如高层建筑、景观中的柱子、照明的灯柱等,都呈现出线状,只是线的粗细不一样。植物配置时,线的运用最具有特色。要把绿化图案化、工艺化,线的运用是基础。绿化中的线不仅具有装饰美,而且还洋溢着一股生命活力的流动美。

3. 面

面是线在二维空间运动或扩展的轨迹,也可以通过扩大点或增加线的宽度来形成,还可被看成是体或空间的界面,起到限定体积或空间界限的作用。

面的基本类型有几何型、有机型和不规则型。几何型的面在景观空间中最常见,如方形面单纯、大方、安定,圆形面饱满、充实、柔和,三角形面稳定、庄重、有力。几何型的斜面还具有方向性和动势。有机型的面是一种不能用几何方法求出的曲面,它更富于流动和变化,多以可塑性材料制成,如拉膜结构、充气结构、塑料房屋或帐篷等。不规则型的面虽然没有秩序,但比几何型的面更自然、更富有人情味,如中国园林中水池的不规则平面、自然发展形成的村落布置等。

随着科技的不断发展,在现代景观设计中运用曲面形式的处理并不鲜见。限定或分隔空间时,曲面比直面限定性更强,更富有弹性和活力,为空间带来流动性和明显的方向感。曲面内侧的区域感较为清晰,并使人产生较强的私密感(见图 6-8),而曲面外侧则会令人感受到其对空间和视线的导向性。

图 6-8　曲面的应用——公园一角

在景观空间中,设计的诸要素如色彩、肌理、空间等,都是通过面的形式充分体现出来的。面可以丰富空间的表现力,吸引人的注意力。面的运用反映在下述三个层面。

（1）顶面

顶面即垂直界面顶部边线所确定的天空,是最自然化的界面。当景观空间内多为大乔木时,空间的顶面就由天空变成了植物树冠形成的顶盖。景观空间中自然元素围合的空间虚实相间,顶面与垂直界面交汇,形成自然的天际线。

顶面可以是蓝天白云,也可以是浓密树冠形成的覆盖面,或者是景观建筑亭、廊等的顶面,它们都属于景观空间中的遮蔽面。

（2）围合面

从视觉、心理及使用方面限定或围合空间的面即围合面,它可虚可实,或虚实结合。围合面可以是垂直的墙面、护栏,也可以是密植较高的树木形成的树屏,或者是若干柱子呈直线排列所形成的虚拟面等,另外,地势的高低起伏也会形成围合面。

（3）基面

景观中的基面可以是铺地、草地、水面,也可以是对景物提供有形支撑的面等。基面支持着人们在空间中的活动,如走路、休息、划船等。

4. 体

体是由面移动而成的,它不是靠外轮廓表现出来的,而是从不同角度看到的不同形貌的综合。体具有长度、宽度和深度。体可以是实体,由其占据空间,也可以是虚空,即由面所包容或围合的空间。体能给空间以尺寸、大小、尺度关系、颜色和质地,同时空间也映衬着各种体形。体与空间之间的共生关系可以在比例、尺度等层面上去感知。

体的首要特征是形。形体的种类有长方体、多面体、曲面体、不规则形体等。体的表情是围合它的各种面的综合表情。宏伟、巨大的形体,如宫殿、巨石等,引人注目,并使人感到崇高、敬畏;小巧、亲切的形体,如洗手钵、园灯等,则惹人喜爱,富有人情味。

如果将大小不同的形体各自随意缩小或放大,就会发现它们失去了原来的意义,这表明体的尺度具有特殊作用。景观中,大小不同的形体相辅相成,各自起着不同的作用,使人们感到空间的宏伟壮丽,同时也具有亲切的美感。

景观中的体可以是建筑物、构筑物,也可以是树木、石头、立体水景等,它们多种多样的组合丰富了景观空间。

6.2.2 空间的限定

景观设计也可以说是"空间设计",其目的在于给人们提供一个舒适而美好的外部休闲憩息的场所。景观艺术形式的表达得力于空间的构成和组合。空间的限定为这一表达的实现提供了可能。空间限定是指使用各种空间造型手段在原空间中进行划分,从而创造出各种不同的空间环境。

景观空间是指在人的视线范围内,由树木花草(植物)、地形、建筑、山石、水体、铺装道路等构图单体所组成的景观区域。空间的限定手法,常见的有围合、覆盖、高差变化、地面材质的变化和设立等。

1. 围合

围合是空间形成的基础,也是最常见的空间限定手法。室内空间是由墙面、地面、顶面围合而成的。室外空间则是更大尺度上的围合体,它的构成元素和组织方式更加复杂。景观空间常见的围合元素有建筑物、构筑物、植物等。围合元素构成方式不同,被围起的空间形态也有很大不同。

空间的围合感是评价空间特征的重要依据。空间的围合感受下述几方面的影响。

(1)围合实体的封闭程度

单面围合或四面围合,对空间的封闭程度明显不同。研究表明,实体围合面达到50%以上时,可建立有效的围合感。单面围合所表现的领域感很弱,仅有边沿的感觉,更多的只是一种空间划分的暗示。在设计中要看具体的环境要求,选择相宜的围合度。

(2)围合实体的高度

空间的围合感还与围合实体的高度有关,当然这是以人体的尺度作为参照的(见图 6-9)。

墙体高度 0.4 m 时   墙体高度 0.8 m 时   墙体高度 1.3 m 时   墙体高度 1.9 m 以上时

图 6-9　围合实体与人体的关系

图 6-9 为空旷地上四周砌砖墙的实例。墙体高度为 0.4 m 时,围合的空间没有封闭性,仅仅作为区域的限制与暗示,人极易穿越这个高度。在实际运用中,这种高度的墙体常常结合休息座椅来设计。

当墙体高度为 0.8 m 时,空间的限定程度较前者稍高一些,但对于儿童的身高尺度来说,封闭感已相当强了。儿童活动场地周边的绿篱高度,多半采用这个标准。

当墙体高度达到 1.3 m 时,成年人的身体大部分都被遮住了,有了一种安全感,如果坐在墙下的椅子上,整个人还能被遮住,私密性较强。室外环境中,常用这个高度的绿篱来划分空间或作为独立区域的围合体。

当墙体高度达到 1.9 m 以上时,人的视线完全被挡住,空间的封闭性急剧加强,区域的划分完全确定下来。此种高度的绿篱带,也能达到相同的效果。

（3）实体高度和实体开口宽度的比值

实体高度（H）和实体开口宽度（D）的比值在很大程度上影响到空间的围合感。当 $D/H<1$ 时，空间犹如狭长的过道，围合感很强；当 $D/H=1$ 时，空间围合感较前者弱；当 $D/H>1$ 时，空间围合感更弱。随着 D/H 的比值增大，空间的封闭性也越来越差（见图 6-10）。

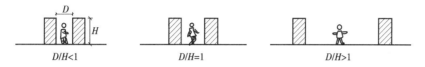

图 6-10 实体高度和实体开口宽度的比值

2. 覆盖

覆盖是指空间的四周是开敞的，而顶部用构件限定。这如同下雨天撑伞，伞下就形成了一个不同于外界的限定空间。覆盖有两种方式：一种是覆盖层由上面悬吊，另一种是覆盖层的下面有支撑。

例如，广阔的草地上有一棵大树，其茂盛繁密的大树冠像一把撑开的大伞覆盖着树下的空间。伞形的厅、廊等景观建筑，也能起到这样的作用（见图 6-11）。再如，轻盈通透的单排柱花架或单柱式花架，它们的顶部攀缘着观花蔓生植物，顶棚下限定出了一个清静、宜人的休息环境。

3. 高差变化

高差可以带来很强的区域感。当需要区别行为区域而又需要使视线相互渗透时，运用基面变化是很适宜的。例如，要使人的活动区域不受车辆的干扰，与其设置

图 6-11 覆盖——伞形的景观建筑

栏杆来分隔空间，不如在二者之间设几级台阶更有效。如基面存在着较大高差，空间会显得更加生动、丰富。

利用地面高差变化来限定空间也是较常用的手法。地面高差变化可创造出上升或下沉空间。上升空间在较大空间中，将水平基面局部抬高，被抬高空间的边缘可限定出局部小空间，从视觉上加强了该范围与周围地面空间的分离性。下沉空间与前者相反，是使基面的一部分下沉，明确出空间范围，这个范围的界限可以用下沉的垂直表面来限定。

上升空间具有突出、醒目的特点，容易成为视觉焦点，如舞台等。它与周围环境之间的视觉联系程度受抬高尺度的影响。基面抬高较低时，上升空间与原空间具有较强的整体性；抬高高度稍低于视线高度时，可维持视觉的连续性，但空间的连续性

中断;抬高超过视线高度时,视觉和空间的连续性中断,整体空间被划分为两个不同空间(见图 6-12)。

下沉空间具有内向性和保护性,如常见的下沉广场,它能形成一个和街道的喧闹环境相互隔离的独立空间(见图 6-13)。下沉空间视线的连续性和空间的整体性随着下降高度的增加而减弱。下降高度超过人的视线高度时,视线的连续性和空间的整体感被完全破坏,使小空间从大空间中完全独立出来。下沉空间同时可借助色彩、质感和形体要素的对比处理,来表现更具目的性和个性的个体空间。

图 6-12　大连童牛岭观景台

图 6-13　天津某居住小区

此外,基面倾斜的空间,其地面的形态得到充分的展示,同时给人以向上或向下的方向上的暗示。

4. 地面材质变化

通过地面材质的变化来限定空间,其程度相对于前面几种来说要弱些。它形成的是虚拟空间,但这种方式运用得较为广泛。

地面材质有硬质和软质之分。硬质地面指铺装硬地,软质地面指草坪。如果庭院中既有硬地也有草坪,不同的地面材质呈现出两个完全不同的区域,那么在视觉上就会形成两个空间。硬质地面可使用的铺装材料有水泥、砖、石材、卵石等。这些材料的图案、色彩、质地丰富,为通过地面材质的变化来限定空间提供了条件。

利用地面材质和色彩的变化,可以打破空间的单调感,也可以实现划分区域、限定空间的功能(见图 6-14、图 6-15)。无论是广场中的一小片水面、绿地,还是草坪中的一段卵石铺就的小路,都会产生不同的领域感。例如,地面铺砌带有强烈纹理的地砖会使空间产生很强的充实感,调节人的心理感受。有时既想将空间有所区分,又不想设置隔断,以免减弱空间的开敞,利用质感的变化可以很好地解决这个问题。比如,在广场上将通道部分铺以耐磨的花岗岩石板,其余的部分铺以彩色水泥广场砖,就能达到上述效果。

5. 设立

在空旷的空间中设置一棵大树、一根柱子、一尊小品等,都会占据一定的空间,对空间进行限定。这种限定会产生很强的中心意识。在这样的空间环境中,人们会感

图 6-14　同济大学嘉定校区　　　　　　图 6-15　南京林业大学一角

到四周产生磁场般聚焦的效果。

　　这样的例子很多。公园中的大树,广场中心的喷泉以及供休憩的小桌、椅子等周围都会形成设立的空间(见图 6-16、图 6-17)。这种空间特征是中心明确、边缘模糊,但也不是没有边界(边界取决于人的心理)。

图 6-16　天津银河广场　　　　　　　图 6-17　公园孤植树

　　对空间进行限定,通常是多种方法的综合运用。通过对空间多元多层次的限定,丰富多彩的空间效果将会充分体现出来。这将满足空间的不同使用性质、审美特点以及地域特色等千变万化的需要,使景观空间更加舒适、丰富、和谐。

6.2.3　空间形态的构成方式

　　景观空间是一个有机的整体,大多数情况下,景观空间都是通过水平要素和垂直要素的相互组合、作用而形成的。根据构成方式的不同,可将景观空间划分为口型、U 型、L 型、平行线型、模糊型、焦点型等不同的类型。

1. 口型空间

口型空间为四面围合的景观空间,能界定出明确而完整的空间范围。这样的空间具有内向的品质,是封闭性最强的景观空间类型(见图 6-18)。要创造一个有效的、生动的外部空间,必须有明确的围合。人们对围合空间的喜爱,出于人类原始的本能,出于围合所产生的安全感。古代埃及园林完全封闭的空间结构,就是为了抵御恶劣的自然环境。城市中的绿地经常采用封闭的栽植结构以躲避喧闹的城市环境。景观中不同的使用区域,如儿童游乐区、露天剧场等,均需要通过完全封闭的围合形式来形成各自独立的空间。

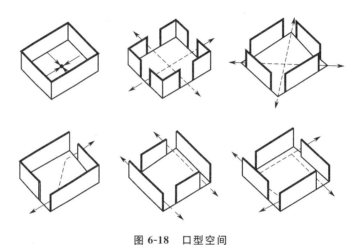

图 6-18 口型空间

2. U 型空间

U 型空间为三面封闭的景观空间,能限定出明确的空间范围,形成一个内向的焦点,同时又具有明确的方向性,与相邻的空间产生相互延伸的关系(见图6-19)。在景观空间的设计中,完全围合的空间常使人感觉过于封闭。英国景观设计师克莱尔·库珀(Clair Cooper)对公园植物空间研究后发现,人们寻求的是部分围合和部分开放的空间,"别太开放,也别太封闭"。在景观中,草坪空间的形成经常采用 U 型空间形式。

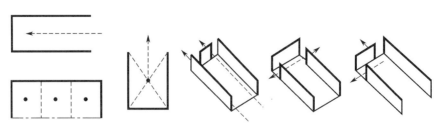

图 6-19 U 型空间

3. L 型空间

L 型空间为两面封闭的景观空间,在转角处限定出一定的空间区域,具有较强的空间围合感。从转角处向外运动时,空间的范围感逐步减弱,在开敞处全部消失。空间具有较强的指向性(见图 6-20)。利用这种空间围合模式,可以形成局部安静、稳定的景观空间,又可将人的视线引导至其他区域,形成良好的对景关系。

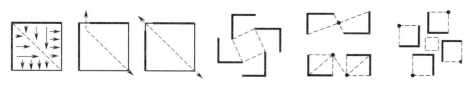

图 6-20 L 型空间

4. 平行线型空间

平行线型空间为一组相互平行的垂直界面,如景观建筑、墙体、绿篱、林带等,所围合形成的景观空间。空间的两端开敞,形成向两端延伸的趋势,使空间具有较强的方向性(见图 6-21)。

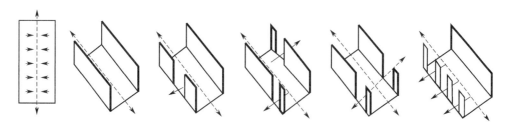

图 6-21 平行线型空间

5. 模糊型空间

模糊型空间是指在景观环境中景观组成元素散置,如树丛、散植树等,所形成的景观空间环境。一些边缘性空间、亦此亦彼的中介性的空间领域也属此类。在英国的自然风景园和东方的园林中,经常存在着模糊型植物空间的形态,植物空间在边角处流动,暗示着空间的无限延伸(见图 6-22)。

6. 焦点型空间

焦点型空间是指景观中的雕塑、建筑、孤植树等所标志的空间。焦点型空间集中、无方向性,是空间中的视觉焦点。空间中景观组成元素数量不同,所表现出来的空间意义差别也很大。一个景观元素位于

图 6-22 林地一角

空间的中心时,将围绕它的空间明确化(见图 6-23)。景观元素位于空间非中心位置时,能增强局部的空间感,但减弱了空间的整体感(见图 6-24)。

图 6-23　对称式焦点结构　　　　　　　图 6-24　不对称式焦点结构

6.3　空间视觉要素的设计

景观设计的完成,需要由"平面构思"向"立体空间"转化。在这个过程中,需要对空间的各个要素进行考虑,以便这些要素组合在一个空间内时,能更好地展现空间所要表达的意图。

6.3.1　点的设计

点在空间中具有集中和控制作用。对空间中点的设计,有两点是尤为重要的。首先是点的形态设计。焦点(或节点)是空间中重要的景观因素,要与其他环境要素有明显的差别。无论是大小、形状、色彩、质感,都要与周围环境形成强烈对比。其形态必须突出,或者形体高耸,或者造型独特,或者具有高度的艺术性,或者采用动态形式,或者经过重点装饰,色彩醒目。总之,这些点必须引人注目。其次是点的位置的选择。一般将点的位置设置在空间的几何中心或视觉中心,如人流汇聚或方向转换节点处,目的是使焦点(或节点)成为环境中的情趣中心,从而对空间形态的构成发挥更大的作用。

空间中的焦点是表达空间形态构成的重要语言。景观中,空间的焦点是那些容易吸引人们视线的景观要素。各种景观要素,如水景(喷泉)、雕塑、小品、花木等,都可以产生点的效果,成为空间中的焦点。这种点的效果通过背景和周围参照物而表现出来。通过对焦点的注视,可增强对整个空间形态的理解。

焦点居于空间中央时,易使整个空间产生向心感;位于空间的一端时,能在空间中产生方向性。

节点是流线交叉的汇聚点。对于边界明确的空间来说,节点一般位于空间几何构图中心(见图 6-25)。节点的位置不同,可以产生不同的效果。焦点不在节点的位置,会造成一种空间开阔或局促的感受;焦点与节点合为一体,则会大大增强该点的控制性,并可实现不同空间的连接和转换。

图 6-25　雕塑位于构图中心

6.3.2　线的设计

线的设计应该注意"线"边界的清晰、硬朗,这样才能使线的形态更加突出。线的边界模糊不清,就不会吸引人们的注意力,达不到设计的预想意图。

线具有方向性、流动性和延续性,在三维空间中能产生空间深度和广度。景观设计中,常常利用线的各种特性来组织空间,引导游览的视线。空间的线首先刺激人的视觉感知,然后利用人对未知事物的好奇心理和对新空间的某种期待,向人暗示它所延伸的方向。线具有十分强烈的纵向延伸感,在引导人流方向上具有重要作用。最典型的例子是中国古典园林中的游廊。园路、桥、墙垣、花架等都具有引导与暗示的作用。

此外,在空间中,线条还具有柔化的作用。在充满直线条的空间环境中,如果有曲线来打破这种呆板的感觉,会使空间环境更具亲切感和人性魅力。即使没有条件创造曲面空间,通过曲线条的景观设施造型、曲面的墙体划分、曲线的绿化或水体等,也都能不同程度地为空间环境带来相应变化。曲线能给人们的视觉带来质或量的冲击。直线和曲线同时运用会产生丰富变化的效果,具有刚柔相济的感觉。当然,曲线的运用要适可而止、恰到好处,否则会产生杂乱无序之感、矫揉造作之态。

6.3.3　面的设计

面是空间中最重要的景观要素。无论什么样的空间,面都是存在的;没有面的存在,就不会有空间的存在。对于空间中面的设计,重点介绍底面、顶面和垂直面三种。

1. 底面

底面的大小对想要达到的功能具有限定作用。底面本身的地势、形态会对人的感受产生本能的影响。比如,地面的高低起伏、场地的形状,都可以为景观要素所要表达的意境提供表现平台。底面材质的区分,可将不同的功能组合在一起,达到需要的用途。比如,道路规划中,底面不同的材质代表了功能的不同,沥青是车行道,泥土是绿化带的象征,彩色的方砖则代表该区域是步行道。

底面设计必须掌握一个原则,就是尽量不破坏场地本身的面貌,而是依据原始的场地条件,去设计功能,配置合理的方案。这样做,设计方案会更有韵味,所有景观都会融入大环境之中。

2. 顶面

在景观设计中,顶面的作用往往被忽视。抬头仰望茫茫的天空,其边际的延伸与近处的树冠连接在一起,让人觉得非常惬意。如果没有这近处的枝冠,人们会感觉缺少了些什么。仔细想想,在亲切舒适的环境里,必然有一个亲切的顶面。在天空不适合做顶面的情况下,需要做一些顶面控制及顶面围合。顶面围合的形态、高度、特征以及围合的范围,会对该空间产生明显的影响。

底面相同时,不同的顶面对整个空间尺度的影响以及给人的心理感受是完全不一样的。比如在某一区域,在较低矮的顶面下活动时,人只能蹲下交谈,而且也觉得比较压抑。在同样的区域里,如果顶面的高度适宜,人们的谈话活动就能得到一个相对轻松融洽的氛围。但是,如果顶面过高,在某种程度上就失去了它作为顶面的意义,对人的心理和行为活动没有了太大的影响。

顶面对空间特性的影响,主要是其光影效果。光的特性可以从几个方面来说明:色彩上,光线可以是任何颜色;强度上,可以从黯淡、柔和到明亮、耀眼、刺目;光线的运动上,可以是直射、反射、漫射、跳跃、闪烁等;光的意境上,可以是神秘的、冰冷的、温暖的、让人放松的、让人紧张的……所有这一切,都需要在处理顶面时运用不同的材料和手段,以达到所要表达的效果。顶面处理时,要注意尽量保持顶面的简洁。对于顶面,更多的是去感受而不是观看。

3. 垂直面

一个空间的分隔、围合、背景,通常是由垂直面来完成的。垂直面是最容易把握的,也是最显眼的。在创造景观空间时,垂直面非常有用。

通过对垂直面的处理,可以达到预想的设计效果。比如,可以运用垂直面把影响整个空间氛围的要素隐藏起来,展现场地内想要展现的要素;也可以通过垂直面增强空间内景观的立体感、层次感。

垂直面在空间里的作用不单单是提供屏蔽、背景、庇护、包容,它同样也可以成为景观空间的决定性因素。单独出现的垂直要素在大小和形式上必须与空间的尺度相适应,才能起到丰富、强化空间特点的作用。单独出现的垂直要素要想成为空间的主导,其背景就应该衬出这个垂直要素的特点。空间与空间所围合的垂直要素是一个整体。在这个整体中,重要的不是垂直要素和空间本身,而是两者之间的距离变化关系。比如,把一个物置于一个形状多样的空间内远离中心的位置时,可以起到强化这个物体几何形体的作用,从而形成空间内物体与空间之间的动态关系。进行设计时,特别是多个物体存在于同一个空间内时,应该特别注意物体之间的关系以及物体与围合它的垂直面之间的关系,使整个空间所要表达的主题突出,不至于混乱。

垂直面可以作为一个空间的主导要素,对营造空间小环境有着重要的作用。垂直面对空间内的温度、声音、风的走向等要素的控制作用也是显而易见的:风可以被垂直物阻挡、减弱、疏导,垂直物可以使微风导向那些潮湿的角落;垂直物的存在,可以使空间内阳光产生变化,以至影响空间内的温度;在阳光的作用下,垂直物阴影的跳动、闪烁也可让空间变得更加有趣。

6.3.4 体的设计

景观设计中的体,主要指景观建筑、服务性建筑以及各种形式的构筑物,甚至包括体量大些的雕塑、小品。"体"的设计,首先要注意"体"与空间环境间的比例关系。根据设计意图和使用功能,体量必须适宜,否则就会使人对空间大小的感觉有所不同,如"以小见大"和"以大见小"就是这个原理。其次,还要注重空间中"体"的风格和形式。景观设计风格各异,形态万千。不同风格的景观环境,需要与之相协调的景观"体"的出现。风格对比太突出,就会给人造成混乱的感觉。再次,就是要注重"体"的色彩运用。不同的设计意图对"体"的色彩选择也会有所不同。为突出空间中的体,一般可选择明亮的色彩,甚至可以与空间的整体色彩形成对比。否则,应尽可能地选择中性色,达到与周围环境相协调的效果。

6.3.5 空间色彩设计

中国古代的空间色彩理论是一种寻求与自然相融合的理论。任何空间色彩的选定,无论是室内还是室外,底面都被处理成大地的颜色,如泥土、石头、落叶等。让人联想到水面的淡蓝色或者蓝绿色,一般不作为底面的颜色。墙和顶棚一般选择像树干那样的棕色、深灰色。背景墙颜色一般选择能表达幽远景象的色调。天花的颜色主要是天蓝色、水绿色或柔和的灰色,因为这些颜色能让人联想到缥缈的天空。

色彩的冷暖、远近、胀缩感使色彩空间成为设计中最具活力的关键要素。色彩的远近感和胀缩感在空间营造时非常有帮助。明度高、纯度高的暖色有前进感和膨胀性,而明度低、纯度低的冷色则有后退感和收缩性。利用这样的特性,有助于调整景观空间的大小。

空间是分层次的,色彩对空间的层次有很大影响。色彩关系随着层次的增加而变复杂,随着层次的减少而简化。不同空间层次之间的色彩关系,可以分别考虑为背景色和重点色。背景色常作为大面积的色彩,宜用灰色调;重点色常作为小面积的色彩,宜采用高纯度色彩或与背景形成明度对比的色彩,使背景色与主体色形成强烈而统一的视觉对比。在色调调和上,可以采取重复、韵律和对比等方式来强调和协调景观环境中某一部分的色彩效果。通过色彩的重复、呼应、联系,可以加强色彩的韵律感和丰富感,使色彩在空间设计中达到多样统一,统一中有变化,不单调、不杂乱,色彩之间有主、有从、有中心,形成一个完整和谐的整体。不同色彩在不同的空间背景上所处的位置,对景观空间的性质及心理知觉和感情反应的形成都会产生一定的影响。

空间色彩理论有很多,但总体上可以划分为两种。一种是使整个空间色彩围合,形成一种中立性,用黑、白、灰三色突出空间中的其他事物。例如,空间的色彩用中性色,空间中的道路、景观小品、设施等元素可以为其提供丰富的色彩,使空间生动起来。另一种就是整个色彩围合的空间有一个基调,这个基调能带给人们一种情感的反应,空间内所有事物都会受到这一基调的影响。这种设计是以强调空间主导色为目的的,空间中其他景观设施、小品的色彩作为衬色或对比色,用来突出空间的色彩基调。

色彩空间设计在景观设计中的运用,可以概括为以下三个方面。

1. 丰富空间

有时为了达到某些特定的使用功能,如集会、健身等,空间设计简洁、尺度大,空间显得单调、呆板,如大面积的地面、宏大的墙体或者植物围合体等。合理运用色彩就可以改善空间比例,增加空间层次,丰富空间内容,以弥补、完善空间形态的不足和弱点(见图 6-26)。

图 6-26 丰富空间——古典园林一角

2. 强化造型

从色彩的明度看,明色具有膨胀性,看起来距离较近,暗色具有收缩性,看起来距离较远。可以利用色彩明暗所显示出的进退感,来强化空间中重点构筑物的景观设施的造型和形体空间,传达设计者所要表达的主题和意境。通常的做法就是将需要强调的部分设计成明度高的暖色色彩,将其他部分设计成明度低的冷色色彩。通过色彩反差,强调突出部分,加强吸引力(见图 6-27)。

3. 纯净结构

通过归纳、概括,色彩可以对空间的外部形态和内部元素进行纯化。空间中,起装饰作用的构筑物、景观设施等过于复杂,造型显得零乱时,可以以一两种色调为基本色,对整个空间构成要素进行归纳、整理,纯化为单纯的结构关系,使之获得和谐统一的美学效果(见图 6-28)。

图 6-27 强化造型——天津某居住区

图 6-28 纯净结构——同济大学一角

6.3.6 空间质感设计

材料的形体和表面纹理所产生的视觉和触觉印象,称为质感。质感是物体表面在内因和外因作用下形成的结构特征。这些特征通过人的视觉和触觉感知后,在人脑中生成综合的感觉和印象。质感是一种生理属性,是物体表面作用于人的触觉和视觉系统的刺激性信息,如软硬、粗细、冷暖、凸凹、干湿等。质感是与形态感、色彩感并列的三大感觉要素之一。

工业设计中,质感分为一次质感和二次质感。所谓一次质感,即材料本身质地所表现出的质感,大多数材料都是以其本身面目出现的。某些情况下,原始材料进行处理后所激发出来的新的质感,就是二次质感。

在建筑、景观设计领域中,二次质感是常见的现象。例如,瓷砖或马赛克的拼装,单位面积较小的材料,进行大面积的拼贴,通过拼缝变化、凹凸变化以及色彩变化等方式,能够塑造出丰富的二次质感,达到令人意外的良好效果。

空间质感修饰有助于形成其视觉特征,将所看到和所感受到的联系起来,增强景观的生命活力,成为愉悦感的源泉。质感有引导提示的作用,既能传递触觉,又能传递视觉。光滑的铺砌带引导人们通过卵石铺砌的广场。平面的高差变化起着限定空间和改变使用功能的作用。中心型的盆地则给人静止之感。长满苔藓的整石铺砌或密植的草皮,强调着下部场地的形与体,增强其可见的尺度感,对于拔地而起的物体起着背景的作用。粗糙的草皮、卵石或石块,使人更多地注意地面本身。从砖砌踏步逐级而上,进入木板铺面的场地时,不同声响和质感同时引发着人们的多种感官感受,很具刺激性。

在尺度上,质感可以从粗糙向光滑转变,并且这两种质感可以并置。质感与光线和距离的改变有密切关系。距离和尺度不同,出现不同层次质感的现象,称为重复质感,地面铺装上时常出现。例如,在地面或植物等景观的整体背景质感中,就可能出现正方形交错分隔的质感。

6.4　空间尺度

景观为人们提供了室外交往的场所,人与人之间的距离决定交往方式,也影响到景观设计中的空间尺度。例如,园路的宽度主要取决于人们的行进方式;火车站前的交通广场与居住区内居民活动的小广场,对尺度有不同的要求。

根据人的生理、心理反应,两人相距 1~2 m 时,可以产生亲切的感觉;两人相距 12 m 时,可以看清对方的面部表情。

当距离在 20~25 m 时,人们可以识别对面的人的脸。这个距离同样也是环境观察的基本尺度。芦原义信曾提出在外部空间设计中采用 20~25 m 的模数。他认为:关于外部空间,每隔 20~25 m,有节奏的重复、材质的变化或是地面高差的变化,可以打破单调,使空间一下子生动起来。这个尺度常被看成外部空间设计的标准。空间区域的划分和各种景观小品(如水池、雕塑)的设置,都可以以此为单位进行组织。

当距离超出 110 m 时,肉眼只能辨别出大致的人形和动作。这一尺度可作为广场尺度,能形成宽广、开阔的感觉。

一个人处于建筑之间、漫步在广场上,可因周围建筑高度 H 与广场宽度 D 之间的尺度比值不同,产生不同的心理反应。当 D/H 值增大时,空旷迷离的感觉就相应增强。当 $D/H<1$ 时,内聚的感觉非常强烈,以至于产生压抑感。在日常生活中,人们总是趋向一种内聚、安定、亲切的环境。所以,广场空间 D 与 H 的最佳比值大体在 1~2 之间,即广场最小尺度等于建筑高度,最大尺度不超过建筑高度的 2 倍。

此外,在外部景观环境的观赏中,有人提出以 200 m 为界限,在 200 m 以内,分近、中、远三个景区。近景约 60 m,可以看清树种;中景 80~100 m,可以看清人的具体活动;远景 150~200 m,可以看到景观的大体轮廓。所以,200 m 应作为外部景观环境的极限或大型广场的一个界限。

6.5 空间的组合方式

前面论述了景观空间的基本类型和单一空间的形式,然而在实际的景观环境中,单一的空间构成是很少的,一般都是由许多不同的景观空间共同构成的整体。因此,探讨景观空间之间构成的结构关系就极为重要了。景观空间的结构方式主要有线式组合、集中式组合、放射式组合、组团式组合、包容式组合和网格式组合六种方式。

6.5.1 线式组合

线式组合,指一系列的空间单元按照一定的方向排列连接,形成一种串联式的空间结构。它可以由尺寸、形式和功能都相同的空间重复构成,也可以用一个独立的线式空间将尺度、形式和功能不同的空间组合起来。线式组合的空间结构包含着一个空间系列,表达着方向性和运动感。它的起始空间和终止空间多半较为突出。可采用直线、折线等几何曲线,也可采用自然的曲线形式。就线与景观空间的关系,可划分为串联的空间结构和并联的空间结构两种类型(见图6-29、图6-30)。

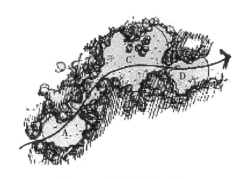

图6-29　串联的空间结构

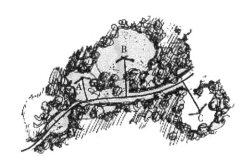

图6-30　并联的空间结构

6.5.2 集中式组合

集中式组合是由一定数量的次要空间围绕一个大的占主导地位的中心空间构成。它是一种稳定的、向心式的空间构图形式(见图6-31)。中心空间一般要有占统治性地位的尺度或突出的形式。次要空间形式和尺度可以变化,以满足不同的功能与景观要求。集中式组合没有方向性。

植物设计中,草坪空间的设计可以遵循这种结构形式。以花港观鱼公园的草坪空间为例(见图6-32)。草坪中心空间的形成主要依靠空间尺度的对比,以120 m左右的尺度形成了统治性的主体空间。其他树丛之间以不太确定的限定形式形成小尺度的空间变化。集中式组合方式所产生的空间向心性,将人的视线向丛植的雪松树丛集中。英国密尔顿住宅区公园(Milton Residential Park)的圆形空间形态与林带间自然形的空间形成差别,圆形空间的尺度占统治性地位,空间的结构形式十分明确(见图 6-33)。

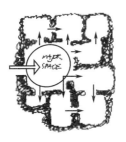

图 6-31　集中式组合植物空间示意图

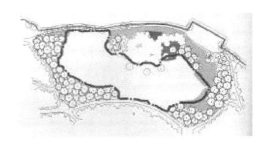

图 6-32　花港观鱼公园雪松草坪中心空间

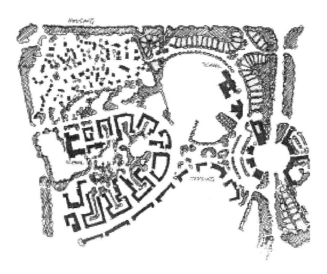

图 6-33　密尔顿住宅区公园平面

6.5.3　放射式组合

放射式组合综合了线式与集中式两种组合要素,由具有主导性的集中空间和由此放射外延的多个线性空间组成。放射式组合的中心空间也要有一定的尺度和特殊的形式来体现其主导和中心地位。集中式组合是内向的、趋向于向中间聚焦,放射式组合则向外延伸,与周围环境有机结合。放射式中央空间一般是规则的形式,而向外延伸的线式空间,功能、形式可以相同,也可以有所变化,以突出个性。在安德雷·勒·瑙托(Andre le Notre)设计的杜勒丽花园(The Tuileries Garden)中,采用了放射式空间组合的结构形式(见图 6-34)。

图 6-34　杜勒丽花园平面图

6.5.4　组团式组合

　　组团式组合,是指形式、大小、方位等有着共同视觉特征的各空间单元,组合成相对集中的空间整体。其组合结构类似细胞状,具有共同的朝向和近似的空间形式的多个空间紧密结合为一个整体(见图 6-35、图 6-36)。组团式组合可在

图 6-35　组团式组合空间类型

它的构图空间中采用尺寸、形式、功能等各不相同的空间,但这些空间要通过紧密连接和诸如对称轴线等视觉上的一些规则手段来建立联系。与集中式不同的是,组团式组合没有占统治地位的中心空间,因而缺乏空间的向心性、紧密性和规则性。各组团式空间形式多样,没有明确的几何秩序,空间形态灵活多变。组团式组合中缺乏中心,必须通过各个组成部分空间的形式、朝向、尺度等组合,来反映出一定的结构秩序和各自所具有的空间意义(见图 6-37)。有时在对称或有轴线的情况下,可用于加强和统一组团式空间组合的各个局部,有助于表达某一空间的重要意义,同时也有利于加强组团式空间组合形式的整体效果。

图 6-36　组团式组合空间类型

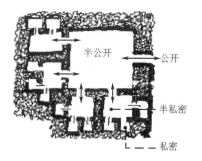

图 6-37　组团式空间性质的变化

6.5.5 包容式组合

包容式组合是指在一个大空间中包含了一个或多个小空间后所形成的视觉及空间关系（见图 6-38）。空间尺度的差异性越大，这种包容的关系越明确。被包容的小空间与大空间的差异性很大时，小空间具有较强的吸引力，或成为大空间中的景观节点。当小空间尺度增大时，相互包容的关系减弱（见图 6-39）。

图 6-38　包容式组合空间类型

图 6-39　被包容空间尺度的变化

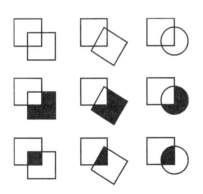

图 6-40　空间穿插的类型

空间穿插，是指两个空间领域相互重叠，出现一个共享的区域。这种结构形式产生出三种空间关系的变化：共享部分为两个空间共有、被其中一个合并和作为连接两个空间的独立性元素（见图 6-40）。

两个空间相邻，是最常见的空间结合形式。在保证两个空间各自独立的基础上，相邻两个空间之间的关系可概括为间接联系、视觉联系、贯通联系三种方式（见图 6-41）。在景观设计中，相邻两个空间之间也可以采用一系列的手法强调或减弱两者的关系（见图 6-42）。

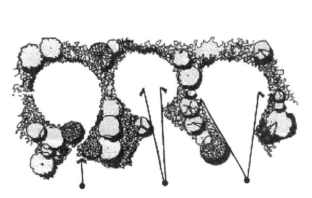

图 6-41　相邻空间的关系

图 6-42　相邻空间的转换

6.5.6 网格式组合

网格式组合,是指空间构成的形式和结构关系受控于一个网格系统,是一种重复的、模数化的空间结构形式。采用这种结构形式容易形成统一的构图秩序。网格的组合力量来自图形的规则性和连续性,它们渗透在所有的组合要素之中。网格图形在空间中确定了一个由参考线所连成的固定场位。即使网格组合的空间尺寸、形式和功能各不相同,仍能合成一体,具有一个共同的关系。单元空间被削减、增加或重叠时,由于网格体系具有良好的可识别性,产生变化时不会丧失构图的整体结

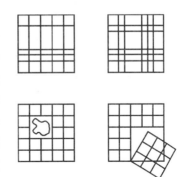

图 6-43 网格式组合的变化

构。为了满足功能和形式变化的要求,网格结构可以在一个或两个方向上产生等级差异,网格的形式也可以中断而产生出构图中心,也可以局部位移或旋转网格而形成变化(见图 6-43)。

网格式组合的设计方法在现代景观设计中被广泛使用。比如,丹·凯利(Dan Kiley)的作品中,很多都采用网格的结构来形成秩序与变化统一的空间(见图 6-44)。玛莎·施瓦茨(Martha Schwartz)1991 年设计的加州科莫斯城堡方案中,也采用了网格结构设计方法,在方形网格的控制下,栽植 250 株椰枣树,形成特色鲜明的植物景观(见图 6-45)。

(a)

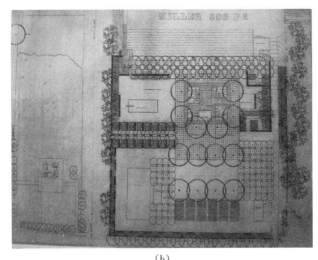

(b)

图 6-44 丹·凯利的作品

(a)亨利摩尔雕塑公园平面;(b)米勒庄园平面

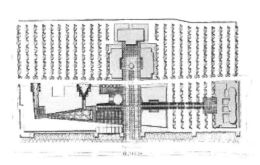

图 6-45 加州科莫斯城堡平面与景观

6.6 空间层次序列设计

空间一般是由不同使用功能的区域共同组合而成。但是,当人们穿行其中时,人的行进方向和时间等因素要求景观空间必须有顺序和层次上的考虑和安排。

6.6.1 空间顺序

安排空间顺序的方法是,根据功能来确定空间的领域,将它们按照一定的规律排列组织起来。景观空间的安排顺序大致应遵循以下几种路线:

①室内→半室内→半室外→室外;

②封闭性→半封闭性→半开敞性→开敞性;

③私密性→半私密性→半公开性→公开性;

④安静的→较安静的→较嘈杂的→嘈杂的;

⑤静态的→较静态的→较动态的→动态的。

如图 6-46 所示,通过空间的开敞程度及材质的界定,从下到上依次为开敞空间、半开敞空间、私密空间。

图 6-46 空间顺序示意图

6.6.2 空间的层次

空间的层次与其整体效果关系极大。一般来说,空间设计要有近景、中景、远景之分和层次变化,否则所设计的空间就会缺乏生气和意义。景观空间比较大、景深的绝对透视距离很大时,如大片的水面、大片的草地、大面积的广场,由于缺乏层次,在感觉上缺乏深度感。

空间的层次感一般通过合理的设计,运用隔断、绿化、水体、高差等造成的心理感受来实现。中国古典园林中所追求的"步移景异"的效果就是一个极好的例证。通常,我们可在中景的位置安置主景,用远景或背景来衬托主景,用前景来装点画面。有时因不同的设计要求,前景、中景、背景也不一定全都具备。在纪念性园林中,主景气势宏伟,空间广阔豪放,通常只用简洁的画面(如蓝天、白云,或高山、丛林)做背景,而不设前景。在一些大型建筑物的前面,为了突出建筑物,使视线不被遮挡,只用一些低于视平线的水池、花坛、草地作为前景。还有许多主景建筑不但不强调前景,背景也没有太多的考虑,只是借助于蓝天、白云。

6.6.3 空间序列的组织

空间序列是指人们穿过一组空间的整体感受和心理体验,也可以理解为不同空间的组合效果。它产生于人在运动过程中对不同空间的体验,讲述的是各种关系空间的连续性和时间性,以及人在空间内活动所感受到的精神状态。利用空间之间的分隔与联系,可以借对比、变化与渗透来增强空间的层次感,从而形成统一完整的空间序列。

一般认为完整的空间序列包括以下几个阶段。

① 序幕(起始阶段)。这个阶段是序列的开端,是对整体的第一印象,应予以充分的重视。人们会把即将展开的空间序列与心理的习惯性推测相对比并进行认知评价。在温和、平易近人的前提下,具有足够的吸引力是起始阶段考虑的重点。

② 展开(过渡阶段)。它既是起始后的承接过渡阶段,又是高潮阶段的前奏,是序列中关键的一环。特别是在长序列中,展开过渡阶段可以表现出若干不同层次和细节的变化。它紧接着高潮阶段,对高潮出现具有引导、启示、酝酿和期待作用。这是该阶段考虑的主要因素。

③ 高潮(高潮阶段)。高潮是全序列的中心。从某种意义上说,其他各个阶段都是为高潮的出现服务的。序列中的高潮常常是精华和目的所在,也是序列艺术的最高体现。期待后的心理满足和激发情绪达到顶峰,是高潮的设计核心。

④ 结尾(终结阶段)。由高潮回复到平静、恢复正常状态是结尾的主要任务。它虽然没有高潮阶段那么重要,但也是必不可少的组成部分。良好的结束似余音缭绕,有利于对高潮的追思和联想,耐人寻味。

一个完整的空间序列构成,犹如音乐的旋律,有"起始—发展—高潮—尾声"的完整过程。成功的空间序列都必须具备明确的层次性,即明确的起始、过渡、高潮和终结。外部空间环境以一定的顺序出现,从而显示出空间的有组织性和总体的意境效果。

总体的意境效果,必须由外部空间的各组成部分以巧妙的手法衔接和相互衬托。以明清故宫为例,空间序列从天安门开始,到端门为一开敞空间,再向里空间骤然封闭,雄伟的午门把空间收缩起来,在午门和太和门之间又做开敞,最后到达序列的高潮——太和殿前广场(见图 6-47)。空间序列众多的层次,产生交替收放的效果,使人们的心理和情绪在这期间充分酝酿和递进,最后达到高潮。

图 6-47　明清故宫

当然,现代景观设计有时不能呈现"序幕—展开—高潮—结尾"这样一个完整的空间序列。有时空间只由两部分组成,即"序幕—高潮"或"高潮—结尾";有时空间序列由三部分组成,即"序幕—高潮—结尾"。做方案时,应根据项目的立地条件和空间的使用功能等条件,结合设计理念来确定整个项目的空间序列。

6.7　景观空间设计手法

景观空间设计,是根据外部空间限定和空间组织研究,充分考虑到人的观察路线对空间组织的影响,对空间进行合理的安排和组织。在手法上,需要综合运用对比与变化、重复与再现、衔接与过渡、渗透与层次、引导与暗示等多种形式。只有这样,才能建立一个完整、统一的空间序列。

6.7.1　对比与变化

空间的组合或系列空间的设计所面临的问题之一,就是如何在不同的功能要求下,把各种空间统一起来。但是,仅仅统一还不够,还要在统一的基础上求变化。两个毗邻的空间,如果在某一方面呈现出明显的差异,借助这种差异性的对比作用,就可以反衬出各自的特点,使人们从这一空间进入另一空间时,产生情绪上的突变与快感。如果没有对比和变化,只会使空间平淡无奇。巧妙地运用对比与变化的手法,把空间的个性部分发挥和凸出出来,在统一的基础上实现各空间的和谐连接,是设计要考虑的重要问题。在具体设计中,一般常采用的对比手法有体量的对比、形状的对比、通透程度的对比、明暗的对比、方位的对比等。不管是采用哪种手法,其要点都是要从人的心理活动出发考虑问题。"欲扬先抑"一般是用在体量的对比上,即让人进入大空间之前先进入一个小空间,以达到对比,产生为之一振的效果。形状的对比、通透程度的对比也是同样的。先营造一个封闭、较小的空间,随之而来的是突然豁朗、开阔的空间,从而产生出一种美感;带着矩形空间的印象,突然眼前变化为圆形或者扇形,同样会带来内心的震撼。

6.7.2　重复与再现

空间的对比强调的是统一中求变化,空间的重复与再现则更多的是寻求相似。同一种形式的空间,如果连续多次或有规律地重复出现,可以形成一种韵律节奏感。但这种重复运用,并非是要形成一个统一的大空间,而是要与其他形式的空间互相交替、穿插而组合成为一个整体。人们在连续的行进过程中,通过回忆可以感受到由于某一形式空间的重复出现或重复与变化的交替出现而产生的一种节奏感。无论是对比与变化还是重复与再现都是艺术形式美规律中的重要法则。重复是把相同的东西有序地组织起来,从而产生节奏和韵律,让人感到和谐有序;对比可以给人以兴奋和刺激。两者都符合人们的心理需要。

6.7.3　衔接与过渡

在景观设计的空间组合关系中,必然遇到的一个重要的问题,就是空间的衔接和过渡。它涉及从一个空间到另一个空间时,所产生的心理感受和使用功能上的便利与否。两个空间之间的过渡处理过于简单,会让人感到突然或单薄,不能给人留下深刻的印象。比如,只是简单的洞口或门直接连接两个大的空间,难免使人感到平淡,缺少趣味,这时就需要发挥过渡性空间的作用。从一个空间走到另一个空间,经历由大到小、由小到大、由高到低、由低到高、由亮到暗、由暗到亮的过程,从而在记忆中留下烙印。空间的衔接和过渡犹如音乐中的休止符,应段落分明、抑扬顿挫、富有节奏感,一般分为直接和间接两种方式。直接方式是两个空间直接的连通,以隔断或者门洞等进行处理。空间的间接过渡,往往是在两个空间之间设置一个独立空间作为过渡,称之为过渡空间。过渡空间既有出于实用方面的考虑,也有表示礼节和制造气氛的作用,如城市公园入口广场的设计。两个被连接的空间往往由于功能、性质的不同,在空间的形态、气氛上也会有较大的差别。要解决这种差异的突然感,就必须考虑用过渡空间去缓冲、调和或者制造出起伏的节奏感。缓冲、调和是在空间之间的差异中找出共性来,在统一的前提下用个性化的方式去衔接两个空间。

6.7.4 渗透与层次

外部空间通常不是封闭的,而且外部空间应该具有一定的层次感,使呈现在人们眼前的画面不过于简单,有近、中、远的空间变化。一些虚面参与空间的围合时,人们的视线就能从这些虚面中透出去而到达另一个空间。另一个空间中的建筑、树木等贴合在这个虚质的界面上,参与了对这个空间的创造。同时,虚面参与围合的空间也对另一个空间的形态发挥了作用,两个空间相互因借,彼此渗透,使得空间的层次变得丰富、生动。

如何在空间设计中控制这种渗透来形成空间的层次呢?其关键在于对限定空间的界面语言的虚实表达。调整限定空间的界面形式的虚实关系,可以获得丰富的空间层次。

图 6-48　虚中有实——天津万科水晶城

(1) 虚中有实

用点、线构成虚面来限定空间。广场中的雕塑、喷泉,道路两边相对应的灯柱、行道树和建筑立面,都能产生虚中有实的界面来丰富空间层次(见图 6-48)。

(2) 实中有虚

围护的界面形式虽为实体,但是在其上设置门洞、景窗或是在其左右留出一些空隙,虽然不能直接看到另外一个空间,却暗示另外一个空间的存在,从而形成层次(见图 6-49)。

(3) 虚实结合

围护界面形式应虚实相间,或者界面的形态通透性很强,不致遮挡视线,如牌坊、列柱、空廊等,既能有效地划分空间,又使得空间相互渗透,可以有效地增强空间的层次(见图 6-50)。

空间与空间的关系往往是复杂的、多因素的。有些空间之间有着密切的联系,不能把它们截然分开;有些空间则相对独立和封闭;而更多的空间则是既有联系,又有功能的区分。空间之间是分是隔、是通是透、是连是断,一切都要具体情况具体分析,不能一概而论。相邻空间的相互连通即成空间之间的渗透,从而相互因借,增强空间的层次感。中国古代园林建筑中的"借景",就是一种典型的"空间渗透"(见图 6-51)。利用

图 6-49 实中有虚——天津城建大学一角

图 6-50 虚实结合——天津大港区某绿地

图 6-51 拙政园"借"远处的北塔

空间的"透",就可以把别处的景色"借"来我用,以此建立起你我空间之间的关系。

6.7.5 引导与暗示

景观空间往往是多空间的组合,是一个空间群。在现实空间中,人只能是由一个空间到另一个空间,而不可能像看平面图一样,对于空间的分布一目了然。引导与暗示是利用人的心理特点和习惯,合理而巧妙地设计和安排路线,使人自然地、于不经意之中沿着一定的方向或路线从一个空间依次走向另一个空间。有时设计师也会有意把一些"趣味"空间放在隐蔽处,就是要通过某种引导与暗示,产生"柳暗花明"的心理感受。引导与暗示是一种艺术化的处理方法,它不是路标式的信息传递,而是通过人们感兴趣的某种形状、色彩等来引导人的行为,从而既能满足设计的功能要求,又能使人得到某种设计美的体验。

空间暗示与引导的主要处理方法有:① 以弯曲的墙面,把人流引向某个确定的方向,并暗示另一空间的存在;② 利用特殊形式的楼梯或特意设置的踏步,暗示出上一层空间的存在;③ 利用地面处理暗示出前进的方向;④ 利用空间的灵活分隔,暗示出另外一些空间的存在。

　　巧妙的空间暗示和引导是使空间具有自然气息的重要手段,同时给连续的外部空间序列增添了无限的情趣和艺术感。尤其是对于具有自然空间观念的东方人来说,自然的空间引导更是必不可少的。东方人喜爱缓和、生动、丰富和自然的系列空间环境。在漫长的岁月中,前辈们探索出了创造这种空间环境的经验,并创作出无数杰出的作品。许多西方学者参观中国古典寺庙和园林之后,都为其自然流畅的空间环境和意境所折服。

7 场　　地

7.1　场地分析

　　场地是融合自然与人文特征、承托自然和人文要素的平台。场地是有性格的。它的性格，就来自活动在其中的自然和人文。尊重场地、因地制宜、寻求场地与周边环境的密切联系、形成整体的设计理念，已成为现代景观设计的基本原则。

　　景观设计是在场地中进行的，是对场地的一种有目的的改变。设计过程是一个设计者与场地之间反复对话、不断交流的过程。"因地制宜"是一句广为流传的老话。它包含两方面的意思：一是指场地提供了创作依据和设计者发挥的基础；二是指场地设定了创作和发挥的限度，对改变场地目的、方式和强度等方面都有着强大的先天约束。当然，这些含义很少直接流露于外，需要设计者与场地之间进行互动式交流——"对话"。单方面的独白当然不构成"对话"。"对话"是往复的、平等的。在人与场地间的"对话"中，人首先是个倾听者，而且应该是不带成见、不存芥蒂的倾听者。对凭着热情、依赖成见、习惯于"自言自语"的设计师来说，场地特性只能一再被埋没。

　　景观场地由整个成形的场地表面所组成，包括场地中的土壤、建造的实体以及各种植物。景观设计在场地方面的任务，就是对场地上的这些元素进行合理的选择和布局。

7.1.1　场地类型及特点

　　根据所处位置，场地可以分为两种，即城市场地和农村场地。根据地形特点可以分为坡地和平地两种。

　　1. 城市场地

　　① 城市场地地处纷繁复杂的城市环境中。

　　② 城市场地功能复杂化、综合化、渗透化。城市用地紧张，规划不得不做得很紧凑，以便能够更充分地利用土地。

　　③ 城市场地空间有限。设计中，可以通过面积的综合利用和空间的相互渗透来扩展可视空间。通过精心的规划设计布置，小的建筑也可以让人感觉很宽敞。

　　④ 城市场地环境给人一种封闭和压抑感。繁杂污浊的环境，再加上工作压力，造成一种封闭和压抑感。

　　⑤ 城市场地是由城市街道等要素串联起来的空间单元。城市街道和人行步道是连接、接近、观察和到达城市场地的主要途径。

⑥ 城市场地的环境受城市的影响比较大。城市街道是噪声、烟尘以及危险的来源之一。邻近街道的城市场地,对其构成要素经过恰当的设计,可以削弱环境的不利影响,增加进深,保证私密性和安全性。透漏的视觉屏障以及装饰过的隔声屏障等,对形成良好的城市场地环境有很大作用。

⑦ 城市场地应为改善城市生态环境发挥作用。城市是混凝土的天地。在夏天,城市温度经常比周围乡村高许多。场地设计应充分地利用自然风、树荫和遮阳设施来降低场地的温度;充分发挥喷泉、水池、射水等水景的作用,创造令人神清气爽的场地环境,引导、促进空气流动。透空的或是阻隔的屏障、潮湿的织物、碎石及其他蒸发性的界面,都有调节微气候的作用。

⑧ 城市场地的建筑材料种类多、范围广。城市中,景观材料大多都是外来的。场地自然特征,如树木、有趣的地表形态、岩石和水体等,应有机地融入设计方案之中。

2. 农村场地

① 农村场地更接近自然环境。

② 农村场地土地充足,规划可更加开放、自由,可视跨度增加,可涵盖远处广阔的景观视野,设计考虑的范围更广。带有几何图案的篱笆墙、果园、围场甚至数里外的山峰,都可以成为设计要素。

③ 在农村场地中,田野、林地和天空占主导地位,视野开阔、自由奔放。这是农村场地景观的基本特性。可以使规划合理地向外延伸,体现整个场地的最佳特征,创造最佳景色。

④ 农村场地的设计应同自然保持和谐一致。设计主题应融于自然之中,依自然而建造,体现出场地的最佳特征,屏蔽或弱化那些不太理想的特征。建筑安排和地形改造都要与自然地形相适应。

⑤ 农村场地属绿色与蓝天交融的田园风光。设计过程中,必须认识到这些特性并恰如其分地处理,否则会破坏美好的景观。

⑥ 农村场地中,场地的构成要素更易受天气因子的影响,如阳光、风、雨、雪、霜等。场地-构筑物示意图和建筑自身都应反映出对气候的适应性。

⑦ 农村场地活动空间大,机动性高。车行道、人行道等重要元素常常可以安排在场地界线以内。

⑧ 在农村场地中,应尽可能地采用本土材料。耸立的巨石、田间石块、板岩、碎石以及树木,都是乡村景观的突出特征。建筑、围篱、桥梁和墙壁,如采用这类自然材料,会有助于加强构筑物与周围环境的联系。

3. 坡地(无障碍的斜坡)

① 坡地是指坡度小于25%的场地。

② 坡地的等高线是主要的规划因素。通常采用等高线规划,也就是让规划要素与等高线平行排列。道路一般应沿等高线方向绕行。

③ 设计场地时,建议采用栅栏状或条带状等狭长的规划形式,以有效利用可供使用的上地。

④ 坡地中缺乏大面积平地。若需平地,可通过填挖构建。必要时,需设挡土墙或用坡度渐大的斜面支撑。

⑤ 坡地的实质是存在高差。建议采用梯田状方案。在多层结构中,各种功能使用可体现在各层面之中。坡道和踏步都是常见的处理方式。

⑥ 坡地具有动态景观特性,有利于构建动态布局形式。台阶、眺望台等的运用,可以使自然坡度得到强化和夸张。

⑦ 坡地上,地表径流的处理很重要,有时需进行拦截,有时需要改道,有时也可让其自由地通过建筑物底部。

⑧ 经过适当的改造,在坡地上可以创造出特色鲜明的水景,如瀑布、跌水、喷泉、涓流和水幕等。

4. 平地

① 平地是指坡度小于 $2°$ 的场地。

② 平地规划的限制最小。水平场地最利于形成单元状、晶体状或几何规则状的规划格局。相对而言,水平场地景观趣味性较差。

③ 平地中的垂直要素尤为重要,除独立成景外,还可作为背景,衬托别的物体或透过它形成斑驳的阴影。

④ 平地无焦点。场地上最显眼的要素将决定该地的景致。

⑤ 平地中的道路不受地形的限制。从任何方向都可通达,所以任何一个立面都很重要。

⑥ 平地设计中,天空是关键的景观要素,它孕育着无穷的变化和美感。可通过运用倒影、湖泊、水池、庭院、天井以及后退空间等展现天空的特性。

⑦ 平地中,光与影是强有力的设计要素。光线变幻无穷,应充分利用。可以将光的投影效果加以夸张,如厚重的壁影、流动的水光、奇特的造型影像、斑驳的树荫等,都是光夸张效果的体现。

⑧ 平地景观特性呈中性。场地的特征取决于引入的元素,大胆的形式、强烈的色彩、外来的材料,都可以运用,与这里的原始景观一般不会产生明显的冲突。

⑨ 平地缺少私密感。通过有效组织空间焦点,如内敛于庭院或外延于无穷远处等方式,都可以达到私密效果。

⑩ 平地中缺少垂直要素。轻微的抬起、下陷或台阶,在平地上都会有明显的效果。

⑪ 平地有利于规划扩展。可预留扩展通道。

5. 其他类型的场地

山地、湖岸、森林、瀑布、海滨、度假区、田园、文化区、商业区、工业园等,都可以算作独立的景观场地类型。对于给定场地究竟应属何种类型,要根据设计目的和具体场地条件综合确定。

7.1.2 场地特征的构成

场地特征由场地自身自然环境、人工环境和社会环境三方面构成。

场地自然环境——水、土地、气候、植物、地形、地理环境等。

场地人工环境——建筑空间环境,包括周围的街道、人行通道、要保留的周围建筑、要拆除的建筑、地下建筑、能源供给、市政设施导向和容量、合适的区划、建筑规则和管理、红线退让、行为限制等。

场地社会环境——历史环境、文化环境以及社区环境、小社会构成等。

7.1.3 场地特征调查

景观设计,从某种程度上来说,就是分析问题、解决问题。这里所指的问题,可能来自场地自身、场地上的建筑物或占有和使用这些土地的人群。对一块陌生的场地,需要在短时间内尽快熟悉它的各种情况。"目的不是力图彻底征服自然,不是忽视自然条件,也不是盲目地以建筑物代替自然特征、地形和植被,而是千方百计寻找一种和谐统一和融合"。为了达到这种和谐统一,首先就要对场地特征进行调查。全面、系统地收集所需要的资料和信息,认真地加以分析和解读。调查的结果和初步评估可以作为立项和设计的决策依据。

1. 场地自然特征调查

场地自然特征是指自然界长期生成的、遗留于某一地域内的所有印迹。景观设计离不开场地的自然特征。违背自然法则和场地的自然特征,蔑视自然,忽视地形、表土、水文、森林和植被特征特点,就不会有好的场地设计。只有尽可能地顺应太阳光的辐射、气流、山峰和谷地、土层、植被、湖泊和河流、流域和自然排水通道,才可避免不必要的矛盾和损失。场地的自然特征涉及很多方面。不同性质的场地所要分析的资料和信息不同。现状调查并不需要将所有的内容一个不漏地调查清楚,应根据基地的规模、内外环境和使用目的分清主次。主要方面应深入详尽地调查,次要方面可简要地了解。总体而言,场地自然特征调查主要包括以下几个方面。

(1) 气候

气候是一个地区在一段时期内各种气候要素特征的总和,它包括极端天气和长期平均天气。气候与岩层的风化和降水量的大小有关,进而影响到自然地理环境的形成和变化。不管是为特定的活动选择合适的区域,还是在特定区域内选择最合适的场地,气候都是基础。人类的活动与气候存在着密切的联系。通过气候调查,可以根据特定气候条件进行最佳场地和构筑物设计。气候特征一般通过平均温度、平均降水量、盛行风向和风速及持续时间、相对湿度等数据来体现。

(2) 小气候

在很小的尺度内,各种气象要素就可以在垂直方向和水平方向上发生显著的变化。小气候就是指一个有限区域内的气候状况,也称为小尺度气候或微气候。影响小气候的因素主要有地表坡度和坡向、土壤类型、土壤湿度、植被类型和高度以及人为因素等。对于小气候,所要收集的资料主要有空气流通状况,霜、雾发生的频率和地点,初霜期和末霜期,太阳辐射,表面反射率和温度等。

（3）地质

地质调查主要是为了掌握场地的地质历程,一般依赖于地质图。地质学家斯蒂芬·雷诺兹(Stephen Reynolds)认为,地质图有以下四个方面的用途:

① 用来寻找矿产和能源资源;

② 评价潜在自然灾害,如地震、火山;

③ 评价一个地区建筑用地的适宜性;

④ 传达一个地区地质历史的信息。

（4）地形

地形就是地球表面三维空间的起伏变化。地球表面崎岖不平、变化无穷:既有高耸的山峰,也有连绵的山脊、幽深的峡谷;既有起伏的丘陵、宽广的平原,也有微小的岩突和滑塌,甚至包括沙丘上的微弱起伏或波纹。在景观中,地形有很重要的意义,它能影响某一区域的美学特征,影响人们对户外空间的范围和气氛的感受,也影响排水、小气候和对土地的利用。

地形要素主要包括规模、特征、坡度、地质构造以及形态。对景观设计师来说,形态涉及土地的视觉和功能特性,是最重要的因素之一。地形的形态主要包括平地、凸地、山脊、凹地以及山谷。场地的原地形图可以从有关部门得到。原地形图通常绘有等高线、地界线、原有构筑物、道路等。

（5）水文

水文学是一门关于地表水和地下水运动的学科。地下水指地表以下沉积物的空隙中所含有的水分。地表水指在地表流动的水分。

地下水系调查主要包括地下水补给区、固结和未固结的含水层的位置及出水量、水井的位置和出水量、水量和水质、地下水位、承压供给水、季节性高水位、不同地质单元水的特征和渗透率等要素。

地表水系调查主要包括分水岭和汇水盆地,河流、湖泊、河口、海岸线和湿地,河水流量,湖水水面,湖水潮汐,洪积平原,洪水威胁区,水的物理特征(沉积载荷、温度),水的化学特征(pH 值,氮、磷、氯、硼的含量以及电导率),水的细菌特征,淡水或海洋的动植物群落,水体的富营养化,供水系统,污水处理系统,对水质产生影响的固体垃圾处理场,雨水、污水排放系统及排放地点,藻类暴发问题,水草威胁区和鱼类养殖场等要素。

（6）土壤

土壤是联系生物环境和非生物环境的一个过渡带,具有维持植物生长的功能。土壤的各种性质由气候条件和生命物质共同作用而形成。许多自然过程在土壤带中被联系在一起。相对于其他自然要素,土壤往往能揭示更多的信息。

土壤学家威廉·布罗德森(William Broderson)指出:"人的活动和行为与周围环境中的土壤性质密切相关。周围环境涉及很多要素,如房屋、道路、污水处理系统、机场、公园、休憩地、森林、学校和购物中心等。地表要建什么样的建筑物,应该在土壤研究的指导下进行。"土壤调查要素包括土系、土壤渗透率、土壤质地、土壤剖面、侵蚀潜力、排水潜力、土壤组合和土链、阴离子与阳离子交换、酸碱性(度)等。

(7)植被

植被是指各种乔木、灌木、草本植物和禾本科植物。为了能更好地对场地进行规划,需要对场地原有的植被情况进行调查。调查内容如下:植物组合和群落,植物单元,植物物种清单,植物种类组成和分布,植物外貌剖面,种群过渡带和边缘剖面,稀有、濒危以及受威胁物种,火灾历史等。

2. 场地人文特征

景观设计不仅要理解区域和场地的自然特征,还要理解人以及与人相关的文化"磁场"。亚里士多德在讲授说服的艺术和技巧时认为:"一个演说家要吸引人,必须首先了解和理解那个人。"他详细论述了不同年龄、不同阶层的男人和女人的特点,并提出了有针对性的说服艺术和技巧。景观设计师也必须懂得这一点。除了场地自然特征,场地的人文特征也是要考虑的对象。场地的人文特征可分为场地文化特征和场地审美特征两个方面。

(1)场地文化特征

场地的文化特征泛指一切人类行为以及与之相关的文化历史和艺术,包括景观中潜在的历史文化、风土民情、风俗习惯。场地本身因素主要包括场地的使用性质及其与周边环境的关系、场地的干扰情况、场地内外人的交通与运输和场地容量。区域社会经济因素包括使用者的人口构成、年龄构成、性别构成、职业、收入情况等。为确定是否需要设置防火通道和紧急避难场所,还必须了解场地内及附近公益设施和安全设施的分布情况。此外,现存建筑物和构筑物的功能、结构、损毁程度以及是否有历史性建筑物和历史文化遗址等,都属于场地文化特征范畴。

(2)场地审美特征

场地审美特征,严格地讲,不是存在于场地的信息,而是存在于要使用这块场地的人群的感性信息。场地审美因素信息的提取,就是对存在于场地周围一定区域内的传统审美习惯、审美特征进行分析,发掘场地的自然美感和使用者的审美体验。场地审美特征调查主要包括使用人群的特征、使用人群的偏好以及对理性景观的期望、建成后对景观养护的要求、各功能空间的需求以及使用频率、对于各项公共设施的需求、特殊空间的安全性考虑、夜间的照明需求、景观对场地发展的影响与适应等。

7.1.4 场地分析

一个完整的景观设计过程可以概括为两个阶段:一是认识问题和分析问题阶段,

二是解决问题阶段。从某种意义上说,前者决定后者。场地分析是设计的前期阶段,是对问题的认识和分析过程。对问题有了全面透彻的理解后,场地功能和设计内容自然明了。正如凯瑟琳·布尔(Catherin Bull)所指出的:"任何规划,本质上不过是达到具体目标的特定方式的安排。"

1. 场地自然特征分析

景观设计者带着上述问题,在拿到场地特征的基本资料后,首先要对场地进行自然特征分析。自然特征分析主要包括以下几个方面。

(1)气候分析

气候条件直接决定着景观设计的类型,如:水资源匮乏的地区,景观设计就不宜营造大规模的水体景观;温度较高的地区,景观设计就不宜营造大面积的露天广场。因此,首先要了解场地的气候类型,以确定主体景观类型。

(2)地貌分析

地形、地貌分析主要应遵循因地制宜的原则,以利用原地形为主,同时进行适当的改造。"因高就低""宜山则山,宜水则水",尽量减少土方工作量。

(3)土壤分析

土壤的密实度、养分、水分、温度、空气含量和污染物等对植物的影响很大。土壤分析着重解决两个问题:一是为植物材料的选择提供参考依据,二是为土壤改良提供理论支撑。例如,天津土壤盐碱化严重,在做景观设计时,一方面可以考虑应用抗盐碱的树种,另一方面也可以对土壤进行改良,如做淋溶处理。

(4)水文分析

场地水文情况分析主要考虑:水景营造时,是否有可利用的天然水源;附近的湖泊、河流能否引入园中,水被引入后又如何排出园子;若引入园中,水体的净化问题怎么解决,等等。水文问题的分析,有利于节约型景观的创造,同时也可以增添景观的趣味性。

(5)植物分析

场地植物分析的目的有两个:一是对原有的树木、植被提出处理意见;二是根据原有植物群落的调查,为植物配置设计提供帮助。场地内有利用价值的树木、植被应予以保留,并应提出保留的措施和未来的景观效果。不需要保留的树木、植被,要提出安置办法。可以在场地内再现原有的植物群落,也可以以原有的植物群落为模板,扩充出多种多样的植物景观群落,丰富场地景观中的植物景观。

(6)对已有景观或建筑的分析

场地上的原有景观可能是宜人的,也可能是令人反感的。突出的景观一定要恰当处理,使其保留下来或使其更突出。原有景观可以框起来,也可把景色引进去,加以过滤、筛选。要特别注意原有景观的延续性。

除了保护、利用场地内的积极因素外,还要注意处理好一些消极因素的影响。荒废的建筑物、有毒的废弃物、有病害的植被以及其他不雅的景观,应该彻底铲除或用植物进行一定的遮挡。场地与外街面联系也要注意,应依据不同的情况,采用时而通透时而封闭的处理手法。需要利用街景的地段,采用通透的处理手法;过于嘈杂或街面要素与场地内景观不协调时,要采用封闭的处理手法,遮挡不利景观,优化景观效果。

2.场地人文特征分析

这部分内容在 7.2 节场地精神设计中讲述。

3.场地区位分析

对场地的自然特征进行分析后,还要对场地的区位进行分析。区位分析就是将场地与周边环境联系起来,进行场地的定性分析。它主要包括以下两点。

(1)周边交通关系

周边交通关系应详尽地列出各种交通形式和走向。

通过分析,可以发现一些制约性要素,如人行、车行出入口,停车场等,还有避让要素,如轻轨、高速路的噪声避让等。

(2)项目定位关系

项目定位关系应确定项目在整体区域中的定位。

分析周边用地性质,列出其他相同项目的分布及服务半径,确定本项目的服务对象、服务规模,更重要的是为下一步的项目构成找到依据。如,设计公园时,每一个休憩项目的设置,都应拿出相应的依据——甚至图上的每一根线,都应该知道是怎么来的。

设计时,可以先根据场地分析结果提出一些设想,勾画出设计草案。尽早提出设计意向是很重要的。要避免因冗长的前期分析延误工作进度。完整的设计不是灵感的闪现,只有通过不断归纳,反复探索,再认识,再调整,才能慢慢对所有的问题有一个清晰、全面的认识,最终提出设计方案。

7.2 场地精神设计

景观设计是对一处场地有目的的重新构建。设计,是设计师与场地间反复对话交流的过程。场地中的已有因素对设计具有先天约束作用。这些因素是设计的基础和基本依据,具有尺度和限制作用。它们往往不是直白地显露在场地之上,而是蕴含在场地之中。这就需要设计师与场地之间进行积极的互动式交流——"对话"。在这个过程中,人必须保持中立,才能充分保证对话的平等,才能充分体现场地特征。

7.2.1 场地与场地精神

场地是具有清晰特性的空间,是由具象组成的生活世界。场地隐含于空间之中。形式并不仅是一种简单的构图游戏,背后更蕴含着深刻的含义。每个场地都有一个故事。场地是自然环境和人造环境相结合所形成的有机整体。它反映某一特定地段中人们的生活方式及其自身的环境特征。场地不仅具有实体空间的形式,还有精神上的意义。场地精神比场地有着更广泛而深刻的内容和意义。它是一种总体气氛，是人的意识和行为在参与的过程中获得的一种空间感觉。

具体的场所特征比较容易把握，场地精神的感知则需要对场地进行深层次的观察和理解。挪威学者诺伯格·舒尔茨（Noberg Schulz）认为，场地精神可分为两种：一是定向感或导向感，二是认同感。前者是指人所具有的辨识空间的能力，知道自己所在的位置；后者是指对场地的认同感与安全感。任何文化体系都有自己的空间方位识别系统。设计时要对这两种感觉进行辨别感知。只有领悟了场地精神，充分尊重所在场地的内涵特质，才能设计出富有艺术张力和生命力的作品。

7.2.2 空间与场地的关系

空间并不等同于场地。空间仅仅提供了实现各种需求的机会。只有当它与社会文化、历史事件、人的活动和特定地域相联系时，空间才能称为场地。区分空间与场地的差别是理解场地的关键。空间代表的是一种相对位置，场地体现了人们的生存方式与生活状态。人们定位于空间，行为于场地。空间与场地的关系，就好比房子与家的关系，房子可以挡风御寒，但家是人们生活的地方。

7.2.3 体现场地精神的设计手法

1. 场地本身自然特性的利用

场地的大背景是周围的自然环境。尊重场地的自然属性，是体现场地精神的首要条件。

场地本身的自然特性主要包括地形地貌、生态物种和地质水文条件等内容。一般应充分尊重和利用原有的地形地貌。若原地形可以利用，对设计会大有帮助，很可能成为方案的亮点。忽视原有地形，大面积地推平重建，或不合理地挖湖堆山，不仅破坏了场地原有的生态系统，同时抹杀了很多地域性特质。场地现有的生物群落是维持场地生态平衡的重要因素，必须保护和恢复这些生物群落，避免受到人为过度干扰。场地的地质水文资料自然也是重要制约因素。不同的地质条件决定了不同的自然特色，如地下水位的高低、水质的酸碱度、天然泉眼的有无和位置等。

2. 原有建筑物与构筑物的利用

建筑是前人已有的艺术创造。对场地内的原有建筑和周边建筑要进行认真分析。通过设计，对原有空间秩序关系加以整合，形成完整、和谐的新空间。

建筑往往具有强烈的时代特征。不同的时代，不同的地域，呈现出不同的风格。设计中既要尊重已有的建筑，也要恰当地表达出自己应有的特色。

在德国萨尔布吕肯市港口岛公园设计中，彼得·拉茨（Peter Latz）就采取了尽量减少对场地干扰的办法。方案中保留了原有的建筑，新建部分采用红砖构件，与原有的瓦砾形成鲜明的对比，具有很强的识别性。在这里，游客可以看到历史和现在的不同地段，强烈地感受到场地精神（见图7-1）。

再如,上海徐家汇公园内原本有大中华橡胶厂、百代唱片公司的办公楼等。设计者保留了大中华橡胶厂的烟囱,变废为宝,构成了徐家汇公园的起点,也构成特定的景观兴奋点(见图7-2)。大中华橡胶厂的烟囱曾经是中国民族工业起源之象征。原百代唱片公司的办公楼——百代红楼,也予以保留,并修旧如旧,保持原有红色砖饰墙体,凸显建筑风格(见图7-3)。这样,游人就可以借助这些保留下来的建筑体验昔日的老上海了。

图7-1　德国萨尔布吕肯市港口岛公园

图7-2　徐家汇公园的烟囱

图7-3　徐家汇公园的百代红楼

3. 历史文化再现

历史是人类社会和自然界的发展过程,是曾经发生过的事实。历史文化正是在这种过程中逐渐产生发展的。它往往可以唤起人们的回忆,在回忆中重温曾有的经历,感受时间的流逝。人们对容纳过自己活动的公共空间会产生一种归属感。场地精神正是在这种归属感的基础上产生的。

通过历史文化传达、继承和发展对生活的认识和看法,这也正是历史文化所具有的两个基本特征,即延续性和发展性。延续性是指历史文化作为社会性的遗产从一代传到下一代,带有一贯的特点;发展性是指历史文化本身是不断形成和发展的,是动态的,永远处在延续、创新过程之中。场地分析首先就要对场地及其所处地段的历史文化进行分析。把握场地的历史底蕴,延续历史文化。

在设计中体现历史和文化内涵已经逐渐成为共识。建筑大师贝聿铭曾说过:"每一个城市都有自己的历史与文化!因而也有自己的个性与特色。"现代主义建筑风格正是因为割裂了与历史的联系,受到后现代主义的批评。尽管在20世纪七八十年代出尽风头的后现代主义潮流的影响力已经逐渐减小,但却引起了设计师对历史、文化的重新思考。富有历史、文化渊源的作品才是有生命力的,才能够引起使用者的共鸣。设计应该充分尊重场地的灵魂,使场地的文脉得以延续。

北京的皇城根遗址公园中各景区的设计都以区域内的历史文化要素为重点,景观的营造自始至终都与这些历史遗迹或旧址相呼应,并尽量采用不同的手法对其进行表达或突出强化。有些是原物的复原,有些则是实物展示和象征性提示,既为游人提供了真实的历史信息,也提供了游憩空间(见图7-4)。

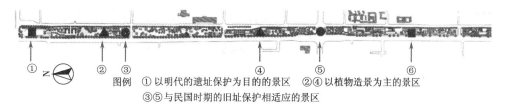

① 以明代的遗址保护为目的的景区　②④以植物造景为主的景区
③⑤与民国时期的旧址保护相适应的景区

图 7-4　北京皇城根遗址公园平面示意图

4. 地方习俗的弘扬

对场地进行分析的同时,不应该只拘泥于场地本身,更重要的是应该理解场地所处的背景。地方习俗是在某一区域范围内、在一定的文化背景下形成的,它是人们某些社会观念和思维方式的反映。地方习俗是与人们的日常生活和行为观念联系最为紧密的一种基本文化因素。

习俗形成的原因是各种各样的,它可能是一种生活习惯、礼仪方式,也可能来自一种经济形式,或者与历史上的一个重要人物、一次偶然的事件有关。地方习俗世代相传,强化了地区的亲和力和凝聚力,它是地区文化中最具特色的部分。

地方传统习俗规定人们的行为,约束人们的思想,影响着日常生活的每一个细节。它必然对地方的景观和景观活动产生内在影响。一个与习俗礼仪有关,在较长的时间内得到持续生命力的场地,其本身就是习俗的一部分。

所以,要使景观具有场地精神,必须对不同地区的文化习俗有很深的理解。场地精神根植于生活,根植于社会。只有充分尊重地方习俗,才可能使场地具有归属感。

5. 宗教和神话复述

在人类各个历史时期的文化中,无一例外地存在着一种超越现实社会的神秘力量,它主宰着自然和社会。在茫茫自然中,建筑、景观等人造场所历来就担负着一定的精神使命。当宗教和神话成为一种社会意志,其异乎寻常的感召力和排他性就可以凝聚整个社会。在西方前科学时代的漫长历史中,景观设计的各个方面都受到来自宗教和神话的强烈影响,确立了景观设计的精神价值。

在中国传统观念中,山川万物、四向方位皆由神灵把握,人的存在与自然及其神灵的和合是决定命运的根本。风水学说依据的阴阳以及五行和八卦理论,不仅作用于景观同周边环境的关系,也表现在景观自身的空间布局和细部处理上。这不仅是由于风水布局清晰,容易识别,具有空间归属感,更重要的是体验者在此得到精神上的升华。现代社会,科技发展日新月异,但作为人们精神体验的景观场地,仍必须尊重大众不同的宗教信仰,挖掘有特色的地域文化,把宗教和神话信仰整合到设计中,使景观场地成为仍旧可以为人们提供寄托需求、确立自我存在的精神空间。

沈阳北塔公园的设计者就对当地宗教历史文化进行了深入的分析。设计中,在法轮寺南端规划了一系列象征性、不断简化和弱化的曼陀罗型广场,强化原有的南北轴线,使宗教活动和市民休闲生活相融合,使城市中心的高楼景观成为历史的延续。在细部设计中,也充分尊重宗教习俗,如避免北面入口以及在水中设置小岛等。

6.使用者的特性

人作为景观使用者,也是场地精神的感知者和评价者。前面已经提到,只有人与场地建立了联系,场地才会被赋予精神。体现场地精神的景观设计首先要对人的需要进行分析,主要包括物质和精神两个方面。物质方面主要是指满足人生理上对安全、舒适的需求;精神方面则是要体现人心理上的认同感、归属感以及自我实现等诸多愿望。场地精神正是人精神方面需求的体现。人是社会的人。时代的发展、社会的变迁都会使人的生活、思想、价值观以及精神上的追求发生相应的变化。要想了解人的需求,首先就必须了解社会的背景。有了客观的评价和清醒的认识,才能正确把握人内心真实的精神需求,创建具有场地精神的景观空间。

在现代景观设计中,充分捕捉场地精神,挖掘地域文化特色,是场地设计中必须遵循的一条重要原则。它能唤起人们对历史的回忆和对未来的憧憬,激起人们对生活的热情,弘扬、保持和发展当地文化,提高景观空间的文化品位,丰富景观意境。

8 景 观 材 料

8.1 景观材料概述

　　景观材料是景观工程的基本构成要素。任何设计方案和设计思想都要借助于景观材料才能体现出来。宏观上，可以将景观材料分为无机材料、有机材料和复合材料三大类（见表 8-1）。不同的材料，其特性和表达形式不同。景观设计师只有熟练掌握材料的性能和景观特征，抓住场地的特色和灵魂，才能创造出优美宜人、特征鲜明的景观。

表 8-1　景观材料分类

无机材料	非金属材料	天然石材（包括砂、石）
		烧土制品（包括砖、饰面砖、板）
		混凝土、砂浆
		水泥、石灰、石膏
		硅酸盐制品
	金属材料	黑色金属：铁、碳钢、合金钢
		有色金属：铝、锌、铜等及其合金
有机材料	植物质材料	木材、竹材、活植物
		植物纤维及其制品
	高分子材料	塑料、树脂、涂料、黏结剂
	沥青材料	石油沥青及煤沥青
		沥青制品
复合材料	无机非金属材料和有机材料复合	素混凝土
		沥青混凝土
		玻璃纤维增强混凝土

8.2　景观材料性质指标

　　对于给定的景观材料，为评价其适用性，需要一定的指标。这些指标可以指示出材料的物理化学性质。根据材料的物理化学性质和设计目的,设计人员就可方便地选出所需要的景观材料。

8.2.1　景观材料物理指标

1. 密度

在绝对密实状态下,材料单位体积的质量称为材料密度。可用下式计算:

$$\rho_d = m/V_d$$

式中　ρ_d——材料密度(g/cm³或 kg/m³);

　　　m——材料干燥状态下的质量(g 或 kg);

　　　V_d——绝对密实状态下材料的体积(cm³或 m³)。

材料在绝对密实状态下的体积是指材料内固体物质的实体积,不包括内部孔隙所占的体积。金属、玻璃等材料,自然状态下属绝对密实的材料。计算密度时,可根据外形尺寸求得体积,按上式求取密度。大多数有孔隙的材料,测定密度时需先磨成细粉,经干燥后用李氏瓶测体积。材料磨得越细,测得的密度数值就越精确。砖、石等块状材料的密度即用此法测得。某些致密材料,如卵石、碎石等,测定密度时,直接以材料本身为试样,用排水法测定其体积。用这种方法测定时,材料内部与外部不连通的封闭孔隙无法排除,所以用该法所求得的密度称为视密度或近似密度,通常也就称为密度。

2. 表观密度

自然状态下,材料单位体积的质量称为材料的表观密度。可用下式计算:

$$\rho = m/V$$

式中　ρ——材料表观密度(g/cm³或 kg/m³);

　　　m——材料质量(g 或 kg);

　　　V——自然状态下材料的体积(cm³或 m³)。

表观密度包括内部孔隙。内部孔隙中与外界相连通的称为开口气孔,与外界隔绝的称为闭口气孔(见图 8-1)。材料含有水分时,其质量和体积均会发生变化,表观密度值会受影响。通常所说的表观密度,是指材料处于干燥状态时所测得的值。在含水状态下测定时,应注明含水量。

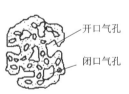

开口气孔

闭口气孔

图 8-1　颗粒空隙类型

3. 堆积密度

颗粒或粉状材料,如砂、石、水泥等,自然堆积状态下单位体积的质量称为材料的堆积密度。其计算公式如下：

$$\rho_0 = m/V_0$$

式中　ρ_0——材料堆积密度(g/cm^3 或 kg/m^3)；

m——材料质量(g 或 kg)；

V_0——自然状态下材料的体积(cm^3 或 m^3)。

堆积密度的测定，可按一定的方法将材料装入一定的容器中，由容器容积求出堆积体的体积，然后计算堆积密度。

按堆积材料堆积的紧密程度，可将堆积密度分为疏松堆积密度、振实堆积密度和紧密堆积密度三种。在景观工程中，材料的用量、构件的自重、配料、运输、堆放、碾压等参数的计算，都需用到材料密度、表观密度和堆积密度三个指标。常用材料的密度、表观密度、堆积密度和孔隙率见表 8-2。

表 8-2　常用材料的密度、表观密度、堆积密度和孔隙率

材 料 名 称	密度 ρ_d/(kg/m^3)	表观密度 ρ /(kg/m^3)	堆积密度 ρ_0 /(kg/m^3)	孔隙率 P/(%)
建筑钢材	7 850	7 850	—	0
花岗岩	2 700~3 000	2 500~2 900	—	0.5~1.0
石灰岩	2 400~2 600	1 800~2 600	—	0.6~3.0
碎石(石灰岩)	2 600	—	1 400~1 700	—
砂	2 600	2 500~2 600	1 400~1 700	35~40(空隙率)
黏土	2 600	—	1 600~1 800	—
水泥	2 800~3 100	—	1 200~1 300	50~55(空隙率)
素混凝土	—	2 300~2 500	—	5~20
沥青混凝土	—	2 200~2 400	—	2~6
普通黏土砖	2 500~2 700	1 600~1 900	—	20~40
黏土空心砖	2 500~2 700	1 000~1 400	—	50~60
松木	1 550~1 600	400~800	—	55~60
泡沫塑料	—	20~50	—	98

4. 密实度与孔隙率

密实度指在材料体积内固体物质所占的比例。其计算公式如下：

$$D = V_d/V$$

将 $\rho_d = m/V_d$ 和 $\rho = m/V$ 代入上式得

$$D = \rho/\rho_d$$

式中　D——材料的密实度(%)，其他符号意义同前。

密实度反映固体材料的致密程度。自然状态下,除绝对密实的材料外,固体材料的密实度均小于1。

自然状态下,材料中孔隙所占的比率称为孔隙率。其计算公式如下:

$$P = (V - V_d)/V = 1 - V_d/V$$

将 $D = V_d/V$ 代入上式得

$$P = 1 - D$$

式中 P—— 材料的孔隙率(%),其他符号意义同前。

【例 8-1】 今有混凝土一方,所用石子的密度为 2.60 g/cm³,石子的表观密度为 2 200 kg/m³,求其密实度和孔隙率。

【解】 密实度 $D = \rho/\rho_d = (2\,200/2\,600) \times 100\% = 85\%$

孔隙率 $P = 1 - D = 1 - 85\% = 15\%$

在该例中,密实度和孔隙率从两个不同角度反映出材料的致密程度。孔隙率的大小直接反映材料的致密程度。孔隙率大,材料的表观密度小、强度降低。孔隙率和孔隙特征对材料的性质均有显著影响。孔隙按尺寸大小可分为开口孔隙、闭口孔隙、微细孔隙(孔径在 0.01 mm 以下)、细小孔隙(又称毛细孔隙,孔径在 1.0 mm 以下)和粗大孔隙(孔径在 1.0 mm 以上)。对于开口孔隙和粗大孔隙,水分易于渗透,渗透性最大。微细孔隙,水分和溶液易被吸入,但不易在其中流动,渗透性最小。介于二者之间的毛细孔隙,既易被水分充满,水分又易在其中渗透,对材料的抗渗性、抗冻性、抗侵蚀性均有极不利的影响。闭口孔隙不易被水分或溶液渗入,对材料的抗渗性、抗侵蚀性影响甚微,但对提高材料的抗冻性有利。

5. 空隙率

自然堆积状态下,散粒状材料颗粒间空隙体积占堆积体体积的比率称为空隙率。其计算公式如下:

$$P_0 = (V_0 - V)/V_0 = 1 - V/V_0$$

将 $\rho = m/V$ 及 $\rho_0 = m/V_0$ 代入上式,得

$$P_0 = 1 - \rho_0/\rho$$

式中 P_0——材料的空隙率(%),其他符号意义同前。

【例 8-2】 某种砂粒表观密度为 2.65 g/cm³,堆积密度为 1 550 kg/m³,求其空隙率。

【解】 $P_0 = 1 - \rho_0/\rho = (1 - 1\,550/2\,650) \times 100\% = 42\%$

空隙率的大小反映散粒材料堆积体填充的疏密程度。空隙率可作为控制混凝土骨料级配和砂率计算的依据。

6. 亲水性与憎水性

亲水性是指材料易被水润湿的能力($\theta \leqslant 90°$)。具有这种性质的材料,称为亲水材料(见图 8-2)。砂、石、混凝土、木材等都属此类。

憎水性是指材料不易被水润湿的能力($\theta > 90°$)。具有这种性质的材料,称为憎

水材料(见图 8-3)。沥青、油漆等属于此类材料。

图 8-2 亲水材料　　　　　　图 8-3 憎水材料

材料与水接触时,在材料与水的交点处沿水表面作切线,切线与材料接触面所成的夹角,称为润湿角,记作 θ。润湿角越小,材料越易被水润湿;反之,润湿角越大,材料的憎水性越强。

7. 吸水性与吸湿性

吸水性是指材料在水中吸收水分的能力。衡量指标为吸水率。吸水率的计算公式如下:

$$W_{吸} = (m_{吸} - m_{干})/m_{干}$$

式中　$W_{吸}$——材料的吸水率(%);

　　　$m_{吸}$——材料吸水饱和后的质量(g 或 kg);

　　　$m_{干}$——材料干燥时的质量(g 或 kg)。

材料的吸水能力主要取决于材料本身的性质、孔隙率和孔隙特征。亲水材料孔隙率高,吸水能力强。孔隙大的材料,水分不易在孔中留存,吸水率常会减小。密实材料和闭口孔隙材料不吸水。材料的吸水性影响材料的干湿变形、抗渗性、强度、保温隔热等特性。

吸湿性指材料在空气中吸收水分的能力,用含水率表示。其计算公式如下:

$$W_{含} = (m_{含} - m_{干})/m_{干}$$

式中　$W_{含}$——材料的含水率(%);

　　　$m_{含}$——材料含水时的质量(g 或 kg);

　　　$m_{干}$——材料干燥时的质量(g 或 kg)。

材料的吸湿性主要取决于材料的成分和构造。一般情况下,表面多孔的亲水材料吸湿性较强。自然条件下,干燥材料吸收空气中的水分变湿,潮湿材料失去水分而变干。材料所含水分与空气湿度达到平衡时,含水率不再改变。此时的含水率称为平衡含水率。平衡含水率随周围环境温度和湿度的变化而变化。

8. 抗渗性

抗渗性是指材料抵抗水、油等液体渗透的能力。抗渗性用渗透系数和抗渗标号来表示。

一定时间内,通过材料的水量与材料截面面积和材料两侧的水头差成正比,与材料厚度成反比,所得值即为渗透系数。计算公式如下:

$$k = \frac{Qd}{HAt}$$

式中 Q——透过材料的水量(cm^3);

　　　H——水头差(cm);

　　　A——渗水面积(cm^2);

　　　d——材料厚度(cm);

　　　t——渗水时间(h);

　　　k——渗透系数(cm/h)。

材料的抗渗性还可用抗渗等级 P 表示,即在标准试验条件下,材料的最大渗水压力,单位为 MPa。如抗渗标号为 P6,表示该种材料的最大渗水压力为 0.6 MPa。

材料的渗透系数愈大,材料的抗渗性愈差。渗透系数主要与材料本身的性质、孔隙率及孔隙构造特征有关。绝对密实的材料或具有封闭孔隙的材料不会产生透水现象。景观设计中,湖泊、喷泉、景观建筑屋面等需要考虑水的渗透性。

9. 耐水性

材料长期处于饱和水状态下,不发生破坏、强度也不显著降低的能力,称为材料的耐水性。工程上,材料的耐水性常以软化系数来表示,即

$$K_s = f_{ch} / f$$

式中 K_s——材料软化系数;

　　　f_{ch}——水饱和状态下材料的抗压强度(MPa);

　　　f——干燥状态下材料的抗压强度(MPa)。

软化系数介于 $0 \sim 1$ 之间。软化系数越小,受水浸泡后材料强度降低越大,耐水性越差。通常把软化系数大于 0.85 的材料称为耐水材料。经常位于水中或处于潮湿环境(如湖岸、喷泉)中的结构物,应使用耐水材料。

10. 抗冻性

抗冻性是指材料在吸水饱和状态下经过多次冻融循环,结构不发生破坏、强度也不显著降低的特性。

景观建筑物或构筑物在温暖季节被水浸湿,寒冷季节又受冰冻。寒冷季节,材料孔隙内壁水分结冰,材料体积发生膨胀。膨胀量一般约为 9%,所产生的应力可高达 100 MPa。经多次反复交替作用,材料就会受到严重破坏。材料内外温度的不均也会产生温度应力,进一步加剧破坏作用。

抗冻性用抗冻等级 F 表示。例如,抗冻等级 F10,表示在标准试验条件下,强度下降不大于 25%、质量损失不大于 5% 时,材料所能经受的冻融循环次数最多为 10 次。抗冻等级的确定,取决于景观构筑物的种类、使用条件、所处位置和当地的气候条件等许多因素。如陶瓷面砖、普通烧结砖等墙体材料,要求抗冻等级达到 F15 或 F25,而水工混凝土的抗冻等级要求可高达 F500。

11. 导热性

导热性是指材料传导热量的能力,一般用导热系数表示。

导热系数表示单位厚度的材料,温差为 1 ℃(或 K)时,单位时间内单位面积上所通过的热量。其计算公式为

$$\lambda = QD/(\Delta T \cdot t \cdot A)$$

式中　λ——导热系数[W/(m·℃)或 W/(m·K)];

　　　Q——导热量(J);

　　　D——材料厚度(m);

　　　ΔT——材料两端温度差(℃或 K);

　　　A——材料传热面积(m^2);

　　　t——传热时间(s)。

导热系数 λ 愈小,材料的绝热性能愈好。通常,将 $\lambda < 0.23$ W/(m·K)的材料称为绝热材料。导热系数主要与材料结构、化学成分、孔隙率、孔隙特征和含水率有关。景观材料不同,导热系数不同,有时差别会很大,需要根据景观构筑物的要求进行合理的选择,以满足不同景观的保温隔热要求。

对于同种材料,影响导热性的主要因素为孔隙率、孔隙特征和含水率。材料的孔隙率越大,导热系数越小,但具有粗大和连通孔隙时导热系数增大,具有微小或封闭孔隙时导热系数减小。材料孔隙中的介质不同,导热系数相差也很大。静态空气的导热系数 $\lambda = 0.023$ W/(m·K);水的导热系数 $\lambda = 0.58$ W/(m·K),是静态空气的 25 倍;冰的导热系数 $\lambda = 2.33$ W/(m·K),是静态空气的 100 倍。所以,材料的含水率增大,其导热性也相应增加。若材料孔隙中的水分冻结成冰,其导热性会显著增强。材料受潮、受冻都会严重影响其导热性。景观工程中,保温材料施工时应特别注意防水防潮。大多数材料的导热系数还会随温度的升高而增大。

12. 热容量

热容量是指材料受热时蓄存热量或冷却时释放热量的能力,用比热容表示。其计算公式为

$$c = Q/(m \cdot \Delta T)$$

式中　c——比热容[J/(g·K)];

　　　Q——材料吸收或放出的热量(J);

　　　m——材料质量(g);

　　　ΔT——材料冷却前后温度差(K)。

比热容反映材料吸热或放热能力的大小。材料不同,其比热容的值不同。同一材料,由于所处状态(固态、液态、气态)不同,比热容也不同。比热容大的材料,作为墙体、屋面或其他景观构筑物构件时,可以缓和构筑物内外温度的变化。

13. 温度变形

温度升高或降低时材料体积发生变化的现象称为材料的温度变形。多数材料在温度升高时体积膨胀,温度下降时体积收缩。这种变化表现在单向尺度上时,则为线性膨胀或线性收缩。通常以线膨胀系数来表示材料的温度变形性能。线膨胀系数是

指单位长度的材料在温度变化 1 K(或℃)时,材料增加(或减少)的长度。按下式计算

$$\alpha = \frac{\Delta L}{(T_2 - T_1)L}$$

式中　α——材料在常温下的平均线膨胀系数(1/K 或 1/℃);

　　　ΔL——线膨胀或收缩量(mm 或 cm);

　　　$T_2 - T_1$——温度差(K 或 ℃);

　　　L——材料升温或降温前的长度(mm 或 cm)。

景观工程中,对材料的温度变形大多关心某一单向尺度的变化,一般用平均线膨胀系数来衡量。线膨胀系数与材料的组成和结构有关。设计时,应根据设计目的和材料特性,选择能够满足温度变形要求的材料。几种常见景观材料的热工参数见表 8-3。

表 8-3　几种常见景观材料的热工参数

材 料 名 称	导热系数 /[W/(m·K)]	比热容/[J/(g·K)]	线膨胀系数 /(×10^{-5}/K)
钢材	55	0.63	10～12
素混凝土	1.28～1.51	0.48～1.0	5.8～15
烧结普通砖	0.4～0.7	0.84	5～7
木材(横纹)	0.17	2.51	—
水	0.50	4.187	—
花岗岩	2.91～3.08	0.716～0.787	5.5～8.5
玄武岩	1.71	0.766～0.854	5～75
石灰岩	2.66～3.23	0.749～0.846	3.64～6.0
大理岩	2.45	0.875	4.41
沥青混凝土	1.05	—	(零下)20

8.2.2　景观材料力学指标

景观材料力学指标一般用材料的力学性质来衡量。材料的力学性质是指在外力作用下,材料发生变形和抵抗破坏的特性。景观材料力学指标主要有强度与比强度、弹性与塑性、耐久性、硬度与耐磨性等。

1.材料的强度与比强度

(1) 材料的强度

单位面积上材料所能承受的荷载称为材料的强度。材料所受的外力主要有压缩、拉伸、剪切和弯曲等。根据受力方向的不同,材料的强度可分为抗压强度、抗拉强

度、抗剪强度和抗弯(抗折)强度四种,如图 8-4 所示。

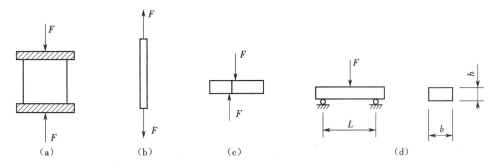

图 8-4　材料的几种受力状态
(a)压力;(b)拉力;(c)剪力;(d)弯折力

抗压强度、抗拉强度和抗剪强度的计算公式如下

$$f = F/A$$

式中　f——材料的强度(N/mm² 或 MPa);

　　　F——材料所承受的荷载(N);

　　　A——受力面积(mm²)。

【例 8-3】　在图 8-4 (a)中,若 $F = 1\ 000$ N,受压面积 $A = 100$ mm²,求其抗压强度。

【解】　$f = 1\ 000/100$ MPa $= 10$ MPa,即该材料的抗压强度为 10 MPa。

抗弯强度又称抗折强度,与材料试件的截面面积和受力情况有关。试件形状大小不同,受力情况不同,其计算公式也各不相同。通常把试件加工成矩形截面,在两支点正中施加一个荷载,如图 8-4(d)所示。这种情况下,抗折强度的计算公式为

$$f_\mathrm{f} = 3\ FL/2bh^2$$

式中　f_f——抗折强度(N/mm² 或 MPa);

　　　F——受弯破坏时的荷载(N);

　　　L——跨距,即两支点间的距离(mm);

　　　b——材料截面宽度(mm);

　　　h——材料截面高度(mm)。

材料强度与材料的组成和结构有关。组分相同的材料,若构造不同,强度可能会差别很大。内部构造非均质的材料在强度上还会有方向上的差别,如木材内部为纤维状结构,顺纹方向的抗拉强度较高,横纹方向的抗拉强度较低。同一种材料,抗压强度、抗拉强度和抗折强度三者之间也会有所不同,如水泥混凝土、砂浆、砖、石材等非均质材料,抗压强度高,抗拉、抗折强度低。景观工程中,为弥补非均质材料在强度上的某些缺陷,常常是多种材料复合利用,以满足工程需要。景观工程中常用结构材料的强度值范围见表 8-4。

表 8-4　常用结构材料的强度　　　　　　　　　　　（单位:MPa）

材料	抗压强度	抗拉强度	抗弯(折)强度	抗剪强度
钢材	235~1 600	235~1 600	235~1 600	200~355
素混凝土	7.5~60	1~4	0.7~9	2.5~3.5
烧结普通砖	7.5~30	—	1.8~4.0	1.8~4.0
花岗岩	100~25	7~25	10~14	13~19
石灰岩	30~250	5~25	2~20	7~14
玄武岩	150~300	10~30	—	20~60
松木(顺纹)	30~50	80~120	60~100	6.3~6.9

（2）材料的比强度

材料的强度与其表观密度之比称为比强度。即

$$f_c = f/\rho$$

式中　f_c——比强度（N·m/kg）；

　　　f——材料强度（MPa）；

　　　ρ——表观密度（kg/m³）。

比强度反映材料质量与强度的关系。结构材料在景观工程中的主要作用就是承受结构荷载。对大部分景观构筑物来说,相当一大部分的承载能力用于承受材料自身的重量。要想提高结构材料承受外荷载的能力,一方面应提高材料的强度,另一方面应减轻材料本身的自重,这就要求材料应具备轻质高强的特点。高层构筑物及大跨度结构工程中,应采用比强度较高的材料。几种常用材料的比强度见表 8-5。

表 8-5　几种结构材料的比强度

材料 （受力状态）	强度 /MPa	表观密度 /(kg/m³)	比强度 /(N·m/kg)	材料 （受力状态）	强度 /MPa	表观密度 /(kg/m³)	比强度 /(N·m/kg)
玻璃钢 （抗弯）	450	2 000	0.225	石灰岩 （抗压）	140	2 500	0.056
低碳钢	420	7 850	0.054	松木 （顺纹抗拉）	100	500	0.200
铝材	170	2 700	0.063	普通混凝土 （抗压）	40	2 400	0.017
铝合金	450	2 800	0.160	烧结普通砖 （抗压）	10	1 700	0.006
花岗岩 （抗压）	175	2 550	0.069				

2. 材料的弹性与塑性

（1）弹性与弹性变形

在外力作用下产生变形，外力除去后又恢复为原来形状和大小的特性，称为材料的弹性。这种可恢复的变形就称为弹性变形。

弹性变形大小与所受外力的大小成正比。所受外力与变形量之比称为该材料的弹性模量，用符号 E 表示。对某种理想的弹性材料来说，弹性模量为常数。计算公式为

$$E = \frac{\sigma}{\varepsilon}$$

式中　E——弹性模量（MPa）；

　　　σ——材料所受应力（MPa）；

　　　ε——外力作用下单位长度所产生的变形。

弹性模量 E 反映材料抵抗变形的能力。E 值愈大，材料的刚度愈强，外力作用下的变形越小。E 值是景观构筑工程结构设计主要参数之一。几种常用景观工程材料的弹性模量见表 8-6。

表 8-6　几种常用景观工程材料的弹性模量　　　　（单位：MPa）

材料	低碳钢	素混凝土	烧结普通砖	木材	花岗岩	石灰岩	玄武岩
弹性模量	21	1.45～1.60	0.5～3.0	0.6～1.2	200～600	200～700	4～110

（2）塑性与塑性变形

在外力作用下产生非破坏性变形，外力去除后不能完全恢复到原来形状和大小的特性，称为材料的塑性。这种不可恢复的变形称为塑性变形。材料内部质点间受剪应力作用，某些质点发生滑移，便会产生塑性变形。外力很小时，理想的塑性材料应是不变形的。只有当外力达到一定大小时，才会产生塑性变形。景观施工和材料加工过程中，经常利用塑性变形来获得所需要的形状。

3. 景观材料的耐久性

使用过程中，在内外因素的作用下，不破坏、不变质、保持原有性能的特性，称为材料的耐久性。

影响材料耐久性的外部因素有物理、化学、生物等多种形式。

物理因素，如干湿变化、温度变化、冻融作用等。干湿变化和温度变化使材料发生膨胀与收缩。多次反复，会导致材料产生裂缝和破坏。在寒冷地区，冻融对材料的破坏更为严重。

化学因素，如酸、碱、盐等物质的水溶液或气体对材料的侵蚀破坏。

生物及生物化学因素，如材料被昆虫蛀食、病菌浸染等。

一般矿物材料，如石料、砖、混凝土等，暴露于大气中或处于水位变化区段时，主要是发生物理破坏作用。处于水中时，除了物理作用外，还会发生化学侵蚀作用。

金属材料发生破坏的原因，主要是化学腐蚀及电化学腐蚀作用。

木材和由植物纤维组成的有机质材料,常由于生物作用而破坏。

沥青质材料及合成高分子材料,多是由于阳光、空气及热的作用而逐渐老化破坏。

影响材料耐久性的外部因素,往往又是通过其内部因素发生作用的。与耐久性有关的内部因素,主要是化学组成、结构和构造三个方面。

有的材料所含有的成分易与其他外部介质发生化学反应,抗渗性和耐腐蚀能力差,耐久性差。如,玻璃导热性低,弹性模量大,受温度剧变影响强烈,耐久性差。开口孔隙量大的材料,受外部因素的影响大,耐久性低。

材料的耐久性是一项综合性能,材料不同,所处的环境不同,耐久性的含义不同。混凝土的耐久性主要是指抗渗性、抗冻性、耐腐蚀性和抗碳化性。钢材的耐久性主要指抗锈蚀性。沥青的耐久性主要指大气稳定性和温度敏感性。

4. 景观材料的硬度与耐磨性

(1) 材料的硬度

材料的硬度是指材料表面抵抗硬物压入或刻画的能力。

材料不同,硬度检测方法和表示方法不同。金属、木材等材料,用压入法检测其硬度。硬度值又可分为洛氏硬度、布氏硬度、莫氏硬度、肖氏硬度等。洛氏硬度(HRA、HRB、HRC)用金刚石圆锥的压痕深度计算求得。布氏硬度(HBW)用压痕直径计算求得。天然矿物材料的硬度常用莫氏硬度表示。两种矿物相互对刻,便可得到莫氏硬度。莫氏硬度的对比标准分为十级,由软到硬分别为滑石、石膏、方解石、萤石、磷灰石、正长石、石英、黄玉、刚玉、金刚石。混凝土等材料的硬度常用肖氏硬度表示。肖氏硬度可通过重锤下落回弹高度计算求得。

景观工程中,为保持构筑物的使用性能或外观,常对材料有一定的硬度要求,如地面铺装、各种混凝土构件等。

(2) 材料的耐磨性

材料表面抵抗磨损的能力称为材料的耐磨性。耐磨性可用磨损率(G)表示。

$$G = \frac{M_1 - M_2}{A}$$

式中　G——材料的磨损率(g/cm²);

　　　$M_1 - M_2$——磨损前后的质量损失(g);

　　　A——磨损面积(cm²)。

磨损率G值愈低,耐磨性愈好。一般情况下,硬度高的材料耐磨性好。景观设计中,园路、地面铺装等景观要素都需要考虑材料的耐磨性能。

8.3　石材和砖材

石材和砖材在景观工程中是常用的构建材料。地面铺装、园路、河流、湖泊、喷泉等景观的建设,都离不开石材和砖材。

8.3.1 石材

石材以天然岩石为主,有时也可用人造石材代替。在地质力作用下,天然固态矿物的集合体称为岩石。组成岩石的矿物称为造岩矿物。造岩矿物主要有长石、石英、云母、辉石、角闪石、橄榄石和方解石等,共计 30 余种。由一种矿物组成的岩石称为单矿岩,如石灰岩和白色大理石。由多种矿物组成的岩石称为多矿岩,如花岗石、长石、石英、云母等。不同岩石的矿物组成、结构和构造不同,物理力学性能不同。同类岩石的产地不同,矿物组成和构造也不尽相同,物理力学性能也有差异。主要造岩矿物的组成和物理性质见表 8-7。

表 8-7 石材中常见矿物一览表

矿物名称	化学成分	晶 形	颜 色	莫氏硬度	体积密度/(g/cm³)
石英	SiO_2	常呈粒状	无色透明,含各种杂质,呈各种颜色	7	2.65
斜长石	复杂的硅酸盐,成分随着盐度的提高,Ca、Na 含量有规律地变化	板状、柱状	白或灰白	6～6.5	2.16～2.78
钾长石	$KAlSi_3O_8$	常呈柱状、厚板状	肉红色、浅黄色、浅黄白色或白色	6	2.5
方解石	$CaCO_3$	柱状、板状、各种菱面体,集合体为粒状	五色或白色,含杂质时有灰、黄、浅红、绿、蓝等颜色	3	2.7
白云石	$CaMg(CO_3)_2$	菱面体、柱状、粒状集合体,菱面体的少见	无色或白色,含铁时为黄褐色或褐色,含锰时略带淡红色	3.5～4	2.8
黑云母	$K(Mg,Fe)_3AlSi_3O_{10}(OH,F)_2$	常为片状、鳞片状	黑色、棕色、褐色,有时呈绿色,玻璃光泽	2～3	3.02～3.12
橄榄石	$(Mg,Fe)_2[SiO_4]$	粒状集合体	黄绿色或橄榄绿色	6～7	3.0～4.39

续表

矿物名称	化学成分	晶 形	颜 色	莫氏硬度	体积密度/(g/cm³)
白云母	复杂的硅酸盐	常呈片状	无色透明,因含杂质常呈浅黄或浅绿色	2.5~3	2.77~2.88
菱镁矿	$MgCO_3$	通常是柱状集合体,菱面体的少见	白色,含铁呈黄色或褐色	3.5~4.5	2.98~3.48
菱铁矿	$FeCO_3$	菱面体,集合体为粒状、结核状	灰黄至浅褐色	3.5~4.5	3.96
普通辉石	(Ca,Mg,Fe,Al) $[(Si,Al_2)]O_3$	短柱状	绿、黑、蓝、黑色,少数呈暗绿色或褐色	1~4	3.3~4
普通角闪石	复杂的硅酸盐	长柱状	绿色、黑色	5.5~6	3.1~3.3
褐铁矿	$FeO(OH) \cdot nH_2O$	蜂窝状、土状、钟乳石状、葡萄状,有时呈黄铁矿的假象	黄褐、暗褐至褐黑色	1~4	3.3~4
绿帘石	$Ca_2FeAl_3[Si_2O_7]$ $[SiO_4]O(OH)$	常呈柱状,集合体呈放射状、粒状	呈各种不同色调的绿色,含铁颜色加深	6~6.5	3.05~3.38
绿石泥	复杂的硅酸盐	鳞片状	浅绿色,含铁多颜色加深	2~2.5	2.6~2.8
蛇纹石	$(Mg,Fe,Ni)_3Si_2O_5$ $(OH)_4$	致密块状或片状、纤维状	一般为绿色、草绿色	2.5~3.5	2.5~2.7
磁铁矿	Fe_3O_4	粒状	铁黑色	5.5~6.5	5.175
黄铁矿	FeS_2	常呈立方体,集合体呈致密块状	浅铜黄色	6~6.5	4.9~5.2

商业上,将天然石材分为规格石材和碎石材料两大类。规格石材按硬度和矿物岩石特征,习惯上分为大理石、花岗石两大类,有时天然板石也单独算作一类。商品饰面石材分类和特征见表8-8。

表 8-8 商品饰面石材分类和特征

商品种类	岩 性	常见岩石	品 种 分 类
大理石	以大理石为代表,包括碳酸盐和有关的变质岩,一般质地较软	大理岩、石灰岩、矽卡岩	品种划分、命名原则不一。有的以产地和颜色命名,如丹东绿、济南青等;有的以花纹和颜色命名,如艾叶青、芝麻白等;有的以花纹形象命名,如雪花、水芙蓉等;有的是传统名称,如汉白玉等;也有的命名独特,如贵妃红等。因此常有同类异名、异类同名现象出现,出口品种统一编有代号,如101-汉白玉,301-济南青
花岗石	以花岗岩为代表,包括各类岩浆岩和以硅酸盐矿物为主的变质岩,一般质地较硬	花岗岩、闪长岩、辉长岩、玄武岩、片麻岩、混合岩等	
板石	以板岩为代表,是一种具有板状构造特征,由黏土岩、粉砂岩或中、酸性凝灰岩轻微变质作用形成的浅变质岩石,可沿板面成片剥下,作饰面石材	硅质板岩、黏土质板岩、云母质板岩、粉砂质板岩、凝灰质板岩、千枚状板岩等	品种按照自然颜色划分为青板石、绿板石、黄板石、红板石、灰板石、花板石、观音板石、紫阳板石、紫阳青板石、巴山板石等

根据生成的地质条件,可将天然岩石分为三大类,即岩浆岩、沉积岩和变质岩。

1. 岩浆岩

岩浆岩又称火成岩。由地壳内部熔融岩浆上升冷凝而成,是组成地壳的主要岩石。

根据岩浆冷却的条件不同,岩浆岩又可分为深成岩、喷出岩和火山岩三类。根据矿物组成(主要是元素 Si 的含量),岩浆岩又可分为四类,即酸性岩类,SiO_2 含量大于 65%;中性岩类,SiO_2 含量介于 52%~65% 之间;基性岩类,SiO_2 含量介于 45%~52% 之间;超基性岩类,SiO_2 含量小于 45%。

景观常用岩浆岩及特性如下。

(1)花岗岩

花岗岩主要由长石、石英及少量云母或角闪石组成。花岗岩有灰白、微黄、淡红等多种颜色,全晶质结构,构造致密,孔隙率和吸水率小,表观密度大于 2 700 kg/m^3,抗压强度 10~250 MPa,抗冻性 100~200 次冻融循环,硬度大,耐磨性好,耐久性75~200 年,对硫酸和硝酸有较强的抵抗性,但在高温下会发生晶型转变,因体积膨胀而破坏,故耐火性不好。在景观工程中,基座、桥墩、台阶、园路、广场地面以及景观建筑外墙面等,均可采用花岗岩材料。花岗岩可加工制成板材,色泽美观、华丽典雅,是非常优良的装饰材料。

(2)玄武岩

玄武岩主要由斜长石、橄榄石和辉石组成。玄武岩多为隐晶质或玻璃质结构,有时也有多孔状或斑状构造,表观密度 2 900~3 500 kg/m³,抗压强度 100~500 MPa,硬度高,脆性大,抗风化能力强。道路铺装、喷泉池壁、湖岸等景观设施的建设,都可采用玄武岩石材。混拌高强混凝土时,骨料也常选用玄武岩。

(3)浮石和火山灰

浮石是颗粒状的火山岩,多孔结构,粒径大于 5 mm,表观密度 300~600 kg/m³。浮石可作为轻混凝土的骨料。火山灰是粉状火山岩,粒径小于 5 mm,常温下有水存在时,能与石灰反应生成水硬性胶凝材料。火山灰可用作水泥的混合材料和混凝土的外掺料。

(4)花岗石类

这里所说的花岗石,是饰面石材的商品分类名称,并非真正矿物学的含义。花岗石类以花岗岩为代表,包括各类岩浆岩和变质岩,如花岗岩、闪长岩、辉长岩、辉绿岩、石英岩、玄武岩、片麻岩、安山岩及混合岩等。变质岩主要是指那些以硅酸盐矿物为主,质地较硬的岩石。商业用花岗石所指的范围较广,不仅仅局限于矿物学上的岩石概念。

矿物组成及主要特征:矿物组成和岩石特征直接影响石材的使用性能和装饰效果。几种常见花岗石的矿物组成及主要特征见表 8-9。

化学成分:化学成分能直接表明花岗石的岩性,间接影响岩石的物理化学性质。常见花岗石的主要化学成分见表 8-10。

物理性能:对于花岗石的可加工性、使用性能、使用范围等重要指标,物理性能可提供重要参考依据。常见花岗石的物理性能见表 8-11。

主要用途:景观工程中,花岗石主要用作饰面板材(如墙面、地面和道路路面等),有时也可用于制作休息区的石桌、石凳等。纪念性景观中的碑、塔等构筑物也常用花岗石制作。砌筑喷泉池壁、湖泊堤岸,花岗石都是上好材料。有些花岗石,如花岗岩、石英岩、辉绿岩、辉长岩、玄武岩、安山岩等,耐酸性强,可用作景观构筑物耐酸防腐材料。

表 8-9　常见花岗石的矿物组成及主要特征

产地	工艺名称	岩石名称	颜色	主要矿物成分	结构
惠安	田中石	花岗岩	灰白	石英、长石、少量黑云母	花岗
惠安	古山红	黑云母花岗岩	暗红	石英、长石	花岗
南安	砻石	黑云母花岗岩	浅红	石英、长石	花岗
汕头	花岗石	花岗岩	粉红	石英、长石	花岗
日照	花岗石	花岗岩	浅灰	石英、长石	花岗
崂山	花岗石	花岗岩	红灰	石英、长石	花岗
泰安	柳埠红	花岗岩	肉红	石英、长石	不等粒花岗
同安	大黑白点	角闪花岗岩	灰白	石英、长石、角闪石	花岗

续表

产地	工艺名称	岩石名称	颜色	主要矿物成分	结构
厦门	厦门白	花岗岩	粉红	石英、长石	花岗
青岛	花岗石	花岗岩	粉红	石英、长石	花岗
泰安	泰安绿	花岗闪长岩	灰黑	石英、斜长石、角闪石	粗粒花岗
济南	济南青	辉长岩	灰黑	斜长石、辉石	辉石

表 8-10 常见花岗石的主要化学成分

产地	名称	化学成分/(%)										
		SiO_2	Al_2O_3	CaO	MgO	Fe_2O_3	FeO	MnO	TiO_2	K_2O	Na_2O	烧失量
惠安	田中石	72.62	14.05	0.20	1.20	0.37	1.43	0.07	0.21	4.12	4.1	0.45
惠安	古山红	73.68	13.23	1.05	0.58	1.34	0.71	0.05	0.24	4.33	4.2	0.19
南安	砻石	76.22	12.43	0.10	0.96	0.06	1.24	0.07	0.14	4.25	3.5	0.16
汕头	花岗石	75.62	12.92	0.50	0.53	0.30	0.86	0.02	0.12	4.87	4.1	0.09
日照	花岗石	70.54	14.34	1.53	1.14	0.88	1.55	0.31		4.13	4.1	0.22
崂山	花岗石	71.88	13.46	0.58	0.87	1.53	1.40	0.05	0.24	5.02	4.4	0.06
泰安	柳埠红	75.64	12.62	0.25	0.65	1.13	0.45	0.04	0.08	4.39	4.0	0.50
同安	大黑白点	67.86	15.92	0.93	3.15	0.90	2.65	0.07	0.03	3.03	3.7	0.31
厦门	厦门白	74.60	12.75	0	1.49	0.34	1.27	0.04	0.13	4.34	4.1	0.42
青岛	花岗石	72.03	13.76	0	1.35	0.55	1.65	0.06	0.14	4.99	4.7	0.25
泰安	泰安绿	61.48	15.57	4.00	2.87	2.64	3.57	0.07	0.41	2.79	4.3	0.71
济南	济南青	48.80	12.54	8.80	14.54	1.39	8.95	0.18	0.37	0.49	2.1	0.65

表 8-11 常见花岗石的物理性能

产地	名称	密度/(g/cm³)	抗压强度/(×10⁵ Pa)	抗折强度/(×10⁵ Pa)	肖氏强度/(°)	磨耗量/cm³
惠安	田中石	2.62	1 713	171.5	97.8	4.80
惠安	古山红	2.68	1 670	192.6	101.5	6.57
南安	砻石	2.61	2 142	215.4	94.1	2.93
汕头	花岗石	2.58	1 192	89.0	89.5	6.38
日照	花岗石	2.67	2 021	157.1	90.0	8.02
崂山	花岗石	2.61	2 124	184.0	99.7	2.36

续表

产　地	名　　称	密度 /(g/cm³)	抗压强度 /(×10⁵ Pa)	抗折强度 /(×10⁵ Pa)	肖氏强度 /(°)	磨耗量 /cm³
泰安	柳埠红	2.61	2 080	212.7	86.3	4.21
同安	大黑白点	2.62	1 036	162.6	87.4	7.53
厦门	厦门白	2.61	1 698	171.2	91.2	0.31
青岛	花岗石	2.64	812	163.7	104.0	3.75
泰安	泰安绿	2.82	2 176	288.2	98.5	3.40
济南	济南青	3.07	2 622	374.8	79.8	10.87

2. 沉积岩

在地壳表层,母岩风化产物、火山物质和有机物质等经搬运、沉积作用所形成的岩石称为沉积岩。沉积岩多呈层状结构。层次不同,其构造、成分、颜色和性能上也不相同。沉积岩孔隙率和吸水率大,表观密度小,抗压强度低,耐久性差。

景观常用沉积岩及特性如下。

(1) 石灰岩

石灰岩俗称灰石、青石等。石灰岩的矿物组成、化学成分、致密程度和物理性质等指标差别很大。一般来说,石灰岩的主要矿物为方解石,主要化学成分为 $CaCO_3$,还常含有白云石、蛋白石、石英、菱镁矿、含水铁矿物和黏土等。石灰岩的吸水率 2%～10%,表观密度 2 600～2 800 kg/m³,抗压强度 20～160 MPa;颜色一般为灰白色、浅白色,含有杂质时变为灰黑、深灰、浅黄、浅红等色彩。石灰岩是地球表面分布最广的岩石,石灰岩来源广、硬度低、易开采,在景观工程中应用广泛,景观构筑物基础、墙身、台阶、路面、堤岸、护坡等都可用石灰岩构建。

(2) 砂岩

石英砂或石灰岩的细小碎屑经过沉积和重新胶结形成砂岩。砂岩的性质取决于胶结物种类和胶结致密程度。氧化硅胶结而成的称为硅质砂岩。碳酸钙胶结而成的称为石灰质砂岩。其他还有铁质砂岩、黏土质砂岩等。砂岩的主要矿物为石英,其他矿物有长石、云母和黏土等。致密的硅质砂岩,性能接近于花岗岩,密度、硬度和强度高,加工较困难,此类砂岩适用于纪念性景观构筑物。钙质砂岩类似于石灰岩,硬度低,易开采,抗压强度 60～80 MPa,可用于基础、台阶和人行道等景观工程的建设。黏土质砂岩浸水后易软化,景观工程中一般不采用。

3. 变质岩

地壳中各类岩石,在地层压力和温度作用下,固体状态下发生再结晶所形成的岩石称为变质岩。一般情况下,沉积岩变质后结构更为密实,性能更好。例如,由石灰岩或白云岩变质而成的大理岩,由砂岩变质而成的石英等,变质后性能更加优异。但是,深成岩变质后,其性能往往变差。

景观常用变质岩及其特性如下。

（1）大理岩

石灰岩或白云岩等碳酸盐或镁质硅酸盐类岩石，经区域变质作用或接触变质作用重新结晶而成的即为大理岩。大理岩中，碳酸盐矿物或镁质硅酸盐矿物，如方解石、白云石、蛇纹石等，含量一般要大于50%。大理岩构造致密，表观密度2 500～2 700 kg/m³，抗压强度50～140 MPa，耐久性30～100年。锯切、雕刻性能好，磨光后自然、美观、柔和。颜色一般为雪白色，当含有杂质时可呈现红、绿、黄、黑等多种颜色。我国生产的汉白玉、雪花白、丹东绿、红奶油和墨玉等大理岩石料，是世界著名的装饰材料。

大理岩又名大理石。大理石是一个商业名称，因其产地而得名。我国云南大理点苍山出产一种变质岩，色泽绚丽，花纹美观，这种石材便以其产地名称命名为大理石。现在，商业上所指的大理石，并不仅仅局限于云南所产的大理石。全国各地出产的与大理石相类似的一类岩石，均称为大理石。在英文中，地质学上与商业上所指的大理石，均用marble一词。大理石在景观工程中用途很广，地面铺装、构筑物贴面、小品等都可采用。

我国主要大理石种类、产地及特性见表8-12。大理石的矿物组成和特征，直接关系到大理石制品的使用性能和装饰效果。现代景观构筑物种类繁多、多姿多彩，对大理石装饰石材提出了更高要求。总的原则是，要与构筑物和设计目的相匹配。一般情况下，单色大理石要求颜色均匀，彩花大理石要求花纹调和、深浅过渡平和，图案型大理石则要求图案清晰、花色鲜明、花纹规律性强。此外，还要求大理石能够进行大面积拼接，能够批量供货。我国大理石色彩系列见表8-13。

表 8-12　我国主要大理石种类、产地及特性

产地	工艺名称	岩石名称	颜色	主要矿物成分	结构
曲阳	雪花	白云大理岩	乳白	白云石	粗粒
房山	汉白玉	白云岩	乳白	白云石	细粒
莱州	雪花白	白云大理岩	乳白	白云石	中细粒变晶
大理	苍白玉	白云岩	乳白	白云石	细晶
昌平	金玉	蛇纹石化大理岩	浅绿	蛇纹石、方解石	微粒隐晶
莱阳	莱阳绿	蛇纹石化、碳酸盐化橄榄矽卡岩	浅绿	蛇纹石、橄榄石、方解石	纤维状网格变晶
丹东	丹东绿	蛇纹石化、镁橄榄矽卡岩	绿	镁橄榄石、叶蛇纹石	片状、粒状变晶
杭州	杭灰	石灰岩	灰	方解石	隐晶
铁山	秋景	含角岩条带状大理岩	棕	方解石	粒状变晶
铁岭	铁岭红	大理岩	紫红	方解石	细晶

续表

产地	工艺名称	岩 石 名 称	颜色	主要矿物成分	结　构
贵阳	纹脂奶油	灰质白云大理岩	粉红	白云石、方解石	粒状
获鹿	墨玉	含白云质面状灰岩	黑	方解石、白云石	面状

表 8-13　我国大理石色彩系列

类别	主要岩石类型	颜色成因	品种举例
白色	白云岩、大理石	着色元素含量极低,呈白色、乳白色、灰白色	汉白玉、雪花、白雪浪、晶白、苍白玉、蕉岭白等
黄色	蛇纹石化大理岩、含泥质白云质大理岩	因含黄色蛇纹石和少量泥质,呈不同深浅的黄色	芝麻黄、香蕉黄、锦黄、稻香、松香黄、米黄等
绿色	蛇纹石化大理岩、蛇纹石化橄榄矽卡岩	因含绿色蛇纹石、橄榄石,呈不同深浅的绿色	丹东绿、莱阳绿、斑绿、金玉等

常见大理石的主要化学成分见表 8-14。化学成分能直接说明大理石的岩性,间接影响其物理化学性质。对加工性、抗风化、耐腐蚀等性能的评价有一定意义。

常见大理石的物理性能见表 8-15。物理性能是判断大理石石材加工性能的重要指标,对其使用性能和使用范围有重要参考价值。

景观工程中,大理石主要用作饰面板材,如墙面、地面和道路路面等。有时,在休息区也可用于制作石桌、石凳等构件。纪念性景观中的碑、塔等构筑物也常用大理石制作。有些大理石,如石灰岩、白云岩、大理岩等,可作耐碱石材。

表 8-14　常见大理石的主要化学成分

产地	工艺名称	化学成分/(%)									
		SiO_2	Al_2O_3	CaO	MgO	Fe_2O_3	MnO	TiO_2	K_2O	Na_2O	烧失量
曲阳	雪花	0.06	0.19	30.98	21.60	0.11	0.01	0	0.03	0.01	46.64
房山	汉白玉	0.81	0.23	30.77	20.67	0.17	0.01	0	0.07	0.07	46.13
莱州	雪花白	2.48	0.55	33.73	18.34	0.03	0.01	0	0.01	0.03	43.76
昌平	金玉	14.94	1.21	44.76	2.67	0.48	0.02	0.03	0.46	0.03	35.57
大理	苍白玉	0.19	0.15	32.15	20.13	0.04	0.02	0	0.04	0.09	46.20
莱阳	莱阳绿	13.92	1.28	28.44	22.12	0.62	0	0.09	0.04	0.06	32.23
丹东	丹东绿	36.84	0.02	1.24	48.58	0.38	0.06	0.01	0.06	0.12	10.53
杭州	杭灰	0.29	0.76	55.08	0.07	0.03	0.01	0	0.07	0.07	43.65
铁山	秋景	7.53	0.87	45.96	3.65	0.94	0.02	0.11	1.13	0.16	36.00
铁岭	铁岭红	12.04	2.76	44.14	1.21	1.30	0	0.11	1.34	0.08	35.81
贵阳	纹脂奶油	0.52	0.50	35.96	10.22	0.17	0	0.02	0.09	0.06	45.66
获鹿	墨玉	1.55	0.89	51.39	2.20	0.51	0.01	0.03	0.35	0.05	42.03

表 8-15 常见大理石的物理性能

产 地	工艺名称	密度 /(g/cm³)	抗压强度 /(×10⁵ Pa)	抗折强度 /(×10⁵ Pa)	肖氏强度 /(°)	磨耗量 /cm³	光泽度 /(°)
曲阳	雪花	2.88	1 192	113.6	52.8	15.00	115.1
房山	汉白玉	2.87	1 564	191.2	42.4	22.50	112.7
莱州	雪花白	2.82	1 068	78.6	45.4	24.38	113.6
大理	苍白玉	2.88	1 361	122.8	50.9	24.96	111.5
昌平	金玉	2.80	1 285	299.7	59.2	14.81	90.9
莱阳	莱阳绿	2.65	933	162.2	44.2	18.90	103.7
丹东	丹东绿	2.71	1 008	304.5	47.9	24.50	92.7
杭州	杭灰	2.73	1 214	119.8	63.1	14.94	110.4
铁山	秋景	2.78	686	168	49.8	21.91	111.7
铁岭	铁岭红	2.75	822	233	53.4	20.02	110.5
贵阳	纹脂奶油	2.76	993	187.3	65.9	7.14	108.2
获鹿	墨玉	2.72	1 549	301	55.3	7.98	114.3

（2）石英岩

石英岩由硅质砂岩变质而成。石英岩均匀致密,抗压强度 $250\sim400$ MPa,耐久性好,硬度大,耐磨、耐酸性好。

（3）片麻岩

片麻岩由花岗岩变质而成。片麻岩的矿物成分与花岗岩的相似,片状构造,各方向的物理力学特性不同,垂直于解理（片层）方向有较高的抗压强度,可达 $120\sim200$ MPa,沿解理方向易于开采加工。片麻岩抗冻性差,在冻融循环过程中易剥落分离成片状,容易风化。景观工程中,片麻岩常用作碎石、块石和人行道石板等。

8.3.2 砖材

景观工程中,挡土墙、喷泉池、地面、花坛等景观构件的铺装和砌筑,都会用到砖材。下面对景观中常用砖材作简要介绍。

1. 黏土砖

黏土砖以砂质黏土为主要原料,有时会掺外掺料,经采土、配料、制坯、干燥、焙烧等过程制成。黏土砖为实心砖,其质量好坏关键在于焙烧。砖坯焙烧时,应特别注意温度控制。温度控制不好,会产生欠火砖和过火砖。欠火砖焙烧火候不足,颜色浅,声音哑,强度低,耐久性差。过火砖焙烧过头,颜色深,声音响亮,砖体弯曲变形。

砖坯焙烧时,从头至尾一直处于氧化气氛中,黏土中铁的化合物被氧化成红色的三价铁（Fe_2O_3）,烧成的砖即为红砖。砖坯焙烧时,先处于氧化气氛中,达到烧结温度（1 000 ℃左右）后,转入还原气氛中继续焙烧,红色的三价铁被还原成青灰色的二价铁(FeO),按此法即制成青砖。青砖耐久性比红砖好。青砖只能在土制窑中断续生产,红砖可以在机制窑中连续生产。红砖耗能低。如果红砖能满足建筑要求,应尽量采用红砖。

黏土砖的主要技术指标包括形状、尺寸、外观质量、强度和耐久性等方面。

① 尺寸。普通黏土砖形状为矩形。标准尺寸为 240 mm×115 mm×53 mm。4 块砖的长度,或 8 块砖的宽度,或 16 块砖的厚度,再加上砌筑灰缝 10 mm,其总长度恰好约为 1 m。砌筑体为 1 m³ 时,需用砖 512 块。长度平均偏差±2.0 mm,宽度和高度的平均偏差为±1.5 mm。

② 外观质量。外观质量直接影响到砌筑体的外观和强度。外观质量主要指两条面高度差、弯曲程度、杂质突出高度、缺棱掉角、裂纹长度、颜色和完整性等方面。优等品的两条面高度差、弯曲程度、杂质突出高度均不大于 2 mm,并且颜色一致。合格品的两条面高度差、弯曲程度、杂质突出高度均不大于 5 mm,颜色上无要求。出厂产品不允许有欠火砖、酥砖和螺旋纹砖。

③ 强度等级。黏土砖共有 6 个等级,分别为 MU30、MU25、MU20、MU15、MU10 和 MU7.5。它是根据 10 块砖样的抗压强度平均值和强度标准值计算得出的,其中 MU7.5 级中没有优等品(见表 8-16)。

表 8-16   黏土砖强度等级指标   (单位:MPa)

强 度 等 级	平均值 $R \geqslant$	标准值 f_k
MU30	30.0	23.0
MU25	25.0	19.0
MU20	20.0	14.0
MU15	15.0	10.0
MU10	10.0	6.5
MU7.5	7.5	5.0

强度标准值计算公式如下:

$$f_k = R - 2.1s$$

$$s = \sqrt{\frac{1}{9} \sum_{i=1}^{10} (R_i - \bar{R})^2}$$

式中 f_k——强度标准值(MPa);

$\bar{R}$——10 块砖样的抗压强度算术平均值(MPa);

s ——10 块砖样的抗压强度标准差(MPa);

R_i——单块砖样的抗压强度测定值(MPa)。

2. 烧结空心砖

烧结空心砖以黏土、页岩、煤矸石等为主要原料烧制而成。烧结空心砖的孔洞率不小于 35%,孔的尺寸小、数量多,外形呈直角六面体。烧结空心砖也称为非承重空心砖,主要以横孔方向使用。与砌(抹)砂浆接触的表面,应留有足够的凹线槽,且深度大于 1 mm,以增强结合力。空心砖多采用矩形条孔,平行于大面和条面。烧结空心砖孔洞及其结构要求见表 8-17。

表 8-17　烧结空心砖孔洞及其结构要求

等　级	空洞排数/排		孔洞率/(%)	壁厚/mm	肋厚/mm
	宽度方向	高度方向			
优等品	≥5	≥2			
一等品	≥3	—	≥35	≥10	≥7
合格品	—	—			

根据表观密度,将烧结空心砖分为 800、900 和 1100 三个级别。对于每个密度级别,根据孔洞形状和排数、尺寸偏差、外观质量、强度等级和物理性能,再分为三级,分别为优等品(A)、一等品(B)和合格品(C)。产品中不允许有欠火砖和酥砖。强度等级有三个,根据大面抗压强度和条面抗压强度来划分,分别为 5.0、3.0、2.0 三级。如其他技术指标满足要求,强度等级为 5.0 的可定为优等品,强度等级为 3.0 的可定为一等品,强度等级为 2.0 的属合格品(见表 8-18)。

表 8-18　烧结空心砖强度分级

等　级	强度等级	面抗压强度/MPa		条抗压强度/MPa	
		平均值 不小于	单块最小值 不小于	平均值 不小于	单块最小值 不小于
优等品	5.0	5.0	3.7	3.4	2.3
中等品	3.0	3.0	2.2	2.2	1.4
合格品	2.0	2.0	1.4	1.6	0.9

烧结空心砖可以减小砌体自重和墙厚,节约燃料,节省黏土。在满足相同热工性能要求前提下,能改善砖的绝热及隔声性能,降低工程造价。由于以上优点,在景观中,烧结空心砖的应用日益增多。

3. 陶瓷类地面铺装材料

陶瓷类地面铺装材料主要是各种地砖和马赛克。这类材料大都采用热熔烧结工艺制成,坚硬、耐磨、耐水、耐腐,图案色彩多样。常见的铺地砖有以下几种。

釉面砖:砖的表面经过烧釉处理。釉面砖按原材料可分为两种,即陶制釉面砖和瓷制釉面砖。陶制釉面砖由陶土烧制而成,吸水率较高,强度相对较低,背面颜色为红色。瓷制釉面砖由瓷土烧制而成,吸水率较低,强度相对较高,背面颜色为灰白色。

仿古(复古)砖:具有浓郁的仿古情调,使人感到休闲、温馨和自然。

通体砖:砖的表面不上釉,正、反两面材质和光泽一致。

防滑砖:通体砖的一种。

抛光砖:坯体表面经过打磨,光亮度较高的一种通体砖。

玻化砖:一种强化的抛光砖,高温烧制而成。

通体玻化砖:具有通体砖和玻化砖的优点,表面光洁,比抛光砖更耐磨。

微粉玻化砖:采用纳米技术制成的一种砖。粉末二次下料一次成形,工艺较繁琐。

石塑地砖:由多层构成。表层是超强透明耐磨保护材料,中层为彩艺图案层,基层是以天然大理石石粉为主的稳定结构层,底层是以高密度高分子树脂为主的弹性结构层。

马赛克:一种特殊形式的砖,由数块或数十块小砖组成。根据原材料的不同,马赛克可分为六种,即陶瓷马赛克、大理石马赛克、玻璃马赛克(熔熔玻璃马赛克、烧结玻璃马赛克、水晶玻璃马赛克)、陶土马赛克、金属马赛克和云石马赛克。

8.4 木材

木材作为景观材料,历史悠久。在我国早期园林当中,木材是园林建筑的主要构建材料。现在,随着水泥和其他高分子材料的发明和应用,再加上森林面积的日益减小,木材的使用量有所减少,但在景观工程中仍是一种常用的景观材料。

8.4.1 木材识别常识

认识木材是选材用材的基础。景观设计师必须具备基本的木材识别常识。这里重点介绍树皮特征识别、树干断面特征识别和木材宏观构造识别三个方面。

1. 树皮特征识别

有些树木,根据树皮、材身表面和横断面上的特征,就可判断出其种类。成熟树木的树皮由内皮(韧皮部)和外皮两部分组成。在树木生长过程中,内皮具有生理机能,质地软,含水量较多,颜色较浅。外皮是一些丧失生理机能的死组织,质地较坚硬,含水量少,颜色较深。原木识别主要是根据外皮特征来进行。常用的外皮特征有颜色、质地、形态以及皮孔、皮刺等。

(1)颜色与质地

树种不同、同一种树木处于不同的生长阶段以及枝条所处的部位不同,树皮颜色会有所变化。如白桦,树皮为灰白色;梧桐,树皮为青绿色;黄檀,树皮为黄褐色;杉木,树皮为红褐色;红松,树皮为红色。外皮质地可分为松软、柔韧和坚硬三类。银杏、栓皮栎属松软型,亮叶桦属柔韧型,椴树属坚硬型。

(2)树皮形态

根据外皮皮沟的有无,树皮形态可分为开裂和不开裂两类。根据外皮粗糙程度,树皮形态可分为平滑型(如浙江桂)、粗糙型(如青冈栎)和褶皱型(如油柿)三类。

不开裂是指外皮皮沟不明显。开裂是指外皮出现明显的裂隙状皮沟。按皮沟的深度树皮形态可分为微裂、浅裂和深裂三类。微裂,皮沟深度不足树皮厚度的1/3,如千年桐;浅裂,裂沟深度为树皮厚度的1/3~1/2,如柏木;深裂,裂沟深度大于树皮厚度的1/2,如麻栎。按皮沟的走向树皮形态可分为纵向开裂、横向开裂和纵横开裂三种。檫树属纵向开裂,桦木属横向开裂,七叶树属纵横开裂。

外皮脱落形状也是重要识别特征。常见的主要有条块状、块状、环状、不规则状和薄片状等类型。重阳木属条块状脱落,鱼鳞松属块状,亮叶桦属环状,二球悬铃木属不规则状,苦槠属薄片状。

皮孔、皮刺:许多阔叶树树皮不开裂或没有明显皮沟,其表面往往有皮孔或皮刺。皮孔在外皮表面呈锈色或褐色斑点。皮孔形状主要有圆形(如臭椿)、椭圆形(如泡桐)、菱形(如毛白杨)、线形(如柞木类)等。皮刺是指树木不发育的叶子形成的一种刺状物,如刺楸、木棉等。针叶材的皮孔通常不明显,也没有皮刺。

2. 树干断面特征识别

树干断面识别特征主要指树干断面形状、髓心、心材、边材四项。

(1) 树干断面形状

树干断面的外部轮廓,也就是木质部的外缘轮廓,构成树干断面形状。树种不同,树干断面形状有差异。常见的树干断面形状有圆形、近圆形、椭圆形、多边形、波浪形及梅花形等。杉木、红松、柏木、水曲柳、桦木等大多数树种,树干断面呈圆形。猴欢喜、南岭黄檀等树种,树干断面呈椭圆形。枫杨、橡树、槭木等树种,树干断面呈多边形。黄檀、米槠、鹅耳枥等,树干断面为波浪形或梅花形。

(2) 髓心

髓心是髓和初生本质部的合称。髓心位于树干中心部位,有时受外界影响而偏离中央部位。髓心特征主要指颜色、大小、质地和结构四个方面。多数树种的髓心颜色呈浅褐色。髓心大小因树种不同而变化较大。针叶材髓心直径一般为3~5 mm,树种之间差异不大。阔叶材的树种不同,髓心变化较大:泡桐、臭椿等树种的髓心直径可以达到10 mm以上,大叶榉、七叶树等树种的髓心直径小于5 mm。树木髓心形状一般为圆形,但也有例外。比如,桤木、山毛榉等为三角形,女贞、石梓、苦枥等为四角形,栎木、毛白杨等为五角形。多数树种髓心质地松软,但也有质地较坚硬的,如悬铃木、刨花楠等。髓心结构分为实心髓、分隔髓和空心髓三类。苦楝、梓树等多数树种为实心髓,枫杨、核桃木等树种为分隔髓,泡桐、山桐子等为空心髓。

(3) 心材与边材

树干横断面上,位于中央靠近髓心的部分称为心材;靠近树皮的部分称为边材。有些树种,心材颜色较深,边材颜色较浅,二者区别明显。这类树种称为显心材树种或心材树种,如红松、落叶松、杉木、红杉、马尾松、油松、獐子松、刺槐、香樟、青皮、黄连木、黄菠萝、山枣等。心材与边材在颜色上区别不明显的,称为隐心材树种,如椴木、枫杨、鸭脚木、拟赤杨等。在隐心材树种中,虽然心材与边材在颜色上区别不出来，但二者含水量有差异，心材含水量低于边材含水量，这类树种称为熟材树种，如冷杉、水青冈、山杨等。心材与边材在含水量和颜色上都无明显区别的，称为边材树种，如云杉、鸭脚木、槭木、椴木、白杨等。

在木材识别上，涉及心材和边材时主要考虑两个方面：一是心材和边材之间的颜色差异程度，二是边材的宽度。颜色差异程度可分为明显、略明显和不明显三级。心材的形成和边材的宽度大小，在不同的年龄阶段有所不同，识别时应注意树龄的影响。

3. 木材宏观构造特征识别

木材的宏观构造特征，是指在肉眼或放大镜下所能观察到的木材构造特征。由于从不同的方向锯切木材得到的切面不同，所反映的木材构造特征也不同，因此观察木材构造特征要从木材的三个标准切面上进行。树干横切面、径切面和弦切面称为木材的三个标准切面（见图 8-5）。

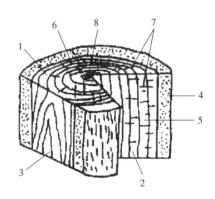

图 8-5 木材的三个标准切面

1—横切面；2—径切面；3—弦切面；4—树皮；
5—木质部；6—年轮；7—髓射线；8—髓心

与树干轴向或木材纹理方向垂直锯切的切面称为横切面。横切面是木材宏观识别最重要的切面。与树干轴向平行，沿树干半径方向、通过髓心锯切的面称为径切面。与树干轴向平行，不通过髓心而垂直于树干断面半径锯切的面称为弦切面。在弦切面上，可以看到纵向细胞长度、木射线高度和宽度。径切面和弦切面合称为纵切面。

识别木材时，在三个切面上主要观察以下几个特征。

（1）木质部

木质部位于髓心和树皮之间，有心材和边材之分，是景观工程使用的主要部分。心材由已失去生机的早期细胞组成，储存有较多的树脂，抗腐能力强，含水量少，湿胀、干缩、翘曲变形小，一般比边材使用价值大。

（2）年轮

在横切面上，木质部部分所具有的深浅相间的同心圆环，称为年轮。一般树木每年生长一圈。在同一年轮内，春天生长的木质色较浅、质较软，称为春材（早材）。夏秋两季生长的木质色较深、质较密，称为夏材（晚材）。同一树种，年轮越密、越均匀，材质越好。夏材部分越多，木材强度越高。

在弦切面上，年轮呈"V"字形花纹。在实际应用中，板材绝大部分为弦切面。年轮在弦切面上呈现出各种美丽的花纹，可供景观造景之用。

（3）髓射线

横贯年轮、呈径向分布的横向细胞组织称为髓射线。髓射线由薄细胞组成，与周围细胞组织连接较弱，木材干燥时，容易沿髓射线方向产生放射状裂纹。

（4）髓心

髓心形如管状。位于树木枝干中心,是最早生成的木质部分,材质松软,强度低,易腐朽。

8.4.2 木材的物理化学性质

木材的物理化学性质直接影响到木材的使用性能。景观用木材重点考察木材的干缩性能、木材密度和木材强度三个指标。

1. 木材的干缩和湿胀

木材失水体积缩小的现象称为干缩。木材吸收水分体积膨大的现象称为湿胀。干缩和湿胀是木材的一种固有特性,它对木材的加工、利用影响极大。干缩、湿胀过程中,各个方向尺寸变化不一致,易造成木材的开裂和板材的翘曲,直接影响到景观构筑物的质量。使用中的木材,尺寸和体积也并非永久不变,也会随大气相对湿度和温度的变化而发生波动。

木材的干缩性能一般用全干缩率来表示。根据所测定的切面,分为径向全干缩率、弦向全干缩率和体积全干缩率三种。其计算公式为

$$S = (A - A_0)/A \times 100\%$$

式中　A——试样含水率高于纤维饱和点(生材或湿材)时的径向、弦向尺寸或体积（mm^2 或 mm^3）；

　　A_0——试样全干时的径向、弦向尺寸或体积（mm^2 或 mm^3）；

　　S——径向、弦向或体积全干缩率(%)。

全干缩率测定方法:20 mm×20 mm×20 mm 标准三切面试件,浸泡水中至木材尺寸恒定时,测量试件湿材尺寸,然后放入烘箱中烘干,温度逐步上升,到（103±2）℃时,保持恒温。烘至试样全干,再测量试件全干尺寸,代入上式计算即可。要避免试件开裂。

2. 木材密度

木材单位体积质量称为密度。木材体积和质量随木材含水率的变化而变化,一定的密度对应一定的含水率。木材密度可分为全干密度、气干密度和基本密度三种。景观工程中常用气干密度这一指标。木材密度的计算公式如下

全干密度　　　　　　　　$\rho_0 = G_0/V_0$

气干密度　　　　　　　　$\rho_q = G_q/V_q$

基本密度　　　　　　　　$\rho_j = G_0/V_s$

式中　ρ_0, ρ_q, ρ_j——依次为全干密度、气干密度和基本密度（g/cm^3）；

　　G_0, G_q——依次为木材绝对干重和气干质量(g)；

　　V_0, V_q, V_s——依次为全干、气干和生材时的木材体积（cm^3）。

密度影响木材的干缩情况。一般来说,含水率变化相同时,密度高的干缩率大（见表 8-19）。

表 8-19 木材气干密度与干缩率

树　种	气干密度/(g/cm³)	干缩率/(%)		
		径向	弦向	体积
杉木	0.376	3.69	8.73	12.60
马尾松	0.515	4.50	8.88	13.98
泡桐	0.283	4.41	8.07	13.59
水曲柳	0.686	5.91	10.59	17.31
黄檀	0.897	6.21	10.38	17.37

3. 木材强度

木材抵抗外部机械力作用的能力称为木材强度。木材强度是木材力学性质的主要指标。外部机械力主要有拉伸、压缩、剪切、弯曲和扭转等形式。木材是各向异性材料，木材强度与木材纹理方向有密切关系。木材强度一般可分为下列几种。

① 抗压强度：分顺纹抗压强度、横纹抗压强度两种。景观构筑物立柱主要考虑顺纹抗压。横纹抗压强度又可分为横纹全面受压强度和横纹局部挤压强度两类。横纹全面受压强度又分弦向强度和径向强度两类，作垫木用的木材常用此强度。横纹局部挤压强度也分弦向强度和径向强度两类，铁道枕木对这项指标要求很高。

② 抗弯强度：分木材抗弯强度和抗弯弹性模量两项。屋梁用材常用这两项指标。

③ 抗拉强度：分顺纹抗拉强度和横纹抗拉强度两类。屋架拉杆常采用顺纹抗拉性能指标。木材开裂情况也可用横纹抗拉强度衡量。

④ 抗剪强度：主要指顺纹方向的剪切强度，又分弦面剪切强度和径面剪切强度两种。景观木构件中的榫结合强度常用抗剪强度衡量。

上述项目中，最重要、最常用的强度指标是顺纹抗压强度和抗弯强度。木材在使用中，力的作用很复杂，常常是多方面的，有时几项强度同时存在，如梁材受到压、拉、剪三种力的作用。地板、木质铺装道路用的木条，除要求一定的抗压强度、抗弯强度、硬度外，在抗磨损、握钉力等特种力学性能方面还有一定的特殊要求。

8.5　混凝土

8.5.1　混凝土概述

胶凝材料、骨料、水三者按适当比例配合拌制所形成的拌和物，称为混凝土。混凝土硬化后类似人造石材，故人们把它形象地缩写为"砼"。硬化前称为混凝土拌和物或新拌混凝土。加钢筋的混凝土称为钢筋混凝土，不加钢筋的混凝土称为素混凝土。

混凝土的分类有多种方法。根据胶凝材料种类，可分为水泥混凝土、石膏混凝

土、沥青混凝土、聚合物混凝土等。根据静观密度,可分为:特重混凝土,容重大于
2 500 kg/m³;重混凝土,容重为 1 900～2 500 kg/m³;轻混凝土,容重为 600～
1 900 kg/m³;特轻混凝土,容重小于 600 kg/m³。根据用途,可分为结构混凝土、道
路混凝土、水工混凝土、耐热混凝土、耐酸混凝土和防辐射混凝土等。

8.5.2 混凝土组成材料

混凝土由水泥、骨料和水组成。水泥为胶凝材料。骨料分细骨料和粗骨料两种。
砂为细骨料,石为粗骨料。水泥和水构成水泥浆,包裹在骨料表面,填充砂的空隙,形
成砂浆。砂浆包裹石,填充石间的空隙,形成混凝土。混凝土硬化前,水泥起润滑作
用,使拌和物便于浇筑施工。粗细骨料一般不与水泥发生化学反应,主要是构成混凝
土骨架,对混凝土的变形起到一定的抑制作用。

为改善混凝土的性能,有时还可加入适量的外加剂和掺和料。混凝土硬化前,外
加剂和掺和料能显著改善拌和物的和易性。配制高强混凝土、泵送混凝土、高性能混
凝土时,外加剂和掺和料是不可缺少的成分。

1. 水泥

按用途和性能,通常将水泥分为通用水泥、专用水泥和特性水泥三种。景观工程
所使用的主要是通用水泥。通用水泥包括硅酸盐水泥、普通硅酸盐水泥、矿渣硅酸盐
水泥、火山灰质硅酸盐水泥、粉煤灰硅酸盐水泥等多种类型。常用水泥的特性及适用
范围见表 8-20。

表 8-20 常用水泥的特性及适用范围

水泥品种	特性		使用	
	优点	缺点	适用于	不适用于
硅酸盐水泥	①强度等级高; ②快硬、早强; ③抗冻性好,耐磨性和不透水性好	①水化热高; ②抗水性差; ③耐蚀性差	①配制高强度等级混凝土; ②先张预应力制品、石棉制品; ③道路、低温下施工的工程	①大体积混凝土; ②地下工程
普通硅酸盐水泥	与硅酸盐水泥相比无根本区别,但有所改变: ①早期强度略有减小; ②抗冻性、耐磨性略有下降; ③低温凝结时间有所延长; ④耐硫酸盐侵蚀能力有所增强		适应性较强,无特殊要求的工程都可以用	

续表

水泥品种	特性		使用	
	优点	缺点	适用于	不适用于
矿渣硅酸盐水泥	①水化热低;②耐硫酸盐侵蚀性好;③蒸汽养护有较好的效果;④耐热性较普通硅酸盐水泥高	①早期强度低,但后期强度增进率大;②保水性差;③抗冻性差	①地面、地下,水中的各种混凝土工程;②高温车间建筑	需要早强和受冻融循环、干湿交替的工程
火山灰质硅酸盐水泥	①保水性好;②水化热低;③耐硫酸盐侵蚀能力强	①强度低,但后期强度增进率大;②需水性大,干缩性大;③抗冻性差	①地下、水下工程,大体积混凝土工程;②一般工业和民用建筑	需要早强和受冻融循环、干湿交替的工程
粉煤灰硅酸盐水泥	与火山灰质硅酸盐水泥相比:①水化热低;②耐硫酸盐侵蚀性能好;③保水性好;④需水性及干缩性较小;⑤抗裂性较好	①早期强度增进率比矿渣硅酸盐水泥低;②其余同火山灰质硅酸盐水泥	①大体积混凝土和地下工程;②一般工业和民用建筑	同矿渣硅酸盐水泥

2. 砂

粒径为 $0.15\sim4.75$ mm 的岩石颗粒称为砂。砂是混凝土的细骨料。按产地来源可分为天然砂和人工砂。天然砂是由自然风化产物经搬运、分选和堆积形成的,有河砂、湖砂、山砂和淡化海砂四种。天然砂缺乏时,可选坚硬岩石粉碎后替代。按技术要求,将砂分为三类:Ⅰ类,适用于 C60 以上的混凝土;Ⅱ类,适用于 C30~C60 以及有抗冻、抗渗或其他要求的混凝土;Ⅲ类,适用于 C30 以下混凝土和建筑砂浆。配制混凝土对砂的质量要求,主要包括颗粒级配与粗细程度、含泥量与泥块含量、有害杂质含量及物理力学性能等。

砂的粗细程度是指不同粒径的砂粒混合在一起后的平均粗细程度,通常有粗砂、中砂与细砂之分。在相同质量条件下,细砂的总表面积大,粗砂的总表面积小,粗砂比细砂所需的水泥浆量少。砂过粗,拌出的混凝土黏聚性差,易产生分离、泌水现象。砂过细,拌出的混凝土虽然黏聚性好,但流动性小,水泥用量大,混凝土强度也较低。混凝土配制过程中,砂不宜过粗亦不宜过细,以中砂为宜。

3. 石

颗粒粒径大于 4.75 mm 的骨料称为石或粗骨料。石分碎石和卵石两种。天然岩石破碎后就形成碎石。碎石杂质少,较干净,表面粗糙,颗粒富有棱角,与水泥黏结牢固。天然卵石分河卵石、海卵石和山卵石三种。河卵石表面光滑、洁净,杂质较少,在混凝土中常被采用。山卵石、海卵石中含有较多杂质,使用时必须加以冲洗,较少使用。石质量对混凝土质量有重要影响。衡量石质量的指标主要有颗粒级配、最大粒径、石强度和针片状颗粒含量等。

8.5.3 混凝土性能及指标

1. 混凝土强度

这里主要指抗压强度,一般将抗压强度作为混凝土力学性能的主要指标。抗压强度简称为混凝土强度。混凝土的其他强度指标还有抗拉、抗弯、抗剪、抗疲劳等。在各种强度中,抗压强度值最大,抗拉、抗弯和抗剪强度等都小得多,一般依次为抗压强度的 $1/15 \sim 1/10$、$1/10 \sim 1/5$ 和 15% 左右。

在各种抗压强度中,最常用的是立方体抗压强度。其计算公式如下:

$$f_{cu} = \frac{F}{A}$$

式中　f_{cu}——混凝土立方体试件抗压强度(MPa)(计算精度要求:0.1 MPa);

　　　F——试件破坏荷载(N);

　　　A——试件承压面积(mm^2)。

混凝土强度等级用符号 C 与立方体抗压强度标准值(MPa)表示。例如,C20 表示混凝土立方体抗压强度标准值为 20 MPa。强度等级按试件立方体抗压强度标准值划分。抗压强度标准值分为多个等级,如 C15、C20、C25、C30、C35、C40、C45、C50、C55、C60、C65、C70、C75、C80 等。

混凝土小梁承受弯压极限荷载时,单位面积上的最大应力称为抗折强度。其计算公式如下

$$f_f = \frac{Fl}{bh^2}$$

式中　f_f——混凝土抗折强度(MPa);

　　　F——试件破坏荷载(N);

　　　l——支座间跨度(mm);

　　　h——试件截面高度(mm);

　　　b——试件截面宽度(mm)。

抗折强度与截面尺寸和荷载方式有关。国内标准为,小梁尺寸 150 mm×150 mm×600(550)mm,采用两点加荷法,按此法测定的为标准抗折强度。若小梁尺寸改为 100 mm×100 mm×400 mm,所得强度值应乘以换算系数 0.85。混凝土强度等级大于或等于 C60 时,宜采用标准试件。使用非标准试件时,尺寸换算系数需试验确定。

2. 抗冻性

在饱和水状态下,经受多次冻融循环不被破坏、强度不显著降低的性能,称为混凝土的抗冻性。

混凝土的抗冻性能用抗冻标号表示。28 d 龄期混凝土试件所能承受的冻融循环次数就是抗冻标号。一般建筑用混凝土抗冻标号划分为 6 个等级,即 F15、F25、F50、F100、F150 和 F200。它们分别表示混凝土能够承受反复冻融循环次数为 15、25、50、100、150、200。

冬季,特别是高寒地区,对混凝土的抗冻性能要求较高。混凝土抗冻标号的选择,要根据混凝土构筑物所在地区的气候条件、混凝土所处部位以及冬季水位变化情况确定。详见《普通混凝土配合比设计规程》(JGJ 55—2011)。在该规程中,混凝土最大水灰比值及最小水泥用量值见表 8-21。

表 8-21　混凝土最大水灰比值及最小水泥用量值

环境条件		结构物类别	最大水灰比			最小水泥用量/(kg/m³)		
			素混凝土	钢筋混凝土	预应力混凝土	素混凝土	钢筋混凝土	预应力混凝土
干燥环境		正常的居住或办公用房屋内部件	不作规定	0.65	0.60	200	260	300
潮湿环境	无冻害	①高湿度的室内部件;②室外部件;③在非侵蚀性土或水中的部件	0.70	0.60		225	280	300
潮湿环境	有冻害	①经受冻害的室外部件;②在非侵蚀性土或水中经受冻害的部件;③高湿度且经受冻害的部件	0.55			250	280	300

续表

环境条件	结构物类别	最大水灰比			最小水泥用量/(kg/m³)		
		素混凝土	钢筋混凝土	预应力混凝土	素混凝土	钢筋混凝土	预应力混凝土
有冻害和除水剂的潮湿环境		0.50			300		

3. 水化热

水泥水化过程中发出的热量称为水化热。混凝土中水泥的水化热可以通过在绝热温升条件下测得的温度值经计算求得,计算公式为

$$H = \frac{T_R \cdot C_o \cdot \gamma}{C}$$

式中　H——混凝土某龄期水泥的水化热(J/kg);

　　　T_R——混凝土某龄期的绝热温升(K);

　　　C_o——混凝土的平均比热容[J/(kg·K)];

　　　γ——混凝土密度(kg/m³);

　　　C——每立方米混凝土水泥用量(kg/m³)。

水泥的矿物成分、混合材料的掺入量、水灰比及周围介质温度等,对混凝土的水化热值都有很大影响。周围介质温度对水泥水化热的影响见表 8-22。

表 8-22　周围介质温度对水泥水化热的影响

介质温度/(℃)	水化热/(J/kg)			
	3 d	7 d	28 d	90 d
4.4	126.61	182.27	328.50	372.07
23.3	219.56	303.36	350.28	380.45
40.0	302.94	336.46	363.69	390.09

4. 比热容

温度变化 1 ℃时,单位重量混凝土所吸收或放出的热量,称为该混凝土的比热容,简称比热,单位为 J/(kg·K)。混凝土的比热容,取决于周围介质温度、水灰比、骨料种类和骨料用量,变动范围为 840~1 170 J/(kg·K)。表 8-23 列出了几种不同骨料混凝土的比热容。

表 8-23 几种不同骨料混凝土的比热容

粗骨料品种	介质温度 /(℃)	比热容 /[J/(kg·K)]	粗骨料品种	介质温度 /(℃)	比热容 /[J/(kg·K)]
花岗岩	10	0.871	砂岩	10	0.909
	38	0.963		38	0.971
	65	1.051		65	1.034
石灰岩	10	0.925	玄武岩	10	0.917
	38	0.992		38	0.967
	65	1.055		65	1.076

5. 导热系数

厚度为 1 m,两侧温度差为 1 ℃,在 1 s 内,面积为 1 m² 的混凝土所传递的热量称为导热系数或热导率,用 W 表示。导热系数是混凝土材料最重要的一种热物理性能。影响混凝土导热系数的因素很多。混凝土骨料种类、骨料用量、周围介质温度、混凝土的密度以及含水率等对导热系数都有重要影响。骨料种类和含水率对混凝土导热系数的影响见表 8-24 和表 8-25。

表 8-24 骨料种类对混凝土导热系数的影响

骨料品种	混凝土密度 /(kg/m³)	导热系数 /[W/(m·K)]	骨料品种	混凝土密度 /(kg/m³)	导热系数 /[W/(m·K)]
重晶石	3 640	1.372	白云岩	2 560	3.674
火成岩	2 540	1.442	石英岩	—	4.039
砂岩	—	2.954			

表 8-25 含水率对混凝土导热系数的影响

体积含水率/(%)	0	2	4	8
导热系数 /[W/(m·K)]	1.279	1.860	2.035	2.326

6. 热膨胀系数与温度变形

混凝土体积随温度变化而出现热胀冷缩,体积膨胀系数为线膨胀系数的 3 倍。一般情况下,混凝土的热胀冷缩用温度线膨胀系数来表示。设计规范中规定,温度在 0～100℃ 范围内时,普通混凝土的线膨胀系数采用 1×10^{-5}/℃。水泥型号、骨料种类和含水率对热膨胀系数都有影响。

与其他材料一样,由于热胀冷缩,混凝土会发生变形。一般情况下,温度每升高 1℃,混凝土膨胀量为 0.01 mm/m。混凝土体积或面积较大时,温度变形影响严重。

混凝土硬化初期,水泥水化放出热量。混凝土是热的不良导体,散热慢。这样,对大体积混凝土来说,内部温度高于外部,有时温差可以达到 70 ℃。内胀外缩互相制约,对外部混凝土产生很大的内拉应力,严重时使外部混凝土产生裂缝。所以,对于大体积混凝土,必须设法减少发热量,降低内外温度差。使用低热水泥、减少水泥用量以及采用人工降温等措施,都可以减少混凝土内部发热。

8.6 膜材和膜结构

8.6.1 膜材和膜结构概述

膜材和膜结构于 20 世纪初开始发展。1917 年,英国人兰彻斯特提出了气承式帐篷的想法。1946 年,美国人华特·贝尔德(Walter Bird)建造出了索网双曲抛物面结构。随着索网结构的发展,张拉式膜结构也应运而生。1955 年,德国人弗莱·奥托(Frei Otto)设计的联合公园多功能展厅采用了张拉式膜结构,跨度达到 25 m。20世纪 80 年代,国内开始对膜材和膜结构进行研究和利用。纵观国内外现状,经过近100 年的发展,现在膜材和膜结构种类繁多,应用广泛,在景观、建筑、水利等领域有许多成功的实例,如图 8-6 所示。

图 8-6 体育场看台膜亭

膜材由基材和覆面层(涂层)组成。常用的基材有玻璃纤维和合成纤维(涤纶、尼龙、维尼纶等)两大类。面层材料用得较多的有聚四氟乙烯(PTFE)、聚氯乙烯(PVC)、氯丁橡胶(CR)、氯磺化聚乙烯橡胶(CSM)、有机硅(Si)、氟树脂薄膜(PVF、PVDF)。目前,我国用得较多的面层材料是 PTFE 和 PVC。基材织法影响膜材性质,基材与面层的不同组合可形成多种膜材。

国际上,按膜材的有效使用寿命、保洁性和防火性能等将膜材分为 A、B、C三类。

① A 类。基布由玻璃纤维编织而成,其上涂敷 PTFE 树脂。玻璃纤维基布的重量要大于 150 g/m²,涂层重量为 400～1 100 g/m²,膜材厚度达到 0.5 mm 以上(含0.5 mm)。该类膜材寿命长、自洁性和防火性能好。

② B 类。基布由玻璃纤维编织而成。涂层为聚氯乙烯(PVC)树脂、氯丁橡胶或氯磺化聚乙烯橡胶。玻璃纤维基布重量在 150 g/m² 以上,涂层重量为 400～1 100g/m²,膜材厚度 0.5 mm 以上(含 0.5 mm)。该类膜材的寿命、自洁性和防火性均次于 A 类。

③ C 类。基布为合成纤维,如涤纶、尼龙等。涂层为聚氯乙烯(PVC)树脂、氯丁橡胶等。基布重量在 100 g/m² 以上,涂层重量为 400～1 100 g/m²。膜材厚度大于 0.5mm (含 0.5 mm)。该类膜材的使用寿命、自洁性等均次于 B 类。

基布与涂层的常见组合见表 8-26。两种常见膜材——聚酯纤维基布 PVDF 涂层和玻璃纤维基布 PTFE 涂层的构成详见图 8-7。

表 8-26　基布与涂层的常见组合

组　合	基　材	表面涂层或薄膜
1	玻璃纤维(B纱)	聚四氟乙烯(PTFE)
2	玻璃纤维(B纱)	氟化树脂
3	玻璃纤维(DE纱)	聚氯乙烯(PVC)
4	聚酯类纤维	聚氯乙烯(PVC)
5	聚乙烯醇类纤维	聚氯乙烯(PVC)
6	聚酰胺类纤维	聚氯乙烯(PVC)

8.6.2　膜材基本技术参数

膜材成品的基本技术参数主要包括以下几种。

① 基材重量:以纤维纤度表示(dtex),同时以单位面积重量表征,一般大于 100 g/m²。

② 膜材厚度:基材纤维与涂覆层厚度之和,一般为 0.3～1.2 mm。

③ 涂层厚度:纤维顶面与涂层表面的距离,100～300 μm,重量为 400～1 100 g/m²。

④ 纤维织法:纤维的编织方式,如平织、篮式编织、巴拿马式编织等。

⑤ 幅宽:膜材卷材的宽度,一般为 500～4 500 mm。

膜材基本质量要求详见表 8-27。

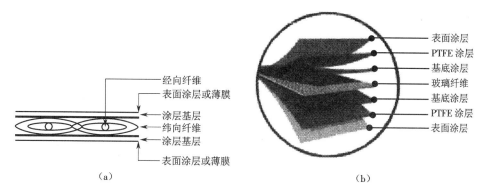

图 8-7 膜材构成

（a）聚酯纤维基布 PVDF 涂层；（b）玻璃纤维基布 PTFE 涂层

表 8-27 膜材基本质量要求

组 合	基材/(g/m²)	涂层/(g/m²)	膜 材	
			质量/(g/m²)	厚度/mm
1	≥150	400～1 100	≥550	≥0.5
2、3	≥150	400～1 100	≥550	≥0.5
4、5、6	≥100	400～1 100	≥500	≥0.5

8.6.3 膜材建筑物理特性

膜材建筑物理特性主要包括以下几个方面。

① 使用寿命。使用寿命是指正常使用条件下，膜材强度或外观所能达到的最高使用年限。一般情况下，超过使用年限后，膜材在强度方面仍具有足够的安全性，但外观已不符合景观要求。

② 老化。涂层、基布、强度、外观、颜色以及光亮度等指标随时间延长而逐渐退化的过程，称为膜材的老化。这是一个综合性指标。随着时间的延续，聚酯纤维膜材不同涂层的膜面光亮度变化不同。10 年后 PVDF 涂层膜，其光亮度能够保持原来光亮度的 80%，其余涂层较低（见图 8-8）。图 8-9 是不同涂层的膜材颜色随时间的变化情况，10 年后 PVDF 表面涂层变化最小，仅为 2.5 NBS。

③ 自洁性。膜材不吸尘、防污染、防霉菌、维持膜面自身清洁的特性，称为自洁性。膜材都需要一定的清洗和维护，一般每年一次。

④ 光特性。膜材对光线的反应，包括对可见光和紫外线以及红外线的反射、透射、吸收和散射等，称为膜材的光学特性。不同膜材对光的反应不同（见表 8-28）。白色玻璃的透光率一般可达到 80%，并有闪光现象。从表 8-28 中可以看出，膜材的透光率都低于白色玻璃。

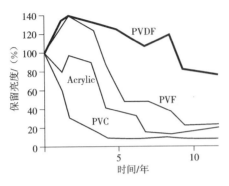

图 8-8　膜面光亮度变化

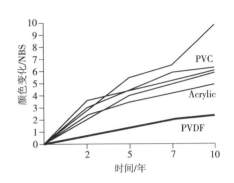

图 8-9　膜材颜色随时间的变化

表 8-28　常见膜材光热特性

特　　　性	膜材类型	（1）	（2）	（3）	（4）	（5）
太阳光	反射	30%～75%	65%～75%	60%～65%	60%～70%	60%～70%
	吸收	13%～68%	13%～19%	12%～20%	28%～34%	28%～35%
	透射	2%～12%	6%～22%	15%～28%	4%～6%	2%～5%
传热系数 /[W/(m²·K)]	夏天 (12 km/h 风)	4.28	4.62	4.62	2.57	0.456～0.799
	冬天 (24 km/h 风)	6.56	6.85	6.85	3.08	0.456～0.799

注释：（1）聚酯纤维 PVC 涂层膜；（2）玻璃纤维 PTFE 涂层膜；（3）玻璃纤维 Silicone 涂层膜；（4）玻璃纤维 PTFE 涂层膜、内膜双层膜、250 mm 空气膜；（5）玻璃纤维 PTFE 涂层膜、半透明隔热层。

⑤ 阻燃性。膜材为不可燃物，阻燃特性优异。在美国、德国、日本等国家，A、B、C 三类膜材均已通过建筑 A 级和 B1 级防火规范。

⑥ 抗折性。用膜材弯曲最小曲率半径来衡量。一般要求弯曲最小半径大于 100 mm。聚酯纤维膜抗折性好，玻璃纤维基布膜抗折性较差。

⑦ 加工性能。裁剪、焊接、连接强度，黏结能力以及黏结缝的蠕变性等，都属于加工特性。这些特性直接影响到膜材的使用性能。

⑧ 热物理特性。膜材热物理特性指标主要有两个：一是传热系数，二是导热系数。

稳态条件下，膜结构内外两侧空气温度差为 1 ℃时，1 m² 面积上 1 h 内所通过的热量，称为传热系数。法定单位为 W/(m²·K)，常用单位为 kcal/(m²·h·℃)。

$$1 \text{ kcal}/(\text{m}^2 \cdot \text{h} \cdot ℃) = 1.163 \text{ W}/(\text{m}^2 \cdot \text{K})$$

英制单位为 Btu/(h·ft²·℉)。

$$1 \text{ Btu/(h} \cdot \text{ft}^2 \cdot \text{℉)} = 5.706 \text{ W/(m}^2 \cdot \text{K)}$$

单层膜传热系数一般为 5～6 W/(m² · K)。常用膜材光热特性见表 8-28。

稳态条件下，1 m 厚的物体，两侧温度差为 1 ℃时，1 m² 面积上 1 h 内传递的热量，称为导热系数。法定单位为 W/(m · K)，常用单位为 kcal/(m · h · ℃)。

$$1 \text{ kcal/(m} \cdot \text{h} \cdot \text{℃)} = 1.163 \text{ W/(m} \cdot \text{K)}$$

英制单位为 Btu/(h · ft · ℉)。

$$1 \text{ Btu/(h} \cdot \text{ft} \cdot \text{℉)} = 1.739 \text{ W/(m} \cdot \text{K)}$$

导热系数除以膜材厚度得传热系数。单层玻璃板的导热系数为 0.76 W/(m · K)，玻璃棉在 80℃以下的导热系数为 0.05 W/(m · K)。

膜面围护结构传热阻抗作用，称为传热阻(热阻系数)。传热阻为传热系数的倒数，单位为(m² · K)/W。

⑨ 声响特性。膜的声响特性主要指对声波的反射(回声)、透射损耗(吸声)和回声等。膜的吸声强弱与膜材和声波频率相关。一般情况下，对普通声波回声强，吸声弱。63 Hz 以下声波一般能够全部吸收，不会产生回声。回声与吸声能力综合决定膜内空间的音响品质与隔声效果。质轻、具有微空隙的专用内膜可降低回声，增加吸声。对于双层膜，在两层之间增设玻璃纤维棉隔热层，可进一步提高吸声量。在膜面上每隔一定距离悬挂声屏也可提高吸声性能，同时还能改变膜空间曲面几何形状，改善膜结构回声效果。

两类常用膜材的基本性能见表 8-29。

表 8-29 两类常用膜材的基本性能

膜材类型	聚酯纤维织物膜			玻璃纤维织物膜	
(底)涂层	聚氯乙烯 (PVC)	聚氯乙烯 (PVC)	聚氯乙烯 (PVC)	聚四氟乙烯 (PTFE)	硅树脂 (Silicone)
	丙烯酸 (Acrylic)	层压黏合 PVC	涂层 PVDF	—	—
寿命/年	8～10	12～15	15～20	＞30	＞30
抗老化	一般	好	好	优	优
自洁性	一般	好	好	优	好
透光性	好	好	好	好	好
阻燃性	好	一般	好	优	优
抗折性	优	一般	好	差	一般

8.6.4 两类常用膜材基本技术参数

目前,景观构筑物所用膜材主要是 PTFE 涂层玻璃纤维基布膜和 PVC 涂层聚酯纤维基布膜两大类。国内外有许多厂家生产这两类膜材。市面上有关膜材产品的技术参数见表 8-30～表 8-39。另外,其他类型的膜材,如氟化织物或玻纤织物 Silicone 涂层、玻纤织物 PVC 类涂层(B 类膜材),景观工程中也有少量应用。

表 8-30　C 类膜材　　　　　　　　　　　　　　　　　　生产商 1 号

名　　称		702T	1002T/T2	1202T/T2	1302T	1502T	备注
纤维/dtex		1100	1100	1100/1607	1100/2200	1670/2200	PES
面密度/(g/m²)		750	1050	1050(1250)	1350	1500	
经/纬向拉伸强度/(daN/50 mm)		300/280	420/400	560/560	800/700	1000/800	
涂层厚度/μm		240	300/350	250(270)/350	280	280	
黏结强度/(N/cm)		10	12	12	13	15	
表面涂层材料		100% PVDF	双面高性能聚合物,打磨后可焊,外表面 100% PVDF				
阻燃性		M2	B1/M2	B1	B1	B1	DIN 4102
荷载下伸长变形/(%)		<1(荷载水平小于 10%极限抗拉强度)					
幅宽		1780					
厚度/mm		0.60	0.7/0.78	0.78(0.98)	1.0	1.2	
透光/(%)		22	12/8	10	9	8	
适温区间		−0～±0℃					
H 光	透射/(%)	9	6/6	6/7	5	4	
	反射/(%)	75	76/78	76/77	77	77	
	吸收/(%)	16	18.16	18.16	18	19	
传热系数		竖向传热 5.6 W/(m²·K),水平传热 6.4 W/(m²·K)					

注:①膜材拉伸强度为 50 mm 标准试件单位拉伸极限强度;②1 daN=10 N;③B1 为德国防火规范,M2 为法国防火规范;④传热系数受膜内外温差、表面风速影响而有微小差异;⑤目前的 PVDF72 具有更优异的建筑性能,涂层增厚,白度增加为 82%,自洁性更优,透光略降低,机械受力特性基本不变;⑥PES 为聚酯纤维;⑦隔声 15 dB。

表 8-31 C 类膜材 生产商 2 号

名　　称	FR700 TYPE-1	FR900 TYPE-Ⅱ	FR1000 Type-Ⅲ	FR1400 Type-Ⅳ	FR1600 Type-Ⅴ	备　注
纤维/dtex	1100	1100	1670	1670	1670	
纤维织法	L1/1	P2/2	P2/2	P3/3	P3/4	
面密度/(g/m²)	850	900	1050	1350	1600	
经/纬向拉伸强度 /(daN/50 mm)	300/300	420/400	600/550	750/650	900/850	低纱聚酯 LW. PES
经/纬向剥裂强度 /daN	30/30	50/45	100/100	120/120	200/200	
黏结强度/(N/cm)	20	25	25	25	25	
经/纬向极限伸长变形 /(%)	17/25	20/26	20/28	20/30	20/32	
阻燃性	DIN 4102 B1,NFP 92507 M2,BS 7837					
基础涂层与表面涂层材料	基础涂层 PVC,表面双面 PVDF 涂层,防潮,抗菌,抗紫外线					
幅宽/mm	2500					
适温区间	−30~+70 ℃					
抗折性与加工性	直径 100 mm,DIN53359A,Ⅰ~Ⅲ好,无折,无须打磨,可用普通焊接机焊接					

注:① VALMEX 使用寿命 10~20 年,最高可达 25 年;② PVDF 表面涂层 10 年保质,Acrylic 涂层 5 年保质,超过此年限,膜抗拉强度不小于 70% 初始强度,具有防水与阻燃特性;③ 标准白色膜透光一般为 3%~7%,可高达 15%(Type−Ⅱ),内膜可达 50%;④ 高频焊接,焊缝宽度 30~60 mm,室温环境下焊缝强度为 90% 膜材强度,70℃时为 70% 膜材强度;⑤ 德国膜材制造商生产的 PVDF 聚酯膜具有相似的特征参数与标准。

表 8-32 C 类膜材 生产商 3 号

名　　称	B6951 TYPE-1	B6617 TYPE-Ⅱ	B6915 Type-Ⅲ	B6618 Type-Ⅳ	B6092 Type-Ⅴ	备　注
经/纬向纤维密度/(纱/cm)	7/7~9/9	12/12	10.5/10.5	14/14	14/14	
纤维/dtex	1100	1100	1670	1670	2200	
纤维织法	L1/1	P2/2	P2/2	P3/3	P3/3	
面密度/(g/m²)	600~800	900	1050	1300	1450	低纱聚酯 LW. PES
经/纬向拉伸强度 /(kN/50 mm)	2.5/2.5~3/3	4.4/4.0	5.7/5.0	7.4/6.4	9.8/8.3	
透光	6~15	12	9	8	5	

续表

名　称	B6951 TYPE-1	B6617 TYPE-Ⅱ	B6915 Type-Ⅲ	B6618 Type-Ⅳ	B6092 Type-Ⅴ	备　注
阻燃性	DIN 4102 B1,ASI1530					
基础涂层与表面涂层材料	基础涂层 PVC,表面不可焊 PVDF 涂层,防潮,抗菌,抗紫外线					
幅宽/mm	2500					
适温区间	−30~+70 ℃					

表 8-33　C 类膜材　　　　　　　　　　　　　　　　　　生产商 4 号

名　称	9032	8028	8024	9319	8616	8620
膜结构	PES/PVF(Tedlar)					
基布密度/(g/cm²)	339	254	170	108	132	132
涂层密度/(g/cm²)	1085	960	814	644	543	678
经/纬向拉伸强度 /(kN/m)	116/116	91.6/91.6	53.4/49	35.6/35.6	35.6/35.6	35.6/35.6
经/纬向剥裂强度/N	445/445	378/378	267/245	155/178	111/133	111/133

注:① 膜卷长 91 m,幅宽 155 cm;② 静水压 2.76~5.4 MPa;③ 阻燃性(U1214,NFPA701),2 s 火焰熄灭,火焰扩展指数小于 25(ASTM E84),GB8624−B1 级;④ 焊缝 5.0 cm;⑤ 透光率大于 10%,500~700 nm 可见光波段;⑥ 涂层为 Tedlar PVF 或 Acrylic,自洁性较好。

表 8-34　A 类膜材　　　　　　　　　　　　　　　　　　生产商 1 号

名　称	B18039	B18089	B18059	B18909	B18656	备　注
纤维纱线	EC3/EC4	EC3/EC4	EC3/EC4	EC9	EC6	GF
经/纬向纤维密度 /(纱/cm)	13/13	10/11	8.0/7.5	3.2+1.7 /3.4	6/6	
纤维/dtex	1360/ 1360	2040 /2040	4080 /4080	6800+680 /6800	68×2×3	低纱聚酯 LW. PES
纤维织法	L1/1	P1/1	P1/1	P2/2	—	
基布面密度/(g/m²)	365	450	650	440	500	

续表

名　　称	B18039	B18089	B18059	B18909	B18656	备　注
涂层材料	PTFE					低纱聚酯 LW.PES
膜面密度(g/cm²)	800	1150	1550	680	700	
经/纬向拉伸强度 /(kN/50 mm)	3.5/3.5	7.0/6.0	7.5/6.5	4.5/4.0	5.0/4.5	
经/纬向剥裂强度/N	300/300	500/500	500/500	—	—	
黏性/(N/5 cm)	60	80	100	—	—	
透光/(%)	15	12	8	50	34	
反光/(%)	70	70	70	透空率 47%	透空率 20±2%	
厚度/mm	0.5	0.7	1			
幅宽/mm	3000	4700	4700	2500/ 1250	3000/ 1250	
阻燃性	DIN 4102 A2,NFP 92503 MT					
适温区间	−80±250℃					

注：① GF 指基布为玻璃纤维；② B18909、B18656 为镂空膜网；③ EC3 指玻璃纤维为 B 纱,纤维纱线直径为 3 μm,相应地,EC6,EC9 指纱线直径为 6 μm 和 9 μm 的 D、G 纱；④ B18039~B18059 传热系数 4.95~6.5 W/(m² · K),遮阳系数 S_c=0.24~0.15。

表 8-35　A 类膜材　　　　　　　　　　　　　　　　生产商 2 号

名　　称	1100HT	1110	1120	1200	1300	备　注
涂层	PTFE					GF
基布纤维	EC6	EC6	EC3	EC3	EC3	
面密度/(g/m²)	1100	1100	1100	1200	1335	
经/纬向拉伸强度 /(kN/50 mm)	5.0/5.0	4.8/3.6	6.2/5.0	6.2/5.0	6.7/5.2	
经/纬向破断变形/(%)	4.0/4.0	9.0/12.0	5~10/6~15	5.0/13.0	6.0/13.0	
经/纬向剥裂强度/N	—	275/275	330/330	300/300	350/350	
黏性/(N/5 cm)	75	50	70	80	80	
透光/(%)	55	19	16	0	12.5	
反光/(%)	—	69	72	72	71	
厚度/mm	0.8	0.6	0.62	0.65	0.8	

续表

名　称	1100HT	1110	1120	1200	1300	备　注
幅宽/m	1.4	2.5~2.7	2.5~2.7	2.5~2.7	2.5	
阻燃性	ASTM E-108 A					
适温区间	－80±250 ℃					

名　称	1400	1410	1500	400SWL	500SGL	备　注
涂层	PTFE					GF
基布纤维	EC6	EC6	EC3	EC9	EC6	
面密度/(g/m²)	1400	1700	1550	410	500	
经/纬向拉伸强度/(kN/50 mm)	8.0/8.0	7.5/6.5	8.5/7.9	2.4/1.587	1.3/1.1	
经/纬向破断变形/(%)	7.5/7.5	5.0/10.0	4.0/8.0	3.5/2.8	3.0/2.5	
经/纬向剥裂强度/N	750/750	500/500	450/450	84/47	30/20	
黏性/(N/5 cm)	80	75	100	0	0	
透光/(%)	8	8	10	0	0	
反光/(%)	—	—	73	72	—	
厚度/mm	0.95	1.1	0.95	0.213	0.3	
幅宽/m	2.5	2.45	2.5	1.0	1.5	
阻燃性	ASTM E-108 A					
适温区间	－80±250 ℃					

注：① solusTM 1000~1500 作为外膜,400SWL、500SGL 作为内膜；② 标准膜材为白色(开始为麦黄色)；③ 使用年限大于 30 年。

表 8-36　A 类膜材　　　　　　　　　　　　　　　　　生产商 3 号

名　称	Ⅰ	Ⅱ	Ⅱ-A	Ⅳ-A	Ⅴ	内膜-Ⅰ	内膜-Ⅱ
涂层	PTFE						
面密度/(g/m²)	1540	1300	1288	813	980	470	288
经/纬向拉伸强度/(kN/m)	174/160	140/160	114/114	93/68	93/105	64/50	38/32
经/纬向剥裂强度/N	431/545	318/295	272/318	159/159	159/272	136/91	77/82

名 称	Ⅰ	Ⅱ	Ⅱ-A	Ⅳ-A	Ⅴ	内膜-Ⅰ	内膜-Ⅱ
透光/(%)	10	12.5	16	21	17.5	23	27
反光/(%)	70	73	72.5	71	72.5	68	65
厚度/mm	0.91	0.76	0.71	0.46	0.56	0.36	0.23
阻燃性	ASTM E-108A						

注释:① 强度指单位拉力试验极限抗拉强度,加载速率 50 mm/min;② 标准膜材为白色(开始为麦黄色),使用寿命大于 30 年;③ 玻璃纤维为平纹织法,B 纱;纤维纱直径由膜材型号确定;④ 膜材幅宽 2.5 m、3.5 m 等。

表 8-37　A 类膜材　　　　　　　　　　　　　　　　　　　生产商 4 号

名 称		FGT-1000™	FGT-800™	FGT-600™	FGT-250™	备 注
厚度/nm		1.0	0.8	0.6	0.37	JIS-K—6328
面密度/(kg/m²)		1.7	1.3	1.0	0.47	JIS-K—6328
拉伸强度 /(kN/m)	经向	190	154	137	95	JIS-L— 1096 21 ℃
	纬向	163	127	114	65	
拉伸强度 /(kN/m)	经向(吸水)	182.6	162.3	133.2	—	JIS-L— 1096 7 ℃
	纬向(吸水)	159.7	129.0	120.5	—	
拉伸强度 /(kN/m)	经向(高温)	196.2	150.6	135.9	—	JIS-L— 1096 60 ℃
	纬向(高温)	175.1	122.5	123.2	—	
破断变形 /(%)	经向	6	5	5	4	JIS-L— 1096
	纬向	12	10	10	5	
耐候性 /(kN/m)	经向	179	137.9	129	—	JIS-A— 1415 2000 hr 高于 90% 保证率
	纬向	154.5	114	112.4	—	
透光	初始	2	3	3	15	分光仪
	超过 6 个月	10	12	13	22	
反光	初始	55	50	45	67	分光仪
	超过 6 个月	80	80	80	76	
焊缝宽/mm		75	75	75	75	

续表

名　称	FGT-1000™	FGT-800™	FGT-600™	FGT-250™	备　注
通气量/(cc/(cm² · s))	—	—	—	8	JIS-L1096
吸声率/NRC	—	—	—	0.45	JIS-L1096
耐水性/(mmH₂O)	10000	14000	3500	—	JIS-L1092

注:① NRC(noise reduction coefficient)指噪声降低系数;② 耐水性采用静水压法测定;③ 标准膜材为白色(开始麦黄色),使用寿命大于 30 年;④ 玻璃纤维为平纹织法,B 纱;⑤ 幅宽 2.5 m、3.5 m 等。

表 8-38　A 类膜材(Silicone/GF)　　　　　　　生产商 1 号

性能指标	基布重 /(g/m²)	涂层重 /(g/m²)	厚度 /mm	拉伸强度 /(kN/m)	撕裂力 /N	幅宽 /mm	防火 ASTM E-108
经向	624	1101±110	0.8±0.1	106.7	960	1524	A
纬向				105	698		

注:① 颜色可多种,透光率以颜色不同,可达 80%;② 使用寿命大于 25 年;③ 适温区间:−100~500 ℉,低温柔韧性比 PTFE 玻璃纤维膜好;④ 燃烧干净,不产生 PTFE 燃烧时产生的毒气,因此,Silicone 膜比较安全、环保。

表 8-39　A 类膜材(Silicone/GF)　　　　　　　生产商 2 号

型　号	60-14	60-19	60-24	60-60	60-75	60-15	60-25	60-31	60-74
厚度	0.33	0.457	0.584	0.813	0.457	0.381	0.584	0.813	0.457
密度	440	609	745	1151	677	440	745	4451	677
强度	35/26	53/44	79/70	79/57	79/70	35/26	79/70	83/57	79/70

注:① 单位:厚度 mm,密度 g/m²,强度 kN/m。② 幅宽 965.2 mm,最小弯曲半经 50 mm。③ 60-14~60-75 为双面涂层,颜色白面;60-15~60-74 为双面涂层,颜色红色;还有单面涂层和其他颜色。

8.6.5　膜结构设计

膜结构一般由膜、钢索、支承体系和锚固系统等部分组成。膜材具有非线性力学特性,在整体表现上,柔性、张力和形态能够达到有机协调和统一。在结构设计上,既需要运用一般结构工程设计思想、原理和设计准则,又与传统的混凝土结构、钢结构设计有明显不同。膜结构设计一般可分为三个阶段,即结构选型、结构设计分析与结构特性综合评价、结构构件与节点设计。

第一步,结构选型。这是整个工程结构设计的基础,关系到整个工程结构体系能否达到设计目的。目前公认,负高斯双曲面是合理的稳定膜面,是构造一切膜面的基础。结构选型阶段需要确定的主要内容有膜的形式与材料类型、支承体系与材料类型、主要节点构造、制作工艺和安装方法等。与钢架结构、混凝土结构等其他结构相比,膜结构灵活性高,经过认真的结构选型,可以创造出新颖、独特、丰富的景观造型。

第二步,结构设计分析与结构特性综合评价。膜结构为预张力体系,荷载作用下易发生较大变形。对于膜结构分析,一般是进行几何非线性分析,采用专用分析软件来完成。

第三步,结构构件与节点设计。在对整体、局部构件和节点进行分析的基础上,运用允许应力设计法或极限状态设计法,选取合适的膜材、构件截面、节点构件以及附件构造处理方式。材料采购的难易(如市场是否有货源、价格高低等)、制作加工性能(包括同一性、个性、工业化程度等)、安装和维护以及美观性能等方面,都是构件与节点设计所要考虑的内容。在景观设计中,视觉美应始终作为膜结构构件和节点设计的中心问题。

1. 膜结构形状确定

形状确定,或者说找形,是膜结构设计的第一步。在综合考虑景观构筑物的平立面形状、构筑物功能以及下部支承条件等因素的基础上,找出既符合边界条件,又能达到力学平衡要求的曲面形状。

从力学的角度来看,膜结构的找形问题可以归结为求解空间曲面的初始平衡问题。空间曲面的初始平衡涉及的重要参数主要包括结构拓扑关系、体力和面力、结构几何形、几何边界条件以及初始预张力的大小和分布等。结构拓扑关系是指不同结构构件之间的连接关系。在计算机有限元模型中,也可以将其理解为结构单元之间的连接关系。体力和面力是指结构自重和外荷载,在找形阶段面力通常为零。结构几何形状是找形阶段所要求解的,故一般属于未知量。几何边界条件和初始预张力通常由结构工程师根据构筑物条件和施工条件等因素来综合确定,是找形阶段的主要自变量。可以说,找形就是寻求以上诸多因素的平衡点。

(1) 构思张力膜结构外形时的注意事项

① 曲面的弯曲应在两个方向上互反,即应为负高斯曲面。方向互反曲面可以使膜面在两个方向上相互制约,有效传递外荷载。

几何学上,根据曲面在两主曲率方向的曲率乘积,可将曲面分为正高斯曲面、零高斯曲面和负高斯曲面三大类(见图 8-10)。正高斯曲面的两个主曲率半径均位于曲面的同侧,如球面,这类曲面也称为同向曲面(synclastic surface)。零高斯曲面在两主曲率方向中有一个方向的曲率为零,如柱面。负高斯曲面的两主曲率半径分别位于曲面的两侧,如鞍面,这类曲面也称为互反曲面(anticlastic surface)。前两类曲面较多应用于类似网壳结构的刚性结构中,互反曲面则是索网结构和膜结构常用的曲面形式。

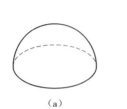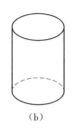

图 8-10 曲面分类示意
(a)正高斯曲面;(b)零高斯曲面;(c)负高斯曲面

为什么膜结构必须是互反曲面呢? 设空间有一点 A,要维持该点的平衡,对于杆系结构至少需要 3 根杆件,如图 8-11(a)所示。对于索结构,由于索不能受压,所以至少需要连接 4 根索段,而且其中两根索段要向上弯,以承受向下的节点力,另两根索段向下弯,以承受向上的节点力,如图 8-11(b)所示。以此类推,如果索网结构中每一节点都满足上述条件,各点连接所形成的面必然是互反曲面,如图 8-11(c)所示。互反曲面是维持索膜结构稳定性的基本要素。

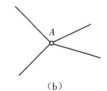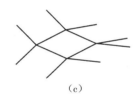

图 8-11 空间节点的平衡与稳定
(a)杆节点;(b)索节点;(c)索网节点

② 避免出现大面积的扁平区域。曲面上出现大面积的扁平区域,意味着曲面的自然刚度低,承受竖向荷载的能力弱,容易积水或积雪。

③ 曲面上的高低起伏宜平缓,避免出现"尖角"。曲率变化过于剧烈会导致应力集中。

(2)结构体系布置方面的基本原则

① 合理确定支承点的位置,以保证膜面具有较大的曲率。沿膜主曲率方向的拱高 f 与弦长 c 的比值,即 f/c 宜大于 1/20,如图 8-12 所示。

② 在条件许可的情况下,宜优先选择柔性边缘构件(索)和活动式连接方法,如桅杆顶部采用浮动式帽圈、节点用铰接连接构造等,以适应变形,保证膜内应力尽可能均匀,避免在荷载作用下出现应力集中或褶皱。

③ 对于比较重要的膜结构,应在膜材之外布置适当数量的附加拉索对主要支承构件进行固定,以保证结构

图 8-12 弦长和拱高

不会因膜材的破损而倒塌。

④ 支承结构的布置还要考虑具体的施工过程、二次张拉和膜材更换等因素。

⑤ 单片膜的跨度不宜超过 15 m,覆盖面积不宜超过 400 m²。超过此限时,应适当增设加强索。

⑥ 预张力的大小需由预期的形状和设计荷载来确定。在设计荷载的作用下,应保证结构内部具有维持曲面形状的拉应力值。预张力过小,会导致结构在风荷载的作用下出现较大的振动;预张力过大,又会给支承结构(包括基础)的设计和施工张拉带来困难。通常对于 PVC 膜材,预张力水平为 1～3 kN/m;对于 PTFE 膜材,预张力水平为 3～6 kN/m。

2. 典型膜结构形状

膜结构的形状多种多样。从基本构成来看,绝大多数都是由鞍形、伞形、拱支式和脊谷式这四种基本形状演变而来的。鞍形、伞形、拱支式和脊谷式造型就是典型的膜结构形状。

(1) 鞍形(saddle shape)

鞍形曲面是典型的互反曲面形式,它由 4 个不共面的角点和连接角点的边缘构件围合而成(见图 8-13)。在这 4 个角点中,通常有两个对角点为高点(HP),另两个为低点(LP)。鞍形膜结构的边缘构件可以是混凝土梁或空间钢桁架,即所谓的刚性边界;也可以采用边索,通过对其施加较大的预张力形成柔性边界。由于柔性边界可以较好地适应膜面的变形,避免膜面在安装和受荷过程中出现褶皱,因而较为常用。

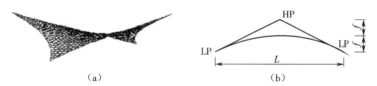

图 8-13 鞍形膜结构示意

(a) 立体;(b) 剖面

(2) 伞形(conical shape)

伞形膜结构也是常见的张拉膜结构形式之一。在伞形结构中,膜单元的周边相对位置较低,大都固定在刚性边梁或柔性边索上。膜单元中部设有一个(或多个)高点,多通过独立柱、飞柱或悬挂环的支承来实现,整个膜面呈锥形(见图 8-14)。此外,为了避免高点附近的膜材内部应力过大,当膜单元跨度较大时,通常会在高点和边界支承点之间设置脊索,以改变结构内部的传力路径,避免膜材出现应力集中。

(3) 拱支式(arch supported shape)

拱支式膜结构以拱为膜材提供连续的支承点,结构平面大都为圆形或近似椭圆形。跨度较大时,常在中间拱与下部边缘构件之间布置正交索网(见图 8-15)。拱支式膜结构大都用于封闭式景观构筑物中。加拿大加尔格里的林赛公园体育中心(Lindsay Park Sports Center)就是典型的拱支式膜结构。

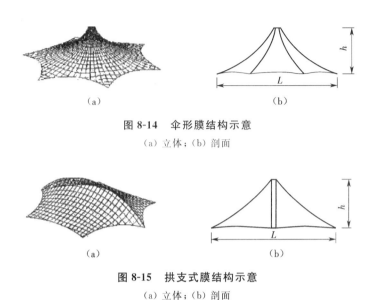

图 8-14　伞形膜结构示意
(a) 立体；(b) 剖面

图 8-15　拱支式膜结构示意
(a) 立体；(b) 剖面

（4）脊谷式（wave shape）

脊谷式膜结构是在两高点之间布置相互平行的脊索，在两低点之间布置谷索，高低相间，曲面呈波浪形，脊索和谷索之间的膜面形成负高斯曲率曲面。结构跨度较大或荷载较大时，可在脊索和谷索之间适当布置一些横向的加强索。脊谷式膜结构的结构平面大都呈矩形（见图 8-16）。美国丹佛国际机场和加拿大的加拿大广场（Canada Place）就是典型的脊谷式膜建筑。

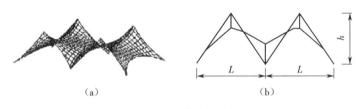

图 8-16　脊谷式膜结构示意
(a) 立体；(b) 剖面

尽管上述 4 种基本形式的造型各不相同，但都遵循一个原则，即通过刚性支承构件或连接件，在膜面内形成一系列的高点和低点。这正是互反曲面的基本特征，即互反曲面的边界不会位于同一平面内。把握了这一原则，在实际设计中就可以根据支承构件的形式（桅杆、拱或吊环）及其对膜的支承方式（点支承或线支承），来选取适当的膜结构造型。

以上 4 种基本形式仅仅是为了加深理解所作的一种简单归纳。实际上，膜结构的形状多种多样、变幻无穷，这也正是膜结构在景观设计中的魅力之所在。实际设计中，切不可以拘泥于上述几种造型，而应把握膜结构自然流畅的精髓，创造出更多新颖、别致的膜结构作品。

3. 膜结构设计常用找形方法

索网结构和膜结构找形的方法,最早所用的是德国工程师弗雷·奥托(Frei Otto)所提出的物理模型法。物理模型法又分丝网模型法和皂泡模型法两种。丝网模型法是用钢丝、弹簧等材料,按比例做出物理模型,通过实际测量来预测目标结构的受力性能。皂泡模型法是在按比例缩小的实际结构边界上,用肥皂泡模拟膜结构,再利用照相技术进行测量。直到 20 世纪 60 年代末期,物理模型法仍是膜结构分析的主要方法。1967 年建成的加拿大蒙特利尔博览会德国馆(German Pavilion) 和 1972 年建成的德国慕尼黑奥林匹克体育馆(The Munich Olympic Stadium),都是利用物理模型法来进行索网找形的。

随着计算机技术和有限元方法的发展,膜结构找形的数值方法也得到了飞速发展,各种找形方法层出不穷。从目前应用情况来看,得到普遍认可并被广泛应用的主要有以下三种,即力密度法、动力松弛法和非线性有限元法。

① 力密度法(force density method)。

力密度法是由林克威茨(Linkwitz)等学者提出的。该法需先将膜离散为等代的索网。只要知道了离散后结构各杆件的几何拓扑关系、力密度值和边界节点坐标,即可建立关于节点坐标的线性方程组,并求得节点的真实坐标,进而建立形状模型。力密度法可避免初始坐标录入问题和非线性收敛问题,计算速度快,计算精度也能满足工程要求。力密度法在欧洲较为流行,著名的膜结构设计软件 EASY 就是用力密度法找形的。

② 动力松弛法(dynamic relaxation method)。

动力松弛法是一种求解非线性系统平衡问题的数值方法,最早由大易(Day)提出。经过巴恩斯(Barnes)等学者的进一步研究,将其成功应用于索网及膜结构的找形中。动力松弛法的优点是,计算稳定性好,收敛速度快,而且在迭代过程中不需要形成结构的总体刚度矩阵,因此特别适用于大型结构的计算。

动力松弛法的基本原理是,从空间和时间两方面将结构体系离散化。空间上的离散化是将结构体系离散为单元和节点,并假定其质量集中于节点上。如果在节点上施加激振力,节点将产生振动,由于阻尼的存在,振动将逐步减弱,最终达到静力平衡。时间上的离散化,是针对节点的振动过程而言的。具体说就是,先将初始状态的节点速度和位移设置为零,在激振力作用下,节点开始自由振动(假定系统阻尼为零)。对体系的动能进行跟踪,当体系的动能达到极值时,将节点速度设置为零,此时结构在新的位置重新开始自由振动,直到不平衡力极小,达到新的平衡为止。

③ 非线性有限元法(nonlinear displacement analysis method)。

1971 年,豪格(Haug)和鲍威尔(Powell)首次将有限元技术应用到索膜结构的找形中,提出了一种基于牛顿-拉夫逊(Newton-Raphson) 非线性迭代的找形方法。此后,经过阿及利斯(Argyris)和哈勃(Haber)等学者的进一步研究发展,形成了目前较普遍应用的索膜结构有限元找形方法。

根据找形起始点的不同,有限元找形方法可划分为两大类,即近似曲面迭代和平面状态迭代。近似曲面迭代是指在找形之前,先利用解析方法或某种数值拟合方法建立与所求解曲面近似的有限元模型。此时各控制点的坐标即最终坐标。在此基础上进行非线性有限元迭代,找形得到最终的初始平衡曲面。平面状态迭代是指起始有限元模型为平面状态,此模型仅满足结构拓扑关系。在此基础上,利用非线性有限元程序,通过逐步改变控制点的坐标进行平衡迭代,最终求得初始平衡曲面。显然,从近似曲面开始迭代找形要比从平面状态开始迭代找形来得有效,并且所选用的近似曲面越接近初始平衡状态,计算收敛速度越快。但近似曲面模型的建立要比平面模型的建立复杂得多,对于复杂结构尤为如此。

膜结构找形问题是一个静力过程,一般不考虑外荷载的作用,通过找形得到的初始平衡形状与材料力学特性(本构关系)无明显关系,即结构平衡状态仅与预张力的大小和分布以及支承点的位置有关。基于这一特性,在用有限元法找形时,可不必输入材料的真实本构。通常为了获得较均匀的膜面预张力分布,大都采用小杨氏模量或者干脆略去刚度矩阵中的线性部分。

膜结构设计是一项复杂的系统工程,上面所讲的仅仅是几个主要方面。对于具体的景观膜结构工程,设计时应进行多方面的考察分析。一般来说,在方案设计阶段需要考虑的问题主要有:预张力的大小及张拉方式,根据控制荷载来确定膜片的大小和索的布置方式,膜面及其固定件的形状以避免积水(雪),关键节点避免应力集中,膜材的运输和吊装,耐久性与防火等。在膜结构设计阶段所要考虑的问题主要有:保证膜面有足够的曲率,以获得较大的刚度和美学效果;细化支承结构,以充分表达透明的空间和轻巧的形状;简化膜与支承结构间的连接节点,降低现场施工量。在最后定形阶段,需要进一步分析考虑:形态稳定性(找形),膜材松弛和各向异性下的结构响应,结构在风荷载作用下的动力稳定性,裁剪优化,膜与索及支承结构间的相互作用。

8.7 植物

植物具有丰富的景观功能,是最重要的景观材料之一。

8.7.1 植物常见形态

景观设计领域,根据树冠形状,一般将植物分为以下几类。

① 纺锤形:冠形窄,上部细尖,下部瘦削,似纺锤。这种类型的植物有钻天杨、地中海柏木等。纺锤形植物高耸挺拔,强化空间立体感,可用作设计中的视觉焦点。群植或成行成排种植时,使人感到庄严肃穆(见图8-17)。

② 圆柱形:下部与纺锤形相同,上部不尖削,整个树冠看起来呈圆柱状。槭树、紫杉等树木属此种类型。在视觉感受上圆柱形与纺锤形近似(见图8-18)。

图 8-17 纺锤形

图 8-18 圆柱形

③ 扩展形:在水平方向上,枝条生长势强,树冠水平扩展,宽与高基本相等。这种类型的植物有二乔玉兰等。此类植物强化和引导水平视线,具有宽阔感和外延感(见图 8-19)。

④ 圆球形:树冠呈球形,如鸡爪槭、榕树等。单株植物缺乏方向性,强化统一性,使人感到温和圆润(见图 8-20)。

图 8-19 扩展形

图 8-20 圆球形

⑤ 金字塔形:树冠下部平阔,向上逐渐收缩,在顶部形成塔尖,类似金字塔。这种类型的植物有云杉、雪松等。视觉上,该类植物具有建筑结构感,能体现刚性和永久性(见图 8-21)。

⑥ 垂枝形:枝条下弯或悬垂,如垂柳等。视觉上,该类植物飘逸婆娑,柔夷动人。配合水景,水波起伏,涟漪荡漾,枝随风飘,柔中有动,动中有柔,轻松惬意,美妙至极(见图 8-22)。

⑦ 开心形:树冠外围枝叶稠密,中央部分相对稀少,总体呈开心形。

图 8-21 金字塔形

图 8-22 垂枝形

根据叶片形态和存留情况,可将植物分为落叶阔叶树、针叶常绿树、阔叶常绿树三类。

① 落叶阔叶树:叶片春生秋落,外形、色彩等特征有明显的四季变化,冬季叶片脱落,孤零零的树干,也会产生挺拔伟岸之感。

② 针叶常绿树:叶片常年不脱落;形态、色彩、质地丰富,但没有艳丽的花朵;视觉感受端庄厚重,沉闷严肃。

③ 阔叶常绿树:叶片终年不落,主要分布在热带、亚热带地区。阔叶常绿树不规则的群植,可以创造活泼热烈的气氛。

8.7.2　植物的景观功能

1. 质感

根据质感,可以将植物分为质感粗糙、质感细腻和质感中等三类。质感粗糙的植物,叶片大,大枝条多、小枝条少,枝条分布松散。这类植物轮廓鲜明,明暗对比强;与质感中等或质感细腻的植物种在一起时,居主导地位,构成视觉焦点,常作为质感中等或质感细腻植物的背景植物。空间狭小时,不宜采用质感粗糙的植物。质感细腻的植物,叶片小,紧凑密集,枝条柔韧纤细,视觉上对空间有放大感,作为背景植物使用时,对质感粗糙的植物具有强化作用。质感中等的植物,叶片大小、枝条长短都处于中等地位。大多数植物都属此种类型。此类植物可作为背景材料,对粗质感植物和细质感植物起到强化作用。

人对空间的感受具有近大远小、近清楚远模糊的特性。根据植物的质感特征,在特定的空间中,可以把不同质感的植物进行合理的搭配。比如,质感粗糙的植物作前景,质感细腻的植物作背景,相当于夸张了透视效果,产生视觉错视,产生景深加大、空间扩展的感觉。相反地,质感细腻的植物作前景,质感粗糙的植物作背景,可以缩小景深,降低空间尺度感。

2. 空间组织

在空间组织方面,植物可以发挥很重要的作用,能够构造空间、分隔空间和引导空间。树干可以框景、分割空间。在设计场地中,树干可以看作空间场景中的"柱"。框景和空间分割的大小与树干粗细、种植密度和树干排列方式有密切关系。密植会产生强烈的封闭感。行道树是框景的典型实例,即使是在冬季,叶片全部脱落,树干仍能形成强烈的围封感。叶片也是影响空间组织的重要因素。叶密,空间封闭感强烈。

3. 植物的时序性能

植物材料具有时间性。随着季节的交替和时间的推移,植物材料会发生显著的季节性或周期性变化。

植物的季相变化是最常见的。对同一种植物,不同的季节会有不同的视觉变化。春天,枝叶萌生、鲜花盛开;夏季,枝叶茂密、绿意融融;秋天,色彩鲜艳、果实累累;冬季,叶片脱落、肃穆萧条。植物的空间组织作用也会随着时间的变化而变化,比如:夏季,空间为树冠所遮蔽,产生隔离感与内向感;冬季,叶片脱落,空间感觉变大,视线开阔。根据植物的季相变化特性,花期不同、不同时期具有不同观赏效果(观花、观果、观枝)的植物搭配种植,可以创造出与时间相适应的独特景观。

常见的春季开花植物有碧桃、玉兰、唐棣、西府海棠、紫荆、太平花、木绣球、丁香、金银木、榆叶梅、黄刺玫等。

常见的夏季开花植物有栾树、绣线菊、珍珠梅、紫薇、山梅花、凌霄、木槿、合欢等。

常年观叶植物有紫叶李、红叶小檗、金叶女贞等。

秋季观叶植物有五角枫、火炬树、栾树、银杏、地锦、槭树等。

秋季观果植物有金银木、火炬树、紫珠、红瑞木等。

4. 光影变化

光下,植物会产生阴影。随着太阳的移动,阴影位置和形状都会发生变化。植物的某些器官,如叶片和花朵,本身具有透光性,顺光观察和逆光观察会出现截然不同的视觉效果。

8.7.3　常用景观植物及简要功能

我国地域辽阔,植物种类丰富,在景观设计领域可供利用的植物种类很多。从使用的角度来说,可将植物分为大乔木、小乔木、灌木、花卉、攀缘植物、地被植物、彩叶植物和竹类植物等类型。在分类学上,上述各类型之间会有重叠。如,彩叶植物涉及的范围就很广,既有乔木,又有灌木,还有花卉。

乔木、灌木、花卉是日常生活中人们熟悉的景观植物,前面已有述及。近年来,垂直绿化越来越受重视,攀缘植物的重要性日见提高。攀缘植物投资少,占地面积小,栽培容易,见效快,是垂直绿化不可缺少的植物类型。攀缘植物种类很多,有多年生的藤本植物,也有一、二年生的草本攀缘植物。常见的有紫藤、凌霄、葡萄、金银花、常春藤、油麻藤、爬山虎、茑萝、牵牛、络石等。这些植物叶型优美,花叶繁茂,色彩艳丽,有些还具有迷人的芳香和累累的果实。在栏杆、挡土墙、台阶、坡地、围墙、建筑墙面、阳台、窗台、花架、游廊、亭子等处所,都是不可或缺的优良植物。

最近,地被植物的应用也风靡如潮,大片大片的草坪不断涌现。禾草植物类,如狗牙根、假俭草、马尼拉草、早熟禾、黑麦草、韩国草、结缕草,其他草本植物,如地毯草、牛筋草、竹节草等,都得到广泛应用。还有一些草花和阳性观叶植物,如松叶景天、松叶牡丹、蓝星花、银边翠、羽裂美女樱、裂叶美女樱、松叶菊、非洲凤仙花、四季秋海棠、圆叶洋苋、彩叶草等,植株低矮,生长快速,蔓延性强,是饰景、衬景和配色的好材料。生长低矮的竹类,也是良好的地被材料,如稚子竹、凤凰竹、箬竹、岗姬竹等。

有些植物,如常春藤、鸭跖草、斑马草、小蚌兰、沿阶草、麦冬、文竹、白纹草、黄金葛、蔓绿绒、粗肋草、合果芋、彩叶芋等,属阴性观叶植物。它们喜欢生长在阴凉处,可在耐阴处和室内使用。还有蕨类和苔藓植物,如肾蕨、蓝草和苔藓,很适合在阴湿处种植。在野外自然生长的蕨类和苔藓,也可广泛利用。

彩叶植物也广受青睐。目前,植物育种学家已培育出大量的彩叶植物,如黄叶青皮槭、红叶青皮槭、黄叶复叶槭、花叶复叶槭、深红挪威槭、黄叶美国木豆树、灰绿北非雪松、金黄美洲花柏、金叶花柏、花叶灯台树、紫叶榛、紫叶黄栌、紫叶欧洲三毛榉、黄叶红栎、紫叶英国栎、花叶英国栎、花叶苦栎、花叶白蜡、黄金枸骨、冬青、灰绿北美云杉、黄叶三梅花、黄叶水蜡、黄叶加拿大接骨木、黄叶欧洲紫杉等。在植物材料中,叶片、枝干颜色有着极大的观赏价值,经过精巧安排,可得神奇之效果。

为便于读者查找,部分常用景观植物列举如下。我国幅员辽阔,适宜的景观植物种类很多,这里不能一一列举,只选了一些最常用的种类,而且还偏重于北方。其中列出了中文名称和拉丁学名,便于在设计中查找选用。

苏铁科

苏铁　Cycas revoluta Thunb.

银杏科

银杏　Ginkgo biloba L.

南洋杉科

猴子杉　Araucaria cunninghamii D. Don

南洋杉　Araucaria heterophylla (Salisb.)Franco

松科

雪松　Cedrus deodara (Roxb) Loud.

华山松　Pinus armandii Franch.

马尾松　Pinus massoniana Lamb.

湿地松　Pinus elliottii Engelm.

油松　Pinus tabulaeformis

华北落叶松　Larix principis-rupprechtii

臭冷杉　Abies nephrolepis

白杆　Picea meyeri

冷杉　Abies fabri (Mast.) Craib

云杉　Picea asperata Mast.

杉科

杉木　Cunninghamia lanceolata (Lamb.) Hook.

落羽杉　Taxodium distichum(Linn.)Rich.

水 杉　Metasequoia glyptostroboides Hu et Cheng

柏科

柏木　Cupressus funebris Endl.

侧柏　Platycladus orientalis

桧柏　Sabina chinensis (L.) Ant.(Juniperus chinensis L.)

香柏　Thuja occidentalis L.

龙柏　Sabina chinensis cv. 'Kaizuka'

金粟兰科

银线　Chloranthus japonicus Sieb.

珠兰　Chloranthus spicatus (Thunb.) Makino

柿树科

柿树　Diospyros kaki L. f.

杨柳科

毛白杨　Populus tomentosa Carr.

银白杨　Populus alba Linn.

新疆杨　Populus alba Linn. var. pyramidalis Bge.

山杨　Populus davidiana Dode

小叶杨　Populus simonii Carr.

辽杨　Populus maximowiczii Henry

青杨　Populus cathayana Rehd.

加杨　Populus canadensis Moench.（P. del-toides × P. nigra)

钻天杨　Populus nigra Linn. var. italica (Munch.) Koehne

箭杆杨　Populus nigra Linn. var. thevestina (Dode) Bean.

旱柳　Salix matsudana Koidz.

馒头柳　Salix matsudana Koidz. var. umbrac-ulifera Rehd.

绦柳　Salix matsudana Koidz. var. pedula Schneid.

龙爪柳　Salix matsudana Koidz. var. tortuosa (Vilm.) Rehd.

垂柳　Salix babylonica Linn.

红皮柳　Salix purpurea Linn.

棉花柳　Salix linearistipularis (Franch.) Hao

沙柳　Salix cheilophila Schneid.

胡桃科

枫杨　Pterocarya stenoptera DC.

胡桃　Juglans regia Linn.

胡桃楸　Juglans mandshurica Maxim.

美国山核桃　Carya illinoensis (Wangenh.) K. Koch

桦木科

白桦　Betula platyphylla Suk.

黑桦　Betula dahurica Pall.

糙皮桦　Betula utilis D. Don

红桦　Betula albo-sinensis Burk.

榛　Corylus heterophylla Fisch. ex Trautv.

毛榛　Corylus mandshurica Maxim. et Rupr.

千金榆　Carpinus cordata Bl.

鹅耳枥　Carpinus turczaninowii Hance

壳斗科

栗　Castanea mollissima Bl.

麻栎　Quercus acutissima Carr.

栓皮栎　Quercus variabilis Bl.

柞栎　Quercus dentata Thunb.

蒙古栎　Quercus mongolica Fisch. ex Turcz.

辽东栎　Quercus liaotungensis Koidz.

槲栎　Quercus aliena Bl.

北京槲栎　Quercus aliena Bl. var. pekingensis Schott.

金缕梅科

枫香　Liquidambar formosana Hance

榆科

榆　Ulmus pumila Linn.

大果榆　Ulmus macrocarpa Hance

裂叶榆　Ulmus laciniata（Trautv.）Mayr.

春榆　Ulmus japonica（Rehd.）Sarg.

黑榆　Ulmus davidiana Planch.

榔榆　Ulmus parvifolia Jacq.

青檀　Pteroceltis tatarinowii Maxim.

小叶朴　Celtis bungeana Bl.

黄果朴　Celtis labilis Schneid.

大叶朴　Celtis koraiensis Nakai

桑科

柘树　Cudrania tricuspidata（Carr.）Bur.

无花果　Ficus carica Linn.

菩提树　Ficus religiosa Linn.

印度橡皮树　Ficus elastica Roxb.

桑　Morus alba Linn.

构树　Broussonetia papyrifera（Linn.）Vent.

啤酒花　Humulus lupulus Linn.

葎草　Humulus scandens（Lour.）Merr.

高山榕　Ficus altissima Bl.

印度橡胶榕　Ficus elastica Roxb. ex Hornem.

对叶榕　Ficus hispida L. f.

榕树　Ficus microcarpa L. f.

黄葛榕　Ficus virens Ait. var. sublanceolata（Miq.）Corner

荨麻科

麻叶荨麻　Urtica cannabina Linn.

宽叶荨麻　Urtica laetevirens Maxim.

狭叶荨麻　Urtica angustifolia Fisch. ex Hornem.

檀香科

白蕊草　Thesium chinensis Turcz.

急折百蕊草　Thesium refractum C. A. Mey.

马兜铃科

北马兜铃　Aristolochia contorta Bge.

辽细辛　Asarum heterotropoides Fr. Schm. var. mandshuricum（Maxim.）Kitag.

藜科

滨藜　Atriplex patens（Litv.）Iljin

轴藜　Axyris amaranthoides Linn.

地肤　Kochia scoparia（Linn.）Schrad.

苋科

青葙　Celosia argentea Linn.

鸡冠花　Celosia cristata Linn.

繁穗苋　Amaranthus paniculatus Linn.

千穗谷　Amaranthus hypochondriacus Linn.

尾穗苋　Amaranthus caudatus Linn.

苋　Amaranthus tricolor Linn.

牛膝　Achyranthes bidentata Bl.

川牛膝　Cyathula officinalis Kuan

锦绣苋　Alternanthera bettzickiana（Regel）Nichols.

千日红　Gomphrena globosa Linn.

紫茉莉科

紫茉莉　Mirabilis jalapa Linn.

重被紫茉莉　Mirabilis jalapa Linn. var. dichlamydomorpha Makino

宝巾　Bougainvillea glabra Choisy

叶子花　Bougainvillea spectabilis Willd.

商陆科

商陆　Phytolacca acinosa Roxb.

美国商陆　Phytolacca americana Linn.

石竹科

拟漆姑草　Spergularia salina J. et C. Presl.

丝石竹　Gypsophila acutifolia Fisch.

圆锥丝石竹　Gypsophila paniculata Linn.

霞草　Gypsophila oldhamiana Miq.

五彩石竹　Dianthus barbatus Linn.

瞿麦　Dianthus superbus Linn.

西洋石竹　Dianthus deltoides Linn.

香石竹　Dianthus caryophyllus Linn.

石竹　Dianthus chinensis Linn.

睡莲科

莲　Nelumbo nucifera Gaertn.

芡　Euryale ferox Salisb.

睡莲　Nymphaea tetragona Georgi

红睡莲　Nymphaea alba Linn. var. rubra Lonnr.

黄睡莲　Nymphaea mexicana Zucc.

萍蓬草　Nuphar pumilum（Hoffm.）DC.

金鱼藻科

金鱼藻　Ceratophyllum demersum Linn.

东北金鱼藻　Ceratophyllum manschuricum（Miki）Kitag.

毛茛科

牡丹　Paeonia suffruticosa Andr.

芍药　Paeonia lactiflora Pall.

飞燕草　Consolida ajacis（Linn.）Schur.

耧斗菜　Aquilegia viridiflora Pall.

长喙唐松草　Thalictrum macrorhynchum Franch.

瓣蕊唐松草　Thalictrum petaloideum Linn.

槭叶铁线莲　Clematis acerifolia Maxim.

灌木铁线莲　Clematis fruticosa Turcz.

大叶铁线莲　Clematis heracleifolia DC.

黄花铁线莲　Clematis intricata Bge.

毛茛　Ranunculus japonicus Thunb.

小檗科

南天竹　Nandina domestica Thunb.

类叶牡丹　Caulophyllum robustum Maxim.

刺叶小檗　Berberis sibirica Pall.

掌刺小檗　Berberis koreana Palib.

日本小檗　Berberis thunbergii DC.

细叶小檗　Berberis poiretii Schneid.

大叶小檗　Berberis amurensis Rupr.

十大功劳　Mahonia fortunei（Lindl.）Fedde

木兰科

玉兰　Magnolia denudata Desr.

辛夷　Magnolia liliflora Desr.

荷花玉兰　Magnolia grandiflora Linn.

夜合花　Magnolia coco（Lour.）DC.

白兰花　Michelia alba DC.

含笑花　Michelia figo（Lour.）Spreng.

五味子　Schisandra chinensis（Turcz.）Baill.

樟科

阴香　Cinnamomum burmannii（C. G. et Th. Nees）Bl.

樟树　Cinnamomum camphora（L.）Presl

肉桂　Cinnamomum cassia Presl

短序润楠　Machilus breviflora（Benth.）Hemsl.

腊梅科

腊梅　Chimonanthus praecox（Linn.）Link

罂粟科

白屈菜　Chelidonium majus Linn.

虞美人　Papaver rhoeas Linn.

野罂粟　Papaver nudicaule Linn. Subsp. Rubro-aurantiacum（DC.）Fedde var. chinense（Regel）Fedde

罂粟　Papaver somniferum Linn.

荷包牡丹　Dicentra spectabilis（Linn.）Lem.

地丁草　Corydalis bungeana Turcz.

小黄紫堇　Corydalis ochotensis Turcz. var. raddeana（Regel）Nakai

紫堇　Corydalis edulis Maxim.

十字花科

羽衣甘蓝　Brassica oleracea Linn. var. acephala DC. f. tricolor Hort.

香雪球　Lobularia maritima（Linn.）Desv.

紫罗兰　Matthila incana（Linn.）R. Br.

景天科

青锁龙　Crassula lycopodioides Lam.

燕子掌　Crassula argentea Thunb.

瓦松　Orostachys fimbriatus（Turcz.）Berger

荷花掌　Aeonium arboreum Webb. et Berth.

树莲花　Aeonium haworthii Webb. et Berth.

金钱掌　Sedum sieboldii Sweet

景天　Sedum erythrostictum Miq.

景天三七　Sedum aizoon Linn.

垂盆草　Sedum sarmentosum Bge.

佛甲草　Sedum lineare Thunb.

白毛莲花掌　Echeveria leucotricha Purp.

八宝掌　Echeveria secunda Booth. ex Lindl.

莲花掌　Echeveria glauca Baker

虎耳草科

山梅花　Philadelphus incanus Koehne

太平花　Philadelphus pekinensis Rupr.

小花溲疏　Deutzia parviflora Bge.

溲疏　Deutzia scabra Thunb.

大花溲疏　Deutzia grandiflora Bge.

绣球　Hydrangea macrophylla （Thunb.） Seringe

小叶茶藨子　Ribes pulchellum Turcz.

刺梨　Ribes burejense Fr. Schmidt.

虎耳草　Saxifraga stolonifera Meerb.

梅花草　Parnassia palustris Linn.

海桐花科

海桐　Pittosporum tobira （Thunb.） Ait.

杜仲科

杜仲　Eucommia ulmoides Oliv.

悬铃木科

悬铃木　Platanus acerifolia （Ait.） Willd.

美国梧桐　Platanus occidentalis Linn.

三球悬铃木　Platanus orientalis Linn.

蔷薇科

红花绣线菊　Spiraea japonica Linn. f. var. fortunei （Planch.） Rehd.

绣球绣线菊　Spiraea blumei G. Don

珍珠梅　Sorbaria kirilowii （Regel） Maxim.

山楂　Crataegus pinnatifida Bge.

石楠　Photinia serrulata Lindl.

枇杷　Eriobotrya japonica （Thunb.） Lindl.

水榆花楸　Sorbus alnifolia （Sieb. et Zucc.） Koch

北京花楸　Sorbus discolor （Maxim.） Maxim.

花楸树　Sorbus pauhuashanensis （Hance） Hedl.

白梨　Pyrus bretschneideri Rehd.

杜梨　Pyrus betulifolia Bge.

褐梨　Pyrus phaeocarpa Rehd.

西府海棠　Malus micromalus Makino

苹果　Malus pumila Mill.

花红　Malus asiatica Nakai

楸子　Malus prunifolia （Willd.） Borkh.

海棠花　Malus spectabilis （Ait.） Borkh.

木瓜　Chaenomeles sinensis （Thouin） Kochne

月季花　Rosa chinensis Jacq.

香水月季　Rosa odorata （Andr.） Sweet

木香花　Rosa banksiae Ait.

洋蔷薇　Rosa centifolia Linn.

玫瑰　Rosa rugosa Thunb.

黄刺玫　Rosa xanthina Lindl.

单瓣黄刺玫　Rosa xanthina Lindl. f. normalis Rehd. et Wils.

地榆　Sanguisorba officinalis Linn.

棣棠花　Kerria japonica （Linn.） DC.

地蔷薇　Chamaerhodos canescens J. Krau.

直立地蔷薇　Chamaerhodos erecta （Linn.） Bge.

扁核木　Prinsepia sinensis （Oliv.） Oliv. ex Bean

李　Prunus salicina Lindl.

红叶李　Prunus cerasifera Ehrh. f. atropurpurea （Jacq.） Rehd.

杏　Prunus armeniaca Linn.

山杏　Prunus armeniaca Linn. var. ansu Maxim.

梅　Prunus mume （Sieb.） Sieb. et Zucc.

桃　Prunus persica Batsch.

油桃　Prunus persica Batsch. var. nactarina （Ait.） Maxim.

蟠桃　Prunus persica Batsch. var. compressa Loud.

白碧桃　Prunus persica Batsch. f. albo-plena Schneid.

红碧桃　Prunus persica Batsch. f. rubra-plena Schneid.

山桃　Prunus davidiana （Carr.） Franch.

榆叶梅　Prunus triloba Lindl.

欧李　Prunus humilis Bge.

毛樱桃　Prunus tomentosa Thunb.

樱花　Prunus serrulata Lindl.

日本樱花　Prunus yedoensis Matsum.

樱桃　Prunus pseudocerasus Lindl.

稠李　Prunus padus Linn.

豆科

山合欢　Albizia kalkora（Roxb.）Prain

合欢　Albizia julibrissin Durazz.

含羞草　Mimosa pudica Linn.

紫荆　Cercis chinensis Bge.

野皂荚　Gleditsia heterophylla Bge.

山皂荚　Gleditsia japonica Miq.

皂荚　Gleditsia sinensis Lam.

国槐　Sophora japonica Linn.

堇花槐　Sophora japonica Linn. var. violacea Carr.

龙爪槐　Sophora japonica Linn. f. pendula Hort.

五叶槐　Sophora japonica Linn. f. oligophylla Franch.

白刺花　Sophora viciifolia Hance

高山黄华　Thermopsis alpina Ledeb.

野百合　Crotalaria sessiliflora Linn.

树锦鸡儿　Caragana arborescens（Amm.）Lam.

胡枝子　Lespedeza bicolor Turcz.

白指甲花　Lespedeza inschanica（Maxim.）Schindl.

香豌豆　Lathyrus odoratus Linn.

大叶相思　Acacia auriculaeformis A. Cunn.

台湾相思　Acacia confusa Merr.

马占相思　Acacia mangium Willd.

海红豆　Adenanthera pavonina L. var. microsperma（Teijsm. et Binn.）Nielsen

南洋楹　Albizia falcataria（L.）Fosberg.

牻牛儿苗科

天竺葵　Pelargonium hortorum Bail.

花叶天竺葵　Pelargonium hortorum Bail. var. marginatum Bail.

洋蝴蝶　Pelargonium domesticum Bail.

旱金莲科

旱金莲　Tropaeolum majus Linn.

芸香科

花椒　Zanthoxylum bungeanum Maxim.

臭檀　Evodia daniellii（Benn.）Hemsl.

湖北臭檀　Evodia daniellii（Benn.）Hemsl. var. hupehensis（Dode）Huang

黄檗　Phellodendron amurense Rupr.

柚　Citrus grandis（Linn.）Osbeck

橙　Citrus sinensis（Linn.）Osbeck

酸橙　Citrus aurantium Linn.

柑橘　Citrus reticulata Blanco

苦木科

臭椿　Ailanthus altissima（Mill.）Swingle

苦木　Picrasma quassioides（D. Don）Benn.

楝科

米兰　Aglaia odorata Lour.

香椿　Toona sinensis（A. Juss.）Roem.

苦楝　Melia azedarach Linn.

大叶桃花心木　Swietenia macrophylla King.

塞楝　Khaya senegalensis（Desr.）A. Juss.

大戟科

铁苋菜　Acalypha australis Linn.

变叶木　Codiaeum variegatum（Linn.）Bl.

霸王鞭　Euphorbia antiquorum Linn.

虎刺　Euphorbia milii Desmoul. ex Boiss.

一品红　Euphorbia pulcherrima Willd. ex Klotzsch

地锦草　Euphorbia humifusa Willd.

乳浆草　Euphorbia esula Linn. var. cyparissioides Boiss.

光棍树　Euphorbia tirucalli Linn.

漆树科

漆树　Toxicodendron vernicifium（Stokes）F. A. Barkley

野漆树　Toxicodendron succedaneum（Linn.）O. Kuntze

盐肤木　Rhus chinensis Mill.

火炬树　Rhus typhina Linn.

黄连木　Pistacia chinensis Bge.

红叶　Cotinus coggygria Scop. var. cinerea Engl.

冬青科

枸骨　Ilex cornuta Lindl. et Paxt.

冬青　Ilex chinensis Sims（I. purpurea Hassk）

卫矛科

大叶黄杨　Euonymus japonicus Thunb.

卫矛　Euonymus alatus（Thunb.）Sieb.

扶芳藤　Euonymus fortunei（Turcz.）Hand.

—Mazz.

南蛇藤　Celastrus orbiculatus Thunb.

刺苞南蛇藤　Celastrus flagellaris Rupr.

槭树科

元宝槭　Acer truncatum Bge.

色木槭　Acer mono Maxim.

鸡爪槭　Acer palmatum Thunb.

茶条槭　Acer ginnala Maxim.

葛萝槭　Acer grossei Pax.

青榨槭　Acer davidii Franch.

梣叶槭　Acer negundo Linn.

七叶树科

七叶树　Aesculus chinensis Bge.

无患子科

风船葛　Cardiospermum halicacabum Linn.

栾树　Koelreuteria paniculata Laxm.

文冠果　Xanthoceras sorbifolia Bge.

龙眼　Dimocarpus longan Lour.

荔枝　Litchi chinensis Sonn.

无患子　Sapindus mukorossi Gaertn.

橄榄科

橄榄　Canarium album（Lour.）Raeusch.

凤仙花科

凤仙花　Impatiens balsamina Linn.

水金凤　Impatiens noli-tangere Linn.

玻璃翠　Impatiens sultanli Hook. f.

鼠李科

拐枣　Hovenia dulcis Thunb.

枣　Ziziphus jujuba Mill.

酸枣　Ziziphus jujuba Mill. var. spinosa Hu ex H. F. Chow

鼠李　Rhamnus davurica Pall.

葡萄科

葡萄　Vitis vinifera Linn.

山葡萄　Vitis amurensis Rupr.

爬山虎　Parthenocissus tricuspidata（Sieb. et Zucc.）Planch.

五叶爬山虎　Parthenocissus quinquefolia（Linn.）Planch.

葎叶蛇葡萄　Ampelopsis humulifolia Bge.

椴树科

蒙椴　Tilia mongolica Maxim.

紫椴　Tilia amurensis Rupr.

糠椴　Tilia mandshurica Rupr. et Maxim.

孩儿拳　Grewia biloba Don var. parviflora Hand-Mazz.

田麻　Corchoropsis tomentosa Makino

锦葵科

蜀葵　Althaea rosea（Linn.）Cav.

秋葵　Abelmoschus esculentus（Linn.）Moench

朱槿　Hibiscus rosea-sinensis Linn.

垂瓣扶桑　Hibiscus rosea-sinensis Linn. var. rubro-plenus Sweet

木芙蓉　Hibiscus mutabilis Linn.

木槿　Hibiscus syriacus Linn.

梧桐科

梧桐　Firmiana simplex（Linn.）Wright

午时花　Pentapetes phoenicea Linn.

猕猴桃科

猕猴桃　Actinidia arguta（Sieb. et Zucc.）Planch. ex Miq.

山茶科

茶花　Camellia japonica Linn.

藤黄科

红旱莲　Hypericum ascyron Linn.

金丝桃　Hypericum chinense Linn.

野金丝桃　Hypericum attenuatum Choisy

柽柳科

柽柳　Tamarix chinensis Lour.

堇菜科

三色堇　Viola tricolor Linn.

紫花地丁　Viola yedoensis Makino

秋海棠科

秋海棠　Begonia evansiana Andr.

中华秋海棠　Begonia sinensis DC.

玻璃秋海棠　Begonia tuberhybrida Voss.

四季海棠　Begonia semperflorens Link et Otto

仙人掌科

珊瑚树　Opuntia salmiana Parm. ex Pfeiff.

仙人镜　Opuntia phaeacantha Engelm.

仙人掌　Opuntia dillenii（Ker. — Gaw.）Haw.

蟹爪兰　Schlumbergera truncata（Haw.）Moran

昙花　Epiphyllum oxypetalum（DC.）Haw.

令箭荷花

Napalxochia ackermannii（Haw.）Kunth

三棱箭　Hylocereus undatus Britt. et Rose

鼠尾鞭　Aporocactus flagelliformis（Linn.）Lem.

鹿角柱　Echinocereus procumbens Lem.

翁锦　Echinocereus delaetii Guerke.

仙人鞭　Nyctocereus serpentinus Britt. et Rose

山影拳　Cereus pitajaya DC.

怪山影　Cereus pitajaya DC. var. monstrous Hort.

白玉兔　Mammillaria geminispina Haw.

雪月花　Mammillaria elegans DC.

八卦掌　Mammillaria sphaerica Dietr. ex Engelm.

瑞香科

瑞香　Daphne odora Thunb.

金边瑞香　Daphne odora Thunb. var. marginata Thunb.

胡颓子科

沙枣　Elaeagnus angustifolia Linn.

胡颓子　Elaeagnus umbellata Thunb.

木半夏　Elaeagnus multiflora Thunb.

千屈菜科

紫薇　Lagerstroemia indica Linn.

银薇　Lagerstroemia indica Linn. var. alba Nichols.

千屈菜　Lythrum salicaria Linn.

水苋　Ammannia baccifera Linn.

石榴科

石榴　Punica granatum Linn.

白石榴　Punica granatum Linn. var. albescens DC.

黄石榴　Punica granatum Linn. var. flavescens Sweet

八角枫科

瓜木　Alangium platanifolium（Sieb. et Zucc.）

Harms

柳叶菜科

露珠草　Circaea quadrisulcata（Maxim.）Franch. et Sav.

牛泷草　Circaea cordata Royle

倒挂金钟　Fuchsia hybrida Voss.

长筒倒挂金钟　Fuchsia fulgens DC.

夜来香　Oenothera biennis Linn.

月见草　Oenothera erythrosepala Borb.

待霄草　Oenothera odorata Jacq.

五加科

八角金盘　Fatsia japonica（Thunb.）Decne. et Planch.

洋常春藤　Hedera helix Linn.

常春藤　Hedera nepalensis var. sinensis

辽东楤木　Aralia elata（Miq.）Seem.

楤木　Aralia chinensis Linn.

刺五加　Acanthopanax senticosus（Rupr. et Maxim.）Harms

木樨科

白蜡　Fraxinus chinensis Roxb.

绒毛白蜡　Fraxinus velutina Torr.

水曲柳　Fraxinus mandshurica Rupr.

连翘　Forsythia suspense（thumb.）Vahl

紫丁香　Syringa oblate Lindl.

女贞　Ligustrum lucidum Ait.

玄参科

泡桐　Paulownia fortunei（Seem.）Hemsl.

伞形科

泽芹　Sium suave Walt.

水芹　Oenanthe decumbens（Thunb.）K.-Pol.

珊瑚菜　Glehnia littoralis F. Schmidt ex Miq.

青木　Aucuba japonica Thunb.

花叶青木　Aucuba japonica Thunb. var. variegata Dombr.

红瑞木　Cornus alba Linn.

沙梾　Cornus bretschneideri L. Henry

毛梾木　Cornus walteri Wanger.

山茱萸　Macrocarpium officinalis（Sieb. et Zucc.）Nakai

棕榈科

假槟榔　Archontophocnix alcxandrac （F. J. Muell.)Wendl. et Drude

短穗鱼尾葵　Caryota mitis Lour.

鱼尾葵　Caryota ochlandra Hance

董棕　Caryota urens L.

蒲葵　Livistona chinensis（Jacq.) R. Br.

大王椰子　Roytonea regia（H. B. K.)O. F. Cook

禾本科

青皮竹　Bambusa textiles McCl.

大佛肚竹　Bambusa vulgaris Schrad. ex Wendl. cv. Wamin

黄金间碧竹　Bambusa vulgaris Schrad. ex Wendl. var. vittata C. A. et C. Riviere

粉单竹　Lingnania chungii（McCl.) McCl.

9 《园冶》解读和注释

中国园林源远流长。上至商周,下至当今,伴随着中华五千年文明而创造和发展。造园技艺多为言传身教,口头相传,文字记载少之又少,且零散笼统,多是已建成园林的记述,而非造园方法的介绍,如《西京杂记》《后汉书》《草堂记》和《世说新语》等。比较系统地阐述造园思想和造园方法的著作,当属《园冶》了。

明崇祯年间,计成在总结前人经验的基础上,加上个人造园实践,创作完成了《园冶》一书。《园冶》以主要造园要素的选择和安排布局为基础,比较系统地介绍了中国传统园林造园技术。全书共分三卷,第一卷包括序、兴造论、园说、相地、立基、屋宇、装折;第二卷为栏杆;第三卷为门窗、墙垣、铺地、掇山、选石和借景。下面分别进行解读学习。限于篇幅,原书附图从略。

9.1 卷一

1. 序

我年少时因绘画出名,性好搜奇,最喜欢关全(仝 tóng,"同"的古字)和荆浩画意,常模仿之。曾到古燕国和楚国游赏,中年回到吴国,定居于镇江。环润皆佳山水,润之好事者,取石巧者置竹木间为假山,予偶观之,为发一笑。有人问:"何以笑?"我回答说:"世所闻有真斯有假,为何不造真山形,而用拳头大小的石头磊成像勾芒一样的神呢?"有人问:"君能之乎?"于是,偶然做了一座峭壁假山,观者俱称:"俨然佳山也。"遂播名于远近。

晋陵方伯吴又于公听说后邀我前往。吴公得基于城东,乃元朝温相(温公:司马光)故园,仅十五亩。十亩为宅,余五亩,可效法司马光独乐园建园。予观其基形最高,而穷其源最深,乔木参天,虬枝拂地。予曰:"此制不第宜掇石而高,且宜搜土而下,令乔木参差山腰,蟠根嵌石,宛若画意;依水而上,构亭台错落池面,篆壑飞廊,想出意外。"落成,公喜曰:"从进而出,计步仅四百,自得谓江南之胜,惟吾独收矣。"别有小筑,片山斗室,予胸中所蕴奇,亦觉发抒略尽,益复自喜。

时汪士衡中翰,延予銮江西筑,似为合志,与又于公所构,并骋南北江焉。暇草式所制,名《园牧》尔。姑孰曹元甫先生游于兹,主人皆予盘桓信宿。先生称赞不已,以为荆关之绘也,何能成于笔底?予遂出其式视先生。先生曰:"斯千古未闻见者,何以云'牧'?斯乃君之开辟,改之曰'冶'可矣。"

时崇祯辛未之秋杪否道人暇于扈冶堂中题。

2. 兴造论

世之兴造,专主鸠匠,独不闻三分匠、七分主人之谚乎?非主人也,能主之人也。

古代公输灵巧,陆云技术精湛,他们只是拿着斧头砍木头的吗? 若匠惟雕镂是巧,排架是精, 梁 柱,定不可移,俗以"无窍之人"呼之,其确也。故凡造作,必先相地立基,然后定其间进,量其广狭,随曲合方,是在主者,能妙于得体合宜,未可拘泥于既定规则。假如基地偏缺,邻凹不必求齐,屋架何必局限于三、五间,进深多少? 半间一广,自然雅称,斯所谓"主人之七分"也。宅第园主,用心九成,而匠人仅一成,何也?

园林巧于"因""借",精在"体""宜",非匠作可为,亦非主人所能自主者,须求得人,当要节用。"因"者:随基势之高下,体形之端正,碍木删桠,泉流石注,互相借资;宜亭斯亭,宜榭斯榭,不妨偏径,顿置婉转,斯谓"精而合宜"者也。"借"者:园虽别内外,得景则无拘远近。晴峦耸秀,佛寺凌空,极目所至,俗则屏之,嘉则收之。不管是町畦还是村庄,尽为烟雾缭绕的美景,所谓"巧而得体"者也。体、宜、因、借,非得其人,兼之惜费,则前工并弃,既有后起之公输、陆云,何传于世? 予恐失传,聊绘式于后,为感兴趣者所学所用。

3. 园说

凡结林园,无分村郭,地偏为胜,开林择剪蓬蒿;景到随机,在涧共修兰芷。径缘三益,业拟千秋,围墙隐约于萝间,架屋蜿蜒于木末。山楼凭远,纵目皆然;竹坞寻幽,醉心既是。轩楹高爽,窗户虚邻;纳千顷之汪洋,收四时之烂漫。梧阴匝地,槐荫当庭;插柳沿提,栽梅绕屋;结茅竹里,浚(浚:疏浚)一派之长源;障锦山屏,列千寻之耸翠,虽由人作,宛自天开。刹宇隐环窗,彷佛片图小李(唐:山水画家李昭道,擅长小幅山水,称"片图小李");岩峦堆劈石,参差半壁大痴。萧寺(萧寺:寺庙)可以卜邻,梵音到耳;远峰偏宜借景,秀色堪餐。紫气青霞,鹤声送来枕上;白苹红蓼,鸥盟同结矶边。看山上个篮舆(篮舆:古代交通工具,似轿,有诗云:蹇予脚疾愁归路,直遣篮舆送到家),问水拖条枋杖;斜飞堞雉,横跨长虹;不羡摩诘辋川(王维辋川别业),何数季伦金谷(季伦金谷别业)。一湾仅于消夏,百亩岂为藏春;养鹿堪游,种鱼可捕。凉亭浮白,冰调竹树风生;暖阁偎红,雪煮炉铛涛沸。渴吻消尽,烦顿开除。夜雨芭蕉,似杂鲛人(《搜神记》鲛人,似美人鱼)之泣泪(滴泪成珠);晓风杨柳,若翻蛮女之纤腰(白居易:杨柳小蛮腰)。移风当窗,分梨为院;溶溶月色,瑟瑟风声。静扰一榻(榻:坐榻)琴书,动涵半轮秋水,清气觉来几席,凡尘顿远襟怀;窗牖(窗牖:在墙曰牖,在屋曰窗。——《说文》)无拘,随宜合用;栏杆信画,因境而成。制式新番,裁除旧套;大观不足,小筑允宜。

4. 相地

园基不拘方向,地势自有高低;涉(涉:进入。不虞君之涉吾地也,何故? ——《左传·僖公四年》)门成趣,得景随形,或傍山林,欲通河沼。探奇近郭,远来往之通衢;选胜落村,藉(藉:凭、靠)参差之深树。村庄眺野,城市便家。新筑易乎开基,只可栽杨移竹;旧园妙于翻造,自然古木繁花。如方如圆,似偏似曲;如长弯而环璧,似偏阔以铺云。高方欲就亭台,低凹可开池沼;卜筑贵从水面,立基先究源头,疏源之去由,察水之来历。临溪越地,虚阁堪支;夹巷借天,浮廊可度。倘嵌他人之胜,有一线相通,非为间绝,借景偏宜;若对邻氏之花,绝几分消息,可以招呼,收春无尽。架桥通隔水,别馆堪图;聚石叠围墙,居山可拟。多年树木,碍筑檐(檐:屋檐。榆柳荫后檐,桃李罗堂前。——晋·陶渊明《归园田居》)垣(垣:矮墙);让一步可以立根,斫(斫:砍)数桠(桠:树枝)不妨封顶。斯谓雕栋飞楹(楹:柱也。——《说文》)构易,荫槐挺玉成难。相地合宜,构园得体。

(1)山林地

园地惟(惟:同"唯")山林最胜,有高有凹,有曲有深,有峻而悬,有平而坦,自成天然之趣,不烦人事之工。入奥(奥:深也)疏源,就低凿水,搜土开其穴麓,培山接以房廊。杂树参天,楼阁碍云霞而出没;繁花覆地,亭台突池沼而参差。绝涧安其梁,飞岩假(假:凭借,借助)其栈,闲闲(闲:悠闲,安静)即景,寂寂(寂寂:寂静。庭院寂寂。——明·归有光《项脊轩志》)探春。好鸟要朋,群麋(麋:麋鹿)偕侣。槛(槛:栏杆。阁中帝子今何在?槛外长江空自流。——王勃《滕王阁序》。槛花笼鹤:栏杆里面的花、笼中的鸟)逗几番花信,门湾一带溪流,竹里通幽,松寮(寮,liáo,小窗,古同"僚"。松寮:松窗。"水阁遥通竹坞,风轩斜透松寮。回塘曲槛,层层碧浪漾琉璃。"——《醒世恒言·卢太学诗酒傲王侯》)隐僻,送涛声而郁郁,起鹤舞而翩翩。阶前自扫云,岭上谁锄月。千峦环翠,万壑流青。欲藉(藉:凭,借)陶(陶:陶渊明)舆(舆:车,轿子),何缘(沿着,顺着。缘法:沿袭旧法。缘溪行,忘路之远近。——晋·陶渊明《桃花源记》)谢(谢:谢灵运)屐(屐:木底鞋。脚着谢公屐,身登青云梯。——李白《梦游天姥吟留别》)。

(2)城市地

市井不可园也;如园之,必向幽偏可筑,邻虽近俗,门掩无哗。开径透迤,竹木遥飞叠雉(雉堞:矮墙,城墙);临濠蜒蜿,柴荆(柴荆:以柴、荆筑成的门。清晨起巾栉,徐步出柴荆。——白居易《秋游原上》)横引长虹。院广堪梧,堤湾宜柳;别(别:另,另外)难成墅,兹(兹:此,这)易为林。架屋随基,浚水坚之石麓(麓者,林之大者也。——《水经注·漳水》);安亭得景,莳(莳:栽种)花笑以春风。虚阁荫桐,清池涵月。洗出千家烟雨,移将四壁图书。素入镜中飞练,青来郭(郭:城郭)外环屏。芍药宜栏,蔷薇未架;不妨凭石,最厌编屏(屏:屏障。此指植物编成的藩篱);未久重修;安垂不朽?片山多致,寸石生情;窗虚蕉(蕉:芭蕉)影玲珑,岩曲松根盘礴(盘礴:亦作"盘薄"。盘踞地上、磅礴广大)。足征(征:①证明,验证;②微,召也。——《说文》)市隐,犹胜巢居,能为闹处寻幽,胡(胡:为什么,何)舍近方图远;得闲即诣(诣:学业或技艺所达到的程度。此处为引申义),随兴携游。

(3)村庄地

古云乐田园者,居于畎亩(畎亩:田间,田地)之中;今耽(耽:沉溺。耽于女乐,不顾国政,则亡国之祸也。——《韩非子·十过》)丘壑(丘壑:山陵和溪谷。山川在理有崩竭,丘壑自古相盈虚。——王安石《九井》)者,选村庄之胜,团团篱落,处处桑麻;凿水为濠,挑堤种柳;门楼知稼(稼:谷物,庄稼。稼生于野,而藏于仓。——《吕氏春秋》),廊庑连芸(芸:芸香,香草名)。约十亩之基,须开池者三,曲折有情,疏源正可;余七分之地,为垒土者四,高卑无论,栽竹相宜。堂虚绿野犹开,花隐重门若掩。掇石莫知山假,到桥若谓(谓:说,认为)津(津:渡口,河流)通。桃李成蹊,楼台入画。围墙编棘,窦(窦:孔,洞)留山犬迎人;曲径绕篱,苔破家童扫叶。秋老蜂房未割,西成鹤(鹤:比喻卓越出众。休错认做蛙鸣井底,鹤立鸡群。——《元曲选·举案齐眉》)廪(廪:米仓。广蓄积,以实仓廪。——晁错《论贵粟疏》)先支。安闲莫管稻粱谋(稻粱谋:鸟觅食,比喻谋求衣食生计),

沽酒不辞风雪路。归林得意，老圃(老圃：古旧园圃。虽惭老圃秋容淡，且看寒花晚节香。——宋·韩琦《九日水阁》)有余。

(4)郊野地

郊野择地，依乎平冈曲坞(坞：四面高中间凹下的地方)，叠(叠：重复，累积。重也，积也。——《苍颉篇》)陇(陇：古同"垄")乔林，水浚通源，桥横跨水，去城不数里，而往来可以任意，若(若：此，如此。"以若所为，求若所欲，犹缘木而求鱼也。")为快也。谅(谅：推想，估量)地势之崎岖，得基局(局：规模，排场)之大小；围知版筑(版筑：造土墙)，构拟(拟：效法，模仿)习池(习池：借指宴饮胜地。"当年襄阳雄盛时，山公常醉习家池。"——唐·孟浩然《高阳池送朱二》。荆州豪族习氏在岘山南作鱼池，植竹种花。习家池成为襄阳的游宴名处，守将山简常常到池上醉饮。——南朝·梁《襄阳记》)。开荒欲引长流，摘景全留杂树。搜根带水，理顽石而堪支；引蔓通津，缘飞梁而可度。风生寒峭，溪湾柳间栽桃；月隐清微，屋绕梅余种竹。似多幽趣，更入深情。两三间曲尽春藏，一二处堪为暑避。隔林鸠(鸠：一种鸟，也称鹁鸠、斑鸠)唤雨，断岸马嘶风。花落呼童，竹深留客。任看主人何必问，还要姓字不须题。须陈风月清音，休犯山林罪过。韵人(韵人：优雅人。"此间实少韵人，可以佐副大使酒政。"——《初刻拍案惊奇》卷三十)安亵(亵：轻慢)，俗笔偏涂。

(5)傍宅地

宅傍(傍：靠，临近)与后有隙地可茸(茸：整理，整治，修理)园，不第(不第：不但)便于乐闲，斯谓护宅之佳境也。开池浚壑，理石挑山，设门有待来宾，留径可通尔室(尔室：尔，同"耳")。竹修林茂，柳暗花明。五亩何拘，且效温公(温公：司马光)之独乐；四时不谢(谢：凋落，衰退)，宜偕小玉(小玉：侍女)以同游。日竟花朝，宵分月夕。家庭侍酒，须开锦幛之藏；客集征诗，量罚金谷之数。多方题咏，薄有洞天。常余半榻琴书，不尽数竿烟雨。涧户若为止静，家山何必求深。宅遗谢朓(谢朓：南朝宣城太守。谢朓故宅，环ये皆流泉奇石、摩崖石刻。)之高风，岭划孙登之长啸("籍尝于苏门山遇孙登，与商略终古及栖神导气之术，登皆不应，籍因长啸而退。至半岭，闻有声若鸾凤之音，响乎岩谷，乃登之啸也。——《晋书·阮籍传》。后用为游逸山林、长啸放情的典故)。探梅虚蹇(蹇：驴)，煮雪当姬(党进，927—978年，山西朔州人，北宋名将。党进有一家姬，后为翰林学士陶谷所得。陶谷在雪天以雪水烹茶，并问家姬道："党家会欣赏这个吗？"家姬道："党太尉是个粗人，怎知这般乐趣？他就只会在销金帐中浅斟低唱，饮羊羔酒。"她意在讥讽陶谷，认为比起党家富贵奢华的生活，取雪烹茶的风雅太显寒酸。陶谷听罢，默然不语)。轻身尚寄玄黄("玄黄，天地色也"。玄为天色，黄为地色)，具眼胡分青白(三国时期魏国诗人阮籍不经常说话，却常常用眼睛当道具，用"白眼""青眼"看人。讨厌的人，用白眼；喜欢的人，用青眼)。固作千年事，宁知百岁人。足矣乐闲，悠然护宅。

(6)江湖地

江干湖畔，深柳疏芦之际，略成小筑，足征大观也。悠悠烟水，澹澹云山；泛泛鱼舟，闲闲鸥鸟。漏层阴而藏阁，迎先月以登台。拍起云流，筋飞霞仵。何如缑岭(缑岭：gōu lǐng，缑氏山，多指修道成仙之处)，堪偕子晋(子晋，字子乔，周灵王之子，春秋晚期人)吹箫；欲拟瑶池，若待穆王侍宴(周穆王西游，来到西王母国。西王母梳着蓬松的发型，穿着下垂的豹尾式的服装，在瑶池举办盛宴款待穆王。临别，西王母设宴送行，作歌"祝君长寿，愿君再来")。寻闲是福，知享既仙。

5. 立基

凡园圃立基，定厅堂为主。先乎取景，妙在朝南，倘有乔木数株，仅就中庭一二。

筑垣(垣:矮墙,墙)须广,空地多存,任意为持,听从排布,择成馆舍,余构亭台。格式随宜,栽培得致。选向非拘(拘:拘束)宅相,安门须合厅方。开土堆山,沿池驳岸。曲曲一湾柳月,濯(濯:洗也。沧浪之水清兮,可以濯吾缨。——《楚辞·渔父》)魄(魄:精神,气魄)清波;遥遥十里荷风,递香幽室。编篱种菊,因之陶令(陶令:陶渊明,曾任彭泽县令)当年;锄岭栽梅,可并庾公(庾公:庾胜,西汉将军。在大庾岭筑城防守,岭上植梅,故又称梅岭)故迹。寻幽移竹,对景莳花。桃李不言,似通津信;池塘倒影,拟入鲛宫(鲛宫:鲛人之宫殿。鲛人,生活在海中的人,泪珠能变成珍珠)。一派涵秋,重阴结夏。疏水若为无尽,断处通桥;开林须酌有因,按时架屋。房廊蜒蜿,楼阁崔巍,动"江流天地外"之情,合"山色有无中"之句(江流天地外,山色有无中。——唐·王维《汉江临眺》)。适兴平芜眺远,壮观乔岳瞻遥。高阜(阜:土山,泛指山)可培,低方宜挖。

（1）厅堂基

厅堂立基,古以五间三间为率(率:lǜ,规格,标准;遵行,遵循)。须量地广窄,四间亦可,四间半亦可,再不能展舒,三间半亦可。深奥曲折,通前达后,全在斯(斯:这,这个,这里)半间中,生出幻境也。凡立园林,必当如式。

（2）楼阁基

楼阁之基,依次序定在厅堂之后,何不立半山半水之间,有二层三层之说,下望上是楼,山半拟为平屋,更上一层,可穷千里目也。

（3）门楼基

园林屋宇,虽无方向,惟(惟:单,只)门楼基,要依厅堂方向,合宜则立。

（4）书房基

书房之基,立于园林者,无拘内外,择偏僻处,随便通园,令游人莫知有此。内构斋、馆、房、室,借外景,自然幽雅,深得山林之趣。如另筑,先相基形:方、圆、长、扁、广、阔、曲、狭,势如前厅堂基余半间中,自然深奥。或楼或屋,或廊或榭,按基形式,临机应变而立。

（5）亭榭基

花间隐榭,水际安亭,斯园林而得致者。惟榭只隐花间,亭胡(胡:何也)拘水际。通泉竹里,按景山颠。或翠筠茂密之阿,苍松蟠郁之麓;或借濠濮之上,人想观鱼;倘支沧浪之中,非歌濯足。亭安有式,基立无凭。

（6）廊房基

廊基未立,地局先留,或余屋之前后,渐通林许。蹑(蹑:放轻脚步悄悄地走,喻隐)山腰,落水面,任高低曲折,自然断续蜒蜿,园林中不可少斯一断境界。

（7）假山基

假山之基,约大半在水中立起。先量顶之高大,才定基之浅深。掇(掇:挪,搬)石须知占天,围土必然占地,最忌居中,更宜散漫。

6. 屋宇

凡家宅住房,五间三间,循次第而造;惟园林书屋,一室半室,按时景为精。方向随宜,鸠(鸠:聚集。鸠合(亦作"纠合"),鸠集)工合见;家居必论,野筑惟因。虽厅堂俱一般,近台榭有别致。前添敞卷,后进余轩。必用重椽,须支草架。高低依制,左右分为。当檐最碍两厢,庭除恐窄;落步但加重庑,阶砌犹深。升拱不让雕鸾,门枕胡为镂鼓(镂鼓:抱鼓石)。时遵雅朴,古摘端方。画彩虽佳,木色加之青绿;雕镂易俗,花空嵌以仙禽。长廊一带回旋,在竖柱之初,妙于变幻;小屋数椽委曲,究安门之当,理及精微。奇亭巧榭,构分红紫之丛;层阁重楼,迥出云霄之上。隐现无穷之态,招摇不尽之春。槛外行云,镜中流水,洗山色之不去,送鹤声之自来。境仿瀛壶(瀛壶:瀛洲,仙人居住的海上仙山),天然图画,意尽林泉之癖,乐余园圃之间。一鉴能为,千秋不朽。堂占太史(太史:古官名。此指学识渊博、道德高尚之人),亭问草玄(草玄:指草玄亭,汉代杨雄所建),非及云艺(云艺:陆云技艺)之台楼,且操般门(般门:鲁班门下)之斤斧。探其合志,常套俱裁。

（1）门楼

门上起楼,象城堞有楼以壮观也。无楼亦呼之。

（2）堂

古者之堂,自半已前,虚之为堂。堂者,当也。谓当正向阳之屋,以取堂堂高显之义。

（3）斋

斋较堂,惟气藏而致敛,有使人肃然斋敬之义。盖藏修密处之地,故式不宜敞显。

（4）室

古云,自半已后,实为室。《尚书》有"壤室",《左传》有"窟室",《文选》载:"旋室婳娟以窈窕。"(旋室婳娟以窈窕,洞房叫寮而幽邃。——王延寿《鲁灵光殿赋》。《夺天工》中,"娟"为"媚")指"曲室"也。

（5）房

《释名》云:房者,防也。防密内外以寝闼(闼:门)也。

（6）

馆散寄(散寄:临时居住)之居,曰"馆",可以通别居(别居:住所之外另一住处)者。今书房亦称"馆",客舍为"假馆"。

（7）楼

《说文》云:重屋曰"楼"。《尔雅》云:陕而修曲为"楼"。言窗牖(牖:yǒu,窗户)虚开,诸孔愺愺(愺愺:lóu,勤恳、恭谨)然也。造式,如堂高一层者是也。

（8）台

《释名》云:"台者,持也。言筑土坚高,能自胜持也。"园林之台,或掇(掇:挪、搬)石而高上平者;或木架高而版平无屋者;或楼阁前出一步而敞者,俱为台。

（9）阁

阁者,四阿开四牖。汉有麒麟阁,唐有凌烟阁等,皆是式。

（10）亭

《释名》云:"亭者,停也。人所停集也。"司空图(司空图:唐代文学家)有休休亭,本此义。造式无定,自三角、四角、五角、梅花、六角、横圭(圭:guī,用作凭信的玉,形状上圆(或上尖)下方)、八角至十字,随意合宜则制,惟地图可略式也。

(11)榭

《释名》云:榭者,藉也。藉(藉:凭)景而成者也。或水边,或花畔,制亦随态。

(12)轩

轩式类车,取轩轩欲举之意,宜置高敞,以助胜则称。

(13)卷

卷者,厅堂前欲宽展,所以添设也。或小室欲异人字,亦为斯式。惟(惟:此处同"唯")四角亭及轩可并之。

(14)广

古云:因岩为屋曰"广",盖借岩成势,不成完屋者为"广"。

(15)廊

廊者,庑(庑:堂下周屋。——《说文》)出一步也,宜曲宜长则胜。古之曲廊,俱曲尺曲。今予所构曲廊,之字曲者,随形而弯,依势而曲。或蟠山腰,或穷水际,通花渡壑、蜿蜒无尽,斯寤园之"篆云"也。予见润(润:镇江)之甘露寺数间高下廊,传说鲁班所造。

(16)五架梁

五架梁,乃厅堂中过梁也。如前后各添一架,合七架梁列架式。如前添卷,必须草架而轩敞。不然前檐深下,内黑暗者,斯故也。如欲宽展,前再添一廊。又小五架梁、亭、榭、书房可构。将后童柱换长柱,可装屏门,有别前后,或添廊亦可。

(17)七架梁

七架梁,凡屋之列架也,如厅堂列添卷,亦用草架。前后再添一架,斯九架列之活法。如造楼阁,先算上下檐数。然后取柱料长,许中加替木。

(18)九架梁

九架梁屋,巧于装折,连四、五、六、间,可以东、西、南、北。或隔三间、两间、一间、半间,前后分为。须用复水重椽,观之不知其所。或嵌楼于上,斯巧妙处不能尽式,只可相机而用,非拘一者。

(19)草架

草架,乃厅堂之必用者。凡屋添卷,用天沟,且费事不耐久,故以草架表里整齐。向前为厅,向后为楼,斯草架之妙用也,不可不知。

(20)重椽

重椽,草架上椽也,乃屋中假屋也。凡屋隔分不仰顶,用重椽复水可观。惟廊构连屋,构倚墙一披而下,断不可少斯。

(21)磨角

磨角,如殿阁躐(躐:liè)角也。阁四敞及诸亭决用。如亭之三角至八角,各有磨法,尽不能式,是自得一番机构。如厅堂前添廊,亦可磨角,当量宜。

(22)地图

凡匠作,止能式屋列图,式地图者鲜矣。夫地图者,主匠之合见也。假如一宅基,欲造几进,先以地图式之。其进几间,用几柱着地,然后式之,列图如屋。欲造巧妙,先以斯法,以便为也。

7. 装折

凡造作难于装修,惟园屋异乎家宅,曲折有条,端方非额,如端方中须寻曲折,到曲折处环定端方,相间得宜,错综为妙。装壁应为排比,安门分出来由。假如全房数间,内中隔开可矣。定存后步一架,余外添设何哉?便径他居,复成别馆。砖墙留夹,可通不断之房廊;板壁常空,隐出别壶之天地。亭台影罅(罅:xià,缝隙,裂缝),楼阁虚邻。绝处犹开,低方忽上。楼梯仅乎室侧,台级藉矣山阿。门扇岂异寻常,窗棂遵时各式。掩宜合线,嵌不窥丝。落步栏杆,长廊犹胜,半墙户槅,是室皆然。古以菱花为巧,今之柳叶生奇。加之明瓦斯坚,外护风窗觉密。半楼半屋,依替木不妨一色天花;藏房藏阁,靠虚檐无碍半弯月牖。借架高檐,须知下卷。出幞若分别院,连墙拟越深斋。构合时宜,式征清赏。

9.2 卷二

栏杆信画化而成,减便为雅。古之回文万字,一概屏去,少留凉床佛座之用,园屋间一不可制也。予历数年,存式百状,有工而精,有减而文,依次序变幻,式之于左,便为摘用。以笔管式为始,近有将篆字制栏杆者,况理画不匀,意不联络。予斯式中,尚觉未尽,仅可粉饰。

9.3 卷三

1. 门窗

门窗磨空,制式时裁,不惟屋宇翻新,斯谓林园遵雅。工精虽专瓦作,调度犹在得人,触景生奇,含情多致,轻纱环碧,弱柳窥青。伟石迎人,别有一壶天地;修篁弄影,疑来隔水笙簧。佳境宜收,俗尘安到。切记雕镂门空,应当磨琢窗垣。处处邻虚,方方侧景。非传恐失,故式存余。

2. 墙垣

凡园之围墙,多于版筑,或于石砌,或编篱棘。夫编篱斯胜花屏,似多野致,深得山林趣味。如内花端、水次、夹径、环山之垣,或宜石宜砖,宜漏宜磨,各有所制。从雅遵时,令人欣赏,园林之佳境也。历来墙垣,凭匠作雕琢花鸟仙兽,以为巧制,不第林园之不佳,而宅堂前之何可也。雀巢可憎,积草如萝,祛之不尽,扣之则废,无可奈何者。市俗村愚之所为也,高明而慎之。世人兴造,因基之偏侧,任而造之。何不以墙取头阔头狭就屋之端正,斯匠主之莫知也。

(1)白粉墙

历来粉墙,用纸筋石灰,有好事取其光腻,用白蜡磨打者。今用江湖中黄沙,并上好石灰少许打底,再加少许石灰盖面,以麻帛轻擦,自然明亮鉴人。倘有污渍,遂可洗去,斯名"镜面墙"也。

(2)磨砖墙

如隐门照墙、厅堂面墙,皆可用磨成方砖吊角,或方砖裁成八角嵌小方;或小砖一块间半块,破花砌如锦样。封顶用磨挂方飞檐砖几层,雕镂花、鸟、仙、兽不可用,入画意者少。

(3)漏砖墙

凡有观眺处筑斯(斯:此),似避外隐内之义。古之瓦砌连钱、叠锭、鱼鳞等类,一概屏之。

漏砖墙,凡计一十六式,惟取其坚固。如栏杆式中亦有可摘砌者。意不能尽,犹恐重式,宜用磨砌者佳。

(4)乱石墙

是乱石皆可砌,惟黄石者佳。大小相间,宜杂假山之间,乱青石版用油灰抿缝,斯名"冰裂"也。

3.铺地

大凡砌地铺街,小异花园住宅。惟厅堂广厦中铺,一概磨砖,如路径盘蹊,长砌多般乱石,中庭或宜叠胜,近砌亦可回文。八角嵌方,选鹅子铺成蜀锦(蜀锦:成都出产的锦类丝织品);层楼出步,就花梢琢拟秦台(秦台:秦国宫殿中的高台)。锦线瓦条,台全石版,吟花席地,醉月铺毡。废瓦片也有行时,当湖石削铺(削:石块切削),波纹汹涌;破方砖可留大用,绕梅花磨斗,冰裂纷纭。路径寻常,阶除(阶除:台阶。惯看宾客儿童喜,得食阶除鸟雀驯。——唐·杜甫《南邻》脱俗。莲生袜底,步出个中来;翠拾林深,春从何处是。花环窄路偏宜石,堂迴空庭须用砖。各式方圆,随宜铺砌,磨归瓦作,杂用钩儿(钩儿:杂工)。

(1)乱石路

园林砌路,做小乱石砌如榴子者,坚固而雅致,曲折高卑,从山摄壑,惟斯如一。有用鹅子石间花纹砌路,尚且不坚易俗。

(2)鹅子地

鹅子石,宜铺于不常走处,大小间砌者佳;恐匠之不能也。或砖或瓦,嵌成诸锦犹可。如嵌鹤、鹿、狮球,犹类狗者可笑。

(3)冰裂地

乱青版石,斗冰裂纹,宜于山堂、水坡、台端、亭际,见前风窗式,意随人活,砌法似无拘格,破方砖磨铺犹佳。

(4)诸砖地

诸砖砌地,屋内、或磨、扁铺;庭下,宜仄砌。方胜、叠胜、步步胜者,古之常套也。今之人字、席纹、斗纹,量砖长短合宜可也。见图。

4.掇山

掇(掇:duō,挪、搬、修理、收拾)山之始,桩木为先,较其短长,察乎虚实。随势挖其麻柱(麻柱:搬移石头时用的木柱,其上可绑麻绳、吊杆等),谅(谅:推想)高挂以称竿。绳索坚牢,扛台稳重。立根铺以粗石,大块满盖桩头;堑里(堑里:缝隙、坑凹)扣以查灰,着潮尽钻山骨。方堆顽夯而起,渐以皴纹(皴(cūn)纹:裂纹)而加;瘦漏生奇,玲珑安巧。峭壁贵于直立,悬崖使其后坚。岩、峦、洞、穴之莫穷,洞、壑、坡、矶(矶:突出水面的岩石)之俨(俨:很像真的)是;信足疑无别境,举头自有深情。蹊径盘且长,峰峦秀而古。多方景胜,咫尺山林,妙在得乎一人,雅从兼于半土。假如一块中竖而为主石,两条傍插而呼劈峰,独立端严,次相辅弼,势如排列,状若趋承。主石虽忌于居中,宜中者也可;劈峰总较于不用,岂用乎断然。排如炉烛花瓶,列似刀山剑树;峰虚五老,池凿四方。下洞上台,东亭西榭。罅堪窥管中之豹,路类张孩戏之猫。小藉金鱼之缸,大若鄼都之境。时宜得致,古式何裁?深意画图,余情丘壑。未山先麓,自然地势之嶙嶒;构土成冈,不在石形之巧拙。宜台宜榭,邀月招云;成径成蹊,寻花问柳。临池驳以石块,粗夯用之有方。结岭挑之土堆,高低观之多致;欲知堆土之奥妙,还拟理石之精微。山林意味深求,花木情缘易短。有真为假,做假成真;稍动天机,全叨人力。探奇投好,同志须知。

(1)园山

园中掇山,非士大夫好事者不为也。为者殊有识鉴。缘世无合志,不尽欣赏,而就厅前三峰,楼面一壁而已。是以散漫理之,可得佳境也。

(2)厅山

人皆厅前掇山,环堵中耸起高高三峰排列于前,殊为可笑。加之以亭,及登,一无可望,置之何益?更亦可笑。以予见:或有嘉树,稍点玲珑石块;不然,墙中嵌理壁岩,或顶植卉木垂萝,似有深境也。

(3)楼山

楼面掇山,宜最高,才入妙,高者恐逼于前,不若远之,更有深意。

(4)阁山

阁皆四敞也,宜于山侧,坦而可上,便以登眺,何必梯之。

(5)书房山

凡掇小山,或依嘉树卉木,聚散而理。或悬岩峻壁,各有别致。书房中最宜者,更以山石为池,俯于窗下,似得濠濮间想。

(6)池山

池上理山,园中第一胜也。若大若小,更有妙境。就水点其步石,从巅架以飞梁;洞穴潜藏,穿岩径(径:经过,行经)水;风峦飘渺,漏月招云;莫言世上无仙,斯住世之瀛壶(瀛壶,yíng hú,瀛洲。"三壶,海中三山也。形如壶器。一曰方壶,则方丈也;二曰蓬壶,则蓬莱也;三曰瀛壶,则瀛洲也。"——晋·王嘉《拾遗记·高辛》)。

(7)内室山

内室中掇山,宜坚宜峻,壁立岩悬,令人不可攀。宜坚固者,恐孩戏之预防也。

(8)峭壁山

峭壁山者,靠壁理也。借以粉壁为纸,以石为绘也。理者相石皴纹,仿古人笔意,植黄山松柏、古梅、美竹,收之圆窗,宛然镜游也。

(9)山石池

山石理池,予始创者。选版薄山石理之,少得窍不能盛水,须知"等分平衡法"可矣。凡理块石,俱将四边或三边压掇,若压两边,恐石平中有损。加压一边,即罅稍有丝缝,水不能注,虽做灰坚固,亦不能止,理当斟酌。

(10)金鱼缸

如理山石池法,用糙缸一只,或两只,并排作底。或埋、半埋,将山石周围理其上,仍以油灰抿固缸口。如法养鱼,胜缸中小山。

(11)峰

峰石一块者,相形何状,选合峰纹石,令匠凿笋(笋,同"榫")眼为座,理宜上大下小,立之可观。或峰石两块三块拼掇,亦宜上大下小,似有飞舞势。或数块掇成,亦如前式;须得两三大石压封顶。须知平衡法,理之无失。稍有欹(欹:yī,倾斜不正。"吾闻宥坐之器者,虚则欹,中则正,满则覆"——《荀子·宥坐》)侧,久则愈欹,其峰必颓,理当慎之。

(12)峦

峦,山头高峻也,不可齐,亦不可笔架式,或高或低,随至乱掇,不排比为妙。

(13)岩

如理悬岩,起脚宜小,渐理渐大,及高,使其后坚能悬。斯理法古来罕者,如悬一石,又悬一石,再之不能也。予以平衡法,将前悬分散后坚,仍以长条堑里石压之,能悬数尺,其状可骇,万无一失。

(14)洞

理洞法,起脚如造屋,立几柱著实,掇玲珑如窗门透亮,及理上,见前理岩法,合凑收顶,加条石替之,斯千古不朽也。洞宽丈余,可设集者,自古鲜矣!上或堆土植树,或作台,或置亭屋,合宜可也。

(15)涧

假山以水为妙,倘高阜处不能注水,理涧壑无水,似少深意。

(16)曲水

曲水,古皆凿石槽,上置石龙头喷水者,斯费工类俗,何不以理涧法,上理石泉,口如瀑布,亦可流觞,似得天然之趣。

(17)瀑布

瀑布如峭壁山理也。先观有高楼檐水,可涧至墙顶作天沟,行壁山顶,留小坑,突出石口,泛漫而下,才如瀑布。不然,随流散漫不成,斯谓"作雨观泉"之意。

夫理假山,必欲求好,要人说好,片山块石,似有野致。苏州虎丘山,南京凤台门,贩花扎架,处处皆然。

5. 选石

夫识石之来由,询山之远近。石无山价,费只人工,跋蹑搜巅,崎岖挖路。便宜出水,虽遥千里何妨;日计在人,就近一肩可矣。取巧不但玲珑,只宜单点;求坚还从古拙,堪用层堆。须先选质无纹,俟后依皴合掇。多纹恐损,无窍当悬。古胜太湖,好事只知花石;时遵图画,匡(匡:"筐"的古字,竹器,形似竹篓)人焉识黄山。小仿云林(云林:倪瓒(1301—1374),字元镇,号云林,元代著名山水画家),大宗子久(黄公望(1269—1354),字子久,号一峰,又号大痴道人。晚年结茅庵于圣井山,故又号井西道人。原姓陆,幼年出继给永嘉黄氏,改姓黄。元代著名山水画家)。块虽顽夯,峻更嶙峋,是石堪堆,便山可采。石非草木,采后复生,人重利名,近无图远。

(1)太湖石

苏州府所属洞庭山,石产水涯,惟消夏湾者为最。性坚而润,有嵌空、穿眼、宛转、险怪势。一种色白,一种色青而黑,一种微黑青。其质文理纵横,笼络起隐,于石面遍多土幻坎,盖因风浪中充激而成,谓之"弹子窝",扣之微有声。采人携锤錾(錾:zàn,一种凿石工具)入深水中,度奇巧取凿,贯以巨索,浮大舟,架而出之。此石以高大为贵,惟宜植立轩堂前,或点乔松奇卉下,装治假山,罗列园林广榭中,颇多伟观也。自古至今,采之已久,今尚鲜矣。

(2)昆山石

昆山县马鞍山,石产土中,为赤土积渍。既出土,倍费挑剔洗涤。其质磊块,巉岩(巉:chán,陡峭,嶙峋突兀。巉岩:陡而隆起的岩石)透空,无耸拔峰峦势,扣之无声。其色洁白,或植小木,或种溪荪(溪荪:菖蒲别名。生于溪涧,故名)于奇巧处,或置器中,宜点盆景,不成大用也。

(3)宜兴石

宜兴县张公洞、善卷寺一带山产石,便于竹林出水,有性坚、穿眼,险怪如太湖者。有一种色黑质粗而黄者,有色白而质嫩者,掇山不可悬,恐不坚也。

(4)龙潭石

龙潭金陵下七十余里,地名七星观,至山口、仓头一带,皆产石数种,有露土者,有半埋者。一种色青,质坚,透漏文理如太湖者;一种色微青,性坚,稍觉顽夯,可用起脚压泛;一种色纹古拙,无漏,宜单点;一种色青如核桃纹,多皴法者,掇能合皴如画为妙。

(5)青龙山石

金陵青龙山,大圈大孔者,全用匠作凿取,做成峰石,只一面势者。自来俗人以此为太湖主峰,凡花石反呼为"脚石"。掇如炉瓶式,更加以劈峰,俨如刀山剑树者,斯也。或点竹树下,不可高掇。

(6)灵璧石

宿州灵璧县地名"磬山",石产土中,岁久,穴深数丈。其质为赤泥渍满,土人多以铁刃遍刮,凡三次,既露石色,即以铁丝帚或竹帚兼磁末刷治清润,扣之铿然有声,石底多有渍土不能尽者。石在土中,随其大小具体而生,或成物状,或成峰峦,巉岩透空,其眼少有宛转之势,须借斧凿,修治磨砻,以全其美。或一两面,或三面,若四面全者,即是从土中生起,凡数百之中无一二。有得四面者,择其奇巧处镌治,取其底平,可以顿置几案,亦可以掇小景。有一种扁朴或成云气者,悬之室中为磬,《书》所谓"泗滨浮磬"(泗滨:制磬之石。浮磬:水边一种能制磬的石头。磬:qìng,古代打击乐器,形状像曲尺,用玉、石制成,可悬挂)是也。

(7)岘山石

镇江府城南大岘(岘:xiàn)山一带,皆产石。小者全质,大者镌取相连处,奇怪万状。色黄,清润而坚,扣之有声。有色灰青者。石多穿眼相通,可掇假山。

(8)宣石

宣石产于宁国县所属,其色洁白,多于赤土积渍,须用刷洗,才见其质。或梅雨天瓦沟下水,冲尽土色。惟斯石应旧,逾旧逾白,俨如雪山也。一种名"马牙宣",可置几案。

(9)湖口石

江州湖口,石有数种,或产水中,或产水际。一种色青,浑然成峰、峦、岩、壑,或类诸物。一种扁薄嵌空,穿眼通透,几(几:将近,差一点)若木版以利刃剜刻之状。石理如刷丝,色亦微润,扣之有声。东坡称赏,目之为"壶中九华",有"百金归买小玲珑"(念我仇池太孤绝,百金归买碧玲珑。——宋·苏轼《壶中九华诗》。碧玲珑:碧绿空明的假山石)之语。

(10)英石

英州含光、真阳县之间,石产溪水中,有数种:一微青色,间有通白脉笼络;一微灰黑,一浅绿。各有峰、峦、嵌空穿眼,宛转相通。其质稍润,扣之微有声。可置几案,亦可点盆,亦可掇小景。有一种色白,四面峰峦耸拔,多棱角,稍莹彻,面面有光,可鉴物,扣之无声。采人就水中度奇巧处凿取,只可置几案。

(11)散兵石

"散兵"者,汉张子房楚歌散兵处也,故名。其地在巢湖之南,其石若大若小,形状百类,浮露于山。其色青黑,有如太湖者,有古拙皴(皴:cūn,皮肤干裂)纹者,土人采而装出贩卖,维扬好事,专卖其石。有最大巧妙透漏如太湖峰,更佳者,未尝采也。

(12)黄石

黄石是处皆产,其质坚,不入斧凿,其文古拙。如常州黄山,苏州尧峰山,镇江圌(圌:chuán)山,沿大江直至采石之上皆产。俗人只知顽夯,而不知奇妙也。

(13)旧石

世之好事,慕闻虚名,钻求旧石。某名园某峰石,某名人题咏,某代传至于今,斯真太湖石也。今废,欲待价而沽,不惜多金,售为古玩还可。又有惟闻旧石,重价买者。夫太湖石者,自古至今,好事采多,似鲜矣。如别山有未开取者,择其透漏、青骨、坚质采之,未尝亚太湖也。斯亘古露风,何为新耶?何为旧耶?凡采石惟盘驳、人工装载之费,到园殊费几何?予闻一石名"百米峰",询之费百米所得,故名。今欲易百米,再盘百米,复名"二百米峰"也。凡石露风则旧,搜土(搜:挖,掏)则新,虽有土色,未几雨露,亦成旧矣。

（14）锦川石

斯石宜旧。有五色者，有纯绿者，纹如画松皮，高丈余，阔盈尺者贵，丈内者多。近宜兴有石如锦川，其纹眼嵌石子，色亦不佳。旧者纹眼嵌空，色质清润，可以花间树下，插立可观。如理假山，犹类劈峰。

（15）花石纲

宋"花石纲"，河南所属，边近山东，随处便有，是运之所遗者。其石巧妙者多，缘陆路颇艰，有好事者，少取块石置园中，生色多矣。

（16）六合石子

六合县灵居岩，沙土中及水际，产玛瑙石子，颇细碎。有大如拳、纯白、五色者，有纯五色者。其温润莹彻，择纹彩斑斓取之，铺地如锦。或置涧壑急流水处，自然清目。

夫葺（葺：qì，整、修）园圃假山，处处有好事，处处有石块，但不得其人。欲询出石之所，到地有山，似当有石，虽不得巧妙者，随其顽夯（夯：hāng，会意。从大，从力。劳作出大力），但有文理可也。曾见宋·杜绾《石谱》，何处无石？予少用过石处，聊记于右，余未见者不录。

6. 借景

构园无格，借景有因。切要四时，何关八宅（八宅：风水术用语。家宅按"坐"和"向"，分为东四宅和西四宅，计八宅）。林皋（皋：gāo，高地）延竚（竚：zhù，同"伫"，久立。），相缘竹树萧森；城市喧卑（喧卑：喧闹），必择居邻闲逸。高原极望，远岫（岫：xiù，山）环屏，堂开淑气（淑气：温和之气、天地间神灵之气。）侵人，门引春流到泽。嫣（嫣：yān，颜色浓艳）红艳紫，欣逢花里神仙；乐圣称贤（乐圣称贤："平日醉客谓酒清者为圣人，浊者为贤人。"——《三国志·魏志·徐邈传》。后以"乐圣"喻嗜酒），足并山中宰相（山中宰相："国家每有吉凶征讨大事，无不前以咨询。月中常有数信，时人谓为山中宰相。"——《南史·陶弘景传》。喻隐居高贤）。《闲居》（闲居：即西晋·潘岳《闲居赋》）曾赋，"芳草"应怜；扫径护兰芽，分香幽室，卷帘邀燕子，闲剪轻风。片片飞花，丝丝眠柳。寒生料峭，高架秋千，兴适清偏，怡情丘壑。顿开尘外想，拟入画中行。林荫初出莺歌，山曲忽闻樵（樵：樵夫）唱，风生林樾（樾：yuè，树阴凉），境入羲皇（羲皇：伏羲，中华人文始祖，意指上古先民无忧无虑的生活。"少学琴书，偶爱闲静，开卷有得，便欣然忘食。见树木交荫，时鸟变声，亦复欢然有喜。常言：五六月中，北窗下卧，遇凉风暂至，自谓是羲皇上人。"——陶渊明《与子俨等疏》）。幽人（幽人：雅致而充满情趣之人）即韵于松寮（松寮：林中小屋），逸士弹琴于篁（篁：huáng，竹丛、竹林）里。红衣新浴，碧玉轻敲。看竹溪湾，观鱼濠上。山容霭霭，行云故落凭栏；水面鳞鳞，爽气觉来欹枕。南轩寄傲（寄傲：寄托旷放高傲的情怀），北牖虚阴。半窗碧隐蕉桐，环堵翠延萝薜（萝薜：luó bì，攀援蔓生植物，女萝和薜荔）。俯流玩月，坐石品泉。苎（苎：zhù，苎麻）衣不耐凉新，池荷香绾（绾：wǎn，挽，牵）；梧叶忽惊秋落，虫草鸣幽。湖平无际之浮光，山媚可餐之秀色。寓目（寓目：注目、过目）一行白鹭，醉颜几阵丹枫。眺远高台，搔首青天那可问；凭虚敞阁，举杯明月自相邀。冉冉天香，悠悠桂子。但觉篱残菊晚，应探岭暖梅先。少系杖头，招携邻曲。恍来临月美人，却卧雪庐高士。云冥（冥：昏暗）黯黯，木叶萧萧。风鸦几树夕阳，寒雁数声残月。书窗梦醒，孤影遥吟；锦幛（幛：zhàng，题字整幅绸布，作庆贺或吊唁之礼物）假（假：挨傍，贴近。"野船著岸偎春草,水鸟带波飞夕阳。"——温庭筠《南湖》)红,六花(六花:雪花,呈六瓣花形)呈瑞。棹(棹:zhào,划船。如"或命巾车,或棹孤舟")兴若过剡曲(剡曲:喻逸情尽兴。"王子猷居山阴,大雪夜,眠觉,开室酌酒,四望皎然,因起彷徨,咏左思《招隐诗》。忽忆戴安道,时戴在剡溪,即便夜乘轻船就戴。经宿方至,既造门,不前便返。人问其故,王曰:'吾本乘兴而行,兴尽而返,何必见戴?'"——《世说新语·任诞》),扫烹果胜党家(党家:喻粗俗富豪人家)。冷韵堪赓(赓:gēng,抵偿,补偿),清名可并;花殊不谢,景摘偏新。因借无由,触情俱是。

夫借景,林园之最要者也。如远借,邻借,仰借,俯借,应时而借。然物情所逗,目寄心期,似意在笔先,庶几(庶几:shùjī,或许,表希望或推测)描写之尽哉。

附录　爱奥尼亚螺旋画法

第一步　比例设置：

　　　三个矩形的长宽比均为 7∶6；

　　　内部矩形竖直放置，相互之间的比例为 7∶6∶5；

　　　旋转内部矩形至水平竖直放置，转折点过渡平滑；

　　　第一个内矩形为原矩形的 1/2；

　　　第二个内矩形为第一个内矩形的 1/2。

第二步　画一矩形，长 210 mm，宽 180 mm。

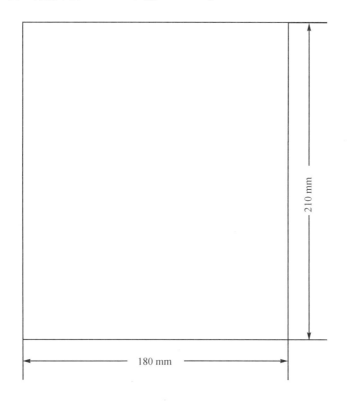

第三步　在距底边 150 mm 处作一条水平线。

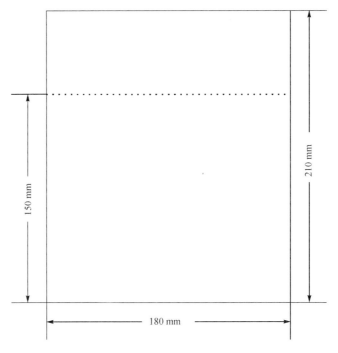

第四步　作出第一个内矩形。

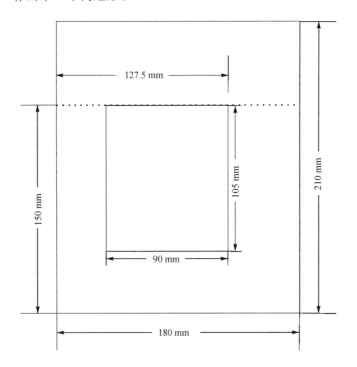

第五步　距第一个内矩形底边 75 mm 处作一条水平线,作出第二个内矩形。

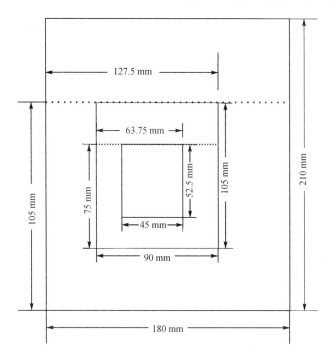

第六步　作四条 45°分角线,得到正方形。

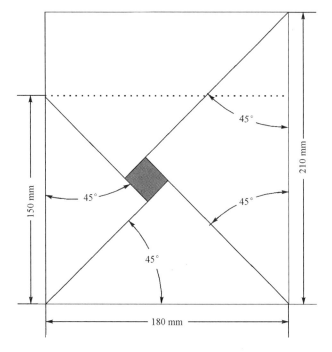

第七步 取各边中点连线,得到正方形。

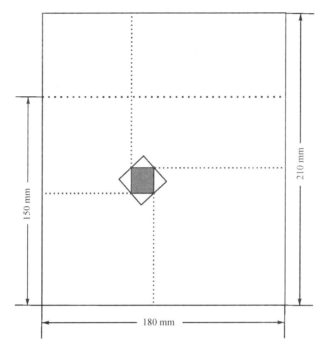

第八步 此时四个正方形就是螺旋线所经过的区域。

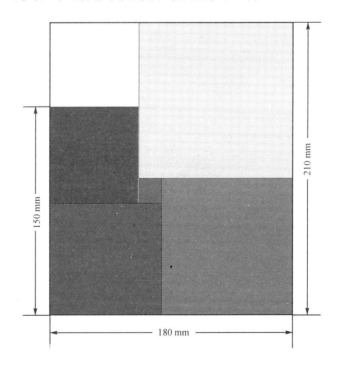

第九步 分别在四个正方形中作 1/4 圆弧,得到第一圈螺旋线。

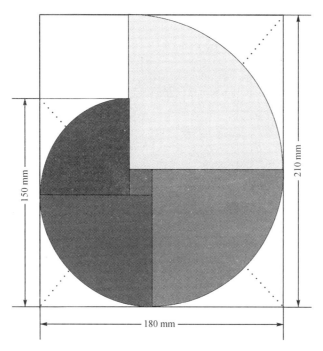

第十步 擦掉辅助线。

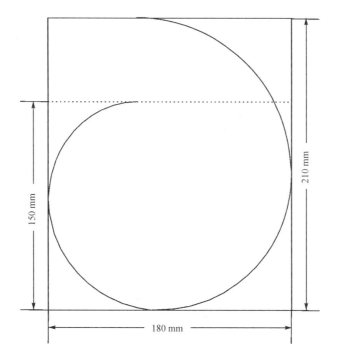

第十一步　再作矩形。

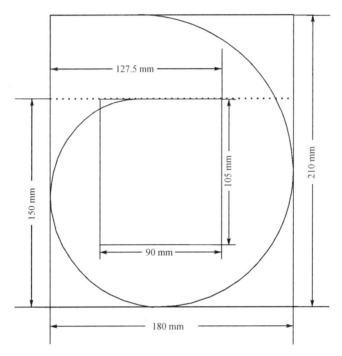

第十二步　作 45°分角线。

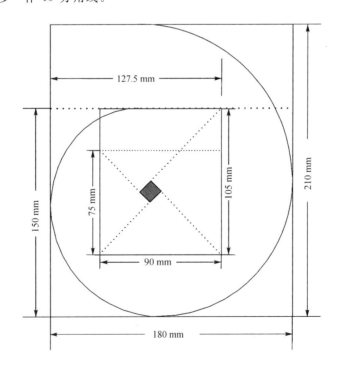

第十三步　取各边中点连线，得到小正方形，并将其延长。

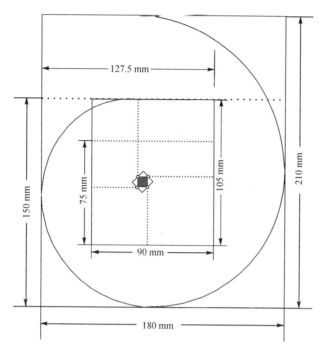

第十四步　划分出的四个正方形即下一圈螺旋线所经过的区域。

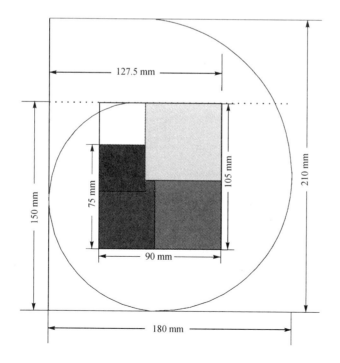

第十五步　分别作四个内切 1/4 圆弧,得到第二圈螺旋线。

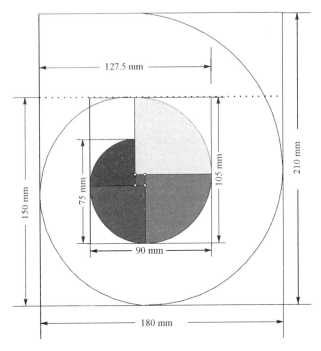

第十六步　擦掉辅助线。

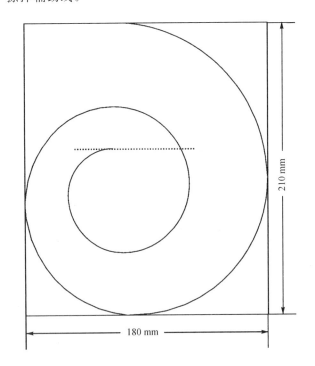

第十七至二十一步 重复第十一至十五步。

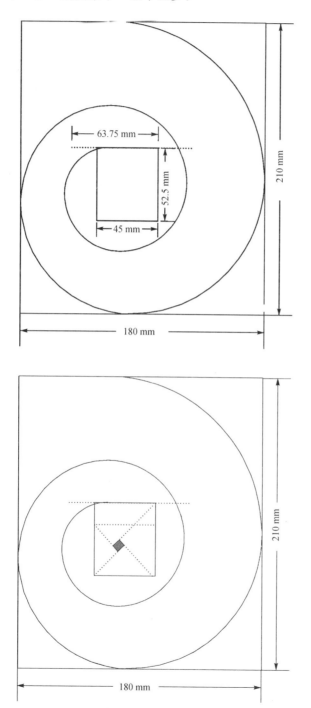

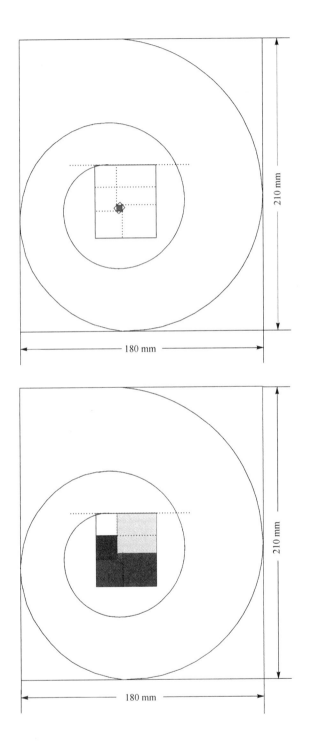

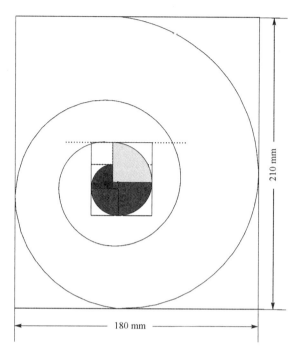

第二十二步 补全圆形,得到"涡形眼"。

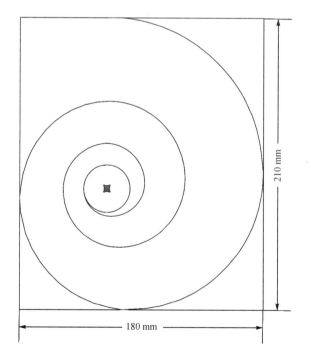

第二十三步　擦掉辅助线,得到最终螺旋线。

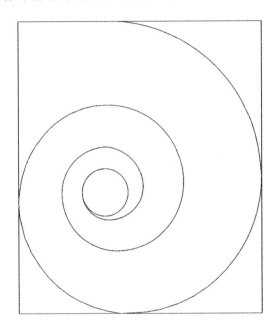

参 考 文 献

[1] 杨云峰,熊瑶.园林设计与场所精神——以中国运河之都(济宁)广场设计为例[J].西北林学院学报,2008,23(2):196-199.

[2] 徐哲民.园林景观材料综述[J].浙江建设职业技术学院论坛,2008(8):249-252.

[3] 郑鑫.浅谈中国景观设计的未来发展[J].设计平台,2007(10):84.

[4] 钱磊.景观设计教育中的审美情趣教育[J].美术大观,2007(10):75.

[5] 孟研,冯君.感受城市景观的细部设计[J].华中建筑,2007,25(10):130-132.

[6] 武蕾.张拉膜结构在环境设计中的运用[J].建筑工程,2007(15):62.

[7] 陈静敏,刘颖悟.实用美术研究的新领域——景观材料[J].设计平台,2007(7):148-149.

[8] 郗芙蓉.景观视觉美学评价[J].文化建设,2007(26):75.

[9] 郑革委,陈方.空间各要素在景观设计中的应用[J].科协论坛(下半月),2007(4):371-372.

[10] 王惠琴.浅析景观设计中的水元素的运用[J].淮阴师范学院教育科学论坛,2007(4):1-4.

[11] 苏畅.平面构成艺术在园林规划设计中的应用[J].辽宁教育行政学院学报,2007,24(3):110-111.

[12] 伍必庆.道路建筑材料[M].北京:人民交通出版社,2007.

[13] 王蕾.空间组合理论在景观设计中的应用[J].吉林建筑工程学院学报,2007,24(1):63-66.

[14] 摩特洛克.景观设计理论与技法[M].李静宇,李硕,武秀伟,译.大连:大连理工大学出版社,2007.

[15] 陈可.风景园林心理学理论体系建立初探[D].北京:北京林业大学,2007.

[16] 李永进,霍宇红,马燕琼,等.城市景观设计的原则与方法[J].安徽农业科学,2007,22:6768-6769.

[17] 王天翔.平面构成的造型元素与方法[J].科技论坛(下半月),2007(4):368-369.

[18] 尹安石.景观格局与构成设计[J].现代艺术与设计,2007(65):104-105.

[19] 陈晓斌.抛物线的快速作图算法[J].福建电脑,2007(8):138,150.

[20] 宋书华.确定抛物线焦点位置的五种方法[J].中学数学月刊,2007(11):29-30.

[21] 陆瑛.形与色在现代园林中的设计方法体系研究[D].咸阳:西北农林科技大学,2007.

[22] 于世伟.绘画构图平面图形构成规律[D].长春:东北师范大学,2007.

[23] 阿苏荣.风景园林设计与平面构成[D].北京:北京林业大学,2007.

[24] 李一.色彩构成[M].郑州:河南科学技术出版社,2007.

[25] 郭泳言.城市色彩环境规划设计[M].北京:中国建筑工业出版社,2007.

[26] 陈飞虎,彭鹏.建筑色彩学[M].北京:中国建筑工业出版社,2007.

[27] 弓彦.景观设计手法及其典型案例研究[D].西安:西安建筑科技大学,2007.

[28] 伍必庆.道路建筑材料[M].北京:人民交通出版社,2007.

[29] 吴家钦.植物作为景观材料的视觉特性研究[D].北京:北京林业大学,2007.

[30] 刘凯.张拉式膜结构设计与施工的研究[D].哈尔滨:哈尔滨工业大学,2007.

[31] 徐宗美.索膜结构形态优化分析与整体协同分析[D].南京:河海大学,2007.

[32] 许荷.屋顶绿化构造探析[D].北京:北京林业大学,2007.

[33] 李胜.园林驳岸构造研究[D].北京:北京林业大学,2007.

[34] 赵琳.铺装构造研究[D].北京:北京林业大学,2007.

[35] 付蓉.石材与景观形式的表达初探[D].北京:北京林业大学,2007.

[36] 张九鹏.城市公共绿地景观场所化设计研究[D].昆明:昆明理工大学,2007.

[37] 吴晔.城市色彩规划与设计[D].长沙:湖南师范大学,2007.

[38] 衣晓霞.色彩景观在园林设计中的应用研究[D].哈尔滨:东北农业大学,2007.

[39] 杨秀娟.北京市以皇城墙遗迹保护为目的的公园绿地建设研究[J].中国园林,2006(11):29-32.

[40] 曹文达,于明.混凝土工[M].北京:金盾出版社,2006.

[41] 张光碧.建筑材料[M].北京:中国电力出版社,2006.

[42] 高懿君.试论平面构成的基本造型要素与平面图形设计[J].甘肃广播大学学报,2006,16(3):33-35.

[43] 汤雅丽.平面构成[M].武汉:华中科技大学出版社,2006.

[44] 樊慧.研读平面构成[M].太原:山西人民出版社,2006.

[45] 周婷.平面构成与现代设计[M].福州:福建美术出版社,2006.

[46] 杨薇,李建强,刘国峰.平面构成[M].武汉:湖北美术出版社,2006.

[47] 陈李波.论城市景观审美的历史感[J].郑州大学学报(哲学社会科学版),2006,39(4):113-116.

[48] 赵春仙,周涛.园林设计基础[M].北京:中国林业出版社,2006.

[49] 李运远.简析现代景观材料的运用与设计的关系[J].沈阳农业大学学报(社会科学版),2006,8(2):267-269.

[50] 梁德刚.张拉膜结构的概念设计[J].河北建筑工程学院学报,2006(2):56-57.

[51] 阎昌德.土木工程材料[M].呼和浩特:内蒙古人民出版社,2006.

[52] 衣学慧.园林艺术[M].北京:中国农业出版社,2006.

[53] 叶华英.平面构成中的空间要素[J].高职论丛,2006(3):44-46.

[54] 余娜莉.平面构成在视觉传达设计中的延展[J].河北建筑科技学院学报(社科版),2006,23(1):79-80.

[55] 李强.张拉膜结构建筑简析[J].山西建筑,2006(4):18-19.

[56] 邬建国.景观生态学——格局、过程、尺度与等级[M].北京:高等教育出版社,2006.

[57] 舒湘鄂.景观设计[M].上海:东华大学出版社,2006.

[58] 李雄.园林植物景观的空间意象与结构解析研究[D].北京:北京林业大学,2006.

[59] 马丽曼.环境设计中的心理因素分析[D].南京:东南大学,2006.

[60] 陈天荣.色彩构成[M].武汉:湖北美术出版社,2006.

[61] 崔唯.城市环境色彩规划与设计[M].北京:中国建筑工业出版社,2006.

[62] 霍茨舒.设计色彩导论[M].上海:上海人民美术出版社,2006.

[63] 布里奥.剑桥年度主题讲座色彩[M].北京:华夏出版社,2006.

[64] 宋雄彬.新型建筑材料——膜材[J].广东建材,2006(10):27-29.

[65] 胥传喜.某膜结构破坏全过程记实及分析[J].工业建筑,2006(1):103-104.

[66] 范鹏涛,杨庆山,谭锋.膜结构设计与施工[J].钢结构,2006,21(1):11-13.

[67] 张俊.抛物线与三角形[J].初中数学教与学,2006(6):11-13.

[68] 李广武,刘艳.平面构成设计探索[J].科技信息,2006(10):56.

[69] 郑永莉,高飞,桑作兴.平面构成在中国现代景观设计中的适用性[J].黑龙江生态工程职业学院学报,2006(2):14,35.

[70] 陈续春.构成艺术产生探源[J].装饰,2006(8):104.

[71] 李开然.景观设计基础[M].上海:上海人民美术出版社,2006.

[72] 陈国平.景观设计概论[M].北京:中国铁道出版社,2006.

[73] 肖宏.常用景观材料的文化艺术特征初探[J].西南师范大学学报(自然科学版),2005(4):433-435.

[74] 潘彪.木材识别与选购指南[M].北京:中国林业出版社,2005.

[75] 赵永安.混凝土工初级技能[M].北京:高等教育出版社,2005.

[76] 解文峰.浅析城市景观设计[J].福建林业科技,2005,32(3):216-219.

[77] 冷先平,潘使鲜,程蓉沾.平面构成[M].武汉:华中科技大学出版社,2005.

[78] 郑玉梅.平面构成中的点、线、面[J].咸宁学院学报,2005,25(4):169.

[79] 王贵杰.建筑外部空间设计中形式语言的运用[J].重庆建筑,2005(8):27-31.

[80] 孙廷选.水泥混凝土路面设计与施工技术[M].郑州:黄河水利出版社,2005.

[81] 连法增.工程材料学[M].沈阳:东北大学出版社,2005.

[82] 赵成文.混凝土结构[M].大连:大连理工大学出版社,2005.

[83] 克莱因.初等几何的著名问题[M].沈一兵,译.北京:高等教育出版社,2005.

[84] 蒋长虹.园林美术[M].北京:高等教育出版社,2005.

[85] 赵砺.地板用木材[M].咸阳:西北农林科技大学出版社,2005.

[86] 王瑞华.构成艺术的产生与发展[J].齐齐哈尔大学学报(哲学社会科学版),2005(3):128-129.

[87] 卢军.构成艺术在现代风景园林设计中的应用[J].装饰,2005(3):120-121.

[88] 宓永宁,娄宗科.土木工程材料[M].北京:中国农业出版社,2005.

[89] 陈务军.膜结构工程设计[M].北京:中国建筑工业出版社,2005.

[90] 胡娟,薛茹.膜结构建筑的特点及应用展望[J].河南建材,2005(1):26-28.

[91] 沈蔚,李竹,张腾辉,等.室外环境艺术设计[M].上海:上海人民美术出版社,2005.

[92] 宋莹,刘宝岳.平面构成设计[M].北京:中国建筑工业出版社,2005.

[93] 王永春,于军.平面构成[M].沈阳:辽宁美术出版社,2005.

[94] 周锦琳.论中国传统园林设计中的造园手法[J].湖北工业大学学报,2005,20(3):162-164.

[95] 韩毅.平面构成在现代景观设计中的应用研究[D].哈尔滨:东北林业大学,2005.

[96] 侯永胜.浅谈平面构成与园林设计[J].大众科技,2005(8):27-28.

[97] 刘滨谊.现代景观规划设计[M].南京:东南大学出版社,2005.

[98] 周冠生.审美心理学[M].上海:上海文艺出版社,2005.

[99] 曹田全,王可.设计色彩[M].上海:上海人民美术出版社,2005.

[100] 杨俊申,杨诺.电脑色彩构成[M].天津:天津大学出版社,2005.

[101] 邢庆华.色彩[M].南京:东南大学出版社,2005.

[102] 吴威.园林的场所精神初探[D].武汉:华中农业大学,2005.

[103] 郭汉丁.园林景观色彩设计初探[D].北京:北京林业大学,2005.

[104] 沈世钊.悬索结构设计[M].北京:中国建筑工业出版社,2005.

[105] 胥传喜.膜结构设计(9)——膜结构的工程事故与质量通病防治[J].工业建筑,2005,35(2):83-87,95.

[106] 胥传喜,陈楚鑫.膜结构设计(8)——膜结构的施工安装与使用维护[J].工业建筑,2005,35(1):71-74,64.

[107] 胥传喜,陈楚鑫.膜结构设计(7)——柔性边界膜结构的设计及实例[J].工业建筑,2004,34(12):76-79.

[108] 胥传喜,武岳.膜结构设计(6)——刚性边界膜结构的特点及设计实例[J].工业建筑,2004,34(11):68-71,87.

[109] 胡长青.膜结构的应用与发展[J].山西建筑,2004,30(21):41-42.

[110] 徐叶.水与景观的关系[J].城乡建设,2004(11):38-39.

[111] 裴澄岐,裴文开,钱志峰.工业设计基础[M].南京:东南大学出版社,2004.

[112] 胥传喜,武岳.膜结构设计(5)——膜结构的裁剪设计与加工制作[J].工业建筑,2004,34(10):72-76.

[113] 胥传喜,武岳.膜结构设计(4)——膜结构的节点和相关结构设计[J].工业建筑,2004,34(9):87-92.

[114] 胥传喜,武岳.膜结构设计(3)——膜结构的荷载态分析与结构设计[J].工业建筑,2004,34(8):73-77.

[115] 鄢泽兵,孙良辉.试论现代园林景观的点、线、面设计法[J].四川建筑,2004,24(4):38-39.

[116] 杨毅柳,马云.平面构成[M].西安:西北大学出版社,2004.

[117] 赵慧宁.建筑环境设计心理分析[J].装饰,2004,7(135):86-87.

[118] 胥传喜,武岳.膜结构设计(2)——膜结构的形状确定与建筑功能要求[J].工业建筑,2004,34(7):73-77.

[119] 胥传喜,武岳.膜结构设计(1)——膜结构的基本体系与方案选择[J].工业建筑,2004,34(6):79-83.

[120] 伦迪.典雅的几何[M].张菽,译.长沙:湖南科学技术出版社,2004.

[121] 陆叶.平面构成基础[M].北京:中国纺织出版社,2004.

[122] 江滨.立体构成[M].南宁:广西美术出版社,2004.

[123] 罗莲.中国传统园林设计的思考[J].饰(北京服装学院学报艺术版),2004(4):31-33.

[124] 陈旭东.进口木材原色图鉴[M].上海:上海科学技术出版社,2004.

[125] 孔杰,高燕杰.几何初步[M].郑州:大象出版社,2004.

[126] 王翠琳.平面构成、分析与创意[M].济南:山东美术出版社,2004.

[127] 魏鸿汉.建筑材料[M].北京:中国建筑工业出版社,2004.

[128] 俞孔坚.现代景观设计学教程[M].北京:中国美术学院出版社,2002.

[129] 针之谷,钟吉.西方造园变迁史[M].邹洪灿,译.北京:中国建筑工业出版社,2004.

[130] 林奇.城市意向[M].项乘仁,译.北京:华夏出版社,2001.

[131] 曹林娣,许金生.中日古典园林文化比较[M].北京:中国建筑工业出版社,2004.

[132] 杨大松.几何构成形态的内涵及表达[J].安徽教育学院学报,2004,22(2):117-118.

[133] 华乐功,潘强,李燕.平面构成教学与应用[M].北京:高等教育出版社,2004.

[134] 里德,美国风景园林设计师协会.景观设计——从概念到形式[M].陈建业,赵寅,译.北京:中国建筑工业出版社,2004.

[135] 王新军.现代设计理论及在园林设计中的应用研究[D].咸阳:西北农林科技大学,2004.

[136] 冯涓,王介明.工业产品艺术造型设计[M].北京:清华大学出版社,2004.

[137] 赵长水.抛物线的一种新颖画法[J].西部广播电视,2004(11):32-33.

[138] 毛国栋.索膜结构设计方法研究[D].杭州:浙江大学,2004.

[139] 尹思谨.城市色彩景观规划设计[M].南京:东南大学出版社,2004.

[140] 迪伊.景观建筑形式与纹理[M].周剑云,唐孝详,侯雅娟,译.杭州:浙江科学技术出版社,2003.

[141] 王凤云.抛物线的三种画法[J].中学生数学,2003(5):8.

[142] 吴海清.膜结构:给世界杯创造一个感动的大空间[J].时尚建材,2003(2):9-10.

[143] 苏华.色彩设计基础[M].北京:清华大学出版社,2003.

[144] 张宪荣,张萱.设计色彩学[M].北京:化学工业出版社,2003.

[145] 董万里,许亮.环境艺术设计原理(下)[M].重庆:重庆大学出版社,2003.

[146] 徐其功.张拉膜结构的工程研究[D].广州:华南理工大学,2003.

[147] 那向谦,杨维国.索膜结构的特点、结构分析要素及展望[J].工程力学,2003(增刊):88-95.

[148] 欧几里得.几何原本[M].兰纪正,朱恩宽,译.西安:陕西科学技术出版社,2003.

[149] 劳森.空间的语言[M].北京:中国建筑工业出版社,2003.

[150] 切沃.景观元素[M].陈静,译.昆明:云南科技出版社,2002.

[151] 荆雷.设计艺术原理[M].济南:山东教育出版社,2002.

[152] 中国机械工业教育协会.工业产品造型设计[M].北京:机械工业出版社,2002.

[153] 冯炜,李开然.现代景观设计教程[M].杭州:中国美术学院出版社,2002.

[154] 黄凯.构成艺术在设计中的功能[J].艺术平台,2002(4):53-54.

[155] 郑寒.论构成艺术的实质[J].同济大学学报(社会科学版),2002(1):12-17.

[156] 劳伦斯.景园石材艺术[M].于永双,译.沈阳:辽宁科学技术出版社,2002.

[157] 王忠,王龙.平面构成[M].长沙:湖南美术出版社,2002.

[158] 林玉连,胡正凡.环境心理学[M].北京:中国建筑工业出版社,2002.

[159] 徐磊青,杨公侠.环境心理学——环境知觉与行为[M].上海:同济大学出版社,2002.

[160] 王向荣,林菁.西方现代景观设计的理论与实践[M].北京:中国建筑工业出版社,2002.

[161] 鲁本斯坦.建筑场地规划与景观建设指南[M].李家坤,译.大连:大连理工大学出版社,2001.

[162] 商欣萍,储才元.建筑用膜结构材料[J].产业用纺织品,2001(10):12-14.

[163] 赵澄林,朱筱敏.沉积岩石学[M].北京:石油工业出版社,2001.

[164] 周小瓯.基础图形设计——平面构成[M].杭州:浙江人民美术出版社,2001.

[165] 陈楠.平面构成[M].石家庄:河北美术出版社,2001.

[166] 许之敏.立体构成:造型设计基础[M].北京:中国轻工业出版社,2001.

[167] 普莱曾特.景观设计[M].姚崇怀,王彩云,译.北京:中国建筑工业出版社,2001.

[168] 高春.城市景观美学初探——兼谈钟祥市城市景观设计[J].四川建筑科学研究,2001,27(1):77.

[169] 李永红,赵鹏.默语倾听兴然会应——在地段特征和场所精神中找寻答案[J].中国园林,2001(2):29-32.

[170] 刘源.城市绿地点线面结合规划研究[D].南京:南京林业大学,2006.

[171] 石谦飞.建筑环境与建筑环境心理学[M].太原:山西古籍出版社,2001.

[172] 夏建统.点起结构主义的明灯:丹凯利[M].北京:中国建筑工业出版社,2001.

[173] 蓝天.当代膜结构发展概述[J].世界建筑,2000(9):17-20.

[174] 陈志华.张拉膜结构[J].建筑知识,2000(6):33-36,59-61.

[175] 凌继尧,徐恒醇.艺术设计学[M].上海:上海人民出版社,2000.

[176] 惠特曼.景观设计初步[M].姚崇怀,王彩云,译.北京:中国建筑工业出版社,2000.

[177] 钟莉莉.膜结构的灵魂——膜材料[J].工业建筑,1999,29(11):6-9.

[178] 刘道南.建筑材料[M].北京:中国水利水电出版社,1999.

[179] 李睿煊,李斌成.从审美心理角度谈园林美的创造[J].中国园林,1999(3):45-47.

[180] 吴家骅.景观形态学:景观美学比较研究[M].叶南,译.北京:中国建筑工业出版社,1999.

[181] 李惠媛.色彩构成[M].济南:山东省地图出版社,1999.

[182] 胥传喜.张力膜结构的全过程集成分析及其策略研究[J].空间结构,1998(4):34-38.

[183] 王大虎.平面构成基础[M].北京:中国社会出版社,1998.

[184] 张战营.建筑材料[M].上海:华东理工大学出版社,1998.

[185] 倪文,李建平,陈德平,等.矿物材料学导论[M].北京:科学出版社,1998.

[186] 满懿.平面构成[M].沈阳:辽宁美术出版社,1998.

[187] 皮朝纲,钟仕伦.审美心理学导引[M].成都:电子科技大学出版社,1998.

[188] 许祖华.建筑美学原理及应用[M].南宁:广西科学技术出版社,1997.

[189] 王红卫,何沙.平面构成[M].北京:人民美术出版社,1997.

[190] 舒士霖.钢筋混凝土结构[M].杭州:浙江大学出版社,1996.

[191] 陆红阳.平面构成入门[M].南宁:广西美术出版社,1996.

[192] 李英堂,田淑艳,汪美凤.应用矿物学[M].北京:科学出版社,1995.

[193] 艾定增,金笠铭,王安民.景观园林新论[M].北京:中国建筑工业出版社,1995.

[194] 杨杰.中国石材[M].北京:中国建材工业出版社,1994.

[195] 潘兆橹,万朴.应用矿物学[M].武汉:武汉工业出版社,1993.

[196] 邱明正.审美心理学[M].上海:复旦大学出版社,1993.

[197] 林玉莲.认知地图研究及其应用[J].新建筑,1991(3):34-38.

[198] 周以恪,张绍麟.建筑材料[M].北京:中国铁道出版社,1991.

[199] 谢庆森.工业造型设计[M].天津:天津大学出版社,1991.

[200] 施淑文.建筑环境色彩设计[M].北京:中国建筑工业出版社,1991.

[201] 周维权.中国古典园林史[M].北京:清华大学出版社,1990.

[202] 刘滨谊.风景景观工程体系化[M].北京:中国建筑工业出版社,1990.

[203] 李槐清.平面构成设计[M].石家庄:河北美术出版社,1990.

[204] 宋浩霖.几何形拼摆图案构成[M].安徽:安徽美术出版社,1990.

[205] 马全海,蔡惠良.混凝土工[M].上海:上海科学技术文献出版社,1989.

[206] 明方成.工业造型设计基础[M].北京:机械工业出版社,1988.

[207] 中国林学会.怎样识别木材[M].北京:中国林业出版社,1988.

[208] 罗廷金,龙际田,胡跃宗,等.初等几何研究[M].长沙:湖南教育出版社,1988.

[209] 利光功.包豪斯——现代工业设计运动的摇篮[M].刘树信,译.北京:轻工业出版社,1988.

[210] 王树功.平面构成图案[M].北京:朝花美术出版社,1988.

[211] 北京建筑工程学院.钢筋混凝土基本构件[M].北京:地震出版社,1987.

[212] 黄积荣,万国朝.工业美学及造型设计[M].北京:新时代出版社,1986.

[213] 井上裕.景观设计实务[M].新形象出版公司编辑部,译.台北:新形象出版事业有限公司,1986.

[214] LAURIE M.景观建筑概论[M].林静娟,邱丽蓉,译.台北:田园城市文化事业有限公司,1996.

[215] SMARDON R C,PALMER J F,FELLEMAN J P.景观视觉评估与分析[M].李丽雪,洪得娟,颜家芝,译.台北:田园城市文化事业有限公司,1985.

[216] 芦原义信.外部空间设计[M].尹培桐,译.北京:中国建筑工业出版社,1985.

[217] 约翰·伊顿.造型与形式构成——包豪斯的基础课程及其发展[M].曾雪梅,周至禹,译.天津:天津人民美术出版社,1980.

[218] 建设部住宅产业化促进中心.居住区环境景观设计导则[M].北京:中国建筑

工业出版社,2006.

[219] 霍华德.以全球角度创造未来的景观设计学[J].城市环境设计,2007(1):64-65.

[220] 国际景观设计师联盟,联合国教科文组织.关于景观设计教育的宪章[J].城市环境设计,2007(1):16-17.

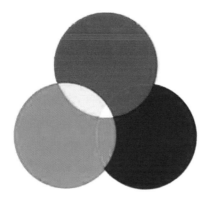

彩图 5-1　色光三原色

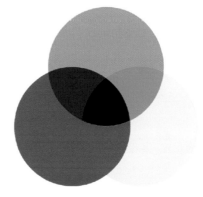

彩图 5-2　颜料三原色

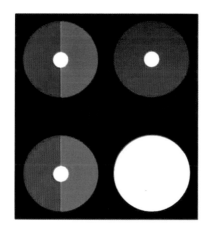

彩图 5-3　旋转混合(1)

彩图 5-4　旋转混合(2)

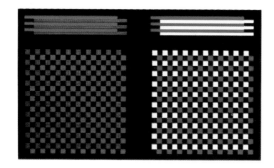

彩图 5-5　空间混合

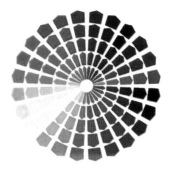

彩图 5-6　色相环

彩图 5-7　蒙塞尔色相环

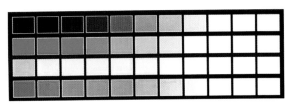

彩图 5-8　明度变化

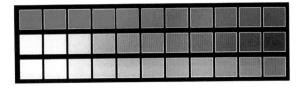

彩图 5-9　纯度变化

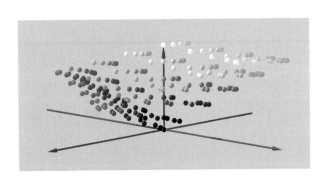

彩图 5-10　CIELUV 图

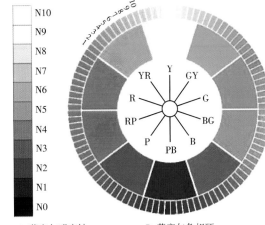

A. 蒙塞尔明度轴　　　B. 蒙塞尔色相环

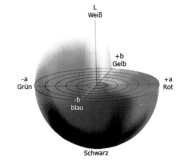

彩图 5-11　CIELAB 图

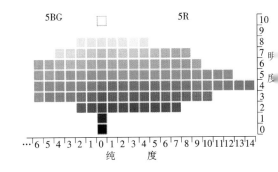

彩图 5-12　蒙塞尔色彩体系

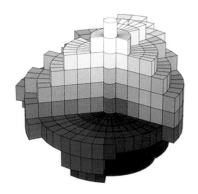

彩图 5-13　蒙塞尔色立体

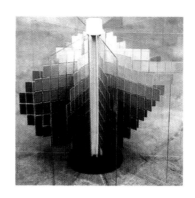

彩图 5-14　蒙塞尔色体系(蒙塞尔色树)

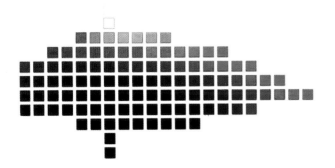

彩图 5-15　蒙塞尔色立体等色相面

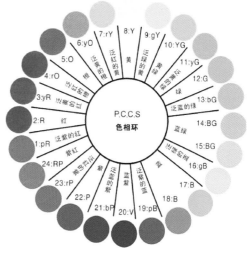

彩图 5-16　P.C.C.S 色相环

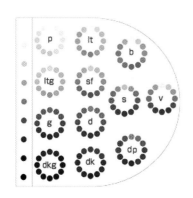

彩图 5-17　P.C.C.S 色调系统

彩图 5-18　《中国颜色体系标准样册》

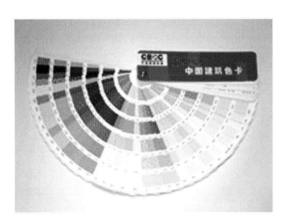

彩图 5-19　中国建筑色卡 240 色

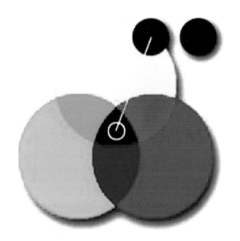

彩图 5-20　CMYK 模式

彩图 5-21　HSB 模式

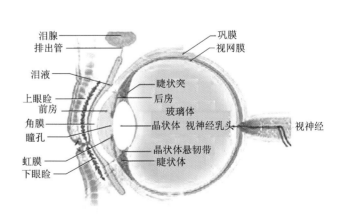

彩图 5-22　人眼构造